工作手册式工匠系列教材

# 机械加工基础

主　编　熊建武　张　云　郭　俊

副主编　张红菊　肖国华　戴石辉

　　　　文　婕　付　刚　吴家鹏

主　审　胡智清　陈黎明

西安电子科技大学出版社

# 内 容 简 介

本书以培养学生金属切削加工基本知识、基本技能为目标，按照由简到难的顺序，以通俗易懂的文字和丰富的图表，系统地介绍金属切削加工基础知识、基本操作知识。为体现课程专业能力渐进规律，并兼顾教学实施，将课程内容划分为基础篇、提高篇两大部分，对五年制高职学生，可以划分为中职、高职两个教学阶段实施教学。

第一篇（基础篇）包括机械制造过程生产组织，零件表面的成形和切削加工运动，金属切削机床，刀具，工件的定位与夹紧，车削加工方法与装备等内容，建议安排 48～60 课时。

第二篇（提高篇）包括零件的结构工艺性，铣削加工，刨削加工，拉削加工，钻、扩、铰削及镗削加工，磨削加工，齿轮加工，精密加工和特种加工，零件表面加工方案的选择等内容，建议安排 48～60 课时。

本书适合于机械设计与制造、材料成型与控制技术、模具设计与制造、数控技术应用、机械制造技术、机电一体化、工业机器人、汽车制造与装配技术、工程机械运用与维护、焊接自动化技术、新能源汽车等机械装备制造类专业中高职衔接班及五年一贯制大专班使用，适合高等职业技术学院和成人教育院校机械装备制造类相关专业使用，也可供中等职业学校机电一体化、机械加工技术、模具制造技术、汽车维修、汽车制造与装配、新能源汽车等专业使用，还可供机电一体化、机械加工技术、模具设计与制造、汽车维修等工程技术人员以及高等职业技术学院和中等职业学校教师参考。

## 图书在版编目(CIP)数据

机械加工基础 / 熊建武，张云，郭俊主编． —西安：西安电子科技大学出版社，2021.12
ISBN 978–7–5606–6130–8

Ⅰ.①机… Ⅱ.①熊… ②张… ③郭… Ⅲ.① 机械加工—基本知识 Ⅳ.① TG506

中国版本图书馆 CIP 数据核字(2021)第 150794 号

策划编辑 刘小莉
责任编辑 刘小莉
出版发行 西安电子科技大学出版社(西安市太白南路 2 号)
电　　话 (029)88202421 88201467　　　邮　　编 710071
网　　址 www.xduph.com　　　电子邮箱 xdupfxb001@163.com
经　　销 新华书店
印刷单位 咸阳华盛印务有限责任公司
版　　次 2021 年 12 月第 1 版　　 2021 年 12 月第 1 次印刷
开　　本 787 毫米×1092 毫米 1/16 印张 20.5
字　　数 479 千字
印　　数 1～2000 册
定　　价 56.00 元
ISBN　978–7–5606–6130–8 / TG
XDUP 6432001–1
***如有印装问题可调换***

# 工作手册式工匠系列教材
# 编委会名单

范雄光（新化县湘印中等职业学校）

范勇彬（长沙县职业中等专业学校）

付　刚（湖南省工业技师学院）

高　伟（湖南财经工业职业技术学院）

龚煌辉（湖南铁道职业技术学院）

龚林荣（祁阳市职业中等专业学校）

郭　俊（内蒙古机电职业技术学院）

贺柳操（湖南机电职业技术学院）

贾庆雷（中国中车株洲时代新材料科技股份有限公司新材料树脂事业部）

贾越华（湘西民族职业技术学院）

简立明（湖南财经工业职业技术学院）

简忠武（湖南工业职业技术学院）

胡少华（湖南兵器工业高级技工学校）

姜　星（衡东县职业中等专业学校）

赖　彬（平江县职业技术学校）

雷吉平（湖南工业职业技术学院）

李　博（永州市工商职业中等专业学校）

李　刚（双牌县职业技术学校）

李　刚（山西综合职业技术学院）

李和平（湖南工业职业技术学院）

李　立（长沙县职业中等专业学校）

李凌华（郴州职业技术学院）

李　强（涟源市工贸职业中等专业学校）

李强文（汨罗市职业中专学校）

李文元（湖南工业大学）

李向阳（郴州工业交通学校）

林瑞蕊（杭州萧山技师学院）

刘　波（湖南国防工业职业技术学院）

刘德玉（湖南工业职业技术学院）

刘放浪（安化县职业中专学校）

刘海波（湘电集团湘电动力有限公司）

刘绘明（安化县职业中专学校）

刘隆节（湖南财经工业职业技术学院）

刘少华（湖南财经工业职业技术学院）

刘友成（邵阳职业技术学院）

刘正阳（湖南科技职业学院）

龙海玲（衡阳技师学院）

卢碧波（宁乡市职业中专学校）

陆　唐（湖南陶瓷技师学院）

陆元三（湖南财经工业职业技术学院）

罗　辉（永州职业技术学院）

欧　伟（长沙汽车工业学校）

欧阳盼（湘北职业中等专业学校）

彭向阳（平江县职业技术学校）

宋新华（张家界航空工业职业技术学院）

苏瞧忠（平江县职业技术学校）

孙　哲（湘潭电机股份有限公司）

孙忠刚（湖南工业职业技术学院）

谭补辉（益阳职业技术学院）

谭海林（湖南化工职业技术学院）

汤酞则（湖南师范大学）

唐　波（益阳职业技术学院）

唐　锋（湖南工业职业技术学院）

涂承钢（常德财经中等专业学校）

汪哲能（湖南财经工业职业技术学院）

王安乐（益阳高级技工学校）

王　波（长沙汽车工业学校）

王端阳（祁东县职业中等专业学校）

王　健（衡南县职业中等专业学校）

王　静（永州市工商职业中等专业学校）

王　韧（湖南工业职业技术学院）

王小平（宁远县职业中专学校）

王正青（潇湘职业学院）

文　婕（醴陵市陶瓷烟花职业技术学校）

吴家鹏（双牌县职业技术学校）

吴　伟（郴州综合职业中等专业学校）

吴亚辉（桂阳县职业技术教育学校）

夏　嵩（长沙市望城区职业中专学校）

肖国华（浙江工商职业技术学院）

肖洪峰（益阳高级技工学校）

肖洋波（宁乡市职业中专学校）

谢冬和（湖南汽车工程职业学院）

谢国峰（武汉职业技术学院）

谢学民（娄底技师学院）

熊福意（湖南省工业技师学院）

熊文伟（湖南机电职业技术学院）

徐灿明（东莞市电子科技学校）

徐　炯（娄底技师学院）

徐文庆（湖南财经工业职业技术学院）

杨志贤（湘阴县第一职业中等专业学校）

叶久新（湖南大学）

易辉成（湖南工业职业技术学院）

易　慧（醴陵市陶瓷烟花职业技术学校）

尹美红（邵阳市高级技工学校）

于海玲（咸阳职业技术学院）

余光群（湖南信息职业技术学院）

余　意（湖南工业职业技术学院）

张笃华（衡南县职业中等专业学校）

张红菊（衡南县职业中等专业学校）

张　军（长沙县职业中等专业学校）

张　舜 [株洲市职工大学（工业学校）]

张腾达 [株洲市职工大学（工业学校）]

张　幸（常德财经中等专业学校）

张　云（湖南工业职业技术学院）

赵建勇（潇湘职业学院）

赵卫东（宁乡市职业中专学校）

钟志科（湖南省模具设计与制造学会）

周柏玉（郴州职业技术学院）

周　全（湖南工业职业技术学院）

周　钊（长沙汽车工业学校）

朱旭辉（湖南汽车工程职业学院）

邹立民（益阳高级技工学校）

左国胜（衡南县职业中等专业学校）

# 前　言

本书是在借鉴德国双元制教学模式、总结近几年各院校模具设计与制造专业教学改革经验的基础上，由湖南工业职业技术学院、湖南财经工业职业技术学院、娄底技师学院等职业院校的专业教师联合编写的，是湖南省"十三五"教育科学研究基地"湖南职业教育'芙蓉工匠'培养研究基地"的研究成果，是湖南省教育科学规划课题"现代学徒制：中高衔接行动策略研究""基于现代学徒制的'芙蓉工匠'培养研究：以电工电器行业为例""基于'工匠精神'的高职汽车类创新创业人才培养模式的研究""基于'双创'需求的高职院校新能源汽车技术专业建设的研究""基于工匠培养的'学训研创'一体化培养体系探索与实践"的研究成果，是湖南省职业院校教育教学改革研究项目"融合'现代学徒制'模式的高职院校'双创'教育路径研究""'工匠'精神融入高职学生职业素养培育路径创新研究"的研究成果，是湖南省教育科学工作者协会课题"校企深度融合背景下 PDCA 模式在学生创新设计与制造能力培养中的应用研究"的研究成果。

本书以培养学生金属切削加工基本知识、基本技能为目标，基于工作过程导向的原则，在对行业企业、同类院校进行调研的基础上，重构课程体系，创新内容及结构，非常适合职业院校教学。

本书按照由简到难的顺序，以通俗易懂的文字和丰富的图表，系统介绍金属切削加工基础知识、基本操作知识。基础篇包括机械制造过程生产组织，零件表面的成形和切削加工运动，金属切削机床，刀具，工件的定位与夹紧，车削加工方法与装备等内容。提高篇包括零件的结构工艺性，铣削加工，刨削加工，拉削加工，钻、扩、铰削及镗削加工，磨削加工，齿轮加工，精密加工和特种加工，零件表面加工方案的选择等内容。

本书由熊建武（湖南工业职业技术学院）、张云（湖南工业职业技术学院）、郭俊（内蒙古机电职业技术学院）担任主编，由张红菊（衡南县职业中等专业学校）、肖国华（浙江工商职业技术学院）、戴石辉（长沙市望城区职业中等专业学校）、文婕（醴陵市陶瓷烟花职业技术学校）、付刚（湖南省工业技师学院）、吴家鹏（双牌县职业技术学校）担任副主编。参与本书编写的还有孙忠刚、唐锋、王韧（均为湖南工业职业技术学院）、徐文庆（湖南财经工业职业技术学院）、王健（衡南县职业中等专业学校）、李博（永州市工商职业中等专业学校）、张腾达[株洲市职工大学（工业学校）]、陆唐（湖南陶瓷技师学院）、龚林荣（祁阳市职业中等专业学校）、赵卫东（宁乡市职业中专学校）、吴伟（郴州综合职业中等专业学校）、李强（涟源市工贸职业中等专业学校）。胡智清（湖南财经工业职业技术学院）、陈黎明（湖南财经工业职业技术学院）任主审。熊建武负责全书的统稿和修改。

在本书编写过程中，湖南省模具设计与制造学会副理事长钟志科教授、湖南省模具设计与制造学会副理事长贾庆雷高级工程师、湖南维德科技发展有限公司陈国平总经理对本书提出了许多宝贵意见和建议，湖南工业职业技术学院、湖南财经工业职业技术学院、娄底技师学院、衡南县职业中等专业学校、宁远县职业中等专业学校等院校领导给予了大力支持，在此一并表示感谢。

为便于学生查阅有关资料、标准及拓展学习，本书特为相关内容设置了二维码链接。同时，作者在撰写过程中搜集了大量有利于教学的资料和素材，限于篇幅未在书中全部呈现，感兴趣的读者可向作者索取，作者 E-mail：*xiongjianwu2006@126.com*。

本书适合于机械设计与制造、机械制造工艺及自动化、机械制造技术、模具设计与制造、材料成型与控制技术、数控技术应用、机电一体化等机械装备制造类专业高职（含中高职衔接及五年一贯制大专）学生使用，适合高等职业技术学院和成人教育院校机械装备制造类相关专业使用，也可供中等职业学校机械装备制造类专业使用，还可供职业院校教师参考。

由于时间仓促和编者水平有限，书中不当之处在所难免，恳请广大读者批评指正。

编　者

2021 年 10 月

# 目　　录

## 第一篇　基础篇(中职阶段)

## 第二篇 提高篇(高职阶段)

# 第一篇　基础篇(中职阶段)

# 项目 1　机械制造过程生产组织

　　零件的各表面及其质量由加工获得，产品的结构与性能指标则由零件及其装配关系保证，学习中应将独立的加工方法、个体零件的机械装配过程，科学有序地联系、排列起来，初步建立机械制造过程的概念。

## 1.1　机械制造过程

### 1.1.1　生产过程

　　除了天然物产，人类生产、生活中使用的各类产品，大都需要经过一系列的生产制造活动和时间周期才能完成，这个将原材料转变为成品的全过程就是该产品的生产过程。它包括：原材料的运输、保管和准备；生产的准备工作；毛坯的制造；零件的机械加工与热处理；零件装配成机器；机器的质量检查及运行试验；机器的油漆、包装和入库。产品的生产过程基本流程如图 1-1 所示。

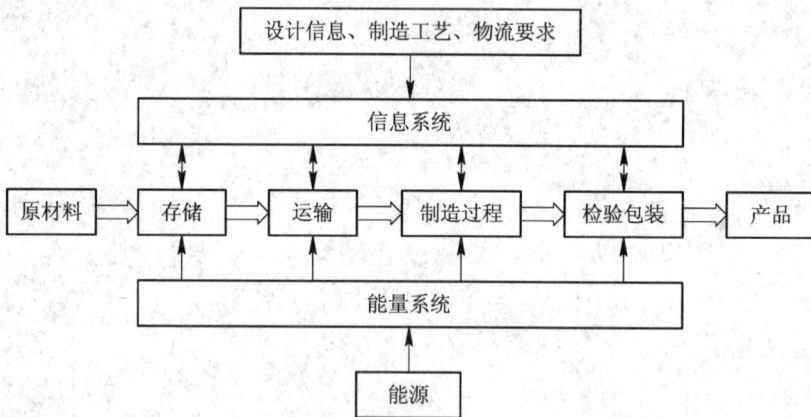

图 1-1　产品的生产过程基本流程

　　在产品生产过程中，直接改变生产对象的形状、尺寸、相对位置和性质等，使之成为成品或半成品的过程称为工艺过程。原材料经过铸造或锻造(冲压、焊接)等制成铸件或锻件毛坯，这个过程就是铸造或锻造(冲压、焊接)工艺过程，统称为毛坯制造工艺过程，主要改变材料的形状和性质；在机械加工车间，使用各种工具和设备将毛坯加工成零件，主要改变其形状和尺寸，称为机械加工工艺过程；将加工好的零件按一定的装配技术要求装配成部件或机器，改变零件之间的相对位置，称为机械装配工艺过程。

## 1.1.2　机械制造过程概述及示例

### 1. 机械制造过程概述

工艺过程是生产过程的重要组成部分，对于同一个零件或产品，其机械加工工艺过程或装配工艺过程可以是各种各样的，但在确定的条件下，有一相对最合理的工艺过程。在企业生产中，把合理的工艺过程以文件的形式规定下来，作为指导生产过程的依据，这一文件就叫作工艺规程。根据工艺内容不同，工艺规程可分为机械加工工艺规程、机械装配工艺规程等。虽然机械产品种类繁多，机械零件的结构、尺寸、精度和表面质量要求各不相同，但它们的制造过程(尤其是表面形成原理)存在共性，都是使零件的表面逐渐成形，并使其精度、性能等质量要求逐步实现的过程。因此，研究不同零件及加工方法有许多共同规律可循。

大多数机械零件，除了要求不高的非工作表面采用不去除材料的方法获得，其他表面的成形过程都是通过刀具与被加工零件的相对运动并对其进行切削加工实现的。为了方便，从毛坯到成品的整个制造过程中，将被加工对象统一称为工件。零件的生产制造过程主要是围绕如何对工件的表面进行切削加工，以达到零件几何精度要求的过程。而这个切削加工过程，要由金属切削机床、刀具、夹具、工件等相互联系和依赖的各部分有机组合成系统整体来完成，这个系统称为机械加工工艺系统。机床是提供加工运动和动力、确定其他部分位置和运动关系的基础，称为"工作母机"；夹具将工件定位夹紧，使其在加工过程中始终与机床或刀具保持正确的相对位置和相对运动关系；刀具执行切削任务，以获得要求的工件表面。工件不同或其加工要求不同，机械加工工艺方法和加工工艺系统也不相同。图 1-2 所示为阶梯轴工件外圆车削加工工艺系统示意图。

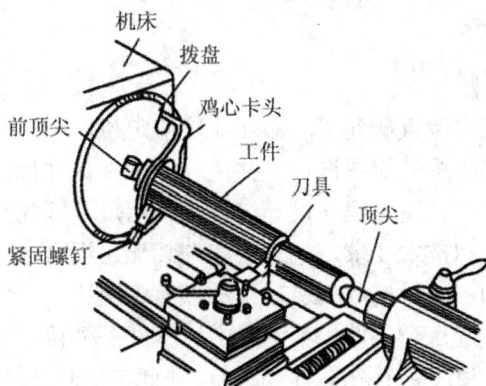

图 1-2　阶梯轴工件外圆车削加工工艺系统示意图

机器由零件、部件组成，机器的制造过程也就包含了从零部件加工、装配到整机装配的全部过程，如图 1-3 所示。首先，组成机器的每一个零件都要经过相应的机械加工过程将毛坯制造成合格零件。在这一过程中，要根据零件的设计信息，制定零件的加工工艺规程，根据工艺规程的安排，在相应的机械加工工艺系统(由机床、刀具、被加工零件、夹具以及其他工艺装备构成)中完成零件的加工内容。被加工零件不同，工艺内容不同，相应的工艺系统也不相同。工艺系统特性及工艺过程参数的选择，对零件加工质量起着决定性的作用。

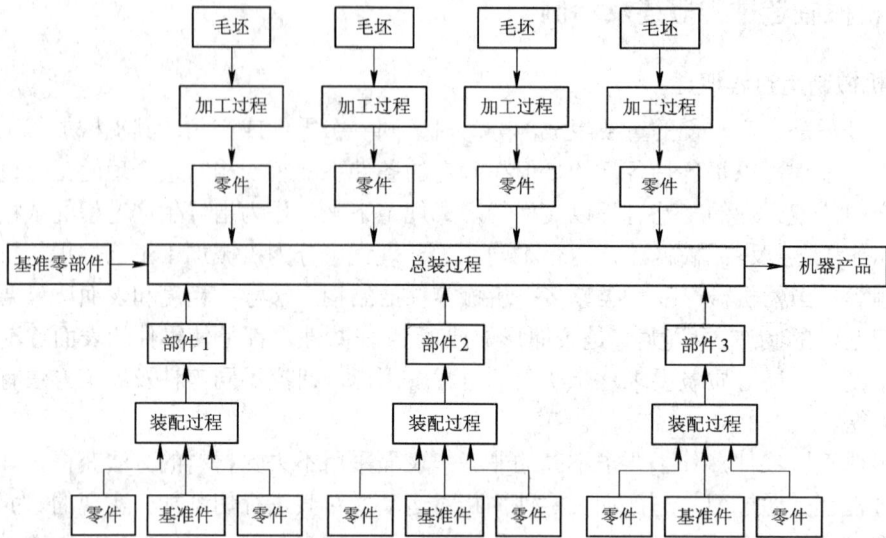

图 1-3　机器制造过程

零件是机器制造的最小单元，如一个螺母、一根轴；部件是由两个及两个以上零件结合成的机器的一部分。将若干零件结合成部件的过程称为部件装配；将若干零件、部件组合成一台完整的机器(产品)的过程，称为总装配。部件是个统称，还可划分为若干层次(如合件、组件)以作为装配单元，直接进入产品总装的部件称为组件；直接进入组件装配的部件称为第一级分组件；直接进入第一级分组件装配的部件称为第二级分组件。

装配都要依据装配工艺要求，应用相应的装配工具和技术完成，各级装配的质量都影响整机的性能和质量。总装之后，还要经过检验、试机、喷漆、包装等一系列辅助过程才能成为合格的产品。

### 2. 机械制造过程示例

新产品要经过市场需求调查研究、产品功能价值定位，完成结构方案和全部设计，才能试制生产。一般是先完成总装配图设计，并区分标准件、非标准件，再逐个拆画完成非标准件的零件工作图。生产制造过程与设计过程顺序相反，即先要将各个零件合格地加工完毕，再根据机器的结构和技术要求，把这些零件装配、组合成合格产品。下面就以小批量生产某减速器的过程为例，对机械制造过程加以简单阐述。

减速器包括几十种、近百个零件，其中除了标准件等外协、外购件外，所有非标准件都需要完成零件工作图，并且逐个按图加工制造。在此，我们仅以其中的箱体(箱座、箱盖)和输出轴的加工过程为例，对机械制造过程进行阐述分析。

如前所述，机械制造过程的主要内容就是：毛坯制造(略)、零件加工、产品装配。下面结合产品和零件简图、加工过程工序简图、零件的加工工艺过程表等，简单介绍减速器箱座和箱盖零件、输出轴零件的加工工艺过程和产品装配过程。

图 1-4 所示是某减速器装配图简图，图 1-5 所示是减速器箱座零件图，图 1-6 所示是减速器箱盖零件图，图 1-7 所示是减速器大齿轮轴零件图。

## 零件明细表

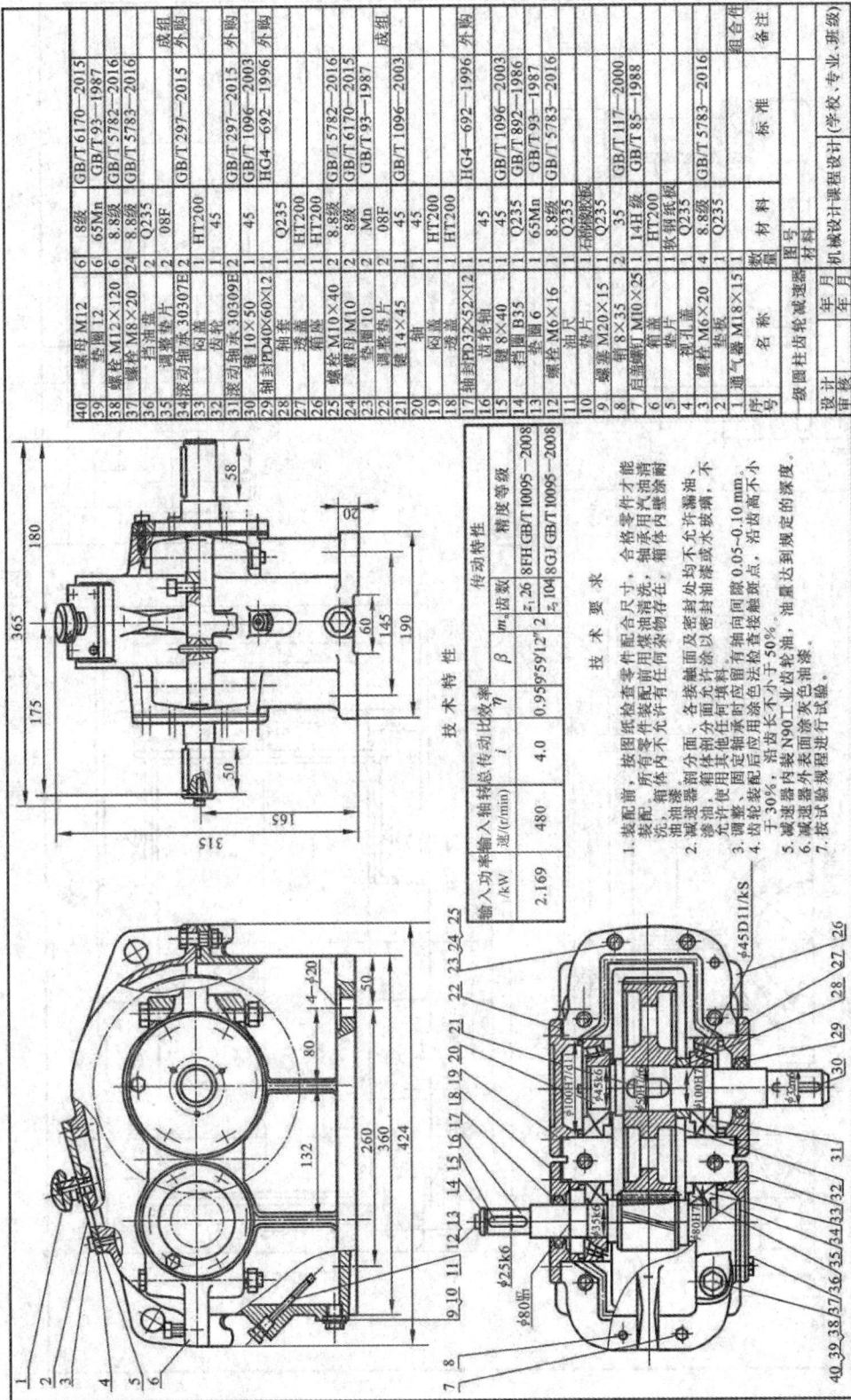

| 序号 | 名称 | 数量 | 材料 | 图号/标准 | 备注 |
|---|---|---|---|---|---|
| 40 | 螺母 M12 | 6 | 8级 | GB/T 6170—2015 | |
| 39 | 垫圈 12 | 6 | 65Mn | GB/T 93—1987 | |
| 38 | 螺栓 M12×120 | 6 | 8.8级 | GB/T 5782—2016 | 成组 |
| 37 | 螺栓 M8×20 | 24 | 8.8级 | GB/T 5783—2016 | 外购 |
| 36 | 挡油盘 | 2 | Q235 | | |
| 35 | 调整垫片 | 2 | 08F | | 成组 |
| 34 | 滚动轴承 30307E | 2 | | GB/T 297—2015 | 外购 |
| 33 | 闷盖 | 2 | HT200 | | |
| 32 | 齿轮轴 | 1 | 45 | | |
| 31 | 滚动轴承 30309E | 2 | | GB/T 297—2015 | 外购 |
| 30 | 轴封PD40×60×12 | 1 | | HG4—692—1996 | 外购 |
| 29 | 轴套 | 1 | HT200 | | |
| 28 | 齿轮 | 1 | HT200 | | |
| 27 | 箱座 | 1 | HT200 | | |
| 26 | 箱盖 | 1 | HT200 | | |
| 25 | 螺栓 M10×40 | 2 | 8.8级 | GB/T 5782—2015 | |
| 24 | 螺母 M10 | 2 | Mn | GB/T 6170—2015 | |
| 23 | 垫圈 10×50 | 1 | 08F | GB/T 93—1987 | |
| 22 | 轴 | 1 | 45 | | |
| 21 | 滚动轴承 | | HT200 | | |
| 20 | 轴 | | HT200 | | |
| 19 | | | | | |
| 18 | | | | | |
| 17 | 轴封PD3?×52×12 | 1 | | HG4—692—1996 | 外购 |
| 16 | 齿轮油 | 1 | 45 | GB/T 1096—2003 | |
| 15 | 挡油环 8×40 | 1 | Q235 | GB/T 892—1986 | |
| 14 | 挡圈 B35 | 1 | 65Mn | GB/T 93—1987 | |
| 13 | 键 6 | 2 | 8.8级 | GB/T 5783—2016 | |
| 12 | 螺栓 M6×16 | 2 | 8.8级 | | |
| 11 | 垫片 | 1 | 石板橡胶版 | | |
| 10 | 垫片 | 1 | Q235 | | |
| 9 | 螺塞 M20×15 | 2 | 35 | GB/T 117—2000 | |
| 8 | 销 8×35 | 2 | 35 | GB/T 85—1988 | |
| 7 | 启封嘴厂 M10×25 | 1 | 14H级 | | |
| 6 | 箱盖 | 1 | HT200 | | |
| 5 | 垫片 | 1 | 软钢纸板 | | |
| 4 | 视孔盖 | 1 | Q235 | | |
| 3 | 螺栓 M6×20 | 4 | 8.8级 | GB/T 5783—2016 | |
| 2 | 垫圈 | | | | |
| 1 | 通气器 M18×15 | 1 | Q235 | GB/T 5783—2016 | |
| 序号 | 名称 | 数量 | 材料 | 图号/标准 | 备注 |

一级圆柱齿轮减速器

设计　年月　机械设计计算课程设计(学校、专业、班级)
审核　年月

## 技术特性

| | 传动特性 | | | | | |
|---|---|---|---|---|---|---|
| 输入功率/kW | 输入轴转速(r/min) | 总传动比 $i$ | $\eta$ | $\beta$ | $m_n$ 齿数 | 精度等级 |
| 2.169 | 480 | 4.0 | | 0.95°59'12" | $z_1$ 26 $z_2$ 104 | 8FH GB/T 10095—2008<br>8GJ GB/T 10095—2008 |

## 技术要求

1. 装配前，按图纸检查零件配合尺寸，合格零件才能装配；所有零件用煤油清洗，滚动轴承用汽油清洗，箱体内壁涂耐油油漆，箱体内不允许有任何杂物存在。
2. 减速器剖分面、各接触面及密封面均不允许漏油，剖分面允许涂以密封油漆或水玻璃，不允许使用任何填料。
3. 调整、固定轴承时应留有轴向间隙 0.05~0.10 mm。
4. 齿轮装配后应用涂色法检查接触斑点，沿齿高不小于40%，沿齿长不小于50%。
5. 减速器内装N90工业齿轮油，油量达到规定的深度。
6. 减速器外表面涂灰色漆。
7. 按试验规程进行试验。

图1-4　减速器装配图

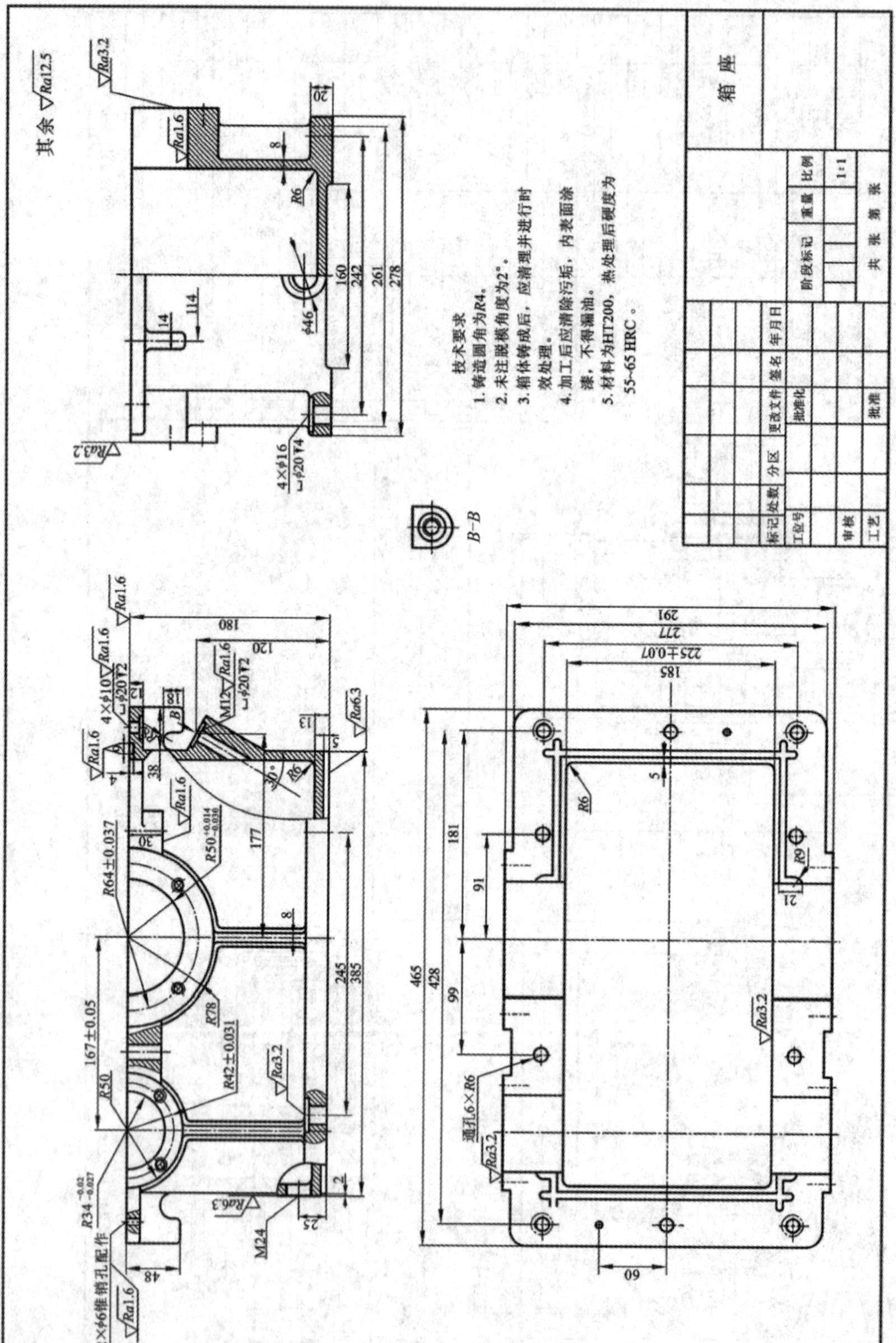

技术要求

1. 铸造圆角为R4。
2. 未注脱模角度为2°。
3. 箱体铸造成后，应清理并进行时效处理。
4. 加工后应清除污垢、内表面涂漆、不得漏油。
5. 材料为HT200，热处理后硬度为55~65HRC。

| | | 箱 座 | | | |
|---|---|---|---|---|---|
| | | | | 重量 | 比例 |
| | | | | | 1:1 |
| 标记 | 处数 分区 | 更改文件号 | 签名 | 年月日 | |
| 设计 | | 标准化 | | | 阶段标记 |
| 审核 | | | | | 共 张 第 张 |
| 工艺 | | 批准 | | | |

图1-5 减速器箱座零件图

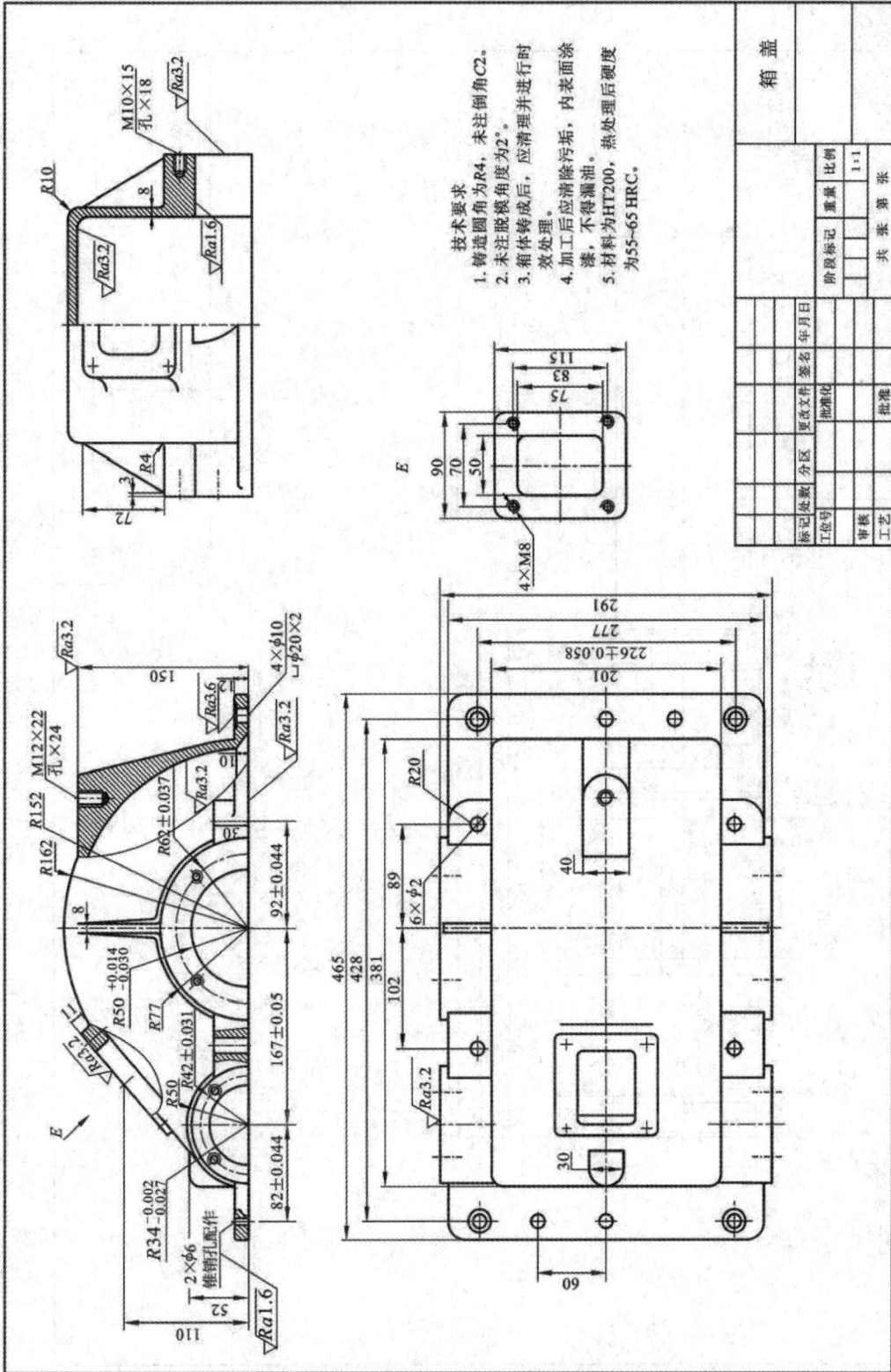

图1-6　减速器箱盖零件图

技术要求
1. 铸造圆角为R4，未注倒角C2。
2. 未注脱模角度为2°。
3. 箱体铸成后，应清理并进行时效处理。
4. 加工后应清除污垢，内表面涂漆，不得漏油。
5. 材料为HT200，热处理后硬度为55~65 HRC。

箱盖

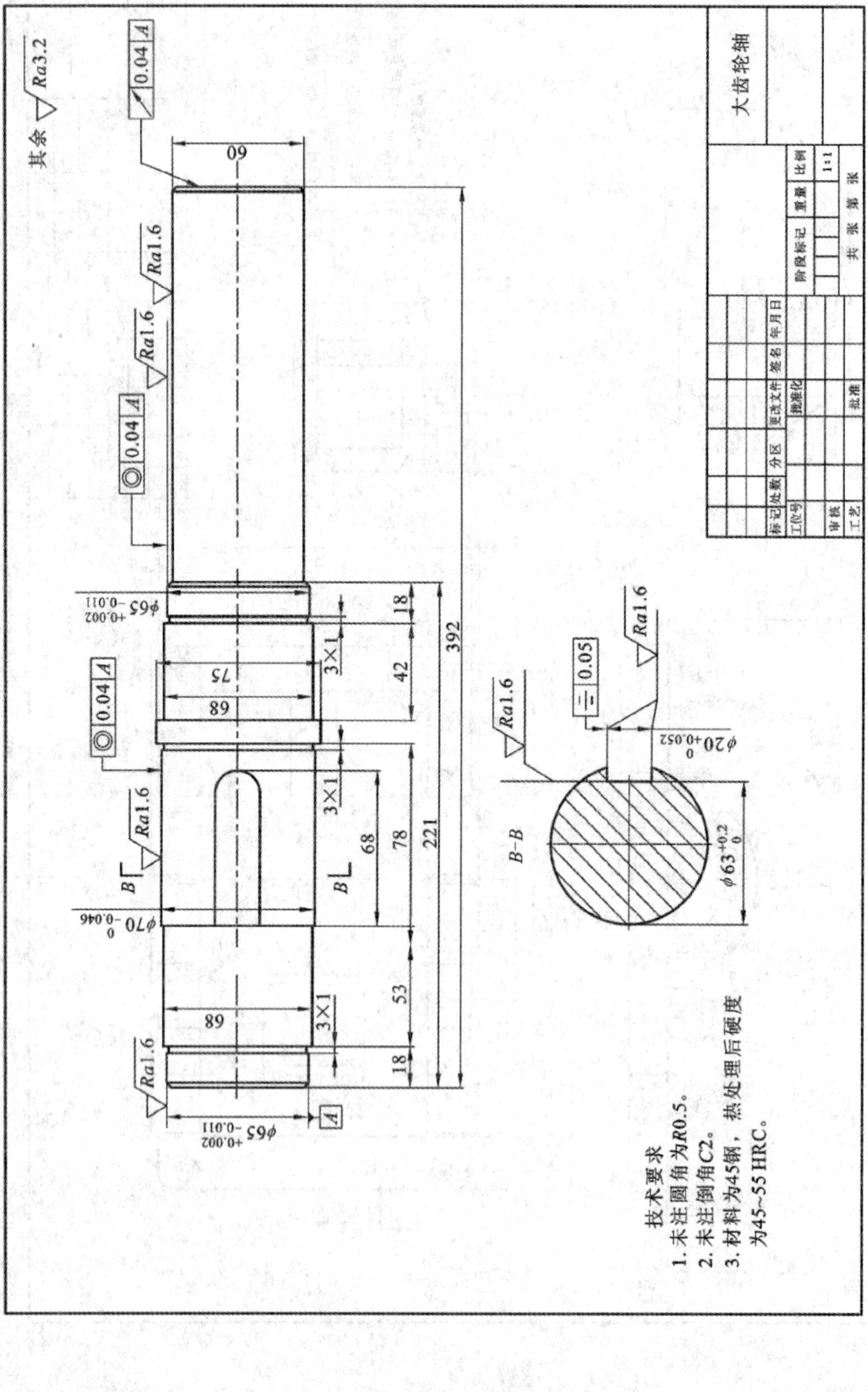

技术要求
1. 未注圆角为R0.5。
2. 未注倒角C2。
3. 材料为45钢，热处理后硬度为45~55 HRC。

图1-7　减速器大齿轮制零件图

箱体零件是减速器的基础件,是使轴及轴上组件具有正确位置和运动关系的基准,其质量对整机性能有着直接影响。减速器箱体零件技术要求较高的加工表面主要有安装基面的底面、接合面和两个轴承支承孔。一般为了制造与装配方便,减速器箱体零件大都设计成分离式的结构,选用铸造毛坯。表 1-1 所列是减速器箱体零件(箱座和箱盖)的加工工艺过程。

**表 1-1  减速器箱体零件(箱座和箱盖)的加工工艺过程**

| 工序号 | 工序内容 | 基准 | 加工设备 |
|---|---|---|---|
| 1 | 划底座底面及接合面加工线,划箱盖接合面及观察孔平面的加工线 | 根据接合面找正 | 划线平台 |
| 2 | 刨底座底面、接合面及两侧面;刨箱盖接合面、观察孔平面及两侧面 | 划线 | 龙门刨床 |
| 3 | 划连接孔、螺纹孔及销钉孔加工线 | 接合面 | 划线平台 |
| 4 | 钻连接孔、螺纹底孔 | 划线 | 摇臂钻床 |
| 5 | 攻螺纹孔、连接箱体 | | |
| 6 | 钻、铰销钉孔 | 划线 | 摇臂钻床 |
| 7 | 划两个轴承支承孔加工线 | 底面 | 划线平台 |
| 8 | 镗两个轴承支承孔 | 底面、划线 | 镗床 |
| 9 | 检验 | | |

减速器大齿轮轴是减速器的关键零件,其尺寸精度和形位精度直接决定轴上组件的回转精度。同时,输出轴要承受弯扭载荷,必须具有足够的强度。表 1-2 所列是减速器大齿轮轴零件的加工工艺过程。

**表 1-2  减速器大齿轮轴零件的加工工艺过程**

| 工序号 | 工序内容 | 设备 | 工序号 | 工序内容 | 设备 |
|---|---|---|---|---|---|
| 1 | 车端面、钻中心孔 | 车床 | 3 | 铣键槽、去毛刺 | 铣床 |
| 2 | 车各外圆、轴肩、端面和倒角 | 车床 | 4 | 磨外圆 | 磨床 |

除箱体和输出轴零件外,各非标准零件也需逐个加工完成。各零件加工及采购完成后,则进入装配阶段。

**3. 机械加工工艺系统**

由上述例子可以看出,零件加工过程中,每一项加工内容都要依靠机床、刀具和夹具共同配合来完成。比如在箱体的平面加工中,需要采用铣床、铣刀,还需要相应的夹具装夹;在轴的加工中,需要车床、磨床等设备,需要车刀、砂轮等刀具,也需要自定心卡盘等夹具。每一项加工内容都有相应的机床、刀具和夹具,与被加工工件共同构成了具有特定功能的有机整体,它们相互作用、相互依赖,形成一个闭环系统,通常被称为机械加工工艺系统。对应于每种加工方法都有其机械加工工艺系统，如车削工艺系统、铣削工艺系统、磨削工艺系统等。对于同一个被加工零件可以有不同的加工工艺过程，因而也可以由不同的工艺系统完成。工艺系统的组成及其特性对加工过程、质量、效率、成本有直接的影响，研究工艺系统的特性及其在不同情况下的合理组成与应用，是机械制造技术的重要内容之一。

### 1.1.3　工艺过程

在机械加工过程中，每种方法都以完成一定的零件成形表面为目的。人们经过长期的实践和理论总结，发明、发现和掌握了各种零件的加工制造技术，即零件表面形成的工艺方法。零件的表面类型不同，采用的加工方法大都不同；零件表面类型相同，但结构尺寸、精度要求和表面质量要求不同，对应的加工方法和加工方法的组合也会不同。确定加工方法及组合方法、工艺系统中刀具和工件的运动方式、数量时主要考虑被加工表面的形状及其成形方法。零件加工都是围绕零件表面的形成过程，只有科学地进行工艺过程分析，才能保证将产品质量、生产率、成本等有机合理地协调统一起来，设计出最佳工艺路线和工艺规程。

**1. 工艺路线与工艺过程**

在上述箱体和输出轴的加工过程中，涉及许多加工方法的应用，这些加工方法完整有序地排列起来，就形成了零件的机械加工工艺过程。一个机械零件大都要经过毛坯制造、机械加工、热处理等阶段才能成为合格的成品。它通过的整个路线称为工艺路线(或工艺流程)。工艺路线是制定工艺过程和进行车间分工的重要依据。

**2. 工艺过程的组成**

零件的加工工艺过程由若干个基本单元(即工序)组成，而每一个工序又可分为安装、工位、工步和走刀。

1) 工序

工序是指由一个(或一组)工人在一个工作地点对一个(或同时对几个)工件连续完成的那一部分工艺过程。每一个工序号所对应的加工内容都是在同一台机床上连续完成的，因而是一个工序。工序是组织生产和计算工时定额的基础依据。

2) 安装

如果一个工序中的加工内容较多，要对工件几个方位的表面进行加工，在工件处于不同的位置时才能完成，就需要相应地改变工件相对于机床或夹具的位置，卸下再次装夹。若采用传统的加工设备，有时需要对工件进行多次装夹，每次装夹下所完成的工序内容称为一次安装。比如输出轴的加工过程中，车完一个端面、钻完中心孔后，就要调头进行装夹，加工另一端面及中心孔，这就是两次安装。卸下再装往往会影响重复定位的精度，所以要考虑减少安装次数和提高定位精度。若采用数控设备加工，通过工作台的转位可以改变刀具与工件的相对位置，使所需要的安装次数减少。五轴联动数控加工中心几乎可以通过一次安装完成工件上除安装面以外的所有其他表面上的加工任务，减少了安装次数，并有效地保证了零件的尺寸精度和形位精度。

3) 工位

在一次安装过程中，通过工作台或某些机床夹具的分度、位移装置，使工件相对于机床变换加工位置，可以完成对工件不同表面位置的加工。工件在每一个加工位置上所完成的加工内容称为一个工位。

4) 工步

在同一个工位上，要完成不同的表面加工时，其中在加工表面、刀具、主运动转速和进给量不变的情况下所完成的加工内容称为一个工步。

5) 走刀

在一个工步内，刀具在加工表面每切削一次所完成的工步内容，称为一次走刀。走刀也称进给。

工序、安装、工位、工步和走刀之间的区别和联系，如图 1-8 所示。

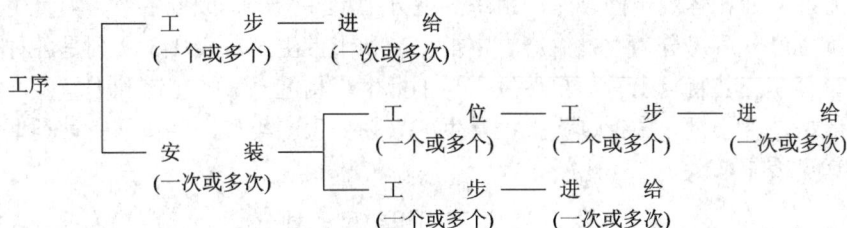

图 1-8　工序、安装、工位、工步和走刀之间的区别和联系

## 1.2　机械制造过程的生产组织

机械产品的制造过程是一个复杂的过程，往往需要经过一系列的机械加工工艺和装配工艺才能完成。对工艺过程的要求是优质、高效、低耗，以取得最佳的经济效益。不同的产品其制造工艺过程各不相同，即使是同一产品，在不同的情况下其制造工艺过程也不相同。

确定一种产品的制造工艺过程，不仅取决于产品自身的结构、功能特性、精度要求的高低以及企业的设备技术条件和水平，更取决于市场对该产品的种类及产量的要求。即产量决定着工艺过程，决定着生产系统的构成，从而导致了生产过程的不同，这些不同的综合反映就是企业生产组织类型的不同。

### 1.2.1　生产纲领

生产纲领是企业根据市场的需求和自身的生产能力决定的、在计划生产期内应当生产的产品的产量和进度计划。计划期为一年的生产纲领称为年生产纲领。

零件年生产纲领的计算公式为

$$N = Q \cdot n(1 + \alpha + \beta)$$

式中：$N$——零件的年生产纲领(件/年)；$Q$——产品的年产量(台/年)；$n$——每台产品中该零件的件数(件/台)；$\alpha$——该零件的备品率；$\beta$——该零件的废品率。

年生产纲领是制定工艺规程的最重要依据，根据生产纲领并考虑资金周转速度、零件加工成本、装配、销售、储备量等因素，以确定该产品一次投入生产的批量和每年投入生产的批次(即生产批量)。市场经济时期的生产纲领与计划经济时期大不相同，从市场角度看，产品的生产批量首先取决于市场对该产品的容量、企业在市场上占有的份额、该产品在市场上的销售量和寿命周期等，市场决定生产的作用越来越突出。

## 1.2.2　生产组织类型

生产纲领决定工厂的生产过程和生产组织，包括确定各工作地点的专业化程度、加工方法、加工工艺、设备和工装等。如机床生产与汽车生产的工艺特点和专业化程度就不同。产品相同，生产纲领不同，也会有完全不同的生产过程和专业化程度，即不同的生产组织类型。

根据生产专业化程度不同，生产组织类型分为单件生产、成批生产、大量生产三种。其中，成批生产又可以分为大批生产、中批生产和小批生产。表 1-3 所列是各种生产组织类型的划分。从工艺特点上看，单件生产与小批生产相近，大批生产和大量生产相近。在生产中一般按单件小批、中批、大批大量生产来划分生产类型，并按这三种类型归纳其工艺特点，详见表 1-4。

### 表 1-3　生产组织类型的划分

| 生产类型 | 零件年生产纲领/（件/年） | | |
| --- | --- | --- | --- |
| | 重型机械 | 中型机械 | 轻型机械 |
| 单件生产<br>小批生产<br>中批生产<br>大批生产<br>大量生产 | ≤5<br>5～100<br>100～300<br>300～1 000<br>>1 000 | ≤20<br>20～200<br>200～500<br>500～5 000<br>>5 000 | ≤100<br>100～500<br>500～5 000<br>5 000～50 000<br>>50 000 |

### 表 1-4　生产组织类型的特点

| 项目 | 类　　型 | | |
| --- | --- | --- | --- |
| | 单件小批生产 | 中批生产 | 大批大量生产 |
| 加工对象 | 经常变换 | 周期性变换 | 固定不变 |
| 毛坯及加工余量 | 模样手工造型，自由锻。加工余量大 | 部分用金属模或模锻，加工余量中等 | 广泛用金属模机器造型、压铸、精铸、模锻。加工余量小 |
| 机床设备及其布置形式 | 通用机床，按类别和规格大小，采用机群式布置 | 通用机床与专用机床结合，按零件分类布置，流水线与机群式结合 | 广泛采用专用机床，按流水线或自动线布置 |
| 夹具 | 通用夹具、组合夹具和必要的专用夹具 | 广泛使用专用夹具、可调夹具 | 广泛使用高效专用夹具 |
| 刀具和量具 | 通用刀、量具 | 按产量和精度，通用刀、量具和专用刀、量具结合 | 广泛使用高效专用刀、量具 |

| 项目 | 类　型 | | |
|---|---|---|---|
| | 单件小批生产 | 中批生产 | 大批大量生产 |
| 工件装夹方法 | 划线找正装夹，必要时用通用或专用夹具 | 部分划线找正，多用夹具装夹 | 广泛使用专用夹具 |
| 装配方法 | 多用配刮 | 少量配刮，多用互换装配方法 | 采用互换装配方法 |
| 生产率 | 低 | 一般 | 高 |
| 成本 | 高 | 一般 | 低 |
| 操作工人技术要求 | 高 | 一般 | 低 |

# 1.3　机械加工精度

## 1.3.1　零件图样的基本内容

零件是组成机器或部件的基本元件。要生产合格的机器或部件，必须首先制造出合格的零件。然而，零件又是根据零件图样来进行制造和检验的，如果不能正确理解零件图样的要求，就会影响零件乃至机器的制造质量。可见，零件图样是直接指导制造和检验零件的重要技术文件，必须完整、正确、清晰地表达零件的形状结构、尺寸大小和制造要求，以符合生产的需要。

如图 1-5～图 1-7 所示，一张完整的零件图样应包括下列内容：

(1) 一组图形。以必要的视图、剖视及其他规定的画法，正确、完整、清晰地表达零件的形状结构。

(2) 一套尺寸。能正确、完整、清晰、合理表达零件形状结构的大小。

(3) 技术要求。通过符号标注或文字说明，表达出制造、检验和装配过程中应达到的技术要求，如尺寸公差、几何公差、表面粗糙度，及热处理和其他要求等。

(4) 标题栏。其中应包括零件名称、图号、数量、材料、图样的比例，及图样的设计者、批准者签字等内容。

## 1.3.2　尺寸公差与配合

相同的零件或部件，不需做任何挑选或附加修配，就能装配在机器上并达到其技术性能要求的性质称为互换性。零件或部件具有互换性，对简化产品设计、缩短生产周期、提高劳动生产率、降低产品成本、方便使用及维修，都有其十分重要的意义。为了实现零件的互换性，我国制定了公差与配合等方面的标准，产品制造必须遵守下列标准。

(1) 公称尺寸。设计给定的尺寸，称为公称尺寸。如图 1-7 中所示的轴径 $\phi65$、$\phi70$，就是公称尺寸。一般图样上标注的尺寸指的都是公称尺寸。

(2) 实际尺寸。通过测量所得的尺寸称为实际尺寸。由于存在测量误差，实际尺寸并非尺寸的真实值。

(3) 极限尺寸。允许尺寸变化的两个界限值称为极限尺寸。两极限尺寸中较大的一个尺寸称为最大极限尺寸，较小的一个尺寸称为最小极限尺寸，如图 1-7 中，轴径$\phi70$ 的最大极限尺寸为$\phi70$ mm，最小极限尺寸为$\phi69.054$ mm。零件制造成的实际尺寸在上极限尺寸与下极限尺寸之间为合格尺寸。

(4) 尺寸偏差。某一尺寸减去公称尺寸所得的代数差称为尺寸偏差，分为上极限偏差(上偏差)和下极限偏差(下偏差)。上极限偏差(上偏差)是上极限尺寸减公称尺寸所得的代数差。下极限偏差(下偏差)是下极限尺寸减公称尺寸所得的代数差。如图 1-7 中，轴径$\phi70$ 的上偏差为 0，轴径$\phi70$ 的下偏差为–0.046 mm。

(5) 尺寸公差。允许尺寸的变动量称为尺寸公差(简称公差)。公差等于上极限尺寸减下极限尺寸的绝对值。如图 1-7 中，轴径$\phi70$ 的公差为 0.046 mm。

(6) 尺寸公差带。公差带是限制尺寸变动的区域。在公差带图中，它是由代表上、下极限偏差的两直线所限定的一个区域(如图 1-9 所示)。

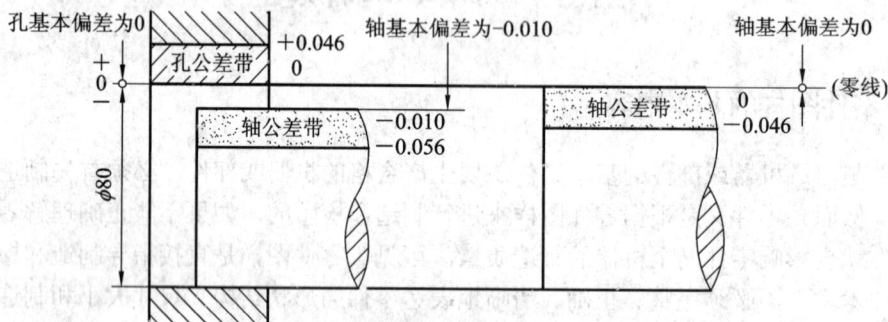

图 1-9　尺寸公差带

产品几何技术规范(GPS)极限与配合 第 1 部分：公差、偏差和配合的基础

产品几何技术规范(GPS)极限与配合 第 2 部分：标准公差等级和孔、轴极限偏差表

产品几何技术规范(GPS)极限与配合 公差带和配合的选择

(7) 标准公差。国家标准规定的用以确定公差带大小的任一公差称为标准公差。标准公差是由公称尺寸和公差等级两个因素确定的。公差等级是用以确定尺寸精确程度的等级。国家标准规定有 20 个公差等级，包括 IT01、IT0、IT1……IT18。IT 表示标准公差，公差等级的代号用阿拉伯数字表示，其中 IT01 级精度最高，IT18 级精度最低。

(8) 基本偏差。一般将靠近零线的那个偏差称为基本偏差，用以确定公差带相对于零线位置的上极限偏差或下极限偏差。国家标准对孔、轴各规定了 28 个基本偏差。基本偏差用英文字母表示，大写的为孔，小写的为轴。图 1-10 所示为孔、轴的基本偏差系列。

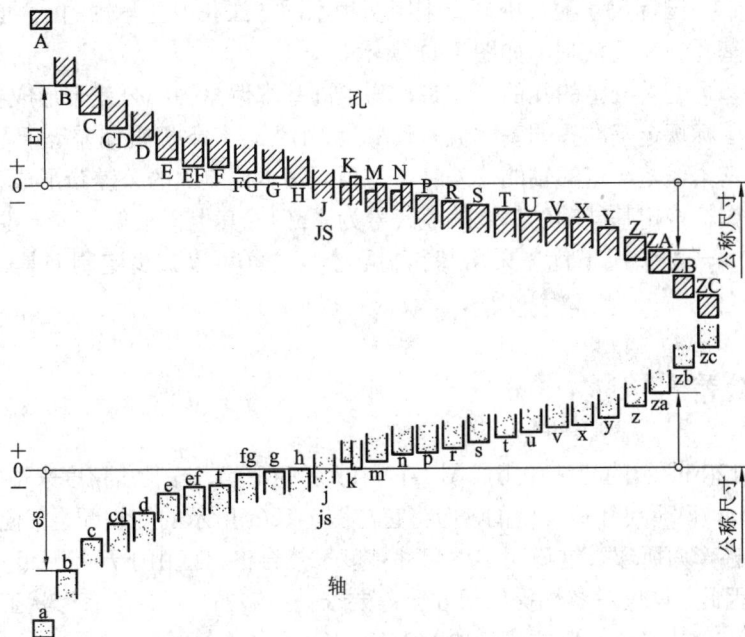

图 1-10　孔、轴的基本偏差系列

(9) 尺寸配合。尺寸配合指公称尺寸相同、相互结合的孔与轴公差带之间的关系。一般分为三类：间隙配合、过盈配合和过渡配合，如图 1-11 所示。

① 间隙配合是具有间隙的配合，此时孔的公差带在轴的公差带之上。

② 过盈配合是具有过盈的配合，此时孔的公差带在轴的公差带之下。

③ 过渡配合是可能具有间隙或过盈的配合，此时孔的公差带与轴的公差带相互交叠。

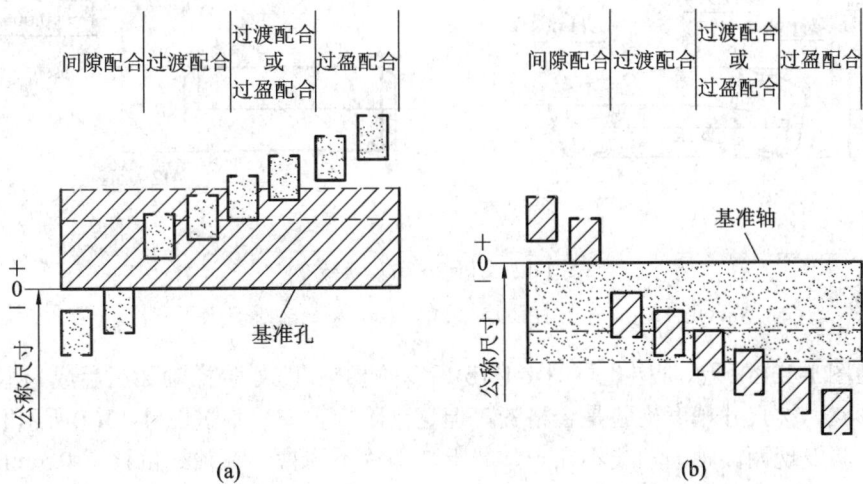

图 1-11　基孔制和基轴制

(a) 基孔制；(b) 基轴制

(10) 基准制。国标尺寸配合中规定采用两种不同方法获得孔与轴的三种配合，称为两种配合制度：基孔制和基轴制，如图 1-11 所示。

基孔制：基本偏差一定的孔的公差带，与不同基本偏差轴的公差带形成各种配合性质的一种制度。国标规定基准孔的基本偏差代号为"H"，其下极限偏差等于零。

基轴制：基本偏差一定的轴的公差带，与不同基本偏差孔的公差带形成各种配合性质的一种制度。国标规定基准轴的基本偏差代号为"h"，其上极限偏差等于零。

国标规定，一般情况下优先采用基孔制配合，这样可以减少定制刀具、定制量具的数量。

### 1.3.3　几何公差

将如图 1-12(b)所示的圆柱加工成图 1-12(c)所示的形状，按尺寸精度来检验，尺寸处处都是 11.994 mm，说明尺寸是合格的，但将它与图 1-12(a)所示的孔相配合，便安装不进去。经检验是因圆柱弯曲所致。这说明零件尺寸精度虽然合格，但由于形状精度不合格而影响了零件质量。因此，仅仅对零件提出尺寸公差要求是不够的，还必须有形状上的精度要求，即应对零件提出"几何公差"要求，如图 1-12(d)所示。

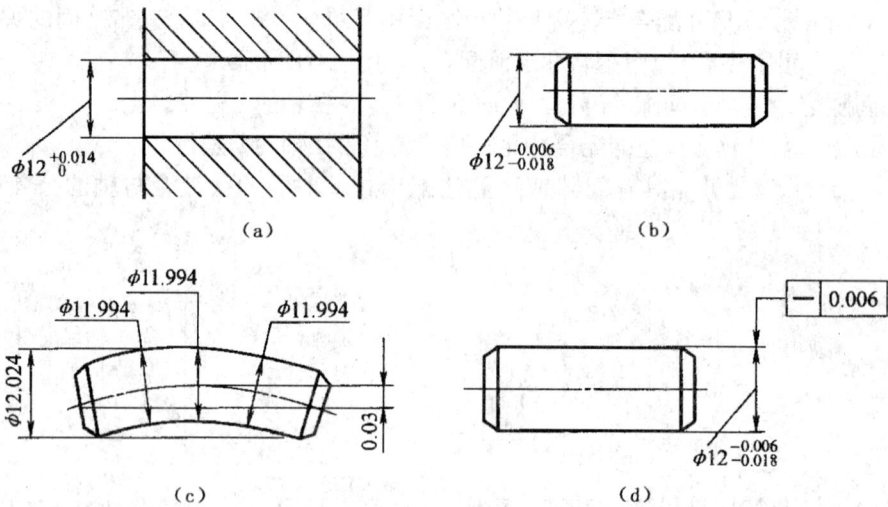

图 1-12　几何公差(形状精度)

(a) 孔公差；(b) 圆柱公差；(c) 形状误差；(d) 形状公差标注

加工图 1-13(a)所示阶梯孔与图 1-13(b)所示阶梯轴，假如阶梯轴加工后成为图 1-13(c)所示的形状，按尺寸精度检验是合格的，但这个阶梯轴安装不进图 1-13(a)所示的阶梯孔中。经检验发现两段轴的轴线不在一条线上，即"不同轴"，轴线偏移了 0.5 mm，所以装不进去。由此可见，此轴仅保证尺寸精度和形状精度是不够的，还应保证其位置精度的要求，即对两段轴还应提出相互的位置精度(同轴度)要求。其位置公差要求如图 1-13(d)所示。

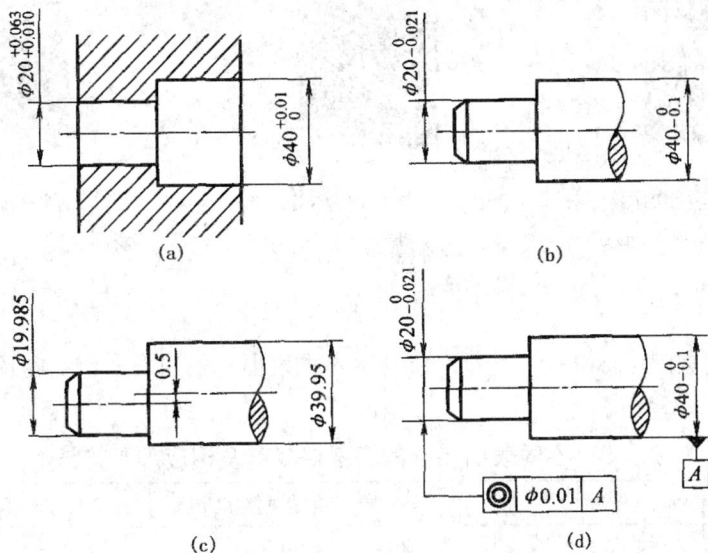

图 1-13　几何公差(位置精度)

(a) 阶梯孔；(b) 阶梯轴；(c) 阶梯轴误差；(d) 同轴度标注

几何公差是允许零件形状、位置、方向的变动量。几何公差包括形状公差、位置公差、方向公差、跳动公差。形状公差有直线度、平面度、圆度、圆柱度、线轮廓度、面轮廓度等项目，位置公差有位置度、同心度、同轴度、对称度、线轮廓度、面轮廓度等项目，方向公差有平行度、垂直度、倾斜度、线轮廓度、面轮廓度等项目，跳动公差有圆跳动、全跳动等项目。几何公差按国家标准规定选择和标注。

### 1.3.4　表面粗糙度

加工后零件的外观晶亮光滑，放大后零件表面状况如图 1-14 所示，表面微小的峰、谷和间距称为表面粗糙度。表面粗糙度一般是由刀具切削刃形状、进给量和切屑形成过程等因素造成的。表面粗糙度对零件的使用性能有多方面的影响，如配合的可靠性、疲劳强度、摩擦力、耐磨性、涂层的附着强度、机械结构的灵敏度和传动精度等。

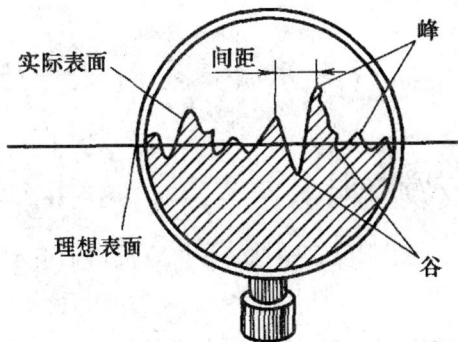

图 1-14　零件表面的微观状况

产品几何技术规范(GPS) 表面结构 轮廓法 评定表面结构的规则和方法

产品几何技术规范(GPS)技术产品文件中表面结构的表示法

产品几何量技术规范(GPS) 表面缺陷　术语、定义及参数

表面粗糙度按国家标准规定选择和标注。不同表面特征的表面粗糙度及相应加工方法见表 1-5。

表 1-5　不同表面特征的表面粗糙度及相应加工方法

| 表面要求 | 表 面 特 征 | 表面粗糙度值 $R_a/\mu m$ | 加 工 方 法 |
|---|---|---|---|
| 不加工 | 毛坯表面清除毛刺 | 100 | — |
| 粗加工 | 明显可见刀纹 | 50 | 粗车、粗铣、粗刨、钻、粗镗 |
| | 可见刀纹 | 25 | |
| | 微见刀纹 | 12.5 | |
| 半精加工 | 可见加工痕迹 | 6.3 | 半精车、精车、精铣、粗磨 |
| | 微见加工痕迹 | 3.2 | |
| | 不见加工痕迹 | 1.6 | |
| 精加工 | 可辨加工痕迹的方向 | 0.8 | 精铰、刮削、精拉、精磨 |
| | 微辨加工痕迹的方向 | 0.4 | |
| | 不辨加工痕迹的方向 | 0.2 | |
| 精度加工 | 暗光泽面 | 0.1 | 精密磨削珩磨、研磨、超精加工、抛光 |
| | 亮光泽面 | 0.05 | |
| | 镜状光泽面 | 0.025 | |
| | 雾状光泽面 | 0.012 | |
| | 镜面 | 0.006 | 镜面磨削、研磨 |

# 1.4　零件常用金属材料及热处理

## 1.4.1　常用金属材料的力学性能

金属材料的力学性能主要有强度、塑性、硬度、冲击韧度及疲劳强度等。

### 1. 强度

金属材料在静载荷作用下抵抗塑性变形或断裂的能力，称为强度。强度的大小通过应力表示。强度可分为抗拉强度、抗剪强度、抗压强度、抗弯强度和抗扭强度五种。一般情况下，多以抗拉强度 $R_m$ 作为判别金属强度高低的指标。抗拉强度越高，表示材料的抗拉能力越大。

### 2. 塑性

金属材料在断裂前发生塑性变形的能力，称为塑性，常用金属材料断后伸长率 $A$ 和断面收缩率 $Z$ 来表示。断后伸长率和断面收缩率越大，表示材料的塑性越好。

### 3. 硬度

金属材料表面抵抗局部变形，特别是塑性变形、压痕或划痕的能力，称为硬度。金属材料的硬度值越大，表示材料硬度越高。

### 4. 冲击韧度

金属材料抵抗冲击载荷作用而不被破坏的能力，称为韧性，其大小用冲击韧度来衡量。

### 5. 疲劳强度

材料承受无限多次交变载荷作用而不会产生破坏的最大应力，称为疲劳强度。如轴、齿轮、轴承、叶片、弹簧等，在工作过程中各点的应力随时间周期性地变化，这种随时间周期性变化的应力称为交变应力。在交变应力的作用下，虽然零件所承受的应力低于材料的屈服强度，但经过较长时间的工作后产生裂纹或突然发生完全断裂的现象称为金属的疲劳。

常用金属材料的力学性能及其含义见表 1-6。

**表 1-6 常用金属材料的力学性能及其含义**

| 力学性能 | 性能指标 | | | | 说 明 |
|---|---|---|---|---|---|
| | 名称 | 符号 | 单位 | 计算公式 | |
| 强度 | 下屈服强度 | $R_{eL}$ | MPa | $R_{eL} = F_s/S_0$ | $F_s$ 是试样屈服时所受的载荷，单位为 N；$F_b$ 是试样拉断前所受的最大载荷，单位为 N；$L_0$ 是试样原始的标距，单位为 mm；$L_1$ 是试样拉断后的标距，单位为 mm；$S_0$ 是试样原始截面面积，单位为 mm²；$S_1$ 是试样拉断后缩颈处的截面面积，单位为 mm² |
| | 抗拉强度 | $R_m$ | MPa | $R_m = F_b/S_0$ | |
| 塑性 | 断后伸长率 | $A$ | % | $A = \dfrac{L_1 - L_0}{L_0} \times 100\%$ | |
| | 断面收缩率 | $Z$ | % | $Z = \dfrac{S_0 - S_1}{S_0} \times 100\%$ | |
| 韧性 | 冲击韧度 | $\alpha_k$ | J/cm² | $\alpha_k = A_k/A$ | $A_k$ 是冲击吸收功，单位为 J；$A$ 是试样缺口底部处的横截面积，单位为 cm² |
| 疲劳强度 | 疲劳极限 | $\sigma_D$ | MPa | — | 钢铁材料规定应力循环 $10^7$ 周次而不断裂的最大应力为疲劳极限，非铁金属和不锈钢取 $10^8$ 周次 |

工程上常用的硬度指标有布氏硬度和洛氏硬度。常用金属材料的硬度指标的测量范围和应用举例，见表 1-7。

表 1-7　常用金属材料的硬度指标的测量范围和应用举例

| 硬度名称 | 压头 | 测量范围 | 应 用 举 例 |
|---|---|---|---|
| HBW(布氏) | 硬质合金压头 | ≤650 HBW | 铸铁、非铁合金、各种退火及调质的钢材 |
| HRA(洛氏) | 120°金刚石圆锥体 | 60～80 HRA | 表面淬火钢、硬质合金 |
| HRB(洛氏) | φ1.588 mm 钢球 | 25～100 HRB | 退火钢、软钢及铜合金等 |
| HRC(洛氏) | 120°金刚石圆锥体 | 20～67 HRC | 一般淬火钢材料 |

## 1.4.2　常用金属材料的牌号、性能和用途

### 1. 碳钢

碳钢又称为碳素钢，指碳的质量分数小于 2.11%，并由少量冶炼过程中残存下来的硅、锰、磷、硫等杂质元素所组成的铁碳合金。其中硅、锰有一定的强化作用，是有益元素；而磷、硫的存在将会造成钢材的塑性下降，应严格限制其含量。生产中常用的碳钢类别、牌号表示方法，见表 1-8。

表 1-8　常用碳钢类别、牌号

| 类 别 | 牌号表示法 | 牌号举例说明 |
|---|---|---|
| 碳素结构钢 | 用 Q("屈"的汉语拼音第一个字母)、屈服强度值、质量等级符号(A、B、C、D)及脱氧方法符号(F、Z、b)四个部分按顺序组成 | 如："Q235AF"表示最低屈服强度为235 MPa、质量等级为 A 级的沸腾钢 |
| 优质碳素结构钢 | 常用两位数字表示；含锰量较高的优质碳素结构钢(0.7%～1.2%)，在后面加"Mn"元素符号 | 如："45"表示碳的质量分数为0.45%的优质碳素结构钢；"65Mn"表示碳的质量分数为 0.65% |
| 碳素工具钢 | 用"碳"的汉语拼音第一个字母"T"加"数字"表示，"数字"表示碳的质量分数；对于高级优质钢，在牌号末尾加代号"A"来表示 | 如："T8"表示碳的质量分数为0.8%的优质碳素工具钢；"T12A"表示碳的质量分数为1.2%的高级优质碳素工具钢 |
| 铸造碳钢 | 用"铸钢"两汉字的汉语拼音字母开头"ZG"后面加"两组数字"组成，第一组数字代表屈服强度，第二组数字代表抗拉强度 | 如："ZG200-400"表示屈服强度不小于 200 MPa，抗拉强度不小于 400 MPa的铸钢 |

碳素结构钢　　　　　　　　　　优质碳素结构钢

#### 1) 碳素结构钢

碳素结构钢中的磷、硫等杂质含量较高，质量较低，但价格便宜，并具有一定的力学性能，常用作性能要求不高，不须热处理的机械零件和结构件，是碳钢中用量最大的一类。常用碳素结构钢的化学成分、性能及用途见表 1-9。

### 表 1-9  常用碳素结构钢的化学成分、性能及用途

| 牌号 | 等级 | 化学成分 | $R_{eL}$/MPa | $A$/% | $R_m$/MPa | 用 途 举 例 |
| --- | --- | --- | --- | --- | --- | --- |
| | | | 钢材厚度或直径≤16 mm | | | |
| | | $\omega(C)$/% | 不小于 | | | |
| Q195 | — | 0.06~0.12 | 195 | 33 | 315~390 | 用来制造薄钢板、钢丝、钢管、钢钉、螺钉、地脚螺栓等 |
| Q215 | A | 0.09~0.15 | 215 | 31 | 335~410 | |
| | B | | | | | |
| Q235 | A | 0.14~0.22 | 235 | 26 | 375~460 | 用来制造拉杆、螺栓、螺母、轴、销、螺纹钢、角钢、槽钢、钢板等 |
| | B | 0.12~0.20 | | | | |
| | C | ≤0.18 | | | | |
| | D | ≤0.17 | | | | |
| Q255 | A | 0.18~0.28 | 255 | 24 | 410~510 | 用来制造各种型条钢和钢板 |
| | B | | | | | |
| Q275 | — | 0.28~0.38 | 275 | 20 | 490~610 | 相当于35~40钢 |

2) 优质碳素结构钢

优质碳素结构钢中的磷、硫含量较低，质量较好，含碳量波动小，性能稳定，并可通过热处理进行强化，常用来制造比较重要的零件。常用优质碳素结构钢的化学成分、性能及用途见表1-10。

### 表 1-10  常用优质碳素结构钢的化学成分、性能及用途

| 牌号 | 化学成分 | 力 学 性 能 | | | 用 途 举 例 |
| --- | --- | --- | --- | --- | --- |
| | | $R_{eL}$/MPa | $R_m$/MPa | $A$/% | |
| | $\omega(C)$/% | 正火状态不小于 | | | |
| 08 | 0.05~0.12 | 195 | 325 | 35 | 强度低、塑性好，作为薄板、冲压件等 |
| 10 | 0.07~0.14 | 205 | 335 | 33 | 具有良好的冲压性和焊接性，用作受力不大、要求韧性好的构件或零件，如焊接容器、螺钉、螺母、轴套等，经渗碳等热处理后，用作承受冲击负荷的零件，如齿轮、凸轮等 |
| 15 | 0.12~0.19 | 225 | 375 | 27 | |
| 20 | 0.17~0.24 | 245 | 410 | 25 | |
| 25 | 0.22~030 | 275 | 450 | 23 | |
| 30 | 0.27~0.35 | 295 | 490 | 21 | |
| 35 | 0.32~0.40 | 315 | 530 | 20 | 经调质处理后，可获得良好的综合机械性能，主要用作齿轮、连杆、轴等机械零件。其中以40钢和45钢应用最广 |
| 40 | 0.37~0.45 | 335 | 570 | 19 | |
| 45 | 0.42~0.50 | 355 | 600 | 16 | |
| 50 | 0.47~0.55 | 375 | 630 | 14 | |
| 55 | 0.52~0.60 | 380 | 645 | 13 | |
| 60 | 0.57~0.65 | 400 | 675 | 12 | 具有高的强度和良好的弹性，经一定热处理后主要用来制造截面尺寸较小的弹性零件和易磨损的零件，如弹簧、弹性垫圈、轧碾等 |
| 60Mn | 0.57~0.65 | 420 | 710 | 11 | |
| 65 | 0.62~0.70 | 410 | 695 | 10 | |
| 65Mn | 0.62~0.70 | 440 | 750 | 9 | |

3) 碳素工具钢

碳素工具钢中碳的质量分数较高，一般为 0.65%～1.35%，经适当热处理后，具有高强度、高硬度及高耐磨性，常用来制造各种工具，如刃具、量具和模具等。常用碳素工具钢的化学成分、性能及用途见表 1-11。

表 1-11　常用碳素工具钢的化学成分、性能及用途

| 牌号 | 化学成分 | 硬 度 | | 用 途 举 例 |
|---|---|---|---|---|
| | $\omega(C)/\%$ | 退火后 HBW 不小于 | 淬火后 HRC 不小于 | |
| T7 T7A | 0.65～0.75 | 187 | 62 | 用作能承受冲击、硬度适当，并具有较好韧性的工具，如扁铲、钳子、錾子、木工工具、榔头等 |
| T8 T8A | 0.75～0.84 | 187 | 62 | 用作能承受冲击、要求较高的硬度与耐磨性的工具，如剪刀、木工工具、冲头、压缩空气工具等 |
| T9 T9A | 0.85～0.94 | 192 | 62 | 用作硬度较高、韧性中等的工具，如木工工具、冲头、凿岩工具等 |
| T10 T10A | 0.95～1.04 | 197 | 62 | 用作不承受剧烈冲击、高硬度、高耐磨性的工具，如冲头、手锯用钢条、丝锥等 |
| T11 T11A | 1.14～1.15 | 207 | 62 | 用作不承受剧烈冲击、高硬度、高耐磨性的工具，如冲模、车刀、刨刀、丝锥、钻头、手用钢锯条等 |
| T12 T12A | 1.15～1.24 | 207 | 62 | 用作不受冲击、高硬度、高耐磨性的工具，如锉刀、刮刀、丝锥等 |
| T13 T13A | 1.25～1.34 | 217 | 62 | 用作不受冲击、要求高硬度和更高耐磨性的工具，如锉刀、拉丝模、刮刀、剃刀等 |

注：淬火后的硬度不是指用途举例中各种工具的硬度，而是指碳素工具钢材料在淬火后的最低硬度。

4) 铸钢

铸钢是冶炼后直接铸造成毛坯或零件的碳素钢，适用于形状复杂且韧性、强度要求较高的零件，也常用作韧性、强度要求较高的大型零件。铸钢碳的质量分数一般为 0.15%～0.60%，过高则塑性差，易产生裂纹，过低则强度降低，易磨损，不同牌号的铸钢用于不同使用要求的零件。

工模具钢

ZG200-400 有良好的塑性、韧性和焊接性，用于受力不大，要求韧性好的各种机械零件，如机座、变速箱壳等。

ZG230-450 有一定强度和较好的塑性、韧性和焊接性，用于受力不大，要求韧性好的各种机械零件，如外壳、轴承盖、底板等。

ZG270-500 有较高的强度和较好的塑性，铸造性能良好，焊接性尚好，可加工性好，用作轴承座、箱体、曲轴、缸体等。

ZG310-570 强度和可加工性良好，塑性、韧性较低，用作载荷较大的零件，如大齿轮、缸体、制动轮等。

### 2. 铸铁

铸铁是碳的质量分数≥2.11%，含杂质比较多的铁碳合金。

常用铸铁的化学成分：碳的质量分数为 2.5%～4.0%，硅的质量分数为 1.0%～3.5%，锰的质量分数为 0.5%～1.5%，磷的质量分数≤0.2%，磷的质量分数≤0.5%。石墨(即游离碳)使铸铁的抗拉强度和断后伸长率都不如钢，而且性能较脆；但石墨的存在又使铸铁具有耐磨、耐压、减振、低的缺口敏感性及优良的铸造性能等；同时，铸铁的熔炼过程简便，成本较低。所以，铸铁是应用广泛的铸造合金材料。铸件占机器总重量的 45%～90%。常用铸铁的主要特点、牌号、种类及用途，见表 1-12。

**表 1-12　常用铸铁的主要特点、牌号、种类及用途**

| 名称 | 类　　别 | | | | |
|---|---|---|---|---|---|
| | 灰铸铁 | 球墨铸铁 | 可锻铸铁 | 蠕墨铸铁 | 合金铸铁 |
| 主要特点 | 石圈呈粗大片状形态出现，其断口呈暗灰色 | 石墨呈球状形态出现，其抗拉强度、冲击韧度可与中碳钢媲美 | 石墨呈团絮状形态出现，其断口心部呈黑色与白色 | 石墨呈蠕虫状，介于球墨铸铁和灰铸铁之间的铸铁 | 具有耐热、耐磨或耐蚀等特殊性能的铸铁 |
| 常用牌号 | HT150<br>HT200<br>HT350 | QT400-18<br>QT600-3<br>QT800-2 | KTH350-10<br>KTH450-06<br>KTZ550-04 | RuT300<br>RuT340<br>RuT380 | RTCr16<br>RTSi5 |
| 牌号意义 | HT 表示灰铸铁，数字表示最小抗拉强度值(MPa) | QT表示球墨铸铁，数字表示最小抗拉强度值(MPa)，后面的数字表示断后伸缩率 | KTH 表示黑心可锻铸铁，KTZ 表示珠光体可锻铸铁，数字含义同球墨铸铁 | RuT 表示蠕墨铸铁，数字表示最小抗拉强度值(MPa) | RT 表示耐热铸铁，化学符号表示合金元素的质量分数 |
| 用途举例 | 底座、床身、泵体、气缸体、阀体、凸轮等 | 扳手、犁刀、曲轴、连杆、机床主轴等 | 管接头、低压阀门、纺织机械、缝纫机械、齿轮等 | 齿轮箱体、气缸盖、活塞环、排气管等 | 化工机械零件、炉底、换热器等 |

铸钢牌号表示方法　　　　　　　　铸铁牌号表示方法

### 3. 合金钢

合金钢是在碳钢的基础上，为了提高钢的力学性能、工艺性能或某些特殊性能，在钢的冶炼过程中有目的地加入一些合金元素而形成的钢。常加入的合金元素有硅、锰、铬、镍、铝、硼、钨、钼、钒、钛和稀土元素等。合金元素与铁和碳相互作用，使合金钢与碳钢相比具有如下特点：较高的力学性能，如强度、硬度、韧性等；良好的热处理工艺性能，如淬透性好、淬火变形小等；某些特殊的性能，如耐腐蚀、抗氧化、耐热等性能。因此，合金钢常用作一些重要的工程构件和机械零件。

1) 合金渗碳钢

合金渗碳钢是经渗碳、淬火及低温回火后，表面具有高强度、高硬度和耐磨性，心部具有良好韧性(即表硬心韧)的钢。它主要用来制造承受冲击负荷及摩擦很大的重要零件。例如，汽车、拖拉机变速齿轮等。常用的合金渗碳钢有 20CrMnTi、18CrMnTi 等。生产中，常用合金渗碳钢的牌号、热处理工艺、力学性能及用途，见表 1-13。

表 1-13　常用合金渗碳钢的牌号、热处理工艺、力学性能及用途

| 牌号 | 热处理工艺 | | | 力学性能(不小于) | | | | 用 途 举 例 |
| --- | --- | --- | --- | --- | --- | --- | --- | --- |
| | 第一次淬火/℃ | 第一次淬火/℃ | 回火/℃ | $R_m$/MPa | $R_{eL}$/MPa | $A$/% | $\alpha_k$/J | |
| 20Cr | 880，水冷、油冷 | 800，水冷、油冷 | 200，水冷、空冷 | 835 | 540 | 10 | 47 | 截面在 30 mm 以下、载荷不大的零件,如机床及汽车齿轮、活塞销等 |
| 20CrMnTi | 880，油冷 | 870，油冷 | 200，水冷、空冷 | 1080 | 835 | 10 | 55 | 截面在 30 mm 以下，承受高速、中或高载荷以及受冲击、摩擦的重要渗碳件,如汽车轴、拖拉机轴、齿轮、齿轮轴、爪形离合器、蜗杆等 |
| 20MnVB | 860，油冷 | — | 200，水冷、空冷 | 1080 | 885 | 10 | 55 | 模数较大，载荷较重的中小渗碳件,如重型机床齿轮、轴,汽车后桥主动、被动齿轮等淬透性件 |
| 12Cr2Ni4 | 860，油冷 | 780，油冷 | 200，水冷、空冷 | 1080 | 835 | 10 | 71 | 大截面、载荷较高、缺口敏感性低的重要零件,如重型载重车、坦克的齿轮 |
| 28Cr2Ni4WA | 950，空冷 | 850，空冷 | 200，水冷、空冷 | 1175 | 835 | 10 | 78 | 截面更大、性能要求更高的零件,如大截面的齿轮、传动轴、精密机床上控制进给的蜗轮等 |

2) 合金调质钢

合金调质钢是经调质处理后具有良好的综合机械性能的合金钢。这类钢含碳量一般为中碳成分[$\omega(C) = 0.3\% \sim 0.5\%$]，常加入的合金元素有锰、硅、铬、镍等，以提高钢的淬透性和机械性能。合金调质钢经调质处理后，具有良好的机械性能，常用来制造中等截面，承受冲击、交变负荷作用的重要零件，如机床主轴、汽车后桥半轴、连杆、齿轮等；经调质及表面淬火处理后，具有"表硬心韧"的性能，也可用来制造承受冲击、摩擦的重要零件，如机床变速齿轮。常用的合金调质钢有 40MnB、40Cr 等。常用合金调质钢的牌号、热处理工艺、力学性能及用途见表 1-14。

**表 1-14　常用合金调质钢的牌号、热处理工艺、力学性能及用途**

| 牌号 | 热处理工艺 | | 力学性能(不小于) | | | | | 用途举例 |
|---|---|---|---|---|---|---|---|---|
| | 淬火 /℃ | 回火/℃ | $R_m$ /MPa | $R_{eL}$ /MPa | $A$ /% | $Z$ /% | $\alpha_k$ /J | |
| 40Cr | 850，油冷 | 520，水冷、油冷 | 980 | 785 | 9 | 45 | 47 | 汽车后桥半轴、机床齿轮、轴、花键轴、顶尖套等 |
| 40CrB | 850，油冷 | 500，水冷、油冷 | 980 | 785 | 10 | 45 | 47 | 代替 40Cr 钢制造中、小截面重要调质件等 |
| 35CrMo | 850，油冷 | 550，水冷、油冷 | 980 | 835 | 12 | 45 | 63 | 受冲击、振动、弯曲、扭转载荷的机件，如主轴、锤杆、大电机轴、曲轴等 |
| 38CrMoAl | 940，油冷 | 640，水冷、油冷 | 980 | 835 | 14 | 50 | 71 | 高级渗氮钢，制作磨床主轴、精密丝杠、精密齿轮、高压阀门、压缩机活塞杆等 |
| 40CrNiMoA | 850，油冷 | 600，水冷、油冷 | 980 | 835 | 12 | 55 | 78 | 韧性好、强度高及大尺寸重要调质件，如重型机械中高载荷轴类、直径大于 250 mm 的汽轮机轴、曲轴、叶片 |

3) 合金弹簧钢

合金弹簧钢是用来制造各种弹簧或减震元件的专用合金结构钢。这类钢含碳量一般为中、高碳成分[$\omega(C) = 0.5\% \sim 0.7\%$]，目的是保证钢具有高强度、高弹性及良好的韧性。常加入的合金元素有锰、硅、铬、钒、铝等，以提高钢的淬透性，有效地改善钢的力学性能。合金弹簧钢经淬火及中温回火后，具有高强度、高弹性及足够的韧性，常用来制造截面尺寸较大、受力较大的重要弹簧或弹性零件，如汽车、拖拉机、机车的减震板簧和螺旋弹簧。常用的合金弹簧钢有 50CrVA、60SiZMn 等。常用合金弹簧钢的牌号、热处理工艺、力学性能及用途见表 1-15。

**表 1-15　常用合金弹簧钢的牌号、热处理工艺、力学性能及用途**

| 牌号 | 热处理工艺 | | 力学性能(不小于) | | | 用途举例 |
|---|---|---|---|---|---|---|
| | 淬火/℃ | 回火 /℃ | $R_m$ /MPa | $R_{eL}$ /MPa | $Z$ /% | |
| 55Si2Mn | 870，油冷 | 480 | 1 274 | 1 176 | 30 | 用途广，如汽车、拖拉机、机车上的减震板簧和螺旋弹簧，气缸安全阀弹簧等 |
| 60SiCrA | 870，油冷 | 420 | 1 764 | 1 568 | 20 | 用作承受高应力及工作温度 300～350 ℃ 以下的弹簧，如汽轮机汽封弹簧、破碎机用弹簧等 |
| 50CrVA | 850，油冷 | 500 | 1 274 | 1 127 | 40 | 用作高载荷重要弹簧及工作温度＜300 ℃ 的阀门弹簧、活塞弹簧、安全阀弹簧等 |
| 30W4Cr2VA | 1 050～1 100，油冷 | 600 | 1 470 | 1 323 | 40 | 用作工作温度≤500 ℃ 的耐热弹簧，如锅炉主安全阀弹簧、汽轮机汽封弹簧等 |

4) 滚动轴承钢

滚动轴承钢是用来制造滚动轴承的专用合金结构钢。其含碳量高 [$\omega(C) = 0.95\% \sim 1.15\%$]，目的是保证钢具有高强度、高硬度及高耐磨性。常加入的合金元素有铬、锰、硅等，以提高钢的淬透性，提高钢的硬度、耐磨性及耐蚀性。滚动轴承钢经淬火及低温回火后，具有高强度、高硬度及高耐磨性，常用来制造滚动轴承、喷油嘴、量具等，常用的有 GCr15、GCr9SiMn 等。常用滚动轴承钢的牌号、热处理工艺及用途见表 1-16。

弹簧钢

### 表 1-16 常用滚动轴承钢的牌号、热处理工艺及用途

| 牌号 | 热处理工艺 | | 回火后硬度/HRC | 用途举例 |
| --- | --- | --- | --- | --- |
| | 淬火/℃ | 回火/℃ | | |
| GCr6 | 800～820，水冷、油冷 | 150～170 | 62～64 | 直径<10 mm 的滚珠、滚柱及滚针 |
| GCr9 | 810～830，水冷、油冷 | 150～170 | 62～64 | 直径<20 mm 的滚珠、滚柱及滚针 |
| GCr9SiMn | 810～830，水冷、油冷 | 150～160 | 62～64 | 壁厚<12 mm，外径<250 mm 的套圈；直径为 25～50 mm 的钢球；直径<22 mm 的滚子 |
| GCr15 | 820～846，油冷 | 150～160 | 62～64 | |
| GCr15SiMn | 820～846，油冷 | 150～170 | 62～64 | 壁厚≥12 mm、外径>250 mm 的套圈；直径>50 mm 的钢球；直径>22 mm 的滚子 |

滚动轴承 碳钢轴承零件 热处理技术条件

渗碳轴承钢

### 4. 合金工具钢

1) 合金刃具钢

合金刃具钢按成分不同可分为低合金刃具钢和高速钢两类。

(1) 低合金刃具钢。低合金刃具钢是在碳素工具钢的基础上，加入少量合金元素。由于合金元素的作用使其比碳素工具钢具有更高的硬度、耐磨性和韧性，特别是具有更好的淬透性和热硬性(指材料在高温下保持高强度、高硬度的能力，用其强度、硬度显著降低时的温度来表示)。这类钢经淬火及低温回火处理后具有高硬度、高耐磨性，可用来制造截面尺寸较大、形状复杂、要求变形小的刃具、量具和模具，如板牙、丝锥、钻头、冲模和量规等。常用的低合金刃具钢有 9SiCr、9Mn2V 等。常用低合金刃具钢的牌号、热处理工艺及用途，见表 1-17。

表 1-17　常用低合金刃具钢的牌号、热处理及用途

| 牌号 | 热 处 理 工 艺 | | | 回火后硬度/HRC | 用 途 举 例 |
|------|------|------|------|------|------|
| | 淬火/℃ | 淬火后HRC | 回火/℃ | | |
| Cr06 | 800～810，水冷 | 63～65 | 160～180 | 62～64 | 锉刀、刮刀、刻刀、刀片 |
| Cr2 | 830～860，油冷 | ≥62 | 150～170 | 61～63 | 锉刀、刮刀、刻刀、刀片 |
| 9SiCr | 860～880，油冷 | ≥62 | 180～200 | 60～62 | 丝锥、板牙、钻头、铰刀 |
| CrWMn | 800～830，油冷 | ≥62 | 140～160 | 62～65 | 拉刀、长丝锥、长铰刀 |
| 9Mn2V | 780～810，油冷 | ≥62 | 150～200 | 60～62 | 丝锥、板牙、铰刀 |
| CrW5 | 800～850，水冷 | 65～66 | 160～180 | 64～65 | 低速切削硬金属刃具，如铣刀、车刀 |

(2) 高速钢。高速钢是一种高碳高合金工具钢。高的含碳量[$\omega(C) = 0.7\% \sim 1.65\%$]用以保证钢具有高硬度和高耐磨性，加入大量的钨、钼、铬、钒等合金元素(>10%)，使其经适当的热处理后具有高硬度、高耐磨性、高热硬性及足够的强度和韧性。用高速钢制造的切削刀具，当切削温度高达 500～600 ℃时仍能保持高硬度，比碳素工具钢、低合金刃具钢具有更高的切削速度，因而称为"高速钢"，常用来制造要求变形小、切削速度较高的各种切削刀具，如车刀、铣刀、刨刀、钻头等。常用的高速钢有 W18Cr4V、W6Mo5Cr4V2 等。常用高速钢的牌号、热处理温度及用途见表 1-18。

表 1-18　常用高速钢的牌号、热处理温度及用途

| 种类 | 牌号 | 热处理温度/℃ | | | | 回火后硬度/HRC | 用途举例 |
|------|------|------|------|------|------|------|------|
| | | 退火/℃ | 淬火/℃ | 回火/℃ | 退火后/℃ | | |
| 钨高速钢 | W18Cr4V<br>W3Mo3Cr4V2<br>W2Mo8Cr4V | 860～880<br>860～880<br> | 1260～1300<br>1260～1280<br>1230～1250 | 550～570<br>570～580<br>550～570 | 207～255<br>241～269<br> | 62～64<br>67.5<br>63 | 车刀、刨刀、钻头、铣刀等，用于高速切削 |
| | W4Mo3Cr4VSi | 840～860 | 1240～1270 | 550～570 | ≤262 | ≤65 | 只宜制造形状简单的刀具或仅需很少磨削的刀具 |
| 钼高速钢 | W6Mo5Cr4V3 | 840～885 | 1200～1240 | 550～570 | ≤255 | ≤65 | 制造要求耐磨性和热硬性较高，并有一定韧性、形状复杂的刀具，如拉刀、铣刀 |
| | W6Mo5Cr4V2 | 840～860 | 1220～1240 | 550～570 | ≤241 | 63～66 | 制造要求耐磨和韧性很好的高速切削力具，如丝锥、扭制钻头 |
| 高性能高速钢 | W6Mo5Cr4V2Co8<br>W6Mo6Cr4V2 | 870～900<br>845～855 | 1200～1260<br>1230～1260 | 540～570<br>540～560 | ≤269<br>≤260 | 64～66<br>67～69 | 用于难加工切削材料，如高温合金、难熔金属、超高温度钢铁合金和奥氏体不锈钢的刀具，直径在 15 mm 以上的钻头 |

2) 合金量具钢

合金量具钢是用于制造各种测量工具的钢。量具在使用过程中主要是磨损，对合金量具钢的性能要求是高的硬度($\geq$56HRC)、耐磨性及较高的尺寸稳定性。合金量具钢具有高碳成分[$\omega(C) = 0.9\% \sim 1.5\%$]，以保证钢具有高硬度、高耐磨性，常加入铬、钨、锰等合金元素，以提高淬透性，减小淬火变形，进一步提高硬度和耐磨性。合金量具钢没有专用钢。尺寸小、形状简单、精度较低的量具用高碳钢制造；复杂的较精密的量具一般用低合金刃具钢制造。CrWMn 的淬透性较高，淬火变形很小，可用于精度要求高且形状复杂的量规及块规；GCr15 的耐磨性、尺寸稳定性较好，多用于制造高精度块规、螺旋塞头、千分尺。

3) 合金模具钢

合金模具钢按使用条件不同可分为冷模具钢和热模具钢。

(1) 冷作模具钢。冷模具的作用是使金属在常温下产生塑性变形，从而获得一定形状和尺寸的零件，如落料模、弯曲模、剪切模、冷墩模等。冷作模具钢属于高碳成分的钢，常加入铬、锰、钼、钒等合金元素，经淬火及低温回火处理后具有高硬度、高耐磨性及一定韧性。常用的冷作模具钢如下：

① 碳素工具钢。常用牌号有 T10A。这类钢的主要优点是可加工性好、成本低，突出的缺点是淬透性差、耐磨性欠佳、淬火变形大、使用寿命短，故一般只适合制造尺寸小、形状简单、精度低的轻负荷模具。

② 低合金工具钢。常用牌号有 9SiCr、CrWMn 和滚动轴承钢 GCr15。这类钢具有较高的淬透性、较好的耐磨性和较小的淬火变形，因其回火稳定性较好而在稍高的温度下回火，故综合力学性能较好，常用来制造尺寸较大、形状较复杂、精度较高的低负荷模具。

③ 高铬和中铬冷作模具钢。常用牌号有 Cr12、Cr12MOV。这类钢具有更高的淬透性、耐磨性和承载强度，且淬火变形小，广泛用于尺寸大、形状复杂、精度高的重载冷作模具。

④ 高速钢类冷作模具钢。可用于制造大尺寸、复杂形状、高精度的重载冷作模具，其耐磨性、承载能力更好，特别适合于工作条件极为恶劣的钢铁材料冷挤压模。

(2) 热作模具钢。热作模具钢的作用是将被加热的金属或液态金属放入模具内，经过冷却后获得所需的形状和尺寸，如热锻模、挤压模、压铸模等。热作模具钢属于中碳成分[$\omega(C) = 0.5\% \sim 0.6\%$]，具有良好的综合力学性能，常加入锡、锰、镍、钼等合金元素以提高淬透性和进一步改善钢的性能。常用的热作模具钢有 5CrNiMO、3Cr2W8V 等。常用热作模具钢的应用见表 1-19。

表 1-19　常用热作模具钢的应用

| 名称 | 类　型 | 应用的热作模具钢 | 硬度/HRC |
|---|---|---|---|
| 锻模 | 高度<250 mm 的小型热锻模；高度为 250~400 mm 的中型热锻模 | 5CrMnMo，5Cr2MnMo | 35~47 |
| | 高度>400 mm 的大型热锻模 | 5CrNiMo，5Cr2MnMo | 35~39 |

续表

| 名称 | 类　型 | 应用的热作模具钢 | 硬度/HRC |
|---|---|---|---|
| 压铸模 | 寿命要求高的热锻模 | 3Cr2W8V，4CrMoSiV，4Cr5W2SiV | 40～54 |
| | 热镦模 | 4Cr3W4Mo2VTiNb，4CrMoSiV，4Cr5W2Siv，3Cr3Mo3V，基体钢 | 39～54 |
| | 精密锻造或高速锻模 | 3Cr2W8V，4Cr5MoSiV，4Cr5W2SiV，4Cr3W4Mo2VTiNb | 45～54 |
| | 压铸锌、铝、镁合金 | 4Cr5MoSiV，4Cr5W2SiV，3Cr2W8V | 43～50 |
| | 压铸铜和黄铜 | 4Cr5MoSiV，4Cr5W2SiV，3Cr2W8V，钨基粉末冶金材料，钼、钛、铬难熔金属 | — |
| | 压铸钢、铁 | 钨基粉末冶金材料，钼、钛、锆难熔金属 | — |
| 挤压模 | 高温挤压和镦锻(300～800℃) | 8Cr8Mo2SiV，基体钢 | — |
| | 热挤压 | >1000℃，挤压钢或镍合金用 4Cr5MoSiV，3Cr2W8V | 43～47 |
| | | 1000℃，挤压铜或铜合金用 3Cr2W8V | 36～45 |
| | | <500℃，挤压铝、锰合金用 4Cr5MoSiV，4Cr5W2SiV | 46～50 |
| | | <100℃，挤压铅用 45 钢 | 16～20 |
| 塑料模 | | 3Cr2Mo，45 钢，铸铁 | |

### 5. 特殊性能钢

特殊性能钢是指具有某些特殊的物理、化学性能的钢。按性能特点不同一般分为不锈钢、耐热钢、耐磨钢等。

1) 不锈钢

不锈钢是指能抵抗腐蚀介质作用的钢，用来制造各种长期与腐蚀介质接触的零件，如水阀、医疗器具、容器、管道等。不锈钢按成分可分为铬不锈钢和铬镍不锈钢。

(1) 铬不锈钢。铬不锈钢又称 Cr13 型钢，如 12Cr13、2Cr13、3Cr13 等，在弱腐蚀介质(如大气、蒸汽、食品等)中，具有较强的耐腐蚀能力，常用作医疗器具、食品加工机械等。

(2) 铬镍不锈钢。如 06Cr19Ni9、Y12Cr18Ni9 等，在强腐蚀介质(如强酸、强碱等)中，具有较强的耐腐蚀能力，常用作在强腐蚀介质中工作的零件或构件，如盛装强酸、强碱的器具。

常用不锈钢的牌号、热处理工艺、力学性能及用途见表 1-20。

表 1-20　常用不锈钢的牌号、热处理工艺、力学性能及用途

| 类别 | 牌号 | 热处理工艺 | | 力学性能 | | | 硬度 /HBW | 用 途 举 例 |
|------|------|-----------|------|------|------|------|------|------|
| | | 淬火/℃ | 回火/℃ | $R_{0.2}$ /MPa | $R_m$ /MPa | $A$ /% | | |
| 马氏体型 | 12Cr13 | 950～1000, 油冷 | 700～750, 快冷 | ≥343 | ≥539 | ≥25 | ≥159 | 用作汽轮机叶片、水压机阀、螺栓、螺母等抗弱腐蚀介质并承受冲击的零件 |
| | 20Cr13 | 920～980, 油冷 | 600～750, 快冷 | ≥441 | ≥637 | ≥20 | ≥192 | 用作汽轮机叶片、水压机阀、螺栓、螺母等耐弱腐蚀介质并承受冲击的零件 |
| | 30Cr13 | 920～980, 油冷 | 600～750, 快冷 | ≥539 | ≥735 | ≥12 | ≥217 | 用作耐磨的零件, 如热油泵轴、阀门、刃具 |
| | 7Cr17 | 1 010～1 070, 油冷 | 100～180, 快冷 | — | — | — | ≥54 HRC | 用作轴承、刃具、阀门、量具等 |
| 铁素体型 | 0Cr13A1 | 780～830, 空冷或缓冷 | — | ≥177 | ≥412 | ≥20 | ≤183 | 用作汽轮机材料, 复合钢材, 淬火用部件 |
| | 10Cr17 | 780～850, 空冷或缓冷 | — | ≥206 | ≥451 | ≥22 | ≤183 | 通用钢种, 建筑内装饰用, 家庭用具等 |
| | 008Cr30Mo2 | 900～1 050, 快冷 | | ≥294 | ≥451 | ≥20 | ≤228 | C、N 含量极低, 耐蚀性很好, 用于制造苛性碱设备及有机酸设备 |
| 奥氏体型 | Y12Cr18Ni9 | 固溶处理 1 010～1 150, 快冷 | — | ≥206 | ≥520 | ≥40 | ≤187 | 提高可加工性, 适用于自动车床, 用作螺栓、螺母等 |
| | 06Cr19Ni9 | 固溶处理 1 010～1 150, 快冷 | — | ≥206 | ≥520 | ≥40 | ≤187 | 作为不锈耐热钢使用最广泛, 食品、化工设备, 原子能工业用 |
| | 06Cr19Ni9N | 固溶处理 1 010～1 150, 快冷 | — | ≥275 | ≥549 | ≥35 | ≤217 | 在 06Cr19Ni9 中加 N, 强度提高, 塑性不降低, 作为结构用强度部件 |
| | 06Cr18Ni11Ti | 固溶处理 920～1 150, 快冷 | — | ≥206 | ≥520 | ≥40 | ≤187 | 用作焊芯、抗磁仪表、医疗器械、耐酸容器、输送管道 |
| 铁素体与奥氏体型 | 0Cr26Ni5Mo2 | 固溶处理 950～1 100, 快冷 | — | ≥392 | ≥588 | ≥18 | ≤277 | 用作耐海水腐蚀用零件 |
| | 022Cr18Ni5-Mo8Si2 | 固溶处理 950～1 050, 快冷 | — | ≥392 | ≥588 | ≥20 | ≤ 30HRC | 用作石油、化工等的热交换器或冷凝器等 |

2) 耐热钢

耐热钢是指在高温下具有高的抗氧化性和高温强度的钢，用来制造内燃机气阀、加热炉构件等。通过在钢中加入合金元素铬、硅、铝等，使钢件表面形成一层致密的、高熔点的氧化膜，抑制内部金属继续氧化，以提高抗氧化性；加入铝、钨、钒等可提高金属的高温强度。常用的耐热钢有 42Cr9Si2、14Cr23Ni18 等。

3) 耐磨钢

耐磨钢是指在强烈冲击、剧烈摩擦条件下才能硬化耐磨的钢，用来制造铁路道岔、拖拉机履带、破碎机的牙板、保险柜、防弹钢板等。ZGMn13 是生产中应用广泛的一种耐磨钢，其成分特点是高碳[$\omega(C) = 0.9\% \sim 1.3\%$]、高锰[$\omega(Mn) = 11\% \sim 14\%$]，经适当的热处理后具有良好的韧性。工作时，在强烈冲击、剧烈摩擦作用下，其表层金属因微量塑性变形而产生明显加工硬化，使表层金属的硬度大于 500 HBW，从而具有良好的耐磨性。

# 复习与思考题一

1-1  到企业了解减速器(或一种机械产品)的生产过程，并写下实习记录。

1-2  生产过程、工艺过程、工艺规程有何区别和联系？

1-3  减速器箱体、大齿轮轴的机械加工工序顺序可否随意前后颠倒？

1-4  什么是工序、安装、工位、工步和走刀？

1-5  什么是生产纲领、生产类型？简述各种生产组织类型的特点。

1-6  不同生产纲领中，数控加工设备对生产组织有什么影响？

# 项目 2　零件表面的成形和切削加工运动

## 2.1　零件表面的成形

零件表面通常是几种简单表面的组合，而这些简单表面如球面、圆柱面、圆锥面、双曲面、平面、成形表面等，按照几何成形原理，都可以看成是以一条线为素线，以另一条线为轨迹线(亦称为导线)做相对运动而形成的，如图 2-1 所示。

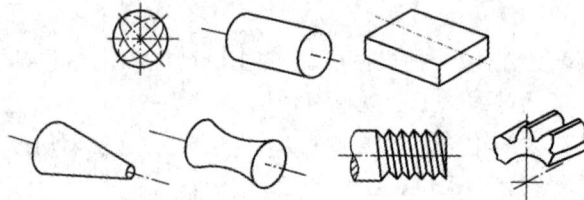

图 2-1　由简单表面形成的基本几何形体

球面可视为一条圆素线绕其直径回转而成；圆柱面是以一直线为素线，绕另一平行线做圆周旋转运动而形成；平面是以一直线为素线，以另一直线为轨迹，做平移运动而形成；直齿渐开线齿轮的轮齿表面是由渐开线作素线，沿直线运动而成等，这类表面称为线性表面。形成工件上各种表面的素线和导线统称为发生线。

形成平面、圆柱面和直线成形表面的素线和导线，它们的作用可以互换，称之为可逆表面；而形成螺纹面、球面、圆环面和圆锥面的素线和导线其作用不可以互换，称之为非可逆表面。如前所述，零件的表面是几种简单表面的组合，那么这些组合而成的零件表面的总体获得方法，就可以是几种简单表面获得方法的组合。如图 2-2 所示为由几种简单表面组合的常见零件。

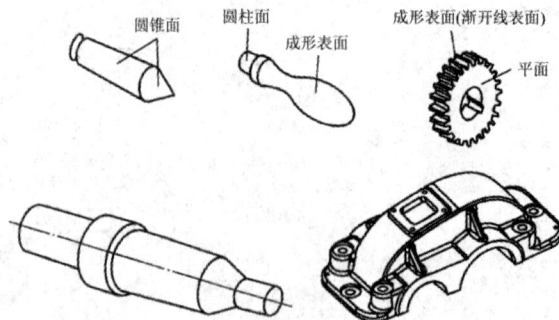

图 2-2　由几种简单表面组合的常见零件

按成形原理，零件表面的几何要素由发生线形成，而机械加工过程中就是按照这些几何要素发生线的成形原理，加工形成零件的各表面。金属切削机床提供运动和动力，使工件与刀具之间在保证正确的相对位置基础上，实现具有内在联系的相对运动，结合刀具切削刃形状共同形成工件表面廓形。

如图 2-3 所示，形成发生线的方法可以分为轨迹法、成形法、展成法、相切法等四种。

(1) 轨迹法。素线和导线都是刀具切削刃端点(刀尖)相对于工件的运动轨迹。如图 2-3(a) 所示，刀尖的运动轨迹和工件回转运动的结合形成了回转成形面所需的素线和导线。

(2) 成形法。刀具的切削刃廓形就是被加工表面的素线，导线是刀具切削刃相对于工件运动形成的。如图 2-3(b)所示，刨刀切削刃形状与工件曲面的素线相同，刨刀的直线运动形成直导线。

(3) 展成法。如图 2-3(c)所示，对齿廓表面进行加工时，刀具与工件间做展成运动，即啮合运动，切削刃各瞬时位置的包络线是齿廓表面的素线，导线由刀具沿齿长方向的运动形成。

(4) 相切法。如图 2-3(d)所示，采用铣刀、砂轮等旋转刀具加工工件时，刀具的自身旋转运动形成圆形发生线，同时切削刃相对于工件的运动形成其他发生线。

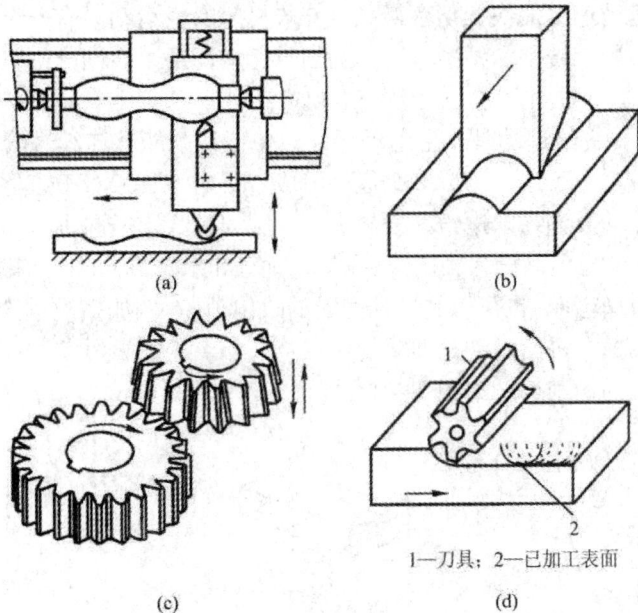

图 2-3 形成发生线的方法

(a) 轨迹法；(b) 成形法；(c) 展成法；(d) 相切法

## 2.2 切削加工运动

### 2.2.1 表面成形运动

按形成工件表面发生线(素线和导线)的几何关系分析，为保证得到工件表面的形状所需的运动，称为成形运动。

按工件表面的形状和成形方法的不同，成形运动分为简单成形运动、复合成形运动。

(1) 简单成形运动。它是独立的成形运动，也是最基本的成形运动。如车外圆时，由工件回转运动和刀具的直线运动两个独立的运动形成圆柱面。

(2) 复合成形运动。它是由两个或两个以上简单运动按照一定的运动关系合成的成形运动。如图 2-3(c)所示，用展成法加工齿轮时，刀具的旋转运动必须与工件的旋转运动保持严格的相对运动关系，才能形成所需的渐开线齿面，因而这是一个复合成形运动。同理，车削螺纹时，螺纹表面的导线(螺旋线)必须由工件的回转运动和刀架的直线运动保持确定的相对运动关系才能形成，这也是一个复合的成形运动。

成形运动是形成工件表面发生线的运动形式，相同的表面可以有不同的成形方法和不同的成形运动形式。例如在车削回转曲面时，若用成形方法加工，只需工件做回转运动；用轨迹法加工时，则需要两个独立的成形运动。

按金属切削过程的实现过程和连续进行的关系进行分类，成形运动可分为主运动和进给运动。

(1) 主运动。主运动是实现切削所必需的运动，是最主要、最基本的运动，常称为切削运动。通常主运动速度最快、功率最高。一般机床的主运动只有一个，如车削加工时工件的回转运动，镗削、铣削和钻削时刀具的回转运动，用牛头刨床刨削时刨刀的直线运动等都是主运动。

(2) 进给运动。进给运动是与主运动配合，使得切削能够连续进给的运动。进给运动通常消耗的动力较少，可由一个或多个运动组成。根据刀具相对于工件被加工表面运动的方向不同，进给运动分为纵向进给、横向进给、圆周进给、径向进给和切向进给运动等。

此外，进给运动也可以分为轴向(如钻床)、垂直和水平方向(如铣床)进给运动。进给运动可以是连续的(如车削)，也可以是周期间断的(如刨削)。例如多次进给车外圆时，纵向进给运动是连续的，横向进给运动是间断的。

几种加工方法的切削运动如图 2-4 所示。

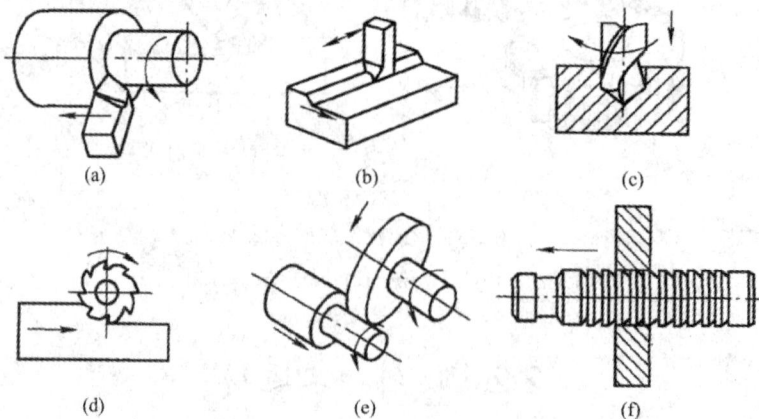

图 2-4　几种加工方法的切削运动

## 2.2.2　辅助运动

除主运动和进给运动外，完成机床工作循环还需要一些其他的辅助运动，如空行程运动，切入、切出运动，分度运动，操纵及控制运动。

(1) 空行程运动。如刀架、工作台快速接近和退出工件等，可节省辅助时间。

(2) 切入、切出运动。切入、切出运动是指为保证被加工表面获得所需尺寸或完整表面，刀具相对于工件表面预先进行工作进给和退刀前多切一段裕量的运动。

(3) 分度运动。分度运动是使刀具或工件运动到所需角度或位置，用于加工若干个完全相同的沿圆周均匀分布的表面，也比如在直线分度机上刻直尺时工件相对于刀具的直线分度运动。

(4) 操纵及控制运动。它包括变速、换向、起停及工件的装夹等。

## 2.3  工件表面与切削要素

### 2.3.1  切削过程中的工件表面

在刀具和工件做相对运动的切削过程中，工件表面的多余金属层不断地被刀具切下转变为切屑，从而加工出所需要的工件新表面。因此在加工过程中，工件上有三个依次变化着的表面：待加工表面、已加工表面、过渡表面，如图 2-5 所示。

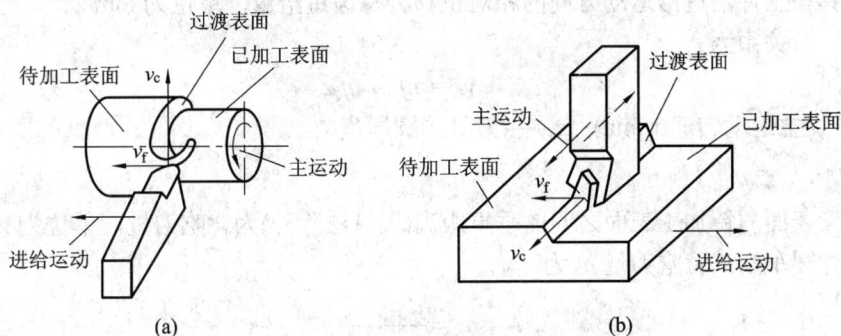

图 2-5  切削过程中的工件表面

(1) 待加工表面。加工过程中将要切除的工件表面。

(2) 已加工表面。已被切除多余金属而形成的符合要求的工件新表面。

(3) 过渡表面(也称加工表面)。在待加工表面和已加工表面之间，加工过程中由切削刃在工件上即时形成，并在切削过程中不断被切除和变化着的那部分表面。

### 2.3.2  切削用量

切削用量包括切削速度 $v_c$、进给量 $f$(或进给速度 $v_f$、每齿进给量 $f_z$)和背吃刀量 $a_p$。这三个量的大小不仅对切削过程有着重要的影响，也是计算生产率、设计相关工艺装备的依据，故称为切削用量三要素。

1) 切削速度 $v_c$

切削速度是单位时间内,工件与刀具沿主运动方向的相对位移,单位为 mm/min 或 m/s。若主运动为回转运动(如车、铣、内外圆磨削、钻、镗),其切削速度 $v_c$ 为工件或刀具最大

直径处的线速度，计算公式为

$$v_c = \frac{\pi d n}{1000}$$

式中：$d$——刀具切削刃处的最大直径或工件待加工表面处的直径(mm)；$n$——刀具或工件的转速(r/min)。

若主运动为往复直线运动(如刨削、插削)，切削速度 $v_c$ 的平均值为

$$v_c = \frac{2 L n_r}{1000}$$

式中：$L$——往复运动的行程长度(mm)；$n_r$——主运动每分钟的往复次数(str/min)。

2) 进给量 $f$

进给量即每转进给量，是指主运动每转一转(即刀具或工件每转一转)，刀具与工件间沿进给运动方向的相对位移，单位为 mm/r。进给量还可以用进给速度 $v_f$ 或每齿进给量 $f_z$ 来表示。

(1) 进给速度 $v_f$。进给速度是指单位时间内，刀具与工件沿进给运动方向的相对位移，单位为 mm/min 或 mm/s。

(2) 每齿进给量 $f_z$。对于多齿刀具而言(如麻花钻、铰刀、铣刀等)，当刀具转过一个刀齿时，刀具与工件沿进给运动方向的相对位移为每齿进给量，单位为 mm/z。

上述三者关系为

$$v_f = n f = n f_z z$$

式中：$n$——主运动转速(r/min)；$z$——刀具的圆周齿数。

3) 背吃刀量 $a_p$

已加工表面与待加工表面之间的垂直距离(周铣法除外)为背吃刀量，单位为 mm。

对于外圆车削，背吃刀量 $a_p$ 为

$$a_p = \frac{d_w - d_m}{2}$$

式中：$d_w$——工件待加工表面处直径( mm)；$d_m$——工件已加工表面处直径(mm)。

对于钻孔，背吃刀量 $a_p$ 为

$$a_p = \frac{d_0}{2}$$

式中：$d_0$——麻花钻直径(mm)。

### 2.3.3　切削层参数

切削层是指刀具的切削刃在一次走刀的过程中从工件表面上切下的一层金属。切削层的截面尺寸称为切削层参数。切削层参数不仅决定了切屑尺寸的大小，对切削过程中产生的切削变形、切削力、切削热和刀具磨损等现象也有一定的影响。以外圆车削为例，如图 2-6 所示，当工件旋转一圈时，刀具沿进给方向向前移动一个进给量，即从位置Ⅰ移动到位置Ⅱ，此时切下的一层金属为切削层。过切削刃的某一选定点，在基面内测量的切削层的截面尺寸，即为切削层参数。

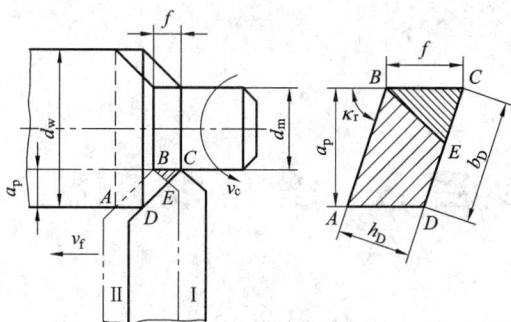

图 2-6 外圆车削时的切削层参数

(1) 切削层公称厚度 $h_D$。在基面内垂直于主切削刃方向测量的切削层尺寸，单位为 mm。

$$h_D = f\sin\kappa_r$$

(2) 切削层公称宽度 $b_D$。在基面内沿着主切削刃方向测量的切削层尺寸，单位为 mm。

$$b_D = \frac{a_p}{\sin\kappa_r}$$

(3) 切削层公称面积 $A_D$。在基面内测量的切削层横截面积，单位为 mm²。

由图 2-6 可以看出，切削层横截面并非平行四边形 *ABCD*，而是近似于平行四边形的 *ABED*，两者相差一个△*BCE*。在切削过程中，切削刃没有切下△*BCE* 区域的金属，而是使其残留在工件的已加工表面上，这一区域称为残留面积△$A_D$。残留面积的存在使工件已加工表面变得粗糙。因此当残留面积△$A_D$ 较小时，切削层公称面积 $A_D$ 可近似按下式计算：

$$A_D \approx b_D h_D = fa_p$$

# 复习与思考题二

2-1 什么是工件表面的发生线？它的作用是什么？形成发生线的方法有哪些？

2-2 何谓简单成形运动？什么叫复合成形运动？其本质区别是什么？

2-3 何谓切削用量？它包括哪几项？

2-4 工艺系统由哪些部分组成？

2-5 如图 2-7 所示的外圆车削，已知：$d_w = 100$ mm，$d_m = 90$ mm，$n_w = 400$ r/min，$v_f = 200$ mm/min，$\kappa_r = 60°$。试计算切削用量 $v_c$、$f$、$a_p$ 及切削层参数 $h_D$、$b_D$、$A_D$ 的数值。

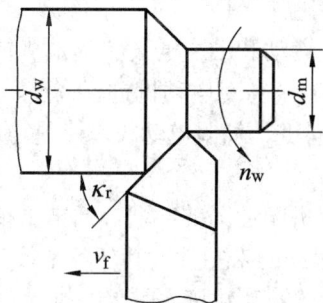

图 2-7 外圆车削的切削用量及切削层参数

# 项目 3 金属切削机床

## 3.1 金属切削机床概述

### 3.1.1 金属切削机床的作用和特点

金属切削机床是将毛坯切削加工成零件的机器，它按照人的需求，提供刀具与工件之间的相对运动、加工过程中所需的动力，使工艺系统经济地完成一定的机械加工工艺。在机床上采用合适的刀具，可加工各种金属、非金属材料的零件。按机床能够提供的工件表面发生线形成的运动，不仅可以加工简单的表面(如平面、圆柱面等)，也可以加工由复杂的数学方程式所描述的表面。

机床的种类很多，功能各异。机床的质量和性能直接影响机械产品的加工质量和经济加工的适用范围，而且它总是随着机械工业工艺水平的提高和科学技术的发展而发展。在机械制造过程中，机床选用正确与否、机床的工艺性能是否充分发挥都至关重要。

新型机床和刀具的出现，电气、液压等技术的发展以及计算机的应用，使机床的加工生产率、加工精度、自动化程度不断提高。现代机床的发展不仅要满足性能要求，还要考虑艺术性、宜人性、工业环境的美化，使人机关系达到最佳状态。

### 3.1.2 机床的组成及布局

#### 1. 机床的组成

机床的各种运动和动力都来自动力源，并由传动装置将运动和动力传递给执行件来完成各种要求的运动。因此，为了实现加工过程中所需的各种运动，机床必须具备三个基本部分：动力源、执行件、传动装置。

(1) 动力源。动力源是提供运动和动力的装置，是执行件的运动来源。普通机床通常都采用三相异步电动机作动力源(不需对电动机进行调整，可连续工作)；数控机床的动力源采用的是直流或交流调速电动机、伺服电动机和步进电动机等(可直接对电动机进行调速，频繁起动)。

(2) 执行件。执行件是执行机床运动的部件，通常指机床上直接夹持刀具或工件并实现其运动的零部件。它是传递运动的末端件，其任务是带动工件或刀具完成一定形式的运动(旋转或直线运动)和保持准确的运动轨迹。常见的执行件有主轴、刀架、工作台等。

(3) 传动装置。传动装置是传递运动和动力的装置。传动装置把动力源的运动和动力传给执行件，同时还完成变速、变向、改变运动形式等任务，使执行件获得所需要的运动速度、运动方向。如图 3-1 所示为 CA6132 型车床的外形。

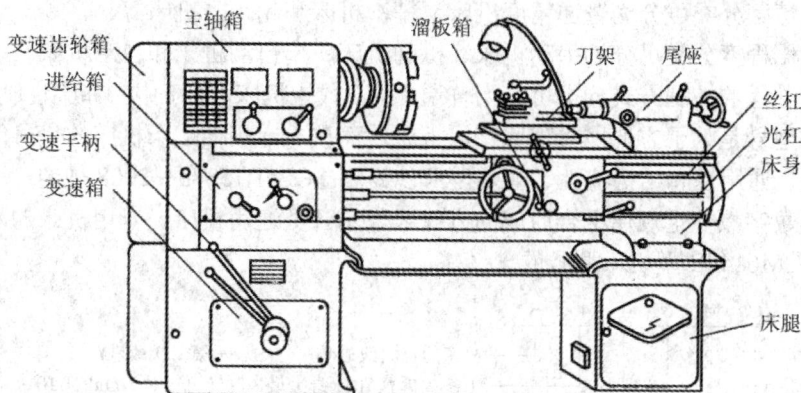

图 3-1 CA6132 型车床的外形

**2. 机床的布局**

机床的布局是指机床各个组成部件的位置以及被加工零件的位置。为保证操作安全、维护和观察加工过程方便、易于排屑等，机床通常有如下几种布局。

(1) 刀具布置在被加工零件的前面或后面，如车床、外圆磨床和齿条铣齿机床等，床身是水平布置的。

(2) 刀具布置在工件的侧面，如滚齿机、卧式镗床、刨齿机和卧式拉床等，所有主要部件都沿轴向布局，宜制成框架结构。

(3) 刀具布置在工件的上方，如卧式和立式铣床、平面磨床、钻床、插床、插齿机、坐标镗床和珩磨机等，机体为立式布局，便于观察工件和加工过程。

(4) 刀具相对于工件扇形布置，几把刀从不同的方向同时加工一个零件，如立式车床、龙门刨床、龙门铣床等。此类机床都有刚性框架，在框架上安装刀具(刀架和铣头等)。

## 3.1.3 机床的分类

掌握机床的分类和型号，有利于在制定工艺过程中合理正确地选用机床，充分发挥机床的功能。

金属切削机床的功用、结构、规格和精度是各式各样的，根据国家标准《金属切削机床 型号编制方法》(GB/T 15375—2008)，按加工性质和所用刀具的不同分为 11 大类，包括车床、钻床、镗床、磨床、齿轮加工机床、螺纹加工机床、铣床、刨插床、拉床、锯床和其他机床。

按通用性程度分类可分为通用机床、专门化机床、专用机床。

(1) 通用机床(即万能机床)。用于单件小批量生产或修配生产中，可对多种零件完成各种不同的工序加工。

(2) 专门化机床。用于大批大量生产中加工不同尺寸的同类零件，如曲轴轴颈车床。

(3) 专用机床。用来加工某一零件的特定工序，仅用于大量生产，根据特定的工艺要求专门设计制造。

　　按机床质量分类可分为仪表机床、中型机床(10 t 以下)、大型机床(10～30 t)、重型机床(30 t～100 t)和超重型机床(100 t 以上)。

　　按加工精度分类可分为普通精度机床、精密机床和超精密机床等。

　　按自动化程度分类可分为手动机床、机动机床、半自动机床和自动机床。

　　按加工过程的控制方式分类可分为普通机床、数控机床、加工中心和柔性制造单元等。

　　机床的型号是为了方便地管理和使用机床,而按一定规律赋予机床的代号,用于表示机床的类型、通用性和结构特性、主要技术参数等。GB/T 15375—2008 规定:采用拼音字母和阿拉伯数字按一定规律组合而成的方式来表示各类通用机床、专用机床的型号。如图 3-2 所示为 CM6140B 型机床型号的含义。

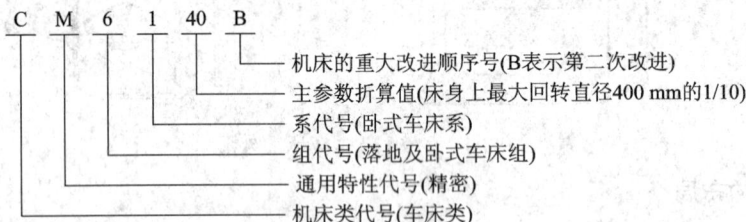

```
C  M  6  1  40  B
               └── 机床的重大改进顺序号(B表示第二次改进)
            └───── 主参数折算值(床身上最大回转直径400 mm的1/10)
         └──────── 系代号(卧式车床系)
      └─────────── 组代号(落地及卧式车床组)
   └────────────── 通用特性代号(精密)
└───────────────── 机床类代号(车床类)
```

图 3-2　CM6140B 型机床型号的含义

# 3.2　金属切削机床的传动

　　机床的传动有机械、液压、气动、电气等多种形式,机械传动工作可靠、维修方便,在机床传动上应用最为广泛,下面首先介绍机床上常用的机械传动。

金属切削机床
型号编制方法

## 3.2.1　机床的机械传动

　　由于机床的原动力绝大部分来自电动机,而机床的主运动和进给运动根据实际情况,需要不同的运动方式和运动速度,为此机床需要采用不同的传动方式,如带传动、齿轮传动、蜗杆传动、齿轮齿条传动、丝杠螺母传动等。每一对传动元件称为一个传动副。传动副的传动比等于从动元件转速与主动元件转速之比,即 $i = n_{从}/n_{主}$。

### 1. 机床常用的传动副

1) 带传动

　　带传动是利用带与带轮之间的摩擦作用,将主动轮的转动传到从动轮上去。目前,在机床传动中一般用 V 带传动,如图 3-3 所示。

　　如不考虑带与带轮之间的相对滑动对传动的影响,主动轮和从动轮的圆周速度都与带的速度相等,即 $v_1 = v_2 = v_{带}$。其中

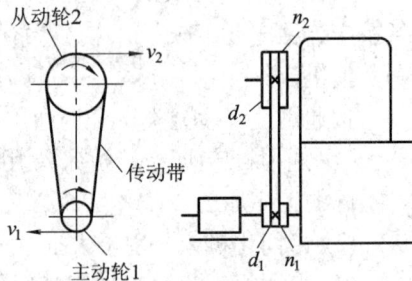

图 3-3　V 带传动

$$v_1 = \frac{\pi d_1 n_1}{1000} \; , \; v_2 = \frac{\pi d_2 n_2}{1000}$$

传动比
$$i = \frac{n_2}{n_1} = \frac{d_1}{d_2}$$

式中：$d_1$、$d_2$——主动轮、从动轮的直径(mm)；$n_1$、$n_2$——主动轮、从动轮的转速(r/min)。

从上式可知，带轮的传动比等于主动轮直径与从动轮直径之比。如果考虑带传动中的打滑，则其传动比为

$$i = \frac{n_2}{n_1} = \frac{d_1}{d_2} \bullet \varepsilon$$

式中：$\varepsilon$——打滑系数，约为 0.98。

带传动的优点是传动平稳，中心距变化范围大；结构简单，制造维修方便；过载时带打滑，起到安全保护的作用。但其外廓尺寸大，传动比不准确，摩擦损失大，传动效率低。

2) 齿轮传动

齿轮传动是目前机床中应用最多的一种传动方式。齿轮的种类很多，有直齿轮、斜齿轮、锥齿轮、人字齿轮等，其中最常用的是直齿圆柱齿轮。齿轮传动如图 3-4 所示。

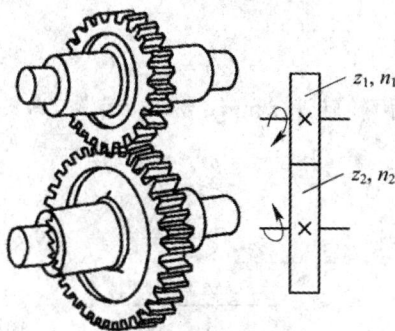

图 3-4　齿轮传动

齿轮传动中，主动轮转过一个齿，被动轮也转过一个齿，主动轮和从动轮每分钟转过的齿数相等，即 $n_1 z_1 = n_2 z_2$。故传动比为

$$i = \frac{n_2}{n_1} = \frac{z_1}{z_2}$$

式中：$n_1$、$n_2$——主动轮、从动轮的转速(r/min)；$z_1$、$z_2$——主动轮、从动轮的齿数。

从上式可知，齿轮传动的传动比等于主动齿轮与从动齿轮齿数之比。

齿轮传动的优点是结构紧凑，传动比准确，可传递较大的圆周力，传动效率高；缺点是制造比较复杂，当精度不高时传动不平稳，有噪声。

3) 蜗杆传动

蜗杆传动中，都是蜗杆为主动件，将运动传给蜗轮，反之则无法传动，如图 3-5 所示。蜗杆传动的传动比为

$$i = \frac{n_2}{n_1} = \frac{k}{z}$$

式中：$n_1$、$n_2$——蜗杆、蜗轮的转速(r/min)；$k$——蜗杆的螺纹头数；$z$——蜗轮的齿数。

蜗杆传动的优点是可以获得较大的传动比，而且传动平稳，噪声小，结构紧凑。但其传动效率较齿轮传动低，需要有良好的润滑条件。

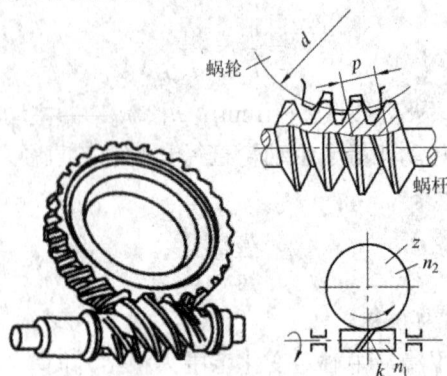

图 3-5　蜗杆传动

4) 齿轮齿条传动

齿轮齿条传动可以将旋转运动变为直线运动(齿轮为主动件)，也可以将直线运动变为旋转运动(齿条为主动件)，其结构如图 3-6 所示。若齿轮逆时针方向旋转，则齿条向左做直线运动。其移动速度为

$$v = pzn = \pi mzn$$

式中：$z$——齿轮齿数；$n$——齿轮转速(r/min)；$p$——齿轮、齿条的齿距(mm)，$p = \pi m$；$m$——齿轮、齿条的模数(mm)。

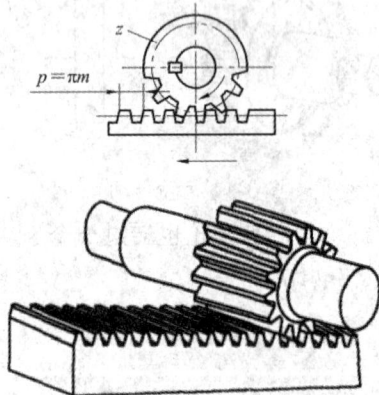

图 3-6　齿轮齿条传动

齿轮齿条传动的效率较高，但制造精度不高时传动的平稳性和准确性较差。

5) 丝杠螺母传动

如图 3-7 所示，通常丝杠旋转，螺母不转，则它们之间沿轴线方向的相对移动速度为

$$v = knP$$

式中：$n$——丝杠转速(r/min)；$P$——螺杆螺距(mm)；$k$——螺杆螺纹线数(若 $k = 1$，则为单线螺纹)。

这种传动一般是将旋转运动变为直线移动。其优点是传动平稳，噪声小，可以达到较高的传动精度，但传动效率较低。

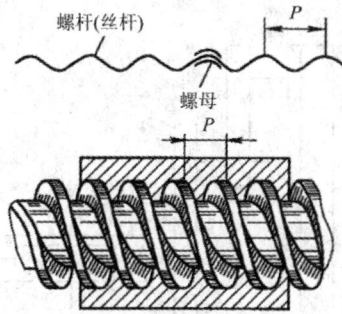

图 3-7 丝杠螺母传动

## 2. 机床传动链及其传动比

如果将基本传动方法中某些传动副按传动轴依次组合起来，就构成一个传动系统，也称为传动链。为了便于分析传动链中的传动关系，可以把各传动件进行简化，用规定的一些简图符号(见表 3-1)组成传动图。传动链图例如图 3-8 所示。

表 3-1　常用传动件的简图符号

| 名　称 | 图　形 | 符　号 | 名　称 | 图　形 | 符　号 |
|--------|--------|--------|--------|--------|--------|
| 轴 | | | 滑动轴承 | | |
| 滚动轴承 | | | 推力轴承 | | |
| 双向摩擦离合器 | | | 双向滑动齿轮 | | |
| 螺杆传动（整体螺母） | | | 螺杆传动（开合螺母） | | |
| 平带传动 | | | V 带传动 | | |
| 齿轮传动 | | | 蜗杆传动 | | |
| 齿轮齿条传动 | | | 锥齿轮传动 | | |

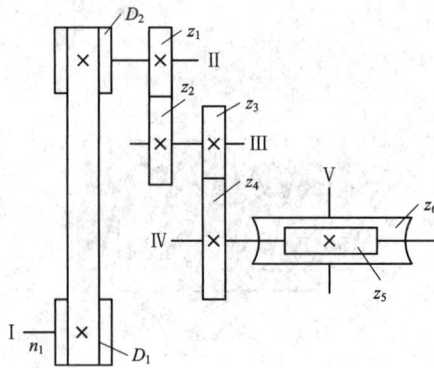

图 3-8　传动链图例

运动从轴 I 入，转速为 $n_1$，经带轮 $D_1$、$D_2$ 传至轴 II，经圆柱齿轮 $z_1$、$z_2$ 传至轴III，经圆柱齿轮 $z_3$、$z_4$ 传至轴IV，再经蜗轮孔和蜗杆 $z_5$ 传至轴 V，把运动输出。此传动链的传动路线可用下面方法来表达：

$$I \to \frac{D_1}{D_2} \to II \to \frac{z_1}{z_2} III \to \frac{z_3}{z_4} \to IV \frac{z_5}{z_6} \to V$$

此传动链的总传动比等于传动链中所有传动副传动比的乘积。所以传动链总传动比为

$$i_{1-V} = \frac{n_V}{n_I} = i_1 i_2 i_3 i_4 i_5 = \frac{D_1}{D_2} \varepsilon \frac{z_1 z_3 z_5}{z_2 z_4 z_6}.$$

输出轴 V 的转速为 $n_V = n_1 i_{1\sim V}$。

### 3. 机床上常见的变速机构

为适应不同的加工要求，机床的主运动和进给运动的速度需经常变换。因此，机床传动系统中要有变速机构。变速机构有无级变速和有级变速两类。目前，有级变速广泛用于中小型通用机床中。

通过不同方法变换两轴间的传动比，当主动轴转速固定不变时，从动轴得到不同的转速，从而实现机床运动有级变速。常用的变速结构有滑动齿轮变速机构、离合器式齿轮变速两种。

#### 1) 滑动齿轮变速机构

滑动齿轮变速机构是通过改变滑动齿轮的位置进行变速，如图 3-9 所示。

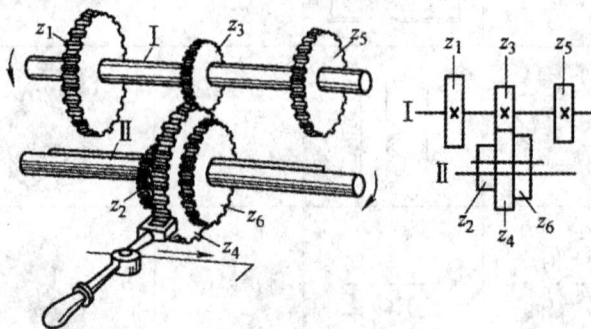

图 3-9　滑动齿轮变速机构

齿轮 $z_1$、$z_3$、$z_5$ 固定在轴Ⅰ上，由齿轮 $z_2$、$z_4$、$z_6$ 组成的三联滑移齿轮与Ⅱ轴键连接，并可轴向移动。通过手柄拨动三联滑移齿轮，可改变其在轴上的位置，实现轴Ⅰ、Ⅱ间不同齿轮的啮合，获得不同传动比，从而使轴Ⅱ获得不同转速。

这种变速机构变速方便(但不能在运转中变速)，结构紧凑，传动效率高，机床中应用最广。

### 2) 离合器式齿轮变速

离合器式齿轮变速是利用离合器进行变速。如图 3-10 所示为一牙嵌离合器齿轮变速机构，在轴Ⅰ(主动轴)上固定有齿轮 $z_1$、$z_3$，轴Ⅱ(从动轴)左右两侧有空套齿轮 $z_2$、$z_4$，在轴Ⅱ中间部位安装有牙嵌离合器，并与键连接。当手柄左移牙嵌离合器时，牙嵌离合器左侧端面花键与空套齿轮 $z_2$ 端面花键相啮合，通过齿轮 $z_1$、$z_2$ 的啮合把运动和动力从轴Ⅰ传至轴Ⅱ；当手柄右移牙嵌离合器时，牙嵌离合器右侧端面花键与空套齿轮 $z_4$ 端面花键相啮合，通过齿轮 $z_3$、$z_4$ 的啮合把运动和动力从轴Ⅰ传至轴Ⅱ。这样利用轴Ⅰ、Ⅱ间不同的齿轮副啮合，可获得不同的传动比，使轴Ⅱ获得不同的转速。

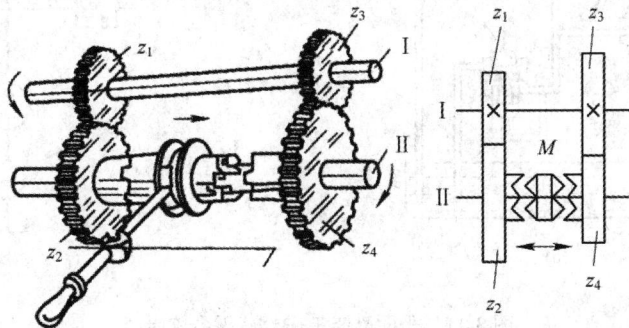

图 3-10　离合器式齿轮变速

离合器式变速机构变速方便，变速时齿轮不需移动，可采用斜齿轮传动使传动平稳，齿轮尺寸大时操作比较省力，可传递较大的转矩，传动比准确。但不能在运转中变速，且因各对齿轮经常处于啮合状态，故磨损较大，传动效率低。该机构多用于重型机床及采用斜齿轮传动的变速箱等。

## 3.2.2　机床的液压传动

液压传动是应用液体作为工作介质，通过液压元件来传递运动和动力的。这种传动形式具有许多突出的优点，因此在机床上的应用日益广泛。

### 1. 液压传动简介

机床上应用液压传动的地方很多，如磨床的进给运动一般采用液压传动。如图 3-11 所示为平面磨床工作台液压系统原理图。液压泵 3 由电动机带动旋转，并从油箱 1 中吸油，油液经过滤器 2 进入液压泵，通过液压泵内部密封腔容积的变化输出压力油。在图示状态下，压力油经油管 16、节流阀 5、油管 17、电磁换向阀 7、油管 20 进入液压缸 10 左腔。由于液压缸固定在床身上，在压力油推动下，迫使液压缸左腔容积不断增大，结果使活塞连同工作台向右移动。与此同时，液压缸右腔的油经油管 21、电磁换向阀 7、油管 19 排回油箱。

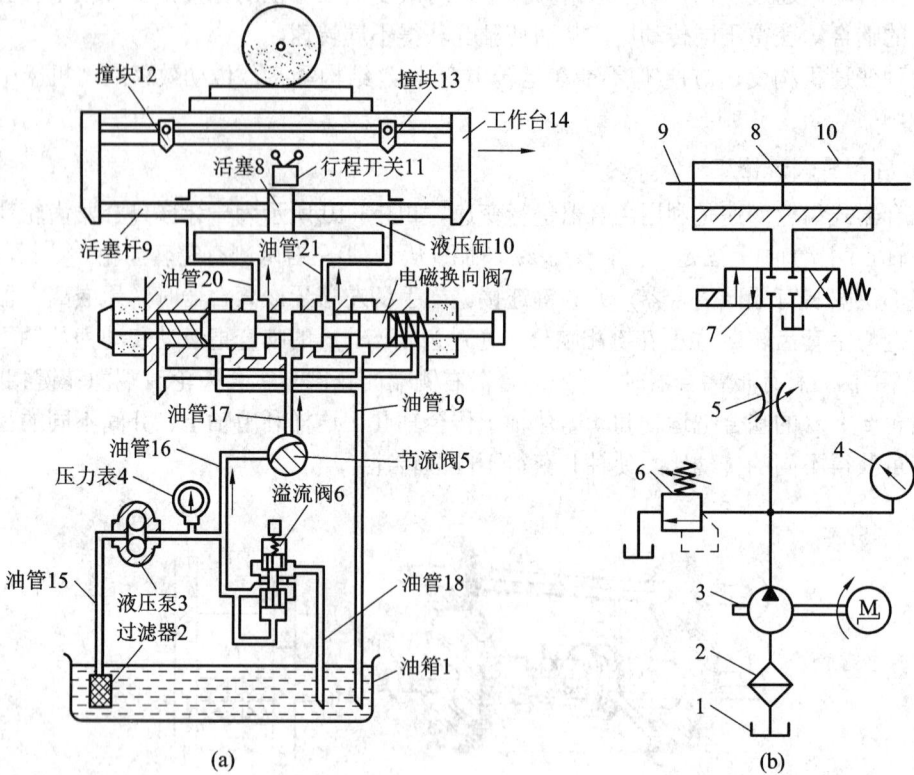

图 3-11　平面磨床工作台液压系统原理

当磨床在磨削工件时，工作台必须连续往复运动。在液压系统中，工作台的运动方向是由电磁换向阀 7 来控制的。当工作台上的撞块 12 碰上行程开关 11 时，使电磁换向阀 7 左端的电磁铁断电而右端的电磁铁通电，将阀芯推向左端。这时，管路中的压力油将从油管 17 经电磁换向阀 7、油管 21 进入液压缸 10 的右腔，使活塞连同工作台向左移动，同时液压缸左腔的油经油管 20、电磁换向阀 7、油管 19 排回油箱 1。在行程开关 11 的控制下，电磁换向阀 7 左、右端电磁铁交替通电，工作台便得到往复运动，磨削加工可持续进行。当左、右两端电磁铁都断电时，其阀芯处于中间位置，这时进油路及回油路之间均不相通，工作台停止不动。

磨床在磨削工件时，根据加工要求不同，工作台运动速度应能进行调整。在图 3-11 所示液压系统中，工作台的移动速度是通过节流阀 5 来调整的。当节流阀 5 开口变大时，进入液压缸的油液增多，工作台移动速度增大；当节流阀开口变小时，工作台移动速度减小。

磨床工作台在运动时要克服磨削力和相对运动件之间的摩擦力等阻力。要克服的阻力越大，则缸中的油液压力越高；反之，压力就越低。因此，液压系统中应有调节油液压力的元件。在图 3-11 示液压系统中，液压泵出口处的油液压力是由溢流阀 6 决定的。当油液的压力升高到超过溢流阀的调定压力时，溢流阀 6 开启，油液经油管 18 排回油箱 1，油液的压力就不会继续升高，稳定在调定的压力范围内。可见，溢流阀能使液压系统过载时溢流，维持系统压力近于恒定，起到安全保护作用。

**2. 液压传动系统的组成**

一般液压传动系统主要由以下几部分组成。

(1) 动力元件(液压泵)。其作用是将机械能转换成油液液压能,给液压系统提供压力油。

(2) 执行元件(液压缸或液压马达)。其作用是将液压能转换为机械能,并分别输出直线运动或旋转运动。

(3) 控制元件(溢流阀、节流阀及换向阀等)。其作用是分别控制液压系统油液的压力、流量和流动方向,以满足执行元件对力、速度和运动方向的要求。

(4) 辅助元件(油箱、油管、过滤器、密封件等)。起辅助作用,以保证液压系统的正常工作。

**3. 液压传动的特点**

(1) 从结构上看,液压传动的控制、调节比较简单,操作方便,布局灵活。当与电气或气压传动相配合使用时,易于实现远距离操作和自动控制。

(2) 从工作性能上看,液压装置能在大范围内实现无级调速,还可在液压装置运行的过程中进行调速,调速方便,动作快速性好。又因为工作介质为液体,故运动传递平稳、均匀。但由于存在泄漏,使液压传动不能实现严格的定传动比传动,且传动效率较低。

(3) 从维护使用上看,液压件能自行润滑。因此,使用寿命较长,且能实现系统的过载保护;元件易实现系列化、标准化,使液压系统的设计、制造和使用都比较方便。

**4. 液压传动在机床中的应用**

由于上述液压传动的特点,液压传动常应用在下列机床上的一些装置中。

(1) 进给运动传动装置。在机床上应用最为广泛,如磨床的砂轮架,车床、转塔车床、自动车床的刀架或转塔刀架,磨床、铣床、刨床、组合机床的工作台进给运动。这些进给运动一般要求有较大的调速范围,且在工作中能无级调速,因此,采用液压传动是最合适的。

(2) 往复主运动传动装置。如龙门刨床的工作台、牛头刨床或插床的滑枕,这些部件一般需要做高速往复运动,并要求换向冲击小,换向时间短,能量消耗低。因此,可采用液压传动来实现。

(3) 仿形装置。用于车床、铣床、刨床上的仿形加工,如仿形车床的仿形刀架。由于工作时要求灵敏性好,靠模接触力小,寿命长,故可采用液压伺服系统来实现。

(4) 辅助装置。如机床上的夹紧装置、变速操纵装置、工件和刀具装卸装置、工件输送装置等,均可采用液压传动来实现。这样有利于简化机床结构,提高机床自动化的程度。

此外,液压传动还应用在数控机床及静压支承等方面。

# 3.3　数控机床概述

数控技术使机械制造方法与设备发生了一场革命。数控机床是现代机电一体化产品的代表,其高度的自动化、现代化、柔性化程度使机床水平和机械制造技术发生了飞跃,解决了形状复杂、高精密度、生产批量不大且生产周期短及产品更换频繁的多品种、小批量产品的制造工艺难题。数控机床具有高效能和灵活的特点，是构成柔性制造系统、计算机集成制造系统的基础单元。

数控机床是一种灵活的、高效能的自动化机床，是计算机辅助设计与制造、群控(DNC)、柔性制造系统(FMS)、计算机集成制造系统(CIMS，Computer Integrated Manufacturing System)等柔性加工最重要的装置，是柔性制造系统的基础。

### 3.3.1　数控机床加工的基本原理

几乎各种传统普通机床都可以有对应的数控机床，目前常见的有数控车床、数控钻床、数控镗床、数控铣床、数控磨床、加工中心等。

如图 3-12 所示为数控机床加工基本原理框图。其工作过程是根据零件图样中的数据和工艺内容，用数控代码编制零件加工的数控程序。数控程序是机床自动加工工件的工作指令，可以由人工进行，也可以由计算机或数控装置完成。编制好的数控程序通过输入输出设备存放或记录在相应的控制介质上。

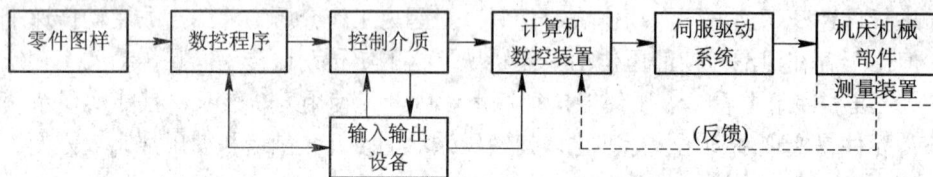

图 3-12　数控机床加工基本原理框图

控制介质是记录零件加工数控程序的媒介。输入输出设备是数控系统与外部设备交互信息的装置，用来交互数控程序。输入输出设备除了将零件加工的数控程序存放或记录在控制介质之外，还能将数控程序输入数控系统。早期的数控机床所使用的控制介质是穿纸带或磁带，相应的输入输出设备为纸带穿孔机和纸带阅读机等，现代的数控机床则主要是与计算机连接。

计算机数控装置是数控机床实现自动加工的核心，接收输入设备送来的控制介质上的信息，经数控系统进行编译、运算和逻辑处理后，输出各种信号和指令给伺服驱动系统，以控制机床各部分有序地进行动作。

伺服驱动系统是数控系统与机床本体之间电气传动的联系环节，将数控系统送来的信号和指令放大，以驱动机床的执行部件，使每个执行部件按规定的速度和轨迹运动或精确定位，以加工出合格的零件。因此，伺服驱动系统的性能和质量是决定数控机床加工精度和生产率的主要因素之一。伺服系统中常用的驱动装置有步进电动机、调速直流电动机和交流电动机等。

机床机械部件是数控机床的主体，是数控系统控制的对象，是实现零件加工的执行部件。其结构与非数控机床相似，由主传动部件、进给传动部件、工件安装装置、刀具安装装置、支承件及动力源等部分组成。传动机构和变速系统较为简单，但在精度、刚度和抗震性等方面有较高的要求，且传动和变速系统要便于实现自动化控制。对于加工中心类机床，要有存放刀具的刀库、自动交换刀具的机械手等部件。对于闭环或半闭环数控机床，还包括位置测量装置及信号反馈系统，如图 3-12 中的虚线所示。

## 3.3.2　数控机床的分类

数控机床一般按以下几种方法分类：

(1) 按工艺用途分类，可分为普通数控机床、加工中心。

① 普通数控机床。普通数控机床是在加工工艺过程中的一个工序上实现数字控制的自动化机床。自动化程度还不够完善，工艺性和通用机床相似，刀具更换、零件装夹仍需人工完成。

② 加工中心。加工中心是带刀库和自动换刀装置的数控机床，又称为多工序数控机床。在一次装夹后，可进行多种工序、工位加工，可以有效避免由于多次安装造成的定位误差，并提高加工生产率。

(2) 按运动轨迹分类，可分为点位控制数控机床、直线控制数控机床、轮廓控制数控机床。

① 点位控制数控机床。这类机床的数控装置只能控制行程终点的坐标值，在移动过程中不进行切削加工。

② 直线控制数控机床。这类机床不仅要求具有准确的定位功能，还要求当机床的移动部件移动时，可沿平行于坐标轴的直线及与坐标轴成 45° 的斜线进行切削加工。

③ 轮廓控制数控机床。这类机床的控制装置不仅能够准确地定位，还能够控制加工过程中每点的速度和位置，加工出形状复杂的零件轮廓，如图 3-13 所示。

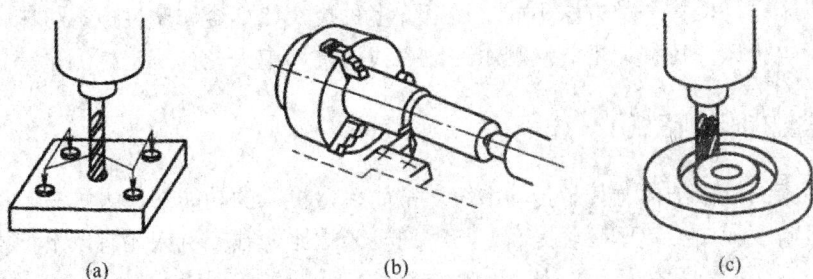

(a)　　　　　　　　(b)　　　　　　　　(c)

图 3-13　点位控制、直线控制、轮廓控制示意图

(3) 按伺服系统的控制方式分类，可分为开环控制数控机床、闭环控制数控机床、半闭环控制数控机床。

① 开环控制数控机床。如图 3-14 所示，机床没有检测反馈装置，机床加工精度不高，其精度主要取决于伺服系统的性能。

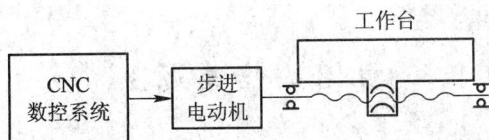

图 3-14　开环控制系统原理

② 闭环控制数控机床。如图 3-15 所示，在闭环控制数控机床中增加了检测反馈装置，在加工中即时检测、反馈机床移动部件的位置，即检测偏差、修正偏差，以达到很高的加工精度。

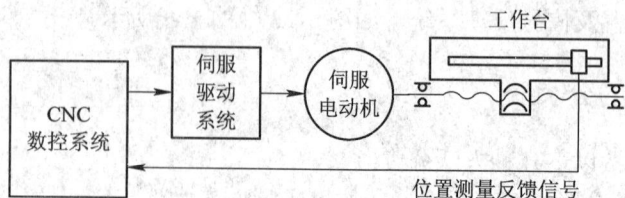

图 3-15　闭环控制系统原理

　　③ 半闭环控制数控机床。如图 3-16 所示，半闭环控制数控机床中的反馈检测装置测量的不是机床工作台的实际位置，而是伺服电动机的转角，以此推算工作台的实际位移量，将推算值与指令值进行比较，用此差值来实现控制、定位。半闭环控制虽然精度不如闭环控制，但调整方便，目前仍为大多数数控机床所采用。

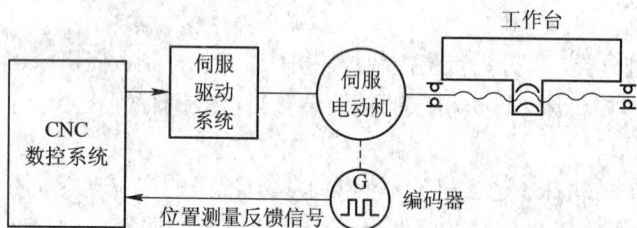

图 3-16　半闭环控制系统原理

　　如前所述，几乎所有传统的加工机床都可以有对应的数控机床。因此除了上述介绍的几种数控机床之外，按分类方法不同，还有许多种类，比如金属塑性成形机床，包括数控折弯、弯管等机床；特种加工、检测用的数控线切割、电火花、三坐标测量等机床。

### 3.3.3　数控机床的特点

　　数控机床的机械结构尤其是传动系统非常简单，机床的功能却大大扩充，机床自身的精度、加工精度和加工效率显著提高。与普通机床相比，数控机床还有以下特点：

　　(1) 生产率可提高 3～5 倍，加工中心生产率则可提高 5～10 倍。

　　(2) 可获得比机床本身精度还高的加工精度。

　　(3) 可加工形状复杂的零件，且不需专用夹具。

　　(4) 可实现一机多用，降低劳动强度且节省厂房面积。

　　(5) 利于发展计算机控制和管理，利于发展机械加工综合自动化。

　　(6) 数控机床初期投资及维修技术等费用较高，要求管理及操作人员的素质也较高。

## 复习与思考题三

　　3-1　机床主要由哪几部分组成？各自的功用是什么？

　　3-2　机床机械传动主要由哪几部分组成？机床机械传动有何优点？

　　3-3　机床常用的传动副有哪些？各有何特点？

　　3-4　机床的液压传动系统由哪几部分组成？有何特点？

3-5　指出下列型号各为何种机床？CM1107A、CA6140、Y3150E、MM7132A、T4140、L6120、X5032、B2021A、DK7725、Z5125A。

3-6　画出图 3-17 所示螺纹铣削的传动原理图，并说明为实现所需成形运动，需要几条传动链。

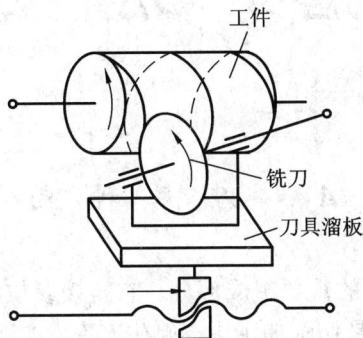

图 3-17　螺纹铣削传动

3-7　图 3-18 所示为某一机床的传动系统图，要求如下：① 试列出主运动和进给运动传动链；② 试计算 V 轴的转速；③ 试求 V 轴转一周时，IV 轴转过的周数；④ 试求 V 轴转一周时螺母移动的距离。

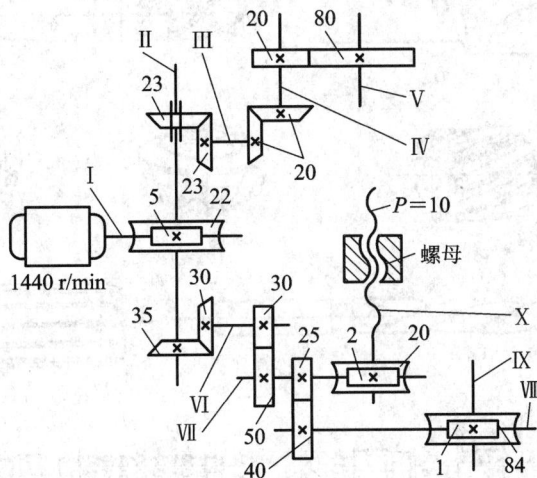

图 3-18　机床的传动系统图

3-8　简述数控机床的工作原理、分类及特点，并说明它适用于哪种组织形式的生产。

# 项目 4 刀 具

## 4.1 刀具种类

金属切削刀具是工艺系统的重要组成部分，它直接参与切削过程，从工件上切除多余的金属层。刀具变化灵活，它是切削加工中影响生产率、加工质量和成本的最活跃的因素。在数控机床自身的技术性能不断提高的情况下，刀具的性能直接决定机床性能的发挥。

根据用途和加工方法不同，刀具有切刀类、孔加工刀具、拉刀类、铣刀类、螺纹刀具、齿轮刀具、磨具类、组合刀具、自动线刀具、数控机床刀具等几类(见图4-1)。

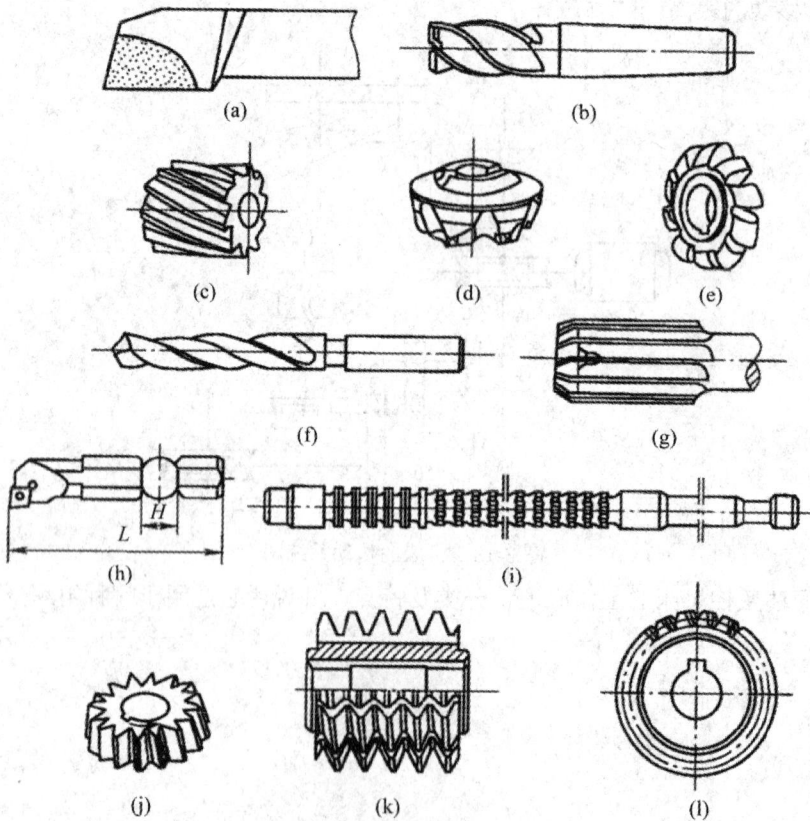

图 4-1 常见刀具类型

| 高速钢车刀条第 1 部分：形式和尺寸 | 硬质合金车刀第 2 部分：外表面车刀 | 机夹切断车刀 | 机夹螺纹车刀 | 锯片铣刀 | 三面刃铣刀 |

| 键槽铣刀 | 模具铣刀 | 渐开线花键滚刀基本形式和尺寸 | 刀具产品检测方法 第 5 部分：齿轮滚刀 | 矩形花键滚刀 | 带轮和带模滚刀 技术条件 |

(1) 切刀类。包括车刀、刨刀、插刀、镗刀、成形车刀、自动机床和半自动机床用的切刀以及一些专用切刀。一般多为只有一条主切削刃的单刃刀具。

(2) 孔加工刀具。孔加工刀具是在实体材料上加工出孔或对原有孔扩大孔径(包括提高原有孔的精度和减小表面粗糙度值)的一种刀具，如麻花钻、扩孔钻、锪钻、深孔钻、铰刀、镗刀等。

(3) 拉刀类。在工件上拉削出各种内、外几何表面的刀具，其生产率高，适用于大批量生产，刀具成本高。

(4) 铣刀类。这是一类应用非常广泛的在圆柱或端面具有多齿、多刃的刀具，可以用来加工平面、各种沟槽、螺旋表面、轮齿表面和成形表面。

(5) 螺纹刀具。是指用于加工内外螺纹表面的刀具。常用的有丝锥、板牙、螺纹切头、螺纹滚压刀具及车刀、梳刀等。

(6) 齿轮刀具。用于加工齿轮、链轮、花键等齿形的一类刀具，如齿轮滚刀、插齿刀、剃齿刀、花键滚刀等。

(7) 磨具类。用于表面精加工和超精加工的刀具，如砂轮、砂带、抛光轮等。

(8) 组合刀具、自动线刀具。根据组合机床和自动线特殊加工要求而设计的专用刀具，可以同时或依次加工若干个表面。

(9) 数控机床刀具。刀具配置根据零件工艺要求而定，有预调装置、快速换刀装置和尺寸补偿系统。

# 4.2　刀具几何角度

金属切削刀具大都包括夹持部分(刀柄)和切削部分。在某些刀具(如外圆车刀)上切削部分也称刀头。有些刀具(如麻花钻)还有导向部分等。

各类金属切削刀具切削部分的形状和几何参数都可由外圆车刀切削部分演变而来，因此，我们以外圆车刀为例研究金属切削刀具的几何参数。

### 4.2.1　刀具切削部分的组成

如图 4-2 所示，外圆车刀的切削部分包括以下要素：前(刀)面、主后(刀)面、副后(刀)面、主切削刃、副切削刃、刀尖。

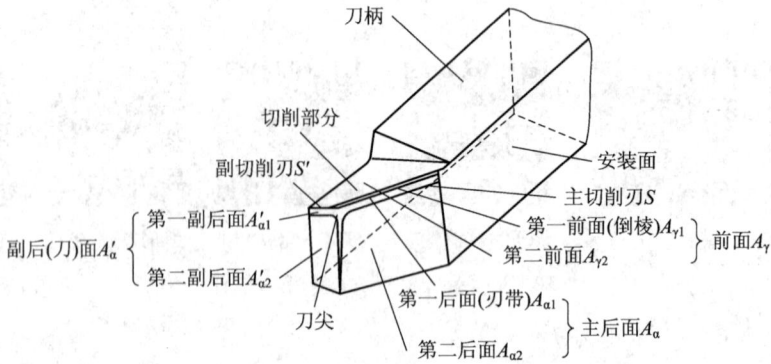

图 4-2　外圆车刀切削部分的组成

(1) 前(刀)面 $A_\gamma$。切屑流过的刀面。

(2) 主后(刀)面 $A_\alpha$。与加工表面相对的刀面。

(3) 副后(刀)面 $A_{\alpha'}$。与工件已加工表面相对的刀面。

(4) 主切削刃 $S$。担任主要的切削工作，由前(刀)面与主后(刀)面相交的棱边形成。

(5) 副切削刃 $S'$。担任少量切削工作，由前(刀)面与副后(刀)面相交的棱边形成。

(6) 刀尖。主、副切削刃连接处的一部分切削刃，常指它们的实际交点。

在实际刀具上常见的刀尖结构如图 4-3 所示。

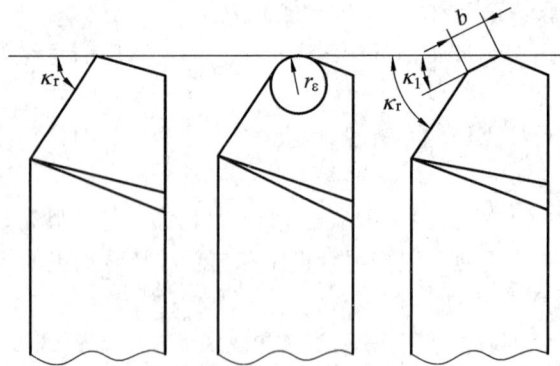

图 4-3　刀尖结构

### 4.2.2　刀具的几何角度

为定量地表示刀具切削部分的几何形状，必须把刀具放在一个确定的参考系中，用一组确定的几何参数确切表达刀具表面和切削刃在空间的位置，这些几何参数就是刀具的几何角度。

度量刀具几何参数的参考系分为两类。一类是刀具的静止参考系，是用于定义刀具的设计、制造、刃磨和测量时的几何参数的参考系。它不受刀具工作条件变化的影响，即只考虑主运动和进给的方向，不考虑进给运动速度的大小，刀具的安装定位基准与主运动方向平行或垂直；另一类是刀具的工作参考系，即规定刀具切削加工时的几何参数的参考系。它与刀具安装情况、切削运动速度的大小和方向等有关。这里主要介绍刀具的静止参考系。

刀具的静止参考系由坐标平面和测量平面组成，坐标平面有如下两个：

(1) 基面 $P_r$。通过切削刃上的选定点，垂直于切削运动方向的平面。

(2) 切削平面 $P_s$。通过切削刃上的选定点，与切削刃相切并垂直于基面的平面。它与切削速度方向平行并切于工件的过渡表面。

测量平面有正交平面、法平面、假定工作平面和背平面等，这里只介绍正交平面。

通过切削刃上的选定点，同时垂直于基面和切削平面的平面称为正交平面 $P_o$，它是测量平面。

由基面 $P_r$、切削平面 $P_s$ 和正交平面 $P_o$ 构成的正交平面参考系如图 4-4 所示。

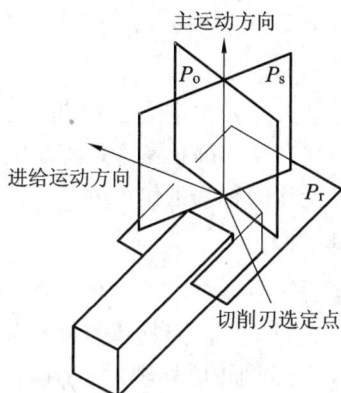

图 4-4 正交平面参考系

在正交平面参考系中可确定如图 4-5 所示的刀具角度。

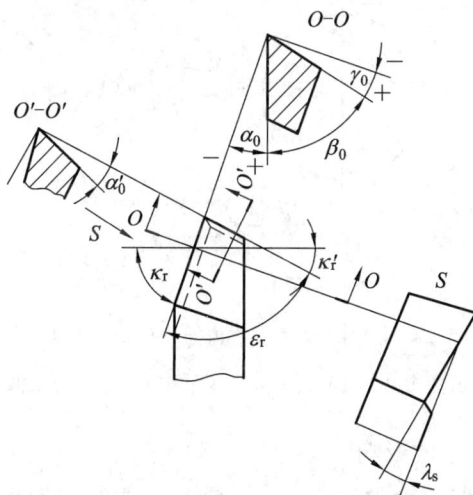

图 4-5 正交平面参考系内的角度

（1）主偏角 $\kappa_r$。过主切削刃上选定点，在基面内测量的主切削刃与进给运动方向的夹角。

（2）副偏角 $\kappa_r'$。过副切削刃上选定点，在基面内测量的副切削刃与进给运动反方向的夹角。

（3）前角 $\gamma_0$。过主切削刃上选定点，在正交平面内测量的前刀面与基面间的夹角。

（4）后角 $\alpha_0$。过主切削刃上选定点，在正交平面内测量的主后面与切削平面之间的夹角。刀具的前角与后角有正负之分。若基面 $P_r$ 位于刀具实体之外，前角为正值；若基面 $P_r$ 位于刀具实体之内，前角为负值。后角正负的判断方法与前角相同。

（5）刃倾角 $\lambda_s$。过主切削刃上选定点，在切削平面内测量的主切削刃与基面间的夹角。图 4-5 中的 $S$ 视图即为车刀在切削平面上的投影图。当刀尖是主切削刃上的最高点时，$\lambda_s$ 为正值；刀尖位于切削刃最低点时，$\lambda_s$ 为负值；主切削刃与基面平行时，$\lambda_s = 0°$。

（6）副后角 $\alpha_0'$。过副切削刃上选定点，在副正交平面 $P_o'$ 内测量的副后面与副切削平面之间的夹角。

### 4.2.3　刀具的工作角度

刀具的工作角度是考虑实际装夹条件和进给运动的影响而确定的角度。当考虑实际装夹和进给运动的影响时，刀具标注角度的静止参考系将发生变化而称为刀具工作参考系。因此，刀具工作时的角度也随之变化而称为工作角度。

**1. 装夹对刀具工作角度的影响**

如图 4-6(a)所示，刀尖对准工件中心安装时，设切削平面(包含切削速度 $v_c$ 的平面)与车刀底面相垂直，则基面与车刀底面平行，刀具切削角度无变化；图 4-6(b)为刀尖装夹得高于工件中心，此时切削速度 $v_c$ 所在平面(即切削平面)倾斜一个角度 $\tau$，则基面也随之倾斜一个角度 $\tau$，从而使前角 $\gamma_0$ 增大了一个角度 $\tau$；后角 $\alpha_0$ 减小了一个角度 $\tau$。反之，当刀尖装夹得低于工件中心时[见图 4-6(c)]，则前角 $\gamma_0$ 减小，后角 $\alpha_0$ 增大。

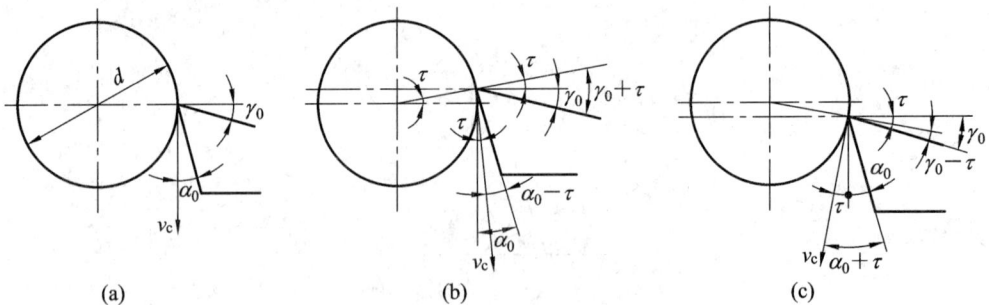

图 4-6　车刀刀尖装夹高度对工作角度的影响

(a) 刀尖对准工件中心；(b) 刀尖高于工件中心；(c) 刀尖低于工件中心

**2. 进给运动对工作角度的影响**

如图 4-7 所示，切削时若考虑进给运动，包含合成切削速度 $v_e$ 的切削平面(称工作切削平面)倾斜一个角度，垂直于工作切削平面的基面(称工作基面)随之倾斜，从而导致刀具工作角度变化。实际车削的外圆表面是一个螺旋面，通过切削刃选定点的工作基面和工作切削平面都要倾斜一个螺纹升角 $\psi$，使前角 $\gamma_0$ 增大一个角度 $\psi$，则后角 $\alpha_0$ 减小一个角度 $\psi$。

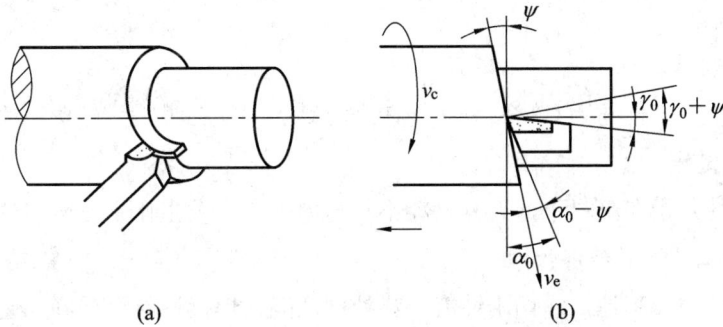

图 4-7　进给运动对工作前、后角的影响

(a) 实际车削时的工件表面；(b) 实际车削时车刀的工作角度

一般车削时，由于进给量比工件直径小得多，$\psi$ 值很小，对车刀工作前、后角的影响可忽略不计；但车削导程较大的螺纹时，如梯形螺纹、矩形螺纹和多线螺纹，必须考虑螺纹升角 $\psi$ 对加工的影响。

# 4.3　刀　具　材　料

刀具材料是指刀具切削部分的材料。在切削加工中，刀具的切削部分完成切除余量和形成已加工表面的任务。刀具材料是工艺系统中影响加工效率和加工质量的重要因素，也是最灵活的因素。合理的刀具材料可显著提高切削加工生产率，降低刀具消耗，保证加工质量。

## 4.3.1　刀具材料应具备的性能

1) 硬度和耐磨性

高硬度是刀具材料应具备的最基本特性，而且在切削的高温情况下应保持其高于被加工材料的硬度。为了减少切削过程中刀具不断受到的切屑和工件的摩擦而引起的磨损，刀具材料必须具有高的耐磨粒磨损性能。

2) 强度和韧性

切削工件时，刀具要承受很大的切削抗力，为了不产生脆性破坏和塑性变形，必须具有足够的强度。在切削不均匀的加工余量或断续加工时，刀具受很大的冲击载荷，脆性大的刀具材料易产生崩刃和打刀，因此要求刀具具有足够的冲击韧度和疲劳强度。

3) 耐热性

耐热性是指在高温下保持高硬度的能力，以适应提高切削速度的要求。通常用高温硬度来衡量刀具材料耐热性的优劣。

4) 导热性和耐热冲击性

刀具材料应具有良好的导热性，以便切削时产生的热量能迅速散走。为适应断续切削时瞬间反复的热力和机械的冲击形成的热应力和机械应力，刀具材料应具有良好的耐热冲击性能。

5) 抗黏接性

抗黏接性防止工件与刀具材料分子间在高温高压下互相吸附而黏接的性能。

6) 化学稳定性

化学稳定性是指在高温下，刀具材料不易与周围介质发生化学反应的性能。

7) 良好的工艺性和经济性

刀具材料应便于制造，即切削性能、热处理性能、焊接性能等要好。选用刀具材料时要考虑经济性，还应结合现有资源，以降低成本。

## 4.3.2 常用刀具材料

### 1. 高速钢

它是含有 W(钨)、Mo(钼)、Cr(铬)、V(钒)合金元素的合金工具钢。其强度、韧性和工艺性能均较好，磨出的切削刃比较锋利，有较好的耐热性，高温下切削速度比碳素工具钢高 1~3 倍，因此称为高速钢。在小型复杂刀具中经常使用，如钻头、拉刀、成形刀具等。高速钢可用于加工的材料范围很广泛，包括有色金属、铸铁、碳钢、合金钢等。

高速钢按用途不同，分为通用高速钢和高性能高速钢；按化学成分分为钨系、钨钼系和铝系等；按制造工艺不同，分为熔炼高速钢和粉末冶金高速钢。

1) 通用高速钢

国内外使用最多的通用高速钢牌号是 W6Mo5Cr4V2(M2 钼系)及 W18Cr4V(W18 钨系)，碳的质量分数为 0.7%~0.9%，硬度为 63~66HRC，不适于高速和硬材料切削。

新牌号的通用高速钢 W9Mo3Cr4V(W9)是根据我国资源情况研制的含钨量较多、含钼量较少的钨钼钢。其硬度为 65~66.5HRC，有较高的硬度和较好的韧性，热塑性、热稳定性都较好，焊接性能、磨削加工性能也都较好，磨削效率比 M2 高 20%，表面粗糙度值也小。

2) 高性能高速钢

高性能高速钢是在普通高速钢中加入一些合金，如 Co、Al 等的钢材，使其耐热性、耐磨性进一步提高，热稳定性提高，但综合性能不如通用高速钢，不同牌号只有在各自规定的切削条件下，才能达到良好的加工效果。我国正努力提高高性能高速钢的应用水平，如发展低钴高碳钢 W12Mo3Cr4V3Co5Si，含铝的超硬高速钢 W6Mo5Cr4V2Al、W10Mo4Cr4V3Al，其韧性、热塑性、导热性都很好，硬度达 67~69HRC，可用于制造出口钻头、铰刀、铣刀等。

3) 粉末冶金高速钢

粉末冶金高速钢可以避免熔炼钢产生的碳化物偏析，其强度、韧性比熔炼钢有很大提高，可用于加工超高强度钢、不锈钢、钛合金等难加工材料。用于制造大型拉刀和齿轮刀具，特别是制造切削时受冲击载荷的刀具时效果更好。

常用高速钢的性能及用途见表 4-1。

**表 4-1　常用高速钢的性能及用途**

| 类别 | | 牌 号 | 硬度 HRC | 600 ℃高温硬度 HRC | 主 要 用 途 |
|---|---|---|---|---|---|
| 通用高速钢 | | W18Cr4V | 62～66 | 48.5 | 用途广泛，容易磨得光洁锋利，适用于制造形状复杂、热处理后刃形需要磨制的刀具，如齿轮刀具、钻头、铰刀、铣刀、拉刀等 |
| | | W6Mo5Cr4V2 | 62～66 | 47～48 | 可磨性差，热塑性和冲击韧度好，一般用于制造麻花钻等 |
| 高性能高速钢 | 高碳 | 95W18Cr4V | 67～68 | 51 | 可磨性好，硬度、耐磨性和热硬性较好，可用于不锈钢、耐热合金钢等难加工材料的切削，但其冲击韧度差 |
| | 高钒 | W12Cr4V4Mo | 63～66 | 51 | 可磨性好，硬度、热硬性、耐磨性较好，用于制造形状简单、要求耐磨的车刀等 |
| | 超硬 | W6Mo5Cr4V2A1 | 68～69 | 55 | 可磨性差，硬度、热硬性、耐磨性好，用于制造复杂刀具和难加工材料用刀具，如高速插齿刀、齿轮滚刀等 |
| | | W2Mo9Cr4VCo8 | 66～70 | 55 | 可磨性好，硬度、热硬性、耐磨性好，用于制造复杂刀具和难加工材料用刀具，价格高 |

**2. 硬质合金**

硬质合金是用高硬度、难熔的金属化合物(WC、TiC 等)微米数量级的粉末与 Co、Mo、Ni 等金属黏接剂烧结而成的粉末冶金制品。其高温化合物碳含量超过高速钢，具有硬度高(大于 89HRC)、熔点高、化学稳定性好、热稳定性好的特点，但其韧性差，脆性大、承受冲击和振动的能力低。其切削效率是高速钢的 5～10 倍，因此，硬质合金现在是主要的刀具材料。

1) 普通硬质合金

常用的有 WC+Co(K、钨钴)类和 TiC+WC+Co(P、钨钛钴)类。

(1) WC+Co(K)类。常用的牌号有 K20、K01、K10、KZO 等，数字表示 Co 的含量。此类硬质合金强度较高，硬度和耐磨性较差，主要用于加工铸铁及有色金属。Co 的含量越高，韧性越好，适用于粗加工；含 Co 量少者适用于精加工。

(2) TiC+WC+Co(P)类。常用的牌号有 P30、P20、P15、P05 等。此类硬质合金硬度、耐磨性、耐热性都明显提高，但韧性、抗冲击性能差，主要用于加工钢料。含 TiC 量多，含 Co 量少，耐磨性好，适合精加工；含 TiC 量少，含 Co 量多，承受冲击性能好，适合粗加工。

2) 新型硬质合金

在上述两类硬质合金的基础上，添加某些碳化物可以使其性能提高。如在 K 类中添加

TaC(或 NbC)，可细化晶粒、提高硬度和耐磨性，而韧性不变，还可提高合金的高温硬度、高温强度和抗氧化能力，如 K10、K20 等；在 P 类中添加合金，可提高抗弯强度、冲击韧度、耐热性、耐磨性及高温强度、抗氧化能力等。既可用于加工钢料，又可加工铸铁和有色金属，被称为通用合金(代号为 YW)。此外，还有 TiC(或 TiN)基硬质合金(又称金属陶瓷)、超细晶粒硬质合金等。

常用硬质合金牌号的选用见表 4-2。

表 4-2　常用硬质合金牌号的选用

| 合金类别 | 牌号 | 性　　能 | | 用　　　途 | 代号 |
|---|---|---|---|---|---|
| 钨钛钴合金 | YT30 | 硬度、耐磨性← | 强度、韧性→ | 钢与铸钢工件在高速切削、小切削截面、无振动条件下精车、精镗 | P01 |
| | YT15 | | | 钢与铸钢工件在高速、连续切削时的粗车、半精车、精车、半精铣与精铣，间断切削时的精车，旋风车螺纹，孔的粗、精扩 | P10 |
| | YT14 | | | 钢或铸钢工件连续切削时的粗车、粗铣，间断切削时的半精车与精车，铸孔的扩钻与粗扩 | P20 |
| | YT5 | | | 钢类件(铸钢件、铸钢件的表皮)连续与非连续表面的粗车、粗刨、半精刨、粗铣及钻孔 | P30 |
| 碳基化合钛金 | YN05 | 硬度、耐磨性← | 强度、韧性→ | 钢、铸钢件和合金铸铁的高速精加工 | P01 |
| | YN10 | | | 碳素钢、各种合金钢、工具钢、淬火钢等钢材的连续加工 | P01 P05 |
| 通用合金 | YW1 | 硬度、耐磨性← | 强度、韧性→ | 耐热钢、高锰钢、不锈钢等难加工钢材及碳素钢、灰铸铁和合金铸铁的中、高速车削 | M10 |
| | YW2 | | | 耐热钢、高锰钢、不锈钢等难加工钢材，普通钢材和灰铸铁的中、低速车削、铣削 | M20 |
| 钨钴合金 | YG3X | 硬度、耐磨性← | 强度、韧性→ | 铸铁、非铁金属及其合金的精镗、精车等，也可用于合金钢、淬火钢的精车 | K01 |
| | YG6A YA6 | | | 硬铸铁、可锻铸铁、淬火硬钢、高锰钢及合金钢的半精加工和精加工，也可用于非铁金属及合金、硬塑料、硬橡胶及硬纸板的半精加工 | K10 |
| | YG6X | | | 铸铁、冷硬合金铸铁和耐热合金钢的精加工 | K10 |
| | YG3 | | | 铸铁、硬铸块、非铁金属及其合金在无冲击时的精加工和半精加工，钻孔、扩孔、螺纹车削等 | K01 |
| | YG6 | | | 铸铁、非铁金属及其合金与非金属材料连续切削时的粗车，间断切削时的半精车、精车，粗车螺纹、旋风车螺纹、半精铣、精铣 | K20 |
| | YG8N | | | 硬铸铁、球墨铸铁、白口铸铁及非铁金属的粗加工，也可用于不锈钢的粗加工和半精加工 | K20 K30 |
| | YG8 | | | 铸铁、非铁金属及其合金与非金属材料加工中，间断切削时的粗车、粗刨、粗铣及一般孔和深孔的钻孔、扩孔等 | K30 |

### 4.3.3 新型刀具材料

#### 1. 涂层刀具材料

采用化学气相沉积(CVD)或物理气相沉积(PVD)法,在硬质合金或其他材料刀具基体上涂覆一耐磨性高的难熔金属(或非金属)化合物薄层而得到的刀具材料。它较好地解决了材料硬度及耐磨性与强度及韧性的矛盾。

涂层刀具的镀膜可以防止切屑和刀具直接接触,减小摩擦,降低各种机械热应力。使用涂层刀具可缩短切削时间,降低成本,减少换刀次数,提高加工精度,而且刀具寿命长。涂层刀具可减少或取消切削液的使用。

#### 2. 陶瓷刀具材料

常用的陶瓷刀具材料是以 $Al_2O_3$ 或 $Si_3N_4$ 为基体成分在高温下烧结而成的。其硬度可达 91～95HRA,耐磨性比硬质合金高十几倍,适用于加工冷硬铸铁和淬硬钢;在 1200℃ 高温下仍能切削,高温硬度可达 80HRA,在 540℃ 时为 90HRA,切削速度比硬质合金高 2～10 倍;良好的抗黏性能使它与多种金属的亲和力小;化学稳定性好,即使在熔化时,与钢也不起相互作用;抗氧化能力强。

陶瓷刀具的最大缺点是脆性大、强度低、导热性差。采用提高原材料纯度、喷雾制粒、真空加热、亚微细颗粒、热压(HP)、静压(HIP)工艺,加入碳化物、氮化物、硼化物及纯金属、$Al_2O_3(Si_3N_4)$基体成分等,可提高陶瓷刀具的性能。

#### 3. 超硬刀具材料

超硬刀具材料是有特殊功能的材料,是金刚石和立方氮化硼的统称,用于超精加工及硬脆材料加工。可用来加工任何硬度的工件材料,包括淬火硬度达到 65～67HRC 的工具钢,有很高的切削性能,切削速度比硬质合金刀具提高 10～20 倍,且切削时温度低,超硬材料加工的表面粗糙度值很小,切削加工可部分代替磨削加工,经济效益显著提高。

1) 金刚石

金刚石有天然及人造两类,除少数超精密及特殊用途外,工业上多使用人造金刚石作为刀具及磨具材料。

金刚石主要用于加工各种有色金属,如铝合金、铜合金、镁合金等,也可以用于加工钛合金、金、银、铂、各种陶瓷和水泥制品;对于各种非金属材料,如石墨、橡胶、塑料、玻璃及其聚合材料,加工效果都很好。金刚石刀具超精密加工广泛用于加工激光扫描器和高速摄影机的扫描棱镜、特形光学零件、电视机、录像机、照相机零件、计算机磁盘等,而且随着晶粒不断细化,可用来制作切割用水刀。

2) 立方氮化硼

立方氮化硼有很高的硬度及耐磨性,仅次于金刚石;热稳定性比金刚石高 1 倍,可以高速切削高温合金,切削速度比硬质合金高 3～5 倍;有优良的化学稳定性,适于加工钢铁材料;导热性比金刚石差,但比其他材料高得多;抗弯强度和断裂韧性介于硬质合金和陶瓷之间。立方氮化硼刀具可以加工过去只能磨削加工的特种钢,它还非常适合在数控机床上使用。

## 4.4　金属切削过程的物理现象

切削时，刀具挤压切削层，使其与工件分离变成切屑而获得所需要的表面，这个过程称为切削过程。切削过程中会出现许多现象，这些现象大多遵循一定的规律，如积屑瘤、切削力、切削热的变化等。这些现象和规律直接影响着刀具寿命、加工质量、切削效率及切削加工的经济性，是进一步研究工件质量、生产率和加工成本的依据。

### 4.4.1　切屑的形成

#### 1. 金属的切削过程

金属的切削过程也是切屑形成的过程。如图 4-8 所示，切削塑性金属时，工件受到刀具的挤压以后，切削层金属在始滑移面 $OA$ 以下发生弹性变形，越靠近 $OA$ 面，弹性变形越大。在 $OA$ 面上，若应力达到材料的屈服强度 $R_{eL}$，则发生塑性变形，产生滑移现象。随着刀具的继续移动，原来处于始滑移面上的金属不断向刀具靠拢，应力和变形也逐渐加大。在终滑移面 $OE$ 上，应力和变形达到最大值。越过 $OE$ 面，切削层金属将脱离工件母体，沿刀具前面流出而形成切屑，完成切离。

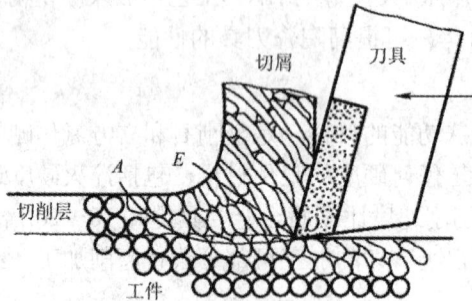

图 4-8　塑性金属的切削变形情况

#### 2. 切屑的类型

如图 4-9 所示，工件材料的塑性不同或条件不同时，会产生不同类型的切屑，并对加工产生不同的影响。

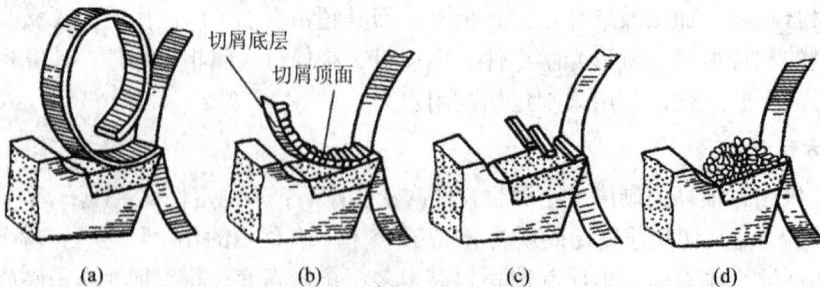

图 4-9　切屑的种类

(a) 带状切屑；(b) 节状切屑；(c) 粒状切屑；(d) 崩碎状切屑

#### 1) 带状切屑

用较大前角的刀具在较高切削速度、较小的进给量和吃刀量情况下切削硬度较低的塑性材料，容易得到这类切屑[见图 4-9(a)]。由于材料塑性较大，虽然切削层金属经过终滑移面 *OE* 时产生了较大的塑性变形，但尚未达到破裂程度即被切离工件母体，所以切屑连绵不断。带状切屑的形成过程经过弹性变形、塑性变形、切离三个阶段，切削过程比较平稳，切削力波动较小，工件表面较为光洁。但它可能缠绕在刀具或工件上，易损坏刀刃和刮伤工件，清除切屑和运输也不方便，常成为影响正常切削的关键。因此，常在刀具前面上磨出各种卷屑槽或断屑槽，以促使切屑卷成一定的长度后自行折断。

#### 2) 节状切屑

用较小前角的刀具，以较低的切削速度粗加工中等硬度的塑性材料时，由于材料塑性较小和切削变形较大，当切削层金属达到 *OE* 面时，材料已达到破裂程度而被一层一层地挤裂。但在切离母体时，切屑底层尚未裂开，形成节状切屑，因而又称挤裂切屑[见图 4-9(b)]。这类切屑的顶面有明显的裂纹，呈锯齿形，其形成过程经过了弹性变形、塑性变形、挤裂和切离四个阶段，是最典型的切削过程。形成节状切屑时，切削力较大且有波动，加工后的工件表面较粗糙。

#### 3) 粒状切屑

在形成节状切屑的过程中，若进一步减小前角，降低切削速度或增大切削厚度，则切屑在整个厚度上被挤裂，形成梯形的粒状切屑[见图 4-9(c)]，又称单元切屑。形成粒状切屑时，产生的切削力较大，波动更大。

#### 4) 崩碎状切屑

在切削铸铁和黄铜等脆性材料时，由于材料的塑性极小，切削层金属受刀具挤压经过弹性变形以后就突然崩碎，形成不规则的碎块屑片，即为崩碎切屑[图 4-9(d)]。切屑的形成经过弹性变形、挤裂、切离三个阶段。产生崩碎切屑时，切削热和断续的切削力都集中在主切削刃和刀尖附近，刀尖容易磨损，且容易产生振动，因而影响工件的表面粗糙度。

切屑形状可以随切削条件的不同而改变，例如，改变刀具角度和切削用量可使切屑形状改变。生产中常根据具体情况采取不同的措施使切屑变形得到控制，以保证切削加工的顺利进行。

### 3. 断屑与切屑流动方向

如图 4-10 所示，车削塑性金属材料时，切屑顺刀具前面流出时受到刀具前面的挤压、摩擦作用，使它进一步产生变形。切屑底层的金属变形最严重，切屑沿刀具前面产生滑移，使底层的长度比上层长，于是切屑一边向上卷曲，一边沿垂直于切削刃的方向流动。切屑的形状及流动方向是非常重要的，对工件表面质量与安全都有很大影响。

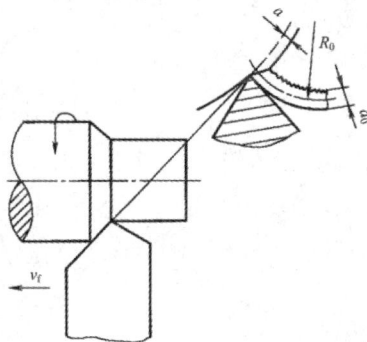

图 4-10　切屑的卷曲

1) 断屑

断屑产生的原因有两种类型：一种是切屑在流出过程中与阻碍物相碰后受到一个弯曲力矩而折断，另一种是切屑在流出过程中靠自身重量摔断。

(1) 切屑受阻后折断。如图 4-11 所示，切屑顺刀具前面流出，与断屑槽台阶相碰后，受到阻力 $F_0$ 的作用，在卷曲的同时又外加一个卷曲阻力，使切屑内部产生较大的弯曲应力而在断屑槽内折断。其屑形为长度较短的碎屑。

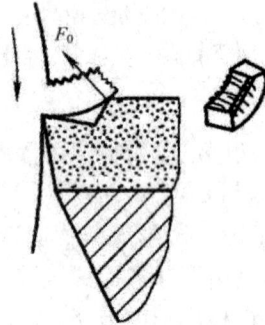

图 4-11　切屑在断屑槽内折断

当断屑槽台阶使切屑产生弯曲应力而未达到使切屑折断的程度时，切屑在发生卷曲变形后会改变方向继续运动。如图 4-12 所示，切屑在卷曲运动中与工件的待加工表面相碰，受到一个阻力 $F_0$ 的作用而折断成 C 形切屑。

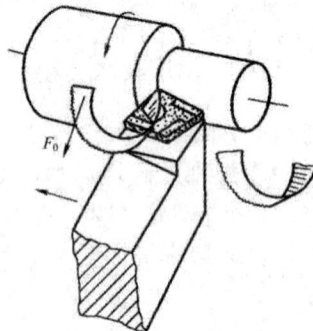

图 4-12　切屑与工件待加工表面相碰后折断

图 4-13 所示为切屑与工件上的过渡表面相碰后形成圆卷形切屑。

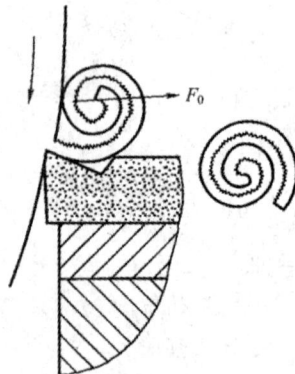

图 4-13　切屑与工件过渡表面相碰后折断

图 4-14 所示为切屑与车刀后面相碰折断成 C 形或 6 字形切屑时,切屑在断屑槽内成卷,并沿断屑槽流出而形成螺旋状切屑,而后靠自身重量在一定长度时摔断[见图 4-15(a)]。

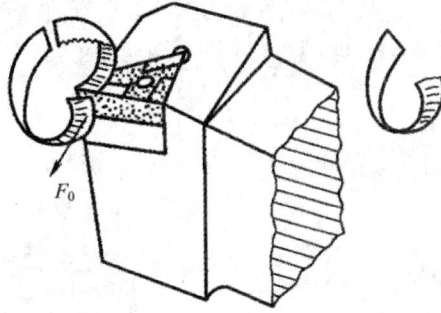

图 4-14 切屑与车刀后面相碰后折断

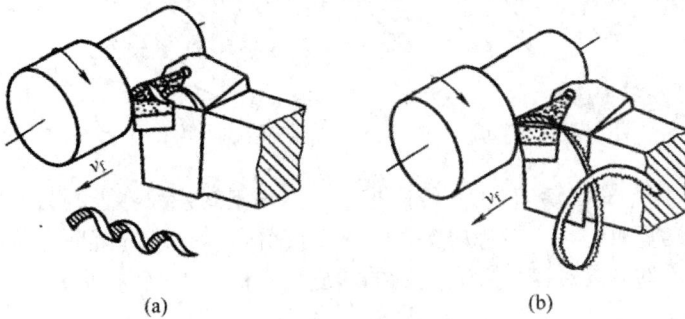

(a)                              (b)

图 4-15 螺旋状切屑和带状切屑

(a) 螺旋状切屑;(b) 带状切屑

(2) 螺旋状切屑。如果切屑在脱离工件母体前受到的塑性变形未能使其达到破裂程度,则切屑在断屑槽内成卷,并沿断屑槽流出而形成螺旋状切屑,而后靠自身重量在一定长度时摔断[见图 4-15(a)]。断屑槽形状不同,切削用量和刀具角度改变时,又会引起螺旋状切屑的屑形变化。图 4-15(b)所示的未断的带状切屑即是上述条件变化的产物,这种切屑在加工中缠在刀具或工件表面上,给加工带来不便和不安全的因素,所以在加工过程中应尽量避免。

2) 断屑槽结构

图 4-16 所示为断屑槽常用的三种形状:折线(圆弧过渡)形、直线圆弧形和全圆弧形。

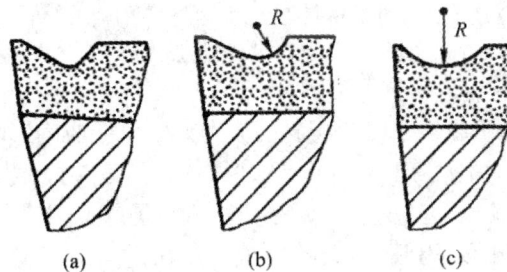

(a)              (b)              (c)

图 4-16 断屑槽的正交平面形状

(a) 折线形;(b) 直线圆弧形;(c) 全圆弧形

(1) 断屑台距离。图 4-17 所示为折线形断屑槽的卷屑情况。断屑台距离 $L_{Bn}$ 越小，切屑的卷曲半径 $R_0$ 越小，则切屑上的弯曲应力就越大，因此切屑越容易在断屑槽内折断或形成小直径螺旋形切屑。断屑台距离 $L_{Bn}$ 不宜选得太小，应在保证断屑的前提下选得宽一些。因为 $L_{Bn}$ 越小，断屑槽的容屑空间就越小，切屑变形就越大，从而切削力增大，易产生堵屑和打刀等现象。

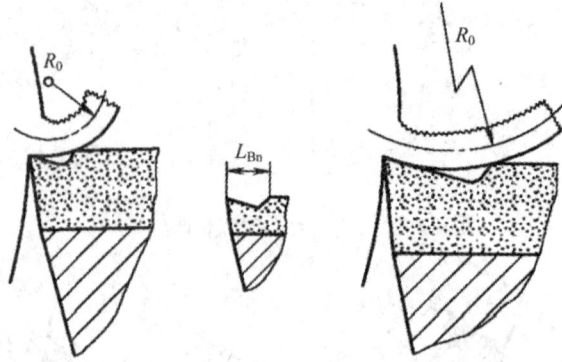

图 4-17　断屑台距离对断屑的影响

(2) 断屑槽斜角。断屑槽斜角 $\rho_{Br}$ 有两种形式：外斜式，又称正喇叭式；内斜式，又称倒喇叭式。外斜式使切屑容易与待加工表面或刀具后面相碰而折断呈 C 形或 6 字形[见图 4-18(a)]。内斜式使切屑容易形成卷得较紧的螺旋形并沿断屑槽向刀柄方向运动，当切屑达到一定长度后靠自身重量摔断[见图 4-18(b)]。

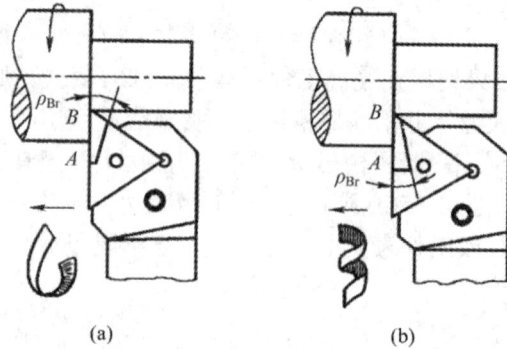

(a)　　　　　　　　　　　　(b)

图 4-18　断屑槽斜角对屑形的影响

(a) 外斜式断屑槽斜角；(b) 内斜式断屑槽斜角

3) 主偏角与刃倾角对排屑方向的影响

在切削塑性材料且进给量较小时，切屑的流动方向可能成为影响工件表面质量和人身安全的因素之一。图 4-19 所示为主偏角 $\kappa_r = 90°$ 与 $\kappa_r = 45°$ 时，切屑的流动情况。在进给量、背吃刀量相同时，$\kappa_r$ 越大越易断屑；$\kappa_r$ 越小，则切屑越易成卷。

对排屑方向影响最大的是刃倾角，如图 4-19(a)、(d)所示，刃倾角 $\lambda_s$ 为正时，切屑流向待加工表面；图 4-19(c)、(f)所示为 $\lambda_s$ 负时，切屑流向已加工表面；图 4-19(b)、(e)是 $\lambda_s$ 为零时，切屑流向过渡表面。

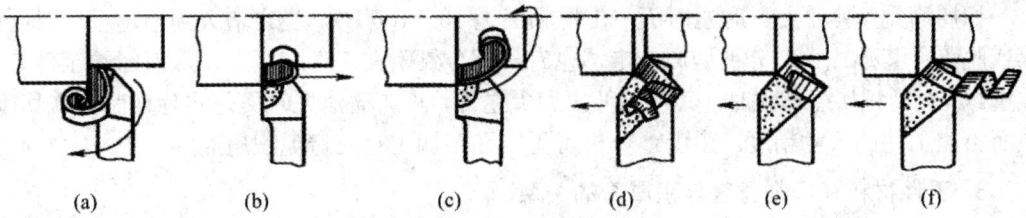

图 4-19　主偏角与刃倾角对排屑方向的影响

(a) $+\lambda_s$、$\kappa_r = 90°$；(b) $\lambda_s = 0°$、$\kappa_r = 90°$；(c) $-\lambda_s$、$\kappa_r = 90°$；

(d) $+\lambda_s$、$\kappa_r = 45°$；(e) $\lambda_s = 0°$、$\kappa_r = 45°$；(f) $-\lambda_s$、$\kappa_r = 45°$

比较上述三种情况可见，当 $\lambda_s$ 为负或为零时，切屑都可能缠绕在刀具或工件的已加工表面上，损伤工件已获得的表面质量，而且也是安全操作的障碍。因此精加工时应尽量避免。

### 4.4.2　积屑瘤

#### 1. 积屑瘤的形成

在低速切削塑性金属时，往往在刀具前面刃口处黏结着一小块很硬的金属，它能代替切削刃切削工件，但又不能永驻刃口之上，而是自生自灭、周而复始。这块黏结在刃口处的金属就称为积屑瘤，如图 4-20 所示。

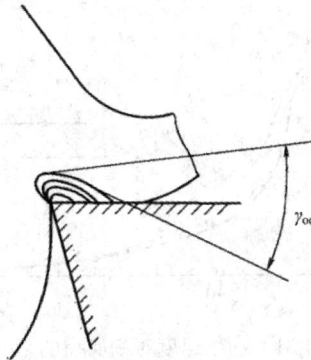

图 4-20　积屑瘤

积屑瘤是切屑与刀具前面剧烈摩擦产生黏结而形成的。切屑沿刀具前面流出时，在一定的温度和压力作用下，切屑底层受到很大的摩擦阻力，致使底层金属的流动速度降低而形成滞流层。当滞流层金属与前面之间的摩擦超过切屑内部的结合力时，就有一小块金属脱离切屑底层而粘贴在刀具前面上的刃口附近，随着切削的继续，粘贴层不断积累而形成积屑瘤(或称刀瘤)。

#### 2. 积屑瘤对加工的影响

积屑瘤是在高压、强烈摩擦和一定温度的作用下，由滞流层转化而成。其塑性变形比切屑上层大 10 倍以上，晶粒组织致密，硬度提高 2.5～3.5 倍。因此，它可以代替切削刃进行切削，并起到保护切削刃、减小刀具磨损的作用。

积屑瘤无一定形状，时生时灭，出现频率达 10～100 Hz。当它增大到一定程度时会破碎或脱落，其碎片大部分被切屑带走，也有一部分黏附在工件表面上，从而影响工件表面质量。此外，积屑瘤增大时，其顶端伸出刀尖之外，积屑瘤消失时又是实际切削刃在切削，从而影响工件的尺寸精度。由上述分析可见，在精加工时应避免积屑瘤的产生。

**3. 工件材料和切削速度与积屑瘤的关系**

实践证明，工件材料和切削速度是影响积屑瘤的主要因素。

(1) 塑性大的材料在切削时的塑性变形大，容易产生积屑瘤；塑性较小、硬度较高的材料，产生积屑瘤的可能性以及积屑瘤的高度相对较小。切削脆性材料时，形成的崩碎状切屑与刀具前面无摩擦，因此不产生积屑瘤。

(2) 切削速度主要是通过切削温度和摩擦系数来影响积屑瘤的。如图 4-21 所示，切削速度很低($v_c < 5$ m/min)时，切屑流动较慢，切削温度低，切屑与刀具前面的摩擦系数小，因而切屑与前面不产生黏结现象，故不会出现积屑瘤。切削速度在 5～60 m/min 时，切屑流动较快，切削温度较高，切屑与前面的摩擦系数较大，切屑与刀具前面容易黏结产生积屑瘤。切削钢件(一般 $v_c = 20$ m/min)时，切削温度在 300～350 ℃，摩擦系数最大，产生的积屑瘤高度也最大。当切削速度 $v_c > 80$ m/min 时，由于切削温度很高，切屑底层金属呈微熔状态，摩擦系数明显减小，则不会形成积屑瘤(图 4-21 中的 $h$ 是积屑瘤原效)。

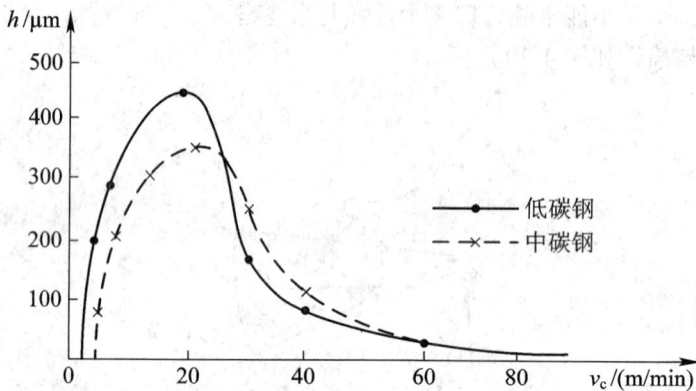

图 4-21　切削速度对积屑瘤的影响

在精加工塑性金属时，为防止积屑瘤的产生，通常采用高速或低速切削。此外，增大前角以减小切削变形，用油石仔细打磨刀具前面以减小摩擦，选用合适的切削液以降低切削温度和减小摩擦，都是防止积屑瘤产生的重要措施。

### 4.4.3　切削力

切削力指切削过程中刀具作用在工件上的力。它的大小直接影响着工件的加工质量、机床功率和刀具的损耗，有时还会引起振动等现象。掌握它的规律能有效地发挥机床、刀具的效率，提高零件加工质量，切削力也是机床、刀具、夹具设计及加工过程自动化等的重要参数，对于生产实践有着重要的意义。

### 1. 切削力的产生与分解

#### 1) 切削力的产生

切削加工时，在刀具作用下切削层与加工表面发生弹性变形和塑性变形，因此有变形抗力作用在刀具上。切屑与刀具前面以及刀具后面与工件已加工表面之间均有相对运动，所产生的摩擦力也作用在刀具上。作用在刀具前面上的摩擦力、变形抗力和作用在刀具后面上的摩擦力、变形抗力如图 4-22 所示。上述诸力的合力 $F$，就是作用在刀具上的切削力。

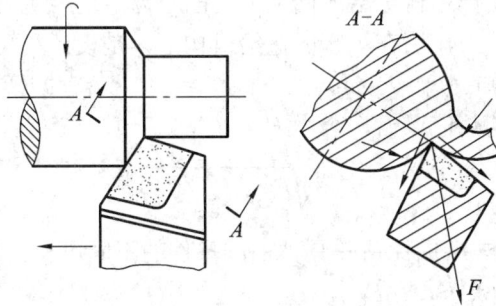

图 4-22 切削力的产生

#### 2) 切削力的分解

一个切削部分的总切削力 $F$ 是一个空间力，其方向和大小受多种因素的影响。为了便于测量、研究及计算，常将 $F$ 分解为沿主运动切削速度方向、进给运动方向、垂直于工作平面方向上的三个互相垂直的分力，分别用 $F_c$、$F_f$、$F_p$ 表示，如图 4-23 所示。

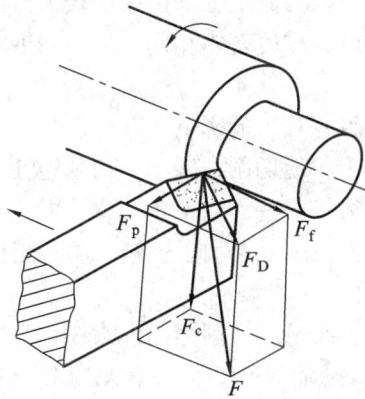

图 4-23 切削力的分解

(1) 切削力 $F_c$。沿主运动切削速度方向的切削分力。一般消耗机床功率的 95%，是三个切削分力中最大的，所以称它为主切削力。主切削力是确定机床动力、设计机床主传动系统的零件、校核机床和夹具强度及刚度的重要数据。

(2) 背向力 $F_p$。$F_p$ 是作用在吃刀方向上的切削分力，又称为径向切削分力。它使工件弯曲变形和引起振动，对加工精度和表面质量影响较大。在总切削力一定的情况下，$F_p$ 的大小受刀具主偏角 $\kappa_r$ 的影响。由图 4-24 可知：$F_p = F_D\cos\kappa_r$。式中，$F_D$ 是推力，为总切削力 $F$ 在切削层尺寸平面上的投影。

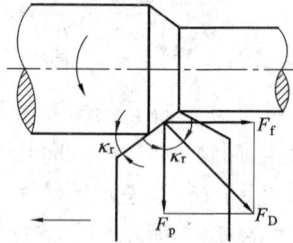

图 4-24　背向力和进给力

(3) 进给力 $F_f$。$F_f$ 是作用在进给方向上的切削分力。进给抗力所消耗的功率一般占总功率的 5%以下。进给抗力作用在机床的进给机构上，是设计和校核进给机构强度必须具备的数据。由图 4-24 可知：$F_f = F_D \sin \kappa_r$。

已知三个切削分力的数值以后，合力 $F$ 可按下式计算：

$$F = \sqrt{F_c^2 + F_p^2 + F_f^2}$$

试验证明：$F_c$ 和 $F_p$ 与 $F_f$ 的比值随具体切削条件的不同可在很大的范围内变化。一般：$F_p = (0.15 \sim 0.7)F_c$，$F_f = (0.1 \sim 0.6)F$。

**2. 影响切削力的因素**

工件材料是影响切削力的重要因素。工件材料的强度、硬度越高，切削时的变形抗力越大，切削力也越大。例如，在同样的切削条件下，切削中碳钢的切削力比低碳钢大；切削工具钢的切削力又大于中碳钢；切削铜、铝及其合金的切削力要比切削钢小得多。切削力的大小也和材料的塑性、韧性有关。在强度、硬度相近的材料中，塑性大、韧性高的材料切削时产生的塑性变形及切屑与刀具前面间的摩擦较大，故切削力较大。例如，不锈钢 1Cr18Ni9Ti 与正火 45 钢的强度、硬度基本相同，但不锈钢的塑性、韧性较大，其切削力比正火的 45 钢约高 25%。

刀具的几何角度对切削力也有较大的影响，其中前角、主偏角的影响最为显著。无论切削何种材料，刀具前角加大都将使切削力减小。切削塑性大的材料，加大前角可使塑性变形显著减小，故切削力降低得多一些。主偏角 $\kappa_r$ 对进给力 $F_f$、背向力 $F_p$ 的影响较大(见图 4-24)。因此，车削细长轴时，为减小背向力 $F_p$，防止工件弯曲变形和振动，常采用较大的主偏角($\kappa_r = 90°$)。

切削用量中，背吃刀量和进给量对切削力的影响较大。当 $a_p$ 或 $f$ 加大时，切削面积加大，变形抗力和摩擦阻力增加，从而引起切削力增大。试验证明，当其他切削条件一定时，$a_p$ 加大一倍，切削力增加一倍，$f$ 加大一倍，切削力增加 68%～86%；切削速度 $v_c$ 对切削力的影响不大，一般不予考虑。高速切削塑性材料时，切削力随着切削速度的增高还会有所减小。

## 4.4.4　切削热

切削过程中，由于金属层的弹性和塑性变形，工件、切屑与刀具间的摩擦所产生的热称为切削热。切削区(工件、切屑、刀具的接触区)的平均温度称为切削温度。根据热平衡计算可知，切削时所做的功几乎全部转变为热量(切削热)。大量的切削热使切削区温度升高，引起工件变形，加速刀具的磨损，缩短了刀具寿命，影响零件的加工精度。因此，掌握切削热的产生规律对生产实践有着重要的意义。

### 1. 切削热的来源和传散

切削热是由切削功转变而来的，它来源于三个热源区：在始滑移线 $OA$ 与终滑移线 $OE$ 区域内(见图 4-8)，切削层金属晶粒变形伸长到晶粒之间的相对滑移产生大量的热；切屑与刀具前面摩擦及切屑卷曲产生的热；工件与刀具后面摩擦产生的热。

如图 4-25 所示，切削热由上述三个热源区传给切屑、刀具、工件及周围介质。不同的加工方式，切削热的传散情况不同。当不使用切削液时，周围介质传出的热量很少，约占总切削热量的 1%，可略去不计。

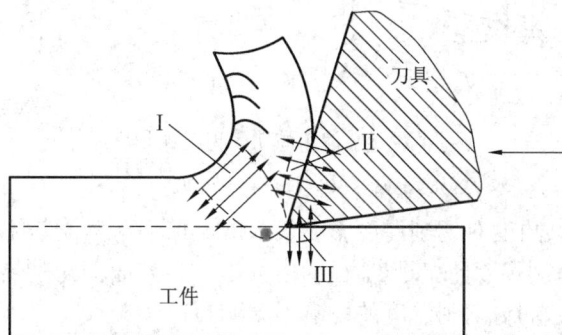

I —金属晶粒变形到相对滑移区；II—切屑与刀具前面的摩擦区；III—工件与刀具后面的摩擦区

图 4-25　切削热的来源与传散

在一般情况下，切屑带走的热量最多，其次是工件、刀具和周围介质。例如，无切削液，以中等切削速度车削钢件时，50%～86%的切削热由切屑带走，10%～40%的切削热传入工件，3%～9%的切削热传入刀具，1%传入空气。以上述条件在钢件上钻削时，切削热的 28%由切屑带走，14.5%传入工件，52.5%传入钻头，5%左右传入周围介质。

### 2. 影响切削温度的因素

1) 刀具角度

(1) 前角 $\gamma_0$。前角增大可使切屑变形和摩擦阻力减小、切削热量少、切削温度低。如图 4-26 所示，前角在 $-10°$ 时，切削温度最高；随着前角的不断增大，切削温度越来越低；但前角超过 $25°$ 时，切削温度又呈上升趋势。原因是前角无限制地增大虽可减少切削热的产生，但会使刀体散热体积减小，反而使切削温度升高。

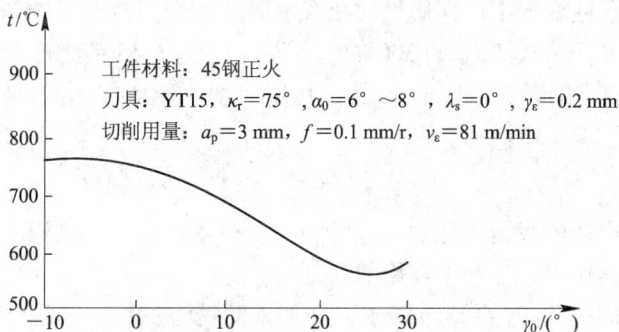

图 4-26　前角与切削温度的关系

(2) 主偏角 $\kappa_r$。减小主偏角，使切削刃工作长度增加，散热条件改善，从而使切削温度降低。如图 4-27 所示，主偏角由 90° 下降到 30° 时，切削刃的工作长度 $b_D$ 增加一倍，切削温度下降约 20%。在切削耐热合金时，采用较小的主偏角不但可以降低切削温度，而且可以提高刀具的强度。但在机床、刀具、夹具、工件系统刚度较差时，不宜采用较小的主偏角，否则将引起振动，影响加工质量。

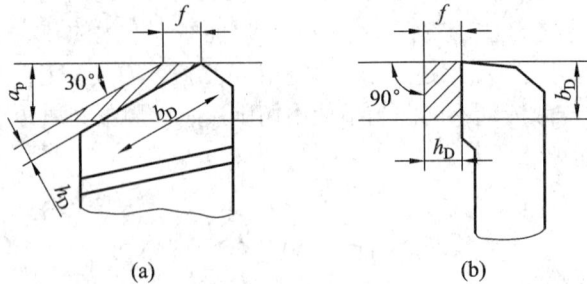

图 4-27　主偏角与切削刃工作长度

(a) $\kappa_r = 30°$；(b) $\kappa_r = 90°$

由上述可知，刀具角度对切削温度影响最大的是前角，其次是主偏角。其他几何参数的变化，如副偏角的减小、刀尖圆弧半径的增大等，一方面使切削热增加，另一方面又改善散热条件，因此，它们对切削温度的影响不太明显。

### 2) 切削用量

切削用量增大，单位时间内的金属切除量增多，产生的切削热也相应增加。但分别增大 $v_c$、$f$ 和 $a_p$ 时，切削温度的升高程度并不相同。切削速度增大一倍，切削温度升高 20%～33%；进给量增大一倍，切削温度大约升高 10%；切削深度增大一倍，切削温度大约升高 3%。因此，粗加工时为了减小切削温度的影响，增大切削深度或进给量比增大切削速度更为有利。

### 3) 工件材料

工件材料对切削温度的影响与材料的强度、硬度及导热性有关。材料的强度、硬度越高，切削时消耗的功越多，切削温度也就越高。在其他切削条件相同的情况下，如果工件材料的导热性好，热量传散快，切削温度就低。例如，合金结构钢的强度一般高于 45 钢，其导热系数又低于 45 钢，故切削温度高于 45 钢；非铁金属的强度和硬度低，导热性能好，切削温度普遍比较低，因此切削时可采用更高的切削速度。在切削铸铁时，由于其强度和塑性较低，切削时塑性变形小，切屑呈粒状或崩碎状而与刀具前面的摩擦小，产生的热量较少，因此切削温度低。灰铸铁 HT200 的切削温度比正火 45 钢约低 25%。但是在生产实际中，切削铸铁时的切削速度常低于 45 钢的切削速度，原因是切削脆性金属时，切削作用点离刃口近，切削温度集中。

### 4) 切削液

实践证明，使用切削液是降低切削温度的一个有效途径。切削液不仅起冷却作用，还起润滑、清洗和防锈作用。生产中常用的切削液分为三类：

(1) 水溶液。水溶液的主要成分是水，并加入防锈添加剂，其冷却性能好、透明，便于观察切削情况，但润滑性能差。

(2) 乳化液。乳化液是将乳化油用水稀释而成。乳化油由矿物油、乳化剂、防锈剂等组成，具有良好的流动性和冷却作用，也有一定的润滑性能。低浓度的乳化液用于粗车、磨削；高浓度的乳化液用于精车、钻孔和铣削等。

(3) 切削油。切削油主要是矿物油，少数采用动、植物油或混合油。其润滑性能好，流动性差，冷却作用小。切削油主要用来减少刀具磨损和降低工件表面粗糙度值，常用于铣削和齿轮加工等。

常用切削液的种类及选用，见表 4-3。

表 4-3　常用切削液的种类及选用

| 序号 | 名称 | 组　　成 | 主要用途 |
|---|---|---|---|
| 1 | 水溶液 | 以硝酸钠、碳酸钠等溶于水的溶液，用 100～200 倍的水稀释而成 | 磨削 |
| 2 | 乳化液 | (1) 矿物油很少，主要为表面活性剂的乳化油，用 40～80 倍的水稀释而成，冷却和清洗性能好 | 车削、钻孔 |
| | | (2) 以矿物油为主，含少量表面活性剂的乳化油，用 10～20 倍的水稀释而成，冷却和润滑性好 | 车削、攻螺纹 |
| | | (3) 在乳化液中加入极压添加剂 | 高速车削、钻削 |
| 3 | 切削油 | (1) 矿物油(L-AN15、L-AN32 全损耗系统用油)单独使用 | 滚齿、插齿 |
| | | (2) 矿物油加植物油或动物油形成混合油，润滑性能好 | 精密螺纹车削 |
| | | (3) 矿物油或混合油中加入极压添加剂形成极压油 | 高速滚齿、插齿、车螺纹等 |
| 4 | 其他 | 液态的 $CO_2$ | 冷却 |
| | | 二硫化钼＋硬脂酸＋石蜡做成蜡笔，涂于刀具表面 | 攻螺纹 |

**3. 切削温度对切削加工的影响**

1) 切削温度对刀具的影响

(1) 硬质合金刀具。硬质合金性脆，热硬性温度高，但当温度达到 800 ℃以上时，硬质合金开始出现原子扩散，即合金中的 TiC 和 WC 向工件中扩散，并在刀具切削部分的表面上急剧氧化而产生一层疏松的氧化层，使其硬度明显下降，从而加速刀具磨损。因此，使用不同牌号的硬质合金刀具时，由于不能使用切削液而只能适当控制切削速度及刀具几何角度，以保证刀具寿命。

(2) 高速钢。高速钢刀具在切削温度达到 550 ℃以上时，硬度下降并丧失切削能力。必要时，在切削过程中可加切削液降温。一般高速钢刀具的切削温度控制在 300～350 ℃之间较为有利。

2) 切削温度对加工精度的影响

切削温度过高会引起工件材料的金相组织发生变化，影响使用性能。如磨削加工中，磨削温度过高会使工件表面烧伤、发生变形，从而影响工件精度。

(1) 热膨胀。工件在切削热的作用下产生热膨胀，使工件尺寸发生变化。同一个工件刚加工完毕的尺寸与冷却后的尺寸是不相等的。工件由于切削温度引起的直径变化可用下式计算：

$$D = d[1 + \alpha_t(T' - T)]$$

式中：$D$——工件受热时的直径(mm)；$d$——工件冷却后的直径(mm)；$T'$——工件受热时的温度(℃)；$T$——工件冷却后的温度(℃)；$\alpha_t$——工件材料的线膨胀系数(1/℃)。常用金属的线膨胀系数见表4-4。

表 4-4　常用金属的线膨胀系数

| 材料名称 | $\alpha_t \times 10^{-6}/(1/℃)$ | 材料名称 | $\alpha_t \times 10^{-6}/(1/℃)$ | 材料名称 | $\alpha_t \times 10^{-6}/(1/℃)$ |
|---|---|---|---|---|---|
| 工业用铜 | 16.6～17.i | 铬钢 | 11.2 | 20Mo | 12.0 |
| 黄铜 | 17.8 | 马氏体、铁素体不锈钢 | 11.0 | 30Cr13 | 10.2 |
| 锡青铜 | 17.6 | 奥氏体不锈钢 | 14.4～16.2 | 1Cr18Ni9Ti | 16.6 |
| 铝青铜 | 17.6 | 40CrSi | 11.7 | 铸铁 | 8.7～11.1 |
| 碳素钢 | 10.6～12.2 | 30CrMnSiA | 11.0 | 硬铝 | 22.6 |

例如，切削铸造锡青铜轴承，要求在24℃时的外圆直径为$\phi 80^{+0.05}_{+0.02}$ mm。若精车时工件温度为80℃，则刚加工完毕时，考虑工件热膨胀后的外圆测量直径应为

$$D = 80 \times [1 + 17.6 \times 10^{-6} \times (80 - 24)] \text{ mm} = 80.079 \text{ mm}$$

即测量直径应为：$\phi 80.079^{+0.05}_{+0.02}$ mm = 80.099～80.129 mm。

(2) 热变形。用自定心卡盘和顶尖或在两顶尖之间装夹轴类工件时，由于轴类工件两端固定，使其产生弯曲变形，在切削过程中产生的热膨胀使工件伸长，从而使加工后工件的表面形状精度受到影响。

# 4.5　刀具磨损与刀具寿命

在切削过程中，刀具失去切削能力的现象称为钝化。钝化方式有磨损、崩刃和卷刃等。磨损指在刀具与工件或切屑的接触面上，刀具材料的微粒被切屑或工件带走的现象。崩刃指切削刃的脆性破裂。卷刃则指切削刃受挤压后发生塑性变形而失去切削能力的现象。在正确设计、制造与使用刀具的条件下，刀具钝化以磨损为主要表现形式。

## 4.5.1　刀具的磨损

### 1. 刀具的磨损形式

#### 1) 刀具后面磨损

如图4-28(a)所示，这种磨损方式一般发生在切削脆性金属或以较小进给量切削塑性金属的条件下。此时刀具前面上的机械摩擦较小，温度较低，所以后面上的磨损大于前面上的磨损。后面磨损后形成$\alpha_0 = 0°$的棱面或形成一些不均匀的沟痕。磨损程度用平均磨损高

度 $VB$ 表示。

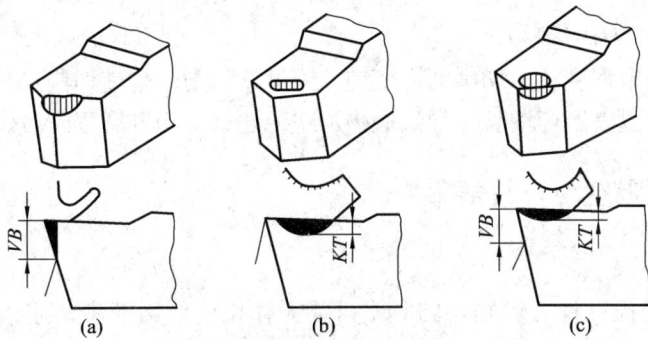

图 4-28　刀具的磨损形式

(a) 后面磨损；(b) 前面磨损；(c) 前、后面同时磨损

2) 刀具前面磨损

如图 4-28(b)所示，若以较高的切削速度和较大的切削厚度切削塑性材料，则切屑对前面的压力大，摩擦剧烈、温度高，导致前面上形成月牙形的磨损，故称月牙洼。当月牙洼扩大到一定程度时，刀具就会崩刃。前面磨损的程度用月牙洼的深度 $KT$ 表示。

3) 刀具前、后面同时磨损

图 4-28(c)所示为前、后面同时磨损，即前面出现月牙洼，后面出现棱面。这种现象发生的条件介于上述两种磨损之间。

在大多数磨损情况下，后面都出现不同程度的磨损，其磨损量 $VB$ 对加工精度和表面质量的影响较大，而且测量也比较方便，所以一般用后面的磨损量 $VB$ 来表示刀具的磨损程度。

**2. 刀具的磨损过程**

刀具的磨损过程可分为三个阶段，如图 4-29 所示。

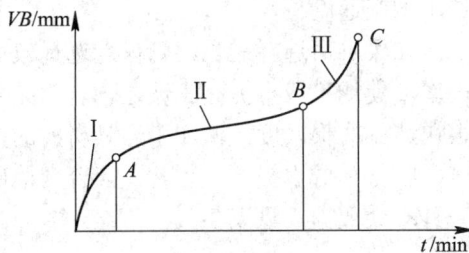

Ⅰ—初期磨损阶段；Ⅱ—正常磨损阶段；Ⅲ—急剧磨损阶段

图 4-29　磨损过程

1) 初期磨损阶段(Ⅰ阶段)

刀具前、后面经刃磨后仍有微观不平度，切削时它们与切屑和工件表面的实际接触为多点接触，所以磨损很快。

2) 正常磨损阶段(Ⅱ阶段)

刀具经初期磨损后，由于其上微观不平度已被磨去，表面光洁，并形成狭窄的棱面，切削时与切屑和工件表面的实际接触面积增大，故磨损缓慢。

3) 急剧磨损阶段(III阶段)

刀具磨损到一定程度后，切削刃已变钝，若继续切削，则使切削过程中的摩擦阻力增大，切削力和切削温度迅速增长，导致磨损加快，这就是急剧磨损阶段。

## 4.5.2　刀具磨损限度与刀具寿命

### 1. 刀具磨损限度

分析刀具的磨损过程后可知，刀具不可能无休止地使用下去，应该规定一个合理的磨损量数值，称此数值为磨损限度，也称磨钝标准。当刀具达到磨损限度时，就应该重新刃磨或换新刀。刀具的磨损限度通常用刀具后面的平均磨损高度 $VB$ 表示。刀具磨损限度一般有两种。一种是粗加工磨损限度，又称经济磨损限度。它是以充分发挥刀具能力，使刀具寿命(切削时间与可磨或可磨次数的乘积)最长，且经济效益最高为原则制定的。另一种是精加工磨损限度，又称工艺磨损限度。它是以保证零件加工精度和表面质量为前提而制定的。

### 2. 刀具寿命

生产中不可能经常用测量刀具后面磨损值的方法，来判断刀具是否已经达到了磨损限度，所以提出了刀具寿命的概念。刀具刃磨后，从开始切削至到达磨损限度所用的实际切削时间，称为刀具耐用度，用 $t$ (min)表示。刀具耐用度与刀具重磨次数的乘积称为刀具寿命，即刀具从开始使用到报废为止所经过的切削时间。

影响刀具寿命的因素很多，有工件材料、刀具材料、刀具几何角度、切削用量以及是否使用切削液等。工件材料的强度、硬度越高，导热性越差，刀具磨损越快，则寿命越短。刀具材料的耐磨性、耐热性越好，寿命就越长。合适的刀具几何角度有利于刀具寿命的延长。在各种因素确定的情况下，切削速度是影响刀具寿命的关键因素。为了保证预先规定的刀具寿命，必须合理地选用切削速度。

刀具寿命并非越长越好。如果寿命选择过长，则只能选择较小的切削用量，导致因机动切削时间增加而降低生产率，使加工成本提高。反之，若刀具寿命选择太短，虽然可用较大的切削用量，但刀具很快达到磨损限度，增加了刀具材料的消耗和换刀、磨刀、调刀等辅助时间，同样会使生产率降低和成本提高。因此，应合理地确定刀具寿命的数值。现从有关手册中摘录一部分刀具寿命数据，见表4-5。

表4-5　部分刀具寿命数据

| 序号 | 刀　具 | 刀具寿命/min |
|:---:|:---:|:---:|
| 1 | 高速钢车刀 | 30～90 |
| 2 | 高速钢钻头 | 80～12 |
| 3 | 硬质合金焊接车刀 | 30～60 |
| 4 | 硬质合金铣刀 | 120～180 |
| 5 | 齿轮刀具 | 200～300 |
| 6 | 组合机床、自动线及自动机床用刀具 | 240～480 |

可转位车刀的推广和应用，使换刀时间和刀具成本大为降低，从而可提高刀具寿命 15～30 min，这就可以大大地提高切削用量，进一步提高生产率。

# 4.6 刀具几何角度与切削用量选择

## 4.6.1 刀具几何角度的合理选择

车刀几何参数对切削变形、切削力、切削温度和刀具磨损均有显著的影响，因此也影响切削效率、刀具寿命、工件表面质量和加工成本。生产中应重视刀具几何角度的合理选择，以充分发挥刀具的切削性能。合理的几何角度，应从以下几个方面考虑：

(1) 工件的实际情况。工件材料的牌号、毛坯和热处理状态、硬度、强度，工件的形状、尺寸、精度及表面质量要求等。

(2) 刀具的实际情况。刀具材料的强度和硬度、耐磨性、热硬性、与工件材料的亲和性等内容。在刀具结构形式上，还要考虑是整体式、焊接式、机夹重磨式还是可转位式。

(3) 各类几何参数之间的联系。对于刀具几何参数中刃口、刀尖、刀面和几何角度之间的相互联系及相互影响，在确定其合理数值时，应从整体综合协调考虑，而不能孤立地去选择某一参数。

(4) 具体的加工条件。在选择合理的几何角度时，要考虑机床、刀具、工件、夹具等组成的工艺系统刚度的情况和切削用量及机床功率的大小。粗加工时，着重从保证刀具最长寿命的原则来选择刀具合理的几何参数；精加工时，主要考虑保证加工质量要求；对于自动线生产用刀具，主要考虑刀具工作的稳定性、断屑等；机床刚性和动力不足时，刀具应该力求锋利，以减小切削力。

(5) 刀具锋利程度与强度之间的关系。在保证刀具有足够强度的前提下，应力求刀具锋利。在提高切削刃锋利程度的同时，设法强化刀尖和刃口。

### 1. 前角的合理选择

前角是刀具最重要的一个角度，它的大小影响刀具的锋利程度，影响刀具强度、寿命、工件表面质量、切削力、切屑的变形及流向等。因此，应首先重视前角的选择。

#### 1) 前角与前面和倒棱的关系

一般情况下，选择前角的原则是在保证刀具有足够强度的前提下，尽量选用较大的前角，力求刀具锋利。选用较大的前角可使刀具锋利，但前角太大，刀具强度太低，很可能会出现不正常的损坏。因此，提出将主切削刃磨出宽为 $b_{\gamma 1}$、倾斜角度为 $\gamma_{01}$ 的窄小平面带，用来加强切削刃的强度和散热效果，这窄小的平面带称为刀具的第一前面，也称为倒棱。$b_{\gamma 1}$ 为倒棱宽，$\gamma_{01}$ 是倒棱前角。倒棱宽 $b_{\gamma 1}$ 和倒棱前角 $\gamma_{01}$ 的数值可查表 4-6。

表 4-6　倒棱前角和倒棱宽

| 工件材料及加工特性 | 倒棱宽 $b_{\gamma 1}$/ mm | 倒棱前角 $\gamma_{01}$/(°) |
| --- | --- | --- |
| 碳素钢、合金钢 | $(0.3\sim0.5)f$ | $-15\sim-10$ |
| 低碳钢、易切削钢、不锈钢 | $\leqslant0.5f$ | $-10\sim-5$ |
| 灰铸铁 | $(0\sim0.5)f$ | $0，-10\sim-5$ |
| 冲击性或断续性切削 | $(1.5\sim2)f$ | $-15\sim-10$ |
| 韧性铜、铝及铝合金 | 0 | 0 |

在切削塑性金属时，为了克服平面形刀具前面不易排屑和断屑的缺陷，常在刀具前面上磨出卷屑槽，以保证在较大的前角下能断屑，并加强了它的切削部分。刀具前面及倒棱的形状及应用见表 4-7。

表 4-7　刀具前面和倒棱的形状及应用

| 前面和倒棱的形状 | | 切削过程的特点 | 应用范围 |
| --- | --- | --- | --- |
| 特征 | 图　形 | | |
| 正前角<br>平面形前面<br>无倒棱 | | 切削刃锋利，切削刃强度较低，切削变形小，不易断屑，制造方便 | 各种高速钢刀具，刃形复杂的成形刀具，加工铸铁、青铜、脆黄铜的硬质合金车刀、铣刀和刨刀等 |
| 正前角<br>平面形前面<br>有倒棱 | | 切削刃强度高，耐用度较高，切削变形小，不易断屑 | 加工铸铁的硬质合金车刀，硬质合金铣刀、刨刀等 |
| 正前角<br>前面有卷屑槽<br>无倒棱 | | 切削刃锋利，切削刃强度较低，切削变形小，易断屑 | 各种高速钢刀具，加工纯铜、铝合金及低碳钢的硬质合金刀具 |
| 正前角<br>前面有卷屑槽<br>有倒棱 | | 切削刃强度高，耐用度较高，切削变形较小，易断屑 | 加工各种钢料所用的硬质合金车刀 |
| 负前角<br>平面形前面 | | 切削刃强度高，切削变形大，易断屑 | 加工淬硬钢、高锰钢的硬质合金车刀、铣刀、刨刀等 |

2) 前角的选择原则

(1) 根据刀具材料与工件材料的强弱对比来考虑。刀具材料强度高、韧性好，前角可选大一些；工件材料的强度和硬度高，前角就要选小一些；加工塑性材料时，前角可选大一些；加工塑性很大的材料，如纯铜等，前角则应选更大一些；加工脆性材料，前角宜选小一些。

(2) 根据加工情况来考虑。粗车时，为保证切削刃的强度，应选较小的前角；精车时，进给量小，可选用较大前角；当有冲击载荷时，前角宜小些。

(3) 根据工艺系统刚性和加工工艺要求来考虑。刚性差或机床功率不足时，宜选取较大的前角。用成形刀具加工时，如螺纹车刀、铣刀、齿轮刀具等，则应选用较小的(甚至是零)前角。

高速钢车刀的几何角度参考值可查表 4-8。

表 4-8 高速钢车刀的几何角度参考值

| 工件材料 | | 前角 $\gamma_0/(°)$ | 后角 $\alpha_0/(°)$ | 工件材料 | 前角 $\gamma_0/(°)$ | 后角 $\alpha_0/(°)$ |
|---|---|---|---|---|---|---|
| 铸钢和钢 | $R_m=0.392\sim0.49GPa$<br>$R_m=0.686\sim0.981GPa$ | 25～30<br>5～10 | 8～12<br>5～8 | 钨 | 20 | 15 |
| 镍铬钢和铬钢 | $R_m=0.686\sim0.784GPa$ | 5～15 | 5～7 | 镁合金 | 25～35 | 10～15 |
| 灰铸铁 | 160～180HBW<br>220～260HBW | 12<br>6 | 6～8<br>6～8 | 软橡胶 | 50～60 | 15～20 |
| | | | | 玻璃钢 | 20～25 | 8～12 |
| 可锻铸铁 | 140～160HBW<br>170～190HBW | 15<br>12 | 6～8<br>6～8 | 聚氢乙烯 | 25～30 | 15～20 |
| | | | | 聚苯乙烯 | 20～30 | 10～12 |
| 铜、铝、巴氏合金 | | 25～30 | 8～12 | 有机玻璃 | 20～30 | 10～12 |
| 中硬青铜及黄铜 | | 10 | 8 | 聚四氟乙烯 | 25～30 | 15～20 |
| 硬青铜 | | 5 | 6 | 尼龙1010 | 15～20 | 10～12 |

硬质合金车刀的几何角度参考值可查表 4-9。

表 4-9 硬质合金车刀的几何角度参考值

| 工件材料 | 牌号 | 工序精度 | 刀具材料牌号 | 前角 $\gamma_0/(°)$ | 后角 $\alpha_0/(°)$ | 刃倾角 $\gamma_a/(°)$ |
|---|---|---|---|---|---|---|
| 低碳钢 | Q235A | 粗车 | YT5，YT15 | 20～25 | 8～10 | 0 |
| | | 精车 | YT15，YT30 | 25～30 | 10～12 | 0～5 |
| 中碳钢 | 45(正火) | 精车 | YT15，YT5 | 15～20 | 6 | −5～0 |
| | | 精车 | YT15，YT30 | 20 | 8 | 0～5 |
| | 45(调质) | 粗车 | YT15，YT5 | 10～15 | 5～6 | −5～0 |
| | | 精车 | YT15，YT30 | 13～18 | 7～8 | 0～5 |
| 合金钢 | 40Cr(正火) | 粗车 | YT15，YT5 | 13～18 | 5～7 | −5～0 |
| | | 精车 | YT15，YT30 | 15～20 | 6～8 | 0～5 |
| | 40Cr(调质) | 粗车 | YT15，YT5 | 10～15 | 6 | −5～0 |
| | | 精车 | YT15，YT30 | 13～18 | 8 | 0～5 |

续表

| | | | | | | |
|---|---|---|---|---|---|---|
| 锻钢件 | 45，40 Cr | 粗车 | YT5 | 10~15 | 6~7 | −5~0 |
| | | 粗车 | YT5，YT15 | 10~15 | 5~7 | −10~−5 |
| | | 精车 | YT30，YT15 | 5~10 | 6~8 | 0 |
| 淬火钢 | 45(40HRC) | 精车 | YA6 | −5~−10 | 4~6 | −12~−5 |
| 不锈钢 | 1Cr18Ni9Ti | 粗车 | YG8，YA6 | 15~20 | 6~8 | −5~0 |
| | | 精车 | YW1，YA6 | 20~25 | 8~10 | 0~5 |
| 灰铸铁 青铜 脆黄铜 | HT150 ZGSn10-1 HPb59-1 | 粗车 | YG8，YG6 | 10~15 | 4~6 | −5~0 |
| | | 精车 | YG3，YG6 | 5~10 | 6~8 | 0 |
| 灰铸铁件 断续切削 | HT150 HT200 | 粗车 | YG8，YG6 | 5~10 | 4~6 | −15~−10 |
| | | 精车 | YG6 | 0~5 | 5~7 | 0 |
| 铝及铝合 金件 | 2A12 | 粗车 | YG8，YG6 | 30~35 | 8~10 | 5~10 |
| | | 精车 | YG6 | 30~40 | 10~12 | 5~10 |
| 纯铜 | T0~T4 | 粗车 | YG8，YG6 | 25~30 | 8~10 | 5~10 |
| | | 精车 | YG6 | 30~35 | 10~12 | 5~10 |

## 2. 后角的合理选择

增大后角可使刀具刃口锋利，还可减少刀具后面与工件表面间的摩擦及表面的变形，使切削力和切削热减小，减少加工硬化，从而提高加工质量。如图 4-30 所示，在相同磨损限度 $VB$ 的条件下，较大后角 $\alpha_{02}$ 的允许磨损体积要大于后角 $\alpha_{01}$ 时的允许磨损体积(见图 4-30 中画剖面部分)。因此，后角大可延长切削时间，刀具寿命得到相对延长。但是，太大的后角会使切削刃强度降低，散热条件变差，造成刀具非正常损坏。

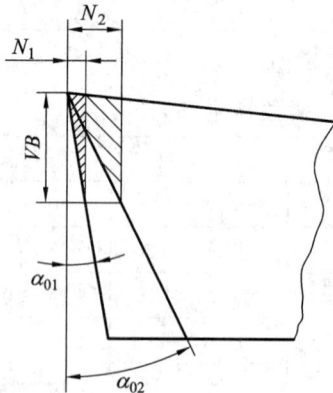

图 4-30　后角对刀具磨损量的影响

后角可在以下几条原则指导下进行选择：

(1) 切削厚度。粗车时，切削厚度较大，为了保证切削刃强度，取较小的后角，如加工中碳钢工件，$\alpha_0 = 5°～8°$；精车时，切削厚度小，为了保证表面加工质量，选略大的后角，如加工中碳钢工件，$\alpha_0 = 6°～12°$；铣削时，切削厚度比车削时要小，后角宜取大一些，$\alpha_0 = 12° \sim 16°$；每齿进给量不超过 0.01 mm 的圆片铣刀，后角可取到 30°。

(2) 后角。应与前角协调，当前角选大时，后角的数值应在可选择的范围内取较小值，以保证刀具有合适的强度；当前角选小值甚至负值时，为便于切入，应在可选择的数值范围内取较大的后角。

(3) 工件材料。加工塑性或弹性较大的材料时，为减小刃口的挤压与摩擦，宜选较大的后角；工件材料的强度与硬度较高时，为保证刃口强度，可取较小的后角。

(4) 工艺系统刚度。工艺系统刚性较差且振动较大时，应选较小的后角。具体的后角选择可参考表 4-8 和表 4-9。

### 3. 主偏角、副偏角及过渡刃的选择

1) 主、副偏角、刀尖圆弧半径对残留面积的影响

车削外圆时，工件每转一转，车刀沿进给方向移动 $f$，由图 4-31 可知，切削面中 $\triangle abc$ 未被切去，残留在工件已加工表面上，造成表面粗糙。通常将 $\triangle abc$ 的面积称为残留面积，其高度 $H$ 直接影响表面粗糙度值的大小。

由图 4-31(a)可知，当刀尖圆弧半径 $r_\varepsilon = 0$ 时：$f = H\cot\kappa_r + H\cot\kappa_r'$，得 $H = \dfrac{f}{\cot\kappa_r + \cot\kappa_r'}$；

当刀尖圆弧半径 $r_\varepsilon > 0$、$H < r_\varepsilon$ 时：

$$r_\varepsilon^2 = (r_\varepsilon - H)^2 + \frac{f^2}{4}$$

整理化简上式，略去 $4H^2$ 可得 $H = \dfrac{f^2}{8r_\varepsilon}$。

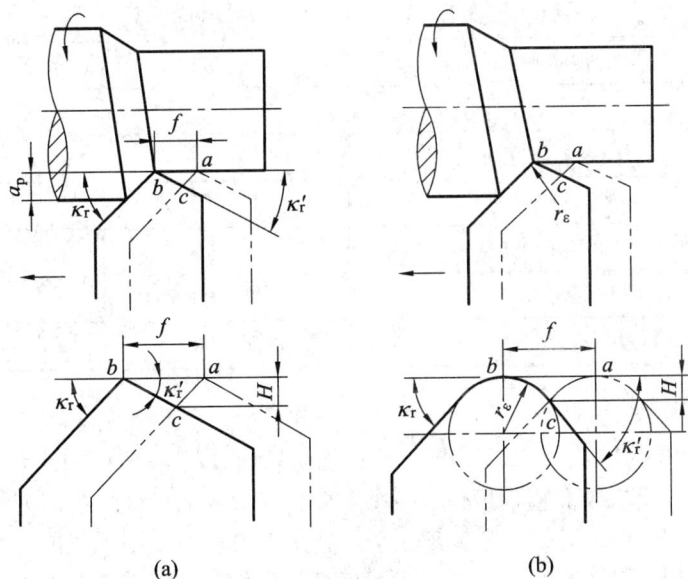

图 4-31 已加工表面上的残留面积

(a) 刀尖圆弧半径 $r_\varepsilon = 0$；(b) 刀尖圆弧半径 $r_\varepsilon > 0$

由上述公式可见，减小进给量 $f$、主偏角 $\kappa_r$ 和副偏角 $\kappa_r'$，增大刀尖圆弧半径 $r_\varepsilon$，都可

使残留面积的高度 $H$ 减小，从而降低工件已加工表面的表面粗糙度值。

**2) 主偏角的选择**

主偏角的大小除影响已加工表面残留面积的高度外，还影响切削层公称厚度与公称宽度的比例、切削分力之间的比例、刀尖角的大小和刀具散热条件。主偏角的选择要从以下诸因素进行综合考虑：

(1) 工艺系统刚性。在工艺系统刚性允许的情况下，应尽可能采用较小的主偏角，这时切削层宽度较大，切削刃散热条件好，刀具寿命较长。当工艺系统刚性较差时，应采用较大的主偏角，如车削细长轴时，常采用主偏角为 90° 的车刀，以减小切深抗力 $F_Y$。

(2) 工件材料的强度和硬度。工件材料的强度、硬度较高时，刀具磨损快，选用较小的主偏角，这时刀尖角大，散热条件好。主偏角一般在 30° 左右。

(3) 粗车。粗车时，特别是强力切削时，常取较大的主偏角，以获得厚而窄的切屑，使切屑平均变形和径向分力相对减小。强力车刀常用 75° 主偏角。

(4) 考虑操作者的方便和加工表面形状。主偏角选用某特殊值时，可用一把车刀加工出较多的表面，以免多次换刀。如主偏角为 90° 的车刀，既可加工外圆，又能加工直角台阶与端面；主偏角为 45° 的车刀，可加工外圆、端面及倒角。

主偏角的参考值可查表 4-10。

表 4-10　主、副偏角的参考值

| 加 工 情 况 | | 偏角数值/(°) | |
|---|---|---|---|
| | | 主偏角 $\kappa_r$ | 副偏角 $\kappa_r'$ |
| 粗车 | 工艺系统刚性好 | 45、60、75 | 5～10 |
| | 工艺系统刚性差 | 75、90 | 10～15 |
| | 车细长轴、薄壁零件 | 90、93 | 6～10 |
| 精车 | 工艺系统刚性好 | 45 | 0～5 |
| | 工艺系统刚性差 | 60、75 | 0～5 |
| | 车削冷硬铸铁、淬火钢 | 10～30 | 4～10 |
| | 车削塑性大的非铁金属 | 30～90 | 15～30 |
| | 从工件中间切入 | 45～60 | 30～45 |
| | 切断刀、车槽刀 | 60～90 | 1～2 |

**3) 副偏角的选择**

副偏角的大小明显地影响加工质量，根据切削残留面积高度 $H$ 的计算可知：减小副偏角可以减小 $H$ 值，降低表面粗糙度值；减小副偏角可增大刀尖角，提高刀尖强度与刀体散热能力，使其寿命延长。但是，副偏角太小，副切削刃参与切削的长度将增大，切深抗力 $F_Y$ 增大，可能引起振动，同时也就增加了副后面与已加工表面之间的摩擦，反而降低了加工质量。因此，副偏角选取应考虑以下因素：

(1) 工序要求。粗车时，为了考虑生产率和刀具寿命，减小副切削刃的切削作用，副偏角应选大一些；精车时，为了保证已加工面的表面粗糙度值，副偏角应选小一些，甚至为零。

(2) 工件材料。当加工高硬度、高强度的材料或断续切削时，为了增加刀尖强度，副偏角应取较小值，如 $\kappa_r' = 4° \sim 6°$；当加工塑性和韧性较大的材料，如纯铜、铝及其合金时，为了使刀尖锐利，副偏角可取较大值，如 $\kappa_r' = 15° \sim 30°$。

(3) 工艺系统刚性。当工艺系统刚性较好时，副偏角应取较小值；当工艺系统刚性较差时，$\kappa_r'$ 应取较大值。

副偏角的参考值可查表 4-10。

4) 过渡刃的选择

刀尖处强度低、散热差，因此最易磨损和崩刃。在主、副切削刃之间磨出过渡刃，可加强刀尖、改善散热条件，从而延长刀具寿命。但它会使切削刃的偏角变小，引起切深抗力增加，极易引起振动，故过渡刃也不宜过大。过渡刃有两种形式，如图 4-32 所示。

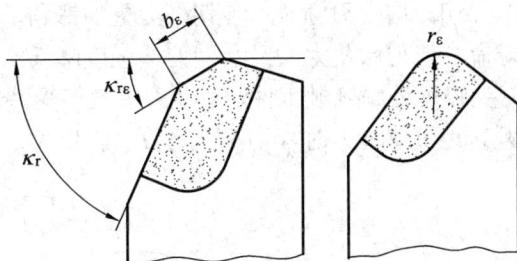

图 4-32　过渡刃

(1) 修圆刀尖。修圆刀尖的参数为刀尖圆弧半径 $r_\varepsilon$。由前面的公式 $H = \dfrac{f^2}{8r_\varepsilon}$ 可见，当 $r_\varepsilon$ 增大时，可降低加工表面粗糙度值和延长刀具寿命，但又会使切深抗力 $F_Y$ 增加，极易产生振动，故 $r_\varepsilon$ 不宜过大。具体数值可参考表 4-11 进行选取。当工艺系统刚性较好时，取允许范围中的较大值；反之取小值。

表 4-11　修圆刀尖圆弧半径

| 车刀种类及材料 | | 加工性质 | 车刀刀柄截面尺寸 $B \times H$/(mm × mm) | | | | |
|---|---|---|---|---|---|---|---|
| | | | 12 × 20 | 16 × 25<br>20 × 20 | 20 × 30<br>25 × 25 | 25 × 40<br>30 × 30 | 30 × 45<br>40 × 40 |
| | | | 修圆刀尖圆弧半径 $r_\varepsilon$/mm | | | | |
| 外圆车刀<br>端面车刀<br>车孔刀 | 高速钢 | 粗加工 | 1～1.5 | 1～1.5 | 1.5～2.0 | 1.5～2.0 | — |
| | | 精加工 | 1.5～2.0 | 1.5～2.0 | 2～3 | 2～3 | — |
| | 硬质合金 | 粗、精加工 | 0.3～0.5 | 0.4～0.8 | 0.5～1.0 | 0.5～1.5 | 1～2 |
| 切断及车槽 | | | 0.2～0.5 | | | | |

(2) 倒角刀尖。倒角刀尖的特点是结构简单，易磨。一般粗加工或强力切削用的车刀、切断刀都采用倒角刀尖。其特征参数为倒角刀尖长度 $b_\varepsilon$ 和偏角 $\kappa_{r\varepsilon}$。倒角刀尖的数值选用可参考表 4-12。

表 4-12　倒角刀尖尺寸

| 车刀种类 | 倒角刀尖长度 $b_\varepsilon$/mm | 倒角刀尖偏角 $\kappa_{r\varepsilon}$/(°) |
|---|---|---|
| 车槽刀 | ≈0.25B | 75 |
| 切断刀 | 0.5～1.0 | 45 |
| 硬质合金 | ≤2.0 | $1/2\kappa_\varepsilon$ |

注：B 表示车槽刀宽度。

#### 4. 刃倾角的选择

刃倾角的主要作用是影响切削刃强度、切削刀锋利程度和排屑方向。当 $\lambda_s > 0$ 时，切屑流向待加工表面；$\lambda_s < 0$ 时，切屑流向已加工表面；当 $\lambda_s = 0$ 时，切屑朝垂直于主切削刃的方向流出[见图 4-19(b)、(e)]。增大刃倾角可使切削刃更加锋利，切屑变形减小，从而延缓刀具磨损，延长刀具寿命，但刃倾角太大又会使刀体强度降低，不利于散热及造成非正常损坏。负刃倾角可使刀尖较远处先接触工件，避免刀尖直接受冲击，如图 4-33 所示。但是，刃倾角由正变负，尤其是负值过大时，切深抗力 $F_Y$ 将增大，若工艺系统刚性差，则很容易引起振动。

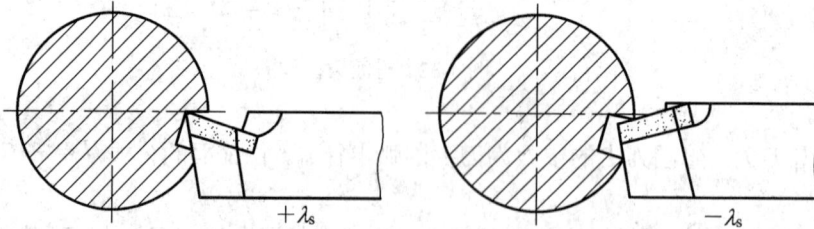

图 4-33　刃倾角对刀刃受冲击点位置的影响

刃倾角的具体数值可参考表 4-9。

### 4.6.2　切削用量的合理选择

切削用量的大小对切削力、切削功率、刀具磨损、加工质量及成本均有显著的影响。选择切削用量时，应在保证加工质量和刀具寿命的前提下，充分发挥机床潜力和车刀切削性能，使切削效率最高，加工成本最低。

#### 1. 切削用量的选择原则

1）粗车时切削用量的选择原则

粗加工的主要特点是加工精度和表面质量要求低，毛坯余量大且不均匀。因此，粗加工的主要目的是在较短的单件工序时间内去除余量，并达到高效率、低成本。单件工序时间主要包括辅助时间 $T_f$ 和机动时间 $T_j$。车削外圆时的机动时间为

$$T_j = \frac{\pi dLZ}{1000 v_c f a_p}$$

式中： $d$——切削直径( mm)； $L$——切削长度( mm)； $Z$——加工余量( mm)； $v_c$——切削速度(m/min)； $f$——进给量( mm/r)； $a_p$——背吃刀量( mm)。

由上式可知，欲使 $T_j$ 最小，必须使 $v_c$、$f$、$a_p$ 三者的乘积最大。如前所述，切削速度对刀具寿命影响最大，而背吃刀量的影响最小。若首先将切削速度选得很大，刀具寿命就会急剧降低，则换刀次数增多，从而增加了辅助时间。因此，应根据切削用量对刀具寿命的影响大小，首先选择较大的背吃刀量 $a_p$，其次选较大的进给量 $f$，最后按照刀具寿命的限制确定合理的切削速度 $v_c$。

2) 精车时切削用量的选择原则

精车时，表面质量和加工精度要求较高，加工余量小而均匀。因此，精车时选择切削用量的出发点应是，在保证加工质量要求的前提下，尽可能提高生产率。

切削用量 $v_c$、$f$、$a_p$ 对切削变形、残留面积的高度、积屑瘤、切削力等的影响是不同的，因而它们对加工精度和表面质量的影响也不相同。提高切削速度，可使切削变形、切削力减小，而且能有效控制积屑瘤的产生。进给量受残留面积高度(表面质量)的限制。背吃刀量受预留精车余量大小的控制。因此，精车时要保证加工质量，又要提高生产率，只有选用较高的切削速度、较小的进给量和背吃刀量。若切削速度受到工艺条件的限制，如重型工件或复杂的加工表面等，则可选择低速来精车。

**2. 切削用量的选择方法**

1) 背吃刀量的选择

粗车时，背吃刀量的选择原则是，尽可能用一次进给切除全部加工余量，以使进给次数最少。只有当余量 $Z$ 太大或不均匀，而工艺系统刚性又不足时，为了避免振动才分成两次或多次进给。

采用两次进给时，第一次进给的背吃刀量 $a_p$ = (2/3~3/4)$Z$，第二次进给的背吃刀量 $a_p$ = (1/3~3/4)$Z$。

在车削铸件或锻件毛坯时，第一次进给时应避免切削刃在金属表层硬皮上切削。

在中、小型车床上精车时，通常取 $a_p$ = 0.05~0.08 mm；半精车时，$a_p$ = 1~2 mm。精车时的背吃刀量不宜太小，若 $a_p$ 太小，因车刀刃口都有一定的钝圆半径，使切屑形成困难，已加工表面与刃口的挤压、摩擦变形较大，反而会降低加工表面的质量。

2) 进给量的选择

粗车时对加工表面质量的要求不高，进给量的选择主要受切削力的限制，在工艺系统刚性和机床进给机构强度允许的情况下，应选择较大的进给量。表 4-13 为硬质合金车刀粗车外圆及端面时的进给量，可供选用时参考。精车时产生的切削力不大，进给量主要受表面质量的限制，因此精车时的进给量 $f$ 一般选得较小，但同样也不宜太小，以免切削厚度太小而切不下切屑。

### 表 4-13　硬质合金车刀粗车外圆及端面时的进给量

| 工件材料 | 车刀刀杆尺寸 $B \times H$/(mm × mm) | 工件直径 $d$/mm | 背吃刀量 $a_p$/mm | | | | |
|---|---|---|---|---|---|---|---|
| | | | ≤3 | >3~5 | >5~8 | >8~12 | >12 |
| | | | 进给量 $f$/(mm/r) | | | | |
| 碳素结构钢、合金结构钢及耐热钢 | 16 × 25 | 20 | 0.3~0.4 | — | — | — | — |
| | | 40 | 0.4~0.5 | 0.3~0.4 | — | — | — |
| | | 60 | 0.5~0.7 | 0.4~0.6 | 0.3~0.5 | — | — |
| | | 100 | 0.6~0.9 | 0.5~0.7 | 0.5~0.6 | 0.4~0.5 | — |
| | | 400 | 0.8~1.2 | 0.7~1.0 | 0.6~0.8 | 0.5~0.6 | — |
| | 20 × 30 25 × 25 | 20 | 0.3~0.4 | — | — | — | — |
| | | 40 | 0.4~0.5 | 0.3~0.4 | — | — | — |
| | | 60 | 0.6~0.7 | 0.5~0.7 | 0.4~0.6 | — | — |
| | | 100 | 0.8~1.0 | 0.7~0.9 | 0.5~0.7 | 0.4~0.7 | — |
| | | 600 | 1.2~1.4 | 1.0~1.2 | 0.8~1.0 | 0.6~0.9 | 0.4~0.6 |
| 铸铁及铜合金 | 16 × 25 | 40 | 0.4~0.5 | — | — | — | — |
| | | 60 | 0.6~0.8 | 0.5~0.8 | 0.4~0.6 | — | — |
| | | 100 | 0.8~1.2 | 0.7~1.0 | 0.6~0.8 | 0.5~0.7 | — |
| | | 400 | 1.0~1.4 | 1.0~1.2 | 0.8~1.0 | 0.6~0.8 | — |
| | 20 × 30 25 × 25 | 40 | 0.4~0.5 | — | — | — | — |
| | | 60 | 0.6~0.9 | 0.5~0.8 | 0.4~0.7 | — | — |
| | | 100 | 0.9~1.3 | 0.8~1.2 | 0.7~1.0 | 0.5~0.8 | — |
| | | 600 | 1.2~1.8 | 1.2~1.6 | 1.0~1.3 | 0.9~1.1 | 0.7~0.9 |

注：1. 加工断续表面及进行有冲击的加工时，表内的进给量应乘系数 $K = 0.75 \sim 0.85$。

　　2. 加工耐热钢及其合金时，不采用大于 0.1 mm/r 的进给量。

　　3. 在无外皮加工时，表内进给量应乘以系数 1.1。

表 4-14 为按表面质量要求制定的进给量，可供选择时参考。使用此表时，应先预选一个切削速度。

### 表 4-14　按表面粗糙度值选择进给量的参考值

| 工件材料 | 表面粗糙度值 $Ra$/μm | 切削速度范围 $v_c$/(m/min) | 刀尖圆弧半径 $r_c$/mm | | |
|---|---|---|---|---|---|
| | | | 0.5 | 1.0 | 2.0 |
| | | | 进给量 $f$/(mm/r) | | |
| 铸铁、青铜、铝合金 | 6.3 | 不限 | 0.25~0.40 | 0.40~0.50 | 0.50~0.60 |
| | 3.2 | | 0.15~0.25 | 0.25~0.40 | 0.40~0.60 |
| | 1.6 | | 0.10~0.15 | 0.15~0.20 | 0.20~0.35 |
| 碳钢及合金钢 | 6.3 | <50 | 0.30~0.50 | 0.45~0.60 | 0.55~0.70 |
| | | >50 | 0.40~0.55 | 0.55~0.65 | 0.65~0.70 |
| | 3.2 | <50 | 0.18~0.25 | 0.25~0.30 | 0.30~0.40 |
| | | >50 | 0.20~0.30 | 0.30~0.35 | 0.35~0.50 |
| | 1.6 | <50 | 0.10 | 0.11~0.15 | 0.15~0.22 |
| | | 50~100 | 0.11~0.16 | 0.16~0.25 | 0.25~0.35 |
| | | >100 | 0.16~0.20 | 0.20~0.25 | 0.25~0.35 |
| 加工材料强度不同时进给量的修正系数 | | | | | |
| 材料强度 $R_m$/GPa | <0.5 | 0.5~0.7 | 0.7~0.9 | 0.9~1.1 | |
| 修正系数 $K_{Ms}$ | 0.1 | 0.75 | 1.0 | 1.25 | |

3) 切削速度的选择

粗车时，切削速度受刀具寿命和机床功率的限制。当机床功率足够，切削速度受刀具寿命限制时，按下式计算：

$$v_{c} = \frac{C_{v}}{T^{m} a_{p}^{X_{v}} f^{Y_{v}}} K_{v}$$

式中：$v_{c}$——切削速度(m/min)；$C_{v}$——与刀具寿命有关的系数；$m$——影响刀具寿命的指数；$X_{v}$——背吃刀量影响程度的指数；$Y_{v}$——进给量影响程度的指数；$K_{v}$——修正系数，$K_{v} = K_{Mv} K_{Sv} K_{tv} K_{rv} K_{kv}$；$T$——刀具寿命(min)；$a_{p}$——背吃刀量( mm)；$f$——进给量( mm/r)。

上述指数和系数可从表 4-15 中选取。

表 4-15　计算切削速度的系数、指数和修正系数

| 加工材料 | 加工形式 | 刀具材料 | 进给量 /(mm/r) | 系数及指数 | | | |
|---|---|---|---|---|---|---|---|
| | | | | $C_{v}$ | $X_{v}$ | $Y_{v}$ | $m$ |
| 碳素结构钢 $R_{m}$ = 0.65GPa | 外圆纵车 | YT15 (不用切削液) | $f \leqslant 0.30$ | 291 | 0.15 | 0.20 | 0.20 |
| | | | $f \leqslant 0.70$ | 242 | | 0.35 | |
| | | | $f > 0.70$ | 235 | | 0.45 | |
| | | 高速钢 (用切削液) | $f \leqslant 0.25$ | 67.2 | 0.25 | 0.33 | 0.125 |
| | | | $f > 0.25$ | 43 | | 0.66 | |
| 淬硬钢 50HRC $R_{m}$ = 1.65GPa | | YG6A 或 YG6 | $f \leqslant 0.3$ | 53.5 | 0.18 | 0.40 | 0.10 |
| | | YG6 (不用切削液) | $f \leqslant 0.40$ | 189.8 | 0.15 | 0.20 | 0.20 |
| | | | $f > 0.40$ | 158 | | 0.40 | |
| 灰铸铁 190HBW | | 高速钢 (不用切削液) | $f \leqslant 0.25$ | 24 | 0.15 | 0.30 | 0.10 |
| | | | $f > 0.25$ | 22.7 | | 0.40 | |

| 与工件材料有关的系数 $K_{Mv}$ | | |
|---|---|---|
| 加工材料 | 刀具材料 | |
| | 硬质合金 | 高速钢 |
| 碳素结构钢、合金钢和铸钢 | $0.637/R_{m}$ | $C_{M}( 0.637/R_{m})^{1.75}$ |
| 灰铸铁 | $(190/HBW)^{1.25}$ | $(190/HBW)^{1.72}$ |

| 与毛坯表面状态有关的系数 $K_{Sv}$ | | | | | |
|---|---|---|---|---|---|
| 无外皮 | 有外皮 | | | | |
| | 棒料 | 锻件 | 铸钢及铸铁件 | | 铜及铝合金 |
| | | | 一般 | 带砂外皮 | |
| 1.0 | 0.9 | 0.8 | 0.8～0.85 | 0.5～0.6 | 0.9 |

续表

| 与刀具材料有关的系数 $K_{tv}$ | | | | | | |
|---|---|---|---|---|---|---|
| 结构钢及铸钢 | 刀具牌号 | YT5 | YT14 | YT15 | YT30 | YG8 |
| | $K_{tv}$ | 0.65 | 0.8 | 1.0 | 1.4 | 0.4 |
| 灰铸铁及可锻铸铁 | 刀具牌号 | YG3 | | YG6 | | YG8 |
| | $K_{tv}$ | 1.15 | | 1.0 | | 0.83 |

| 与主偏角有关的系数 $K_{rv}$ | | | | | |
|---|---|---|---|---|---|
| 主偏角 $\kappa_r$ | 30° | 45° | 60° | 75° | 90° |
| 结构钢、可锻铸铁 | 1.13 | 1.0 | 0.92 | 0.86 | 0.81 |
| 耐热钢 | — | 1.0 | 0.87 | 0.78 | 0.70 |
| 灰铸铁及铜合金 | 1.20 | 1.0 | 0.88 | 0.83 | 0.73 |

| 与车削方法有关的系数 $K_{kv}$ | | | | | | | | | |
|---|---|---|---|---|---|---|---|---|---|
| 车削方法 | 外圆纵车 | 内圆纵车 | 横车 $d/D$ | | | 切断 | 车槽 $d/D$ | | 说明 |
| | | | 0～0.4 | 0.5～0.7 | 0.8～1.0 | | 0.5～0.7 | 0.8～0.95 | $d$—加工后的直径(mm); $D$—加工前的直径(mm) |
| $K_{kv}$ | 1.0 | 0.9 | 1.25 | 1.20 | 1.05 | 1.0 | 0.96 | 0.84 | |

当机床功率不足时，切削速度可按下式计算：

$$v_c \leqslant \frac{6\times10^4 P_E\eta}{F_c}$$

式中：$P_E$——机床电动机功率(kW)；$\eta$——机床传动效率；$F_c$——主切削力(N)。

精车时，机床功率足够，切削速度主要受刀具寿命的限制。

### 4.6.3　刀具几何角度与切削用量选择实例

生产中通常根据查表法或按照经验数据来选择切削用量。表 4-13、表 4-14、表 4-16 为硬质合金车刀切削用量推荐表。

表 4-16　硬质合金外圆车刀切削速度的参考值

| 工件材料 | 热处理状态或硬度 | $a_p = 0.3～2$ mm $f = 0.08～0.03$ mm/r $v_c /$（m/min） | $a_p = 2～6$ mm $f = 0.3～0.6$ mm/r $v_c /$（m/min） | $a_p = 6～10$ mm $f = 0.6～1$ mm/r $v_c /$（m/min） |
|---|---|---|---|---|
| 中碳钢 | 热轧 | 130～160 | 90～110 | 60～80 |
| | 调质 | 100～130 | 70～90 | 50～70 |
| 合金结构钢 | 热轧 | 100～130 | 70～90 | 50～70 |
| | 调质 | 80～110 | 50～70 | 40～60 |
| 灰铸铁 | 190HBW 以下 | 90～120 | 60～80 | 50～70 |
| | 190～225HBW | 80～110 | 50～70 | 40～60 |
| 铜及铜合金 | | 200～250 | 120～180 | 90～120 |
| 铝及铝合金 | | 300～600 | 200～400 | 150～300 |

【例 4-1】工件材料为正火 45 钢，$R_m = 0.6$ GPa，棒料、有外皮，加工机床为 CA6140 型，加工方案采用粗车后精车，总余量(70−58)/2 mm = 6 mm，取粗车余量为 5 mm，精车(相当于半精车)余量为 1 mm。试分别确定粗车、精车时的切削用量。

【解】  (1) 粗车切削用量。

① 选择刀具。由表 4-2 选用刀具材料 YT15；根据机床的型号及机床最大加工直径查有关手册，得刀柄截面尺寸为 16 mm×25 mm；由表 4-7、表 4-9～表 4-11 选择车刀几何参数为：$\gamma_0 = 15°$，$\alpha_0 = 6°$，$\lambda_s = -5°$，$k_r = 45°$(按图样要求)，$\kappa_r' = 10°$，$r_\varepsilon = 0.5$ mm。

② 确定切削深度 $a_p$。粗车余量为 5 mm，用一次粗车切除，故 $a_p = 5$ mm。

③ 确定进给量。查表 4-13 得 $f = 0.4\sim0.6$ mm/r，考虑车削直径 70 mm 大于表中直径 60 mm，故初定为 0.5 mm/r，再按 CA6140 机床上进给量系列相近的数值定为 0.51 mm/r。

④ 确定耐用度。根据表 4-5，取 $T = 60$ min。

⑤ 确定切削速度。查表 4-15 得：$f < 0.7$ mm/r 时，$C_v = 242$，$X_v = 0.15$，$Y_v = 0.35$，$m = 0.2$，得 $K_v = K_{Mv}K_{Sv}K_{rv}K_{kv} = \dfrac{0.637}{0.6}\times0.9\times1.0\times1.0\times1.0 = 0.955\ 5$。将所查数值代入公式 $v_c \leqslant \dfrac{C_v}{T^m a_p^{X_v} f^{Y_v}} K_v$ 得

$$v_c = \frac{242}{60^{0.2}\times5^{0.15}\times0.51^{0.85}}\times0.955\ 5\ \text{m/min} = 101\ \text{m/min}$$

也可根据表 4-16 直接查出切削速度，按 $a_p = 5$ mm，$f = 0.51$ mm/r 查得 $v_c = 90\sim110$ m/min，取 $v_c = 100$ m/min。

⑥ 确定机床转速。

$$n = \frac{1\ 000v_c}{\pi d} = \frac{1\ 000\times101}{\pi\times70}\ \text{r/min} = 459\ \text{r/min}$$

CA6140 机床上列出的转速系列与 459 r/min 相近的转速是 450 r/min，则实际切削速度为

$$v_c = \frac{\pi\times70\times450}{1000}\ \text{m/min} = 98.96\ \text{m/min}$$

当机床功率较小时，还应校验机床功率是否足够。若需校验时，先从有关手册中查出主切削力 $F_c$，再代入计算公式核算。

粗车的切削用量为：$a_p = 5$ mm，$f = 0.51$ mm/r，$n = 450$ r/min，$v_c = 99$ m/min。

(2) 精车切削用量。

① 精车用刀具的几何参数由表 4-7、表 4-9、表 4-10、表 4-11 查得；刀片材料 YT15，$\gamma_0 = 20°$，$\alpha_0 = 8°$，$\lambda_s = 5°$，$k_r = 45°$(按图样要求)，$k_r' = 5°$，$r_\varepsilon = 1$ mm。

② 背吃刀量。按预留的精车余量 $a_p = 1$ mm。

③ 进给量。设切削速度为 120 m/min，查表 4-14 得 $f = 0.2\sim0.3$ mm/r，进给量修正系数 $K_{Mv} = 0.75$，$f = 0.15\sim0.225$ mm/r，根据 CA6140 车床的进给系列，取 $f = 0.2$ mm/r。

④ 机床转速与切削速度。查表 4-16 得 $v_c = 110\sim130$ m/min，取 $v_c = 120$ m/min，则转速为

$$n = \frac{1000 \times 120}{\pi \times 60} \text{ r} / \text{min} = 636.6 \text{ r} / \text{min}$$

根据 CA6140 机床的转速系列取相近值，取 $n = 710$ r/min，则实际切削速度为

$$v_c = \frac{\pi \times 60 \times 710}{1000} \text{ m} / \text{min} = 134 \text{ m} / \text{min}$$

精车时切削力很小，一般不必校验机床功率。

精车的切削用量为：$a_p = 1$ mm，$f = 0.2$ mm/r，$n = 710$ r/min，$v_c = 134$ m/min。

# 复习与思考题四

4-1  基面、主切削平面和正交平面之间的几何关系如何？

4-2  刀具材料的基本性能包括什么？写出 5 种以上常用刀具材料的名称。

4-3  试比较高速钢和硬质合金刀具材料的力学性能与应用范围。

4-4  根据表 4-17 所列切削条件，选择合适的刀具材料。

表 4-17  根据切削条件选择刀具材料

| 序号 | 切 削 条 件 | 刀 具 材 料 |
|---|---|---|
| 1 | 高速精镗铝合金缸套 | |
| 2 | 加工麻花钻螺旋槽用成形铣刀 | |
| 3 | 45 钢锻件粗车 | |
| 4 | 高速精车合金钢工件端面 | |
| 5 | 粗铣铸铁箱体平面 | |

4-5  分别画出图 4-34 所示右偏刀车端面时由外向中心进给和由中心向外进给两种情况的前角、后角、主偏角、副偏角，并用规定的符号注出。

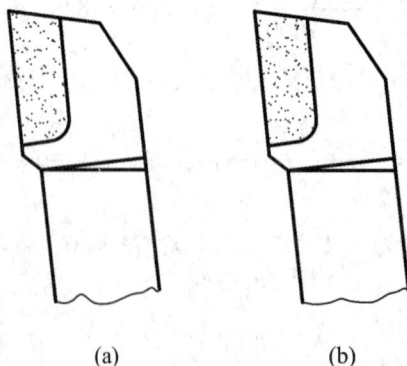

图 4-34  右偏刀车端面时不同进给方向的前角、后角、主偏角、副偏角

(a) 由外向中心进给；(b) 由中心向外进给

4-6  用规定的符号标出图 4-35 中刀具的前角、后角、主偏角、副偏角。

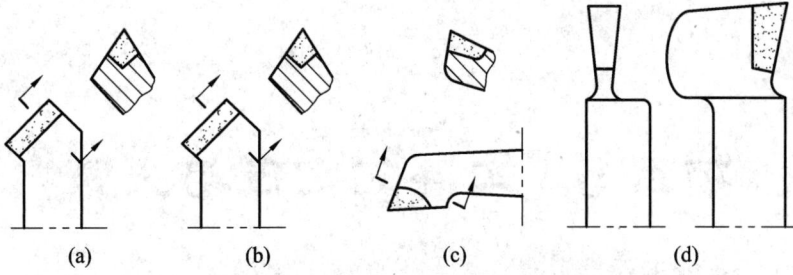

图 4-35 标出图中各车刀的前角、后角、主偏角、副偏角

(a) 车外圆车刀；(b) 车端面车刀；(c) 车不通孔车刀；(d) 车外槽车刀

4-7 标注图 4-36 所示切断刀的角度。

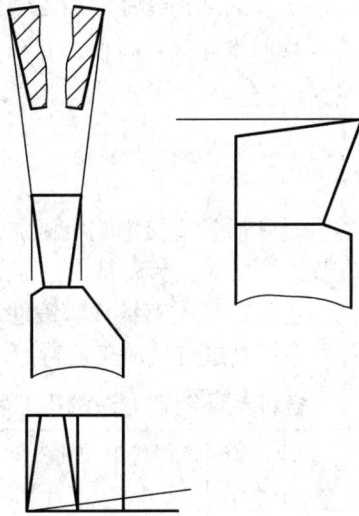

图 4-36 切断刀

# 项目 5　工件的定位与夹紧

## 5.1　工件的加工质量要求

工件是机械加工过程的核心，工件的结构特征、加工表面类型以及技术要求等都直接影响加工方法、刀具的选择以及夹具的设计等，即加工方法、工艺系统、加工工艺过程都取决于工件。

### 5.1.1　工件的毛坯

毛坯是工件的基础，毛坯的种类和质量直接影响机械加工质量，选择确定毛坯时，不仅要在保证零件要求的前提下，节约机械加工劳动量，还要充分重视利用新工艺、新技术、新材料，使零件总的性价比最高。毛坯的种类有铸件、锻件、压制件、冲压件、焊接件、型材和板材等。表 5-1 所列为各种毛坯制造方法的工艺特点。

**表 5-1　各种毛坯制造方法的工艺特点**

| 毛坯制造方法 | 最大重量/N | 最小壁厚/mm | 形状的复杂性 | 材料 | 生产方式 | 公差等级 IT | 尺寸公差值/mm | 表面粗糙度 | 其　他 |
|---|---|---|---|---|---|---|---|---|---|
| 手工砂型铸造 | 不限制 | 3～5 | 最复杂 | 铁碳合金、有色金属及其合金 | 单件生产及小批生产 | 14～16 | 1～8 | ∨ | 余量大，一般为 1～10 mm，由砂眼和气泡造成的废品率高；表面有结砂硬皮，且结构颗粒大；适用于铸造大件；生产率很低 |
| 机械砂型铸造 | 至 2 500 | 3～5 | 最复杂 | 同上 | 大批生产及大量生产 | 14 级左右 | 1～3 | ∨ | 生产率比手制砂型高数倍至数十倍；设备复杂；工人的技术要求低；适于制造中小型铸件 |
| 永久型铸造 | 至 1 000 | 1.5 | 简单或平常 | 同上 | 同上 | 11～12 | 0.1～0.5 | $\sqrt{\ }Ra\,12.5$ | 因免去每次制型，生产率高；单边余量一般为 1～3 mm；结构细密，能承受较大压力；占用生产面积小 |

续表

| 毛坯制造方法 | 最大重量/N | 最小壁厚/mm | 形状的复杂性 | 材料 | 生产方式 | 公差等级 IT | 尺寸公差值/mm | 表面粗糙度 | 其 他 |
|---|---|---|---|---|---|---|---|---|---|
| 离心铸造 | 通常2 000 | 3～5 | 主要是旋转体 | 同上 | 同上 | 15～16 | 1～8 | $\sqrt{Ra\,12.5}$ | 生产率高,每件只需 2～5 min;机械性能好且少砂眼;壁厚均匀;不需型芯和浇注系统 |
| 压铸 | 100～160 | 0.5(锌)、10(其他合金) | 由模子制造难易来定 | 锌、铝、镁、铜、锡、铅各金属的合金 | — | 11～12 | 0.05～0.2 | $\sqrt{Ra\,3.2}$ | 生产率最高,每小时可达 50～500 件;设备昂贵;可直接制取零件或仅需少许加工 |
| 熔模铸造 | 小型零件 | 0.8 | 非常复杂 | 适于切削困难的材料 | 单件生产及成批生产 | — | 0.05～0.15 | $\sqrt{Ra\,25}$ | 占用生产面积小,每套设备需 30～40 m²;铸件力学性能好;便于组织流水生产;铸造延续时间长,铸件可不经加工 |
| 壳模铸造 | 至2 000 | 1.5 | 复杂 | 铁和有色金属 | 小批量大量生产 | 12～14 | — | $\sqrt{Ra\,12.5}$ $\sqrt{Ra\,6.3}$ | 生产率高,一个制砂工班产 0.5～1.7 t;外表面余量为 0.25～0.5 mm;孔余量最小为 0.08～0.25 mm;便于机械化与自动化;铸件无硬皮 |
| 自由锻造 | 不限制 | 不限制 | 简单 | 碳素钢、合金钢 | 单件及小批生产 | 14～16 | 1.5～2.5 | $\sqrt{}$ | 生产率低且需高级技工;余量大,为 3～30 mm;适用于机械修理厂和重型机械厂的锻造车间 |
| 模锻(利用锻锤) | 通常至1 000 | 2.5 | 由锻模制造难易而定 | 碳素钢、合金钢 | 成批及大量生产 | 12～14 | 0.4～2.5 | $\sqrt{Ra\,12.5}$ | 生产率高且不需高级技工;材料消耗少;锻件力学性能好,强度增加 |
| 模锻(利用卧式锻造机) | 通常至1 000 | 2.5 | 由锻模制造难易而定 | 碳素钢、合金钢 | 成批及大量生产 | 12～14 | 0.4～2.5 | $\sqrt{Ra\,12.5}$ | 生产率高,每小时产量达 300～900 件;材料损耗仅约 1%(不计火耗);压力不与地面垂直,对地基要求不高;可锻制长形毛坯 |
| 精密模锻 | 通常1 000 | 1.5 | 由锻模制造难易而定 | 碳素钢、合金钢 | 成批及大量生产 | 11～12 | 0.05～0.1 | $\sqrt{Ra\,6.3}$ $\sqrt{Ra\,3.2}$ | 光压后的锻件可不经机械加工或直接进行精加工 |
| 板料冷冲压 | — | 0.1～10 | 复杂 | 各种板料 | 成批及大量生产 | 9～12 | 0.05～0.5 | $\sqrt{Ra\,1.6}$ $\sqrt{Ra\,0.8}$ | 生产率很高,青工即能操作;便于自动化;毛坯重量轻,减少材料消耗;压制厚壁制件困难 |

## 5.1.2　工件表面的构成

　　工件的表面一般由多种几何形状构成，如图 5-1(a)所示阶梯轴，由几个回转表面构成，其中 $\phi D_3$ 是配合轴径，$\phi D_1$、$\phi D_4$ 是支承轴径，它们是工作表面，其余各面起连接工作表面的作用。因此，从使用要求来看，每个工件都有一个或几个表面直接影响其使用性能，这些表面是主要表面，其他属于辅助表面。机械加工过程中，重点保证的就是这些功能表面的加工要求。在图 5-1(b)中，箱体零件的安装基面和支承孔是主要加工表面，其他属于支持、连接表面。

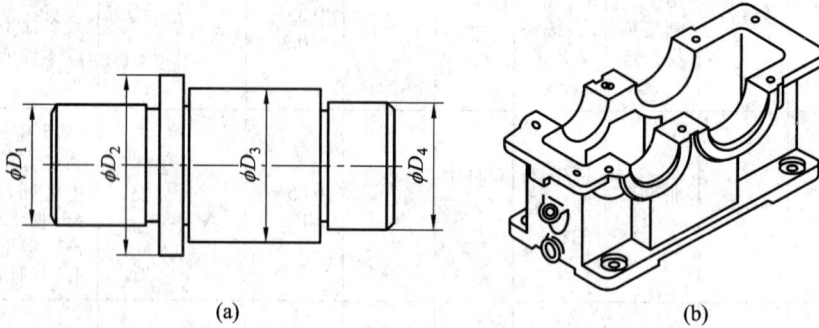

图 5-1　工件表面的构成

(a) 阶梯轴；(b) 箱体座

## 5.1.3　工件的加工质量要求

　　工件加工质量包括加工精度和表面质量两方面。具有绝对准确参数的零件叫理想零件。加工精度是指工件加工后的几何参数(尺寸、形状和位置)与理想零件几何参数的符合程度，符合程度越高，则加工精度越高。从实际出发，零件很难也没必要做得绝对精确，只要精度保持在一定范围内，满足其功用即可。工件表面质量指加工后表面的微观几何性能和表层的物理、力学性能。包括表面粗糙度、坡度、表层硬化、残余应力等，它们直接影响零件的使用性能。

　　工件是机械加工工艺系统的核心。获得毛坯的方法不同，工件结构不同，切削加工方法也有很大差别。例如，用精密铸造和锻造、冷挤压等制造的毛坯只要少量的机械加工，甚至不需加工。

　　工件的形状和尺寸对工艺系统也有影响，工件形状越复杂，被加工表面数量越多，制造越困难，成本越高，应尽可能采用最简单的表面及其组合。加工精度和表面粗糙度的等级应根据实际要求确定，等级越高，需要的工具和设备越复杂，成本越高。在能满足工作要求的前提下，具有最低加工精度和表面粗糙度等级的零件其工艺性最好。

# 5.2　工 件 的 基 准

　　所谓基准就是工件上用来确定其他点、线、面位置所依据的那些点、线、面。一般用中合线、对称线或平面作基准。基准可分为设计基准和工艺基准两大类。

## 5.2.1　设计基准

在零件设计图上用以确定其他点、线、面位置的基准(点、线、面)称为设计基准。如图 5-2(a)所示，端面 $C$ 为端面 $A$、$B$ 的设计基准；中心线 $O$-$O$ 为外圆柱面 $\phi D_1$、$\phi D_2$ 的设计基准，同时也是侧面 $E$ 的设计基准。

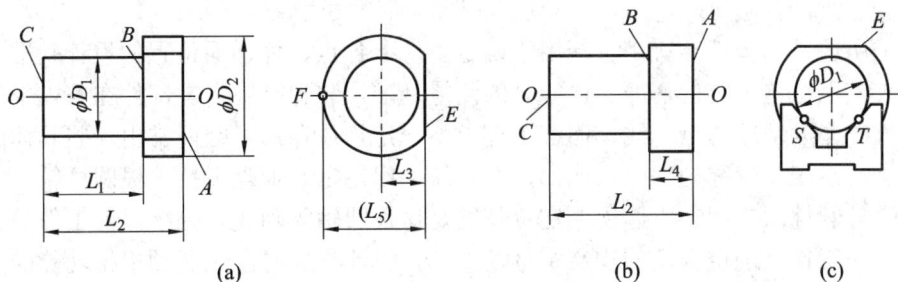

图 5-2　零件的设计基准与工艺基准

## 5.2.2　工艺基准

零件在加工、检验和装配过程中所采用的基准，称为工艺基准。按其用途不同，工艺基准又分为工序基准、定位基准、测量基准和装配基准。

1) 工序基准

工艺基准指在工序图上用以确定本工序被加工表面加工后的尺寸、形状和位置的基准。如图 5-2(b)所示，当加工端面 $B$ 时，要保证工序尺寸 $L_4$，则端面 $A$ 为工序基准。

2) 定位基准

加工时，使工件在机床或夹具中占据正确位置所用的基准即为定位基准。需要指出的是，定位基准不一定具体存在，而是常用一些真实存在的表面来定位，这样的定位表面称为定位基准面。如图 5-2(c)所示，在加工平面 $E$ 时，定位基准为 $\phi D_1$ 的轴线，定位基准面为外圆柱面 $\phi D_1$ 与 V 形块相接触的素线 $S$、$T$。

3) 测量基准

测量基准为检验零件时，用以测量加工表面的尺寸、形状、位置等误差所依据的基准。例如，如图 5-2(a)所示，检测尺寸 $L_3$ 时，因为很难确定中心轴线 $O$-$O$ 的位置，实际是测量尺寸 $L_5$，此时，点 $F$ 代表的圆柱的直素线就是测量基准。

4) 装配基准

装配基准为装配时用以确定零件、组件和部件相对于其他零件、组件和部件的位置所采用的基准。如图 5-3 所示，齿轮的内孔和传动轴的外圆 $A$ 完成了二者的径向定位；齿轮的端面和传动轴的台阶面 $B$ 完成了二者的轴向定位；通过键及键槽的侧面 $C$、$D$ 实现了传动轴和齿轮的圆周方向的定位。所以，传动轴与齿轮的装配基准有 $A$、$B$、$C$(或 $D$)三个。

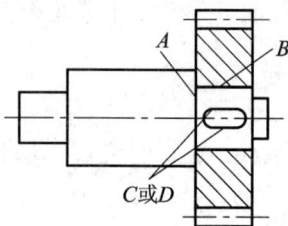

图 5-3　齿轮的装配

综上所述，选择基准就是选择用于确定工件上各点、线、面位置的设计基准，确定工件在夹具上位置的定位基准、检验时的测量基准，装配时确定零部件在整机中位置的装配基准。作为基准的点、线、面在工件上不一定具体存在，因而常由一些具体的表面来体现，这些表面就称为基面。例如，在车床上用自定心卡盘夹持一根圆柱轴，实际定位表面是外圆柱面，而它所体现的定位基准是这根圆轴的轴线。为了保证工件的正确安装，必须在工件上选定合理的安装定位基准。在设计零件时，也必须根据功能的要求选择合理的设计基准。

### 5.2.3　定位基准的选择

定位基准分为粗基准和精基准。若以未经加工的毛坯表面作为定位基准的表面，则称为粗基准；若用已加工表面作为定位基准，则称该表面为精基准。

1) 粗基准的选择

粗基准选择的好坏对以后各加工表面的加工余量分配，以及工件加工表面和非加工表面间的相互位置均有很大影响。因此，必须重视粗基准的选择。粗基准的选择总的要求是为后续工序提供必要的定位基准面。粗基准的选择原则如下：

(1) 选择非加工表面作为粗基准。如图 5-4 所示，采用车床加工内孔及端面时，工件在自定心卡盘中以不需加工的外圆表面作为粗基准。由于三爪的夹紧中心与车床回转中心一致，且与刀架的横向移动方向垂直，保证了非加工表面(外圆)与内孔同轴又与端面垂直。可见，采用非加工表面作为粗基准，可使工件上的加工表面与非加工表面之间的相对位置误差最小。

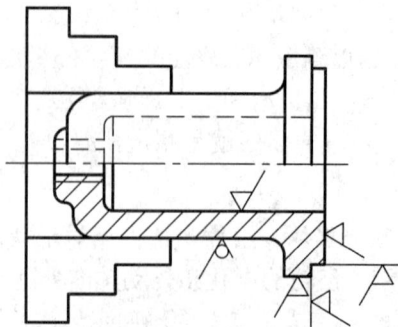

图 5-4　选择非加工表面作为粗基准

(2) 若零件的所有表面都需加工，应选择加工余量和公差最小的表面作为粗基准。这样可保证作为粗基准的表面加工时余量均匀。如图 5-5 所示的车床床身，要求导轨面耐磨性好，希望加工时只切除一层薄而均匀的金属，使其表层保留均匀一致的金相组织和高硬度。若先选择导轨面作为粗基准来加工机床底座的底平面[见图 5-5(a)]，然后以机床底座的底面为精基准加工导轨面[见图 5-5(b)]，就可达到此目的。

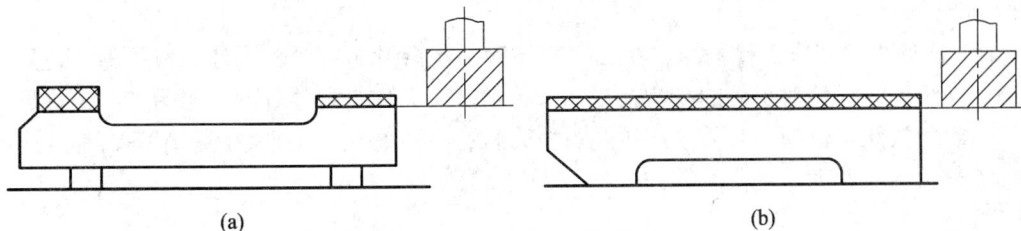

图 5-5　卧式车床床身的粗基准

(a) 导轨面为粗基准；(b) 底平面为精基准

(3) 选择平整、光洁、面积较大、无飞边和浇冒口的表面作为粗基准，以使定位准确，夹紧可靠。

(4) 粗基准一般只能使用一次，以后应尽量避免重复使用。因为作为粗基准的表面粗糙而不规则，多次使用无法保证各加工表面之间的位置精度。

2) 精基准的选择

选择精基准时，主要考虑两个问题：第一是保证加工精度，第二是使工件装夹方便。具体选择原则如下：

(1) 基准重合原则。应尽量使定位基准与设计基准重合，以避免产生基准不重合误差。如图 5-6(a)所示，工件的设计尺寸为 $a$ 和 $b$。已知表面 $A$ 和 $B$ 已经加工，其相应尺寸 $a$ 及其公差 $\delta_a$ 已保证。现欲加工表面 $C$，要求保证尺寸 $b$。$b$ 的设计基准是 $B$ 面。图 5-6(b)所示是以 $B$ 面定位加工 $C$ 面，定位基准与设计基准重合，则无基准不重合误差。图 5-6(a)所示为采用 $A$ 面定位加工 $C$ 面，则定位基准与设计基准不重合，产生基准不重合误差，其误差大小等于设计基准与定位基准之间的尺寸公差。图 5-6(a)所示加工方法产生的基准不重合误差是 $\delta_a$。

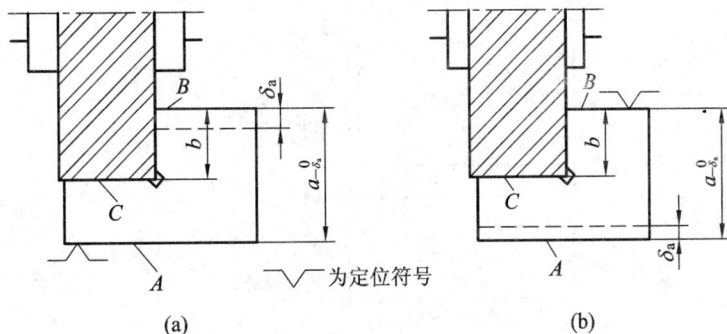

图 5-6　基准不重合误差

(a) 基准不重合；(b) 基准重合

(2) 基准统一原则。在工件加工的整个过程中，尽可能使较多的工序都采用同一个(或一组)定位基准来定位。由于这些工序的定位基准相同，可使这些工序的夹具定位装置相同、基准统一，从而简化夹具的设计和制造工作，也便于工人操作。

(3) 装夹方便可靠。所选用的基准，应能保证夹具的结构简单，工件装夹稳定、可靠，操作方便。

(4) 待加工表面作为精基准。在加工高精度、小余量的重要表面时，为了避免夹具的制造误差和安装误差对工件的影响，可选择待加工表面作为定位基准，如图 5-7(b)就是以待加工表面找正定位的。此外，如铰孔、拉刀拉孔、珩磨孔、无心磨削外圆等，都是采用待加工表面本身作为定位基准的。

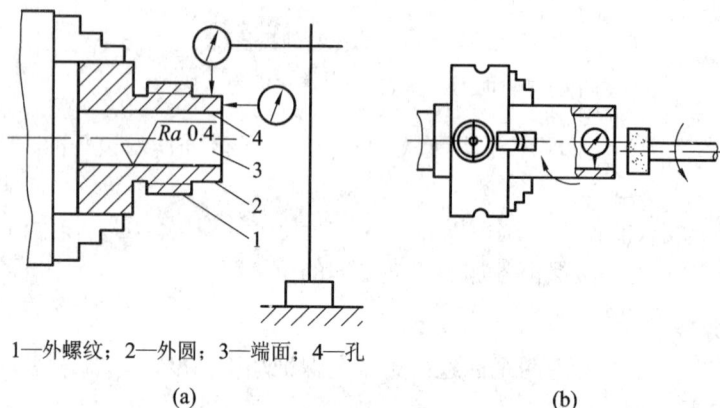

1—外螺纹；2—外圆；3—端面；4—孔

(a)　　　　　　　　　　　　　　　　　　(b)

图 5-7　直接找正法定位

(a) 以有位置要求的表面作为找正基准；(b) 以待加工表面作为找正基准

(5) 互为基准。为获得较高的相互位置精度，可采用互为基准、反复加工的原则。如图 5-8 所示的轴套，其内、外圆有较高的同轴度要求，加工时可先以外圆定位，粗加工内孔，再以内孔定位，粗加工外圆；在轴套的半精加工和精加工中均采用粗加工使用的定位方法，反复进行，最后便可满足较高的同轴度要求。

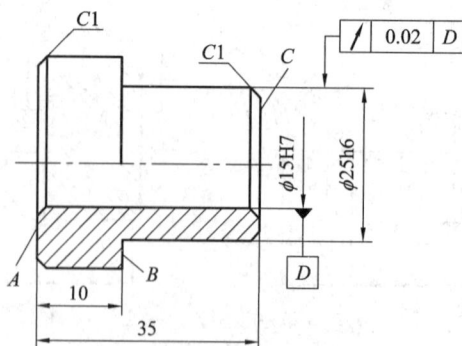

图 5-8　轴套

在生产实际中，基准选择不可能完全符合上述原则，有时会出现一些矛盾，应根据具体情况进行分析，选用最有利的表面作为定位基准。

# 5.3　工件的定位与安装

## 5.3.1　定位与六点定位原理

### 1. 定位的概念

定位包含着两个过程，一是工件在夹具中的定位(简称工件的定位)，二是夹具在机床上相对位置的确定(简称夹具的对定)。所谓工件的定位，指同一批工件在夹具中占有一致的正确加工位置；夹具的对定，则指夹具在机床上的定位和夹具相对于刀具的正确位置。

图 5-9(a)所示为加工 $2 \times \phi 3$ mm 孔的工序简图。选尺寸 6.5 mm 的设计基准 $A$ 和 $\phi 18 \pm 0.02$ mm 的外圆作为定位基准。图 5-9(b)所示为加工 $2 \times \phi 3$ mm 孔的专用夹具。操作时，将工件装入夹具中，插上斜楔 2 并轻击其大端，使工件处于夹紧状态；以夹具体 1 的 $B$ 面在钻床工作台上定位(即 $B$ 面与工作台面接触)；钻头通过钻套 3 可钻出一个孔。同样，用 $C$ 面在工作台上定位可加工另一个孔。轻击斜楔 2 的小端，斜楔 2 掉出，即可取出工件，则钻孔工序完毕。

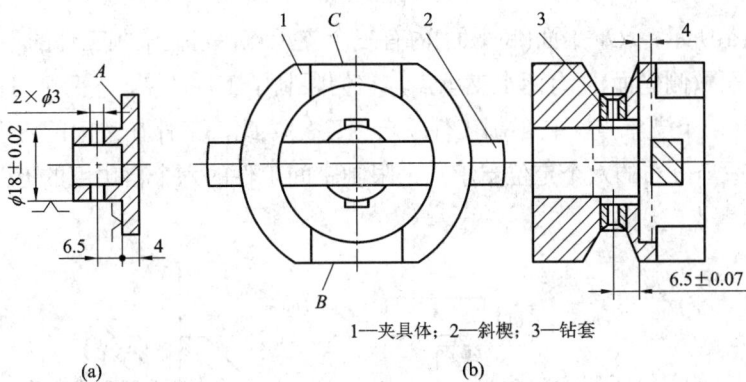

1—夹具体；2—斜楔；3—钻套

(a)　　　　　　　　　(b)

图 5-9　钻床夹具

(a) 工序简图；(b) 夹具装配图

上例中，不论该批工件数量是多少，它们在夹具中的加工位置都是一致的($\phi 3$ mm 孔中心距 $A$ 面的尺寸也是一致的)，这就是工件的定位；夹具分别以 $B$、$C$ 面与钻床工作台面接触，钻头通过导引元件——钻套 3 确定了刀具相对于夹具的相对正确位置，这就是夹具的对定。由此可见，只有正确定位，才能获得合格的工件。

正确解决定位问题是十分重要的，应从以下几个方面考虑：

(1) 从理论上进行分析，如何使同一批工件在夹具中占有一致的正确加工位置。

(2) 选择或设计合理的定位方法及相应的定位装置。

(3) 保证有足够的定位精度，即工件在夹具中虽有一定的误差，但仍能保证工件的加工要求。

**2. 六点定位原理**

1) 六点定则

任何一个工件在夹具中未定位前，都可以看成是在空间直角坐标系中的自由物体。如图 5-10 所示的工件具有沿三个坐标轴正负方向分别移动或绕三个坐标轴正负旋向转动的趋势，称此为工件的自由度。为了便于分析研究，用 $\vec{x}$、$\vec{y}$、$\vec{z}$ 分别表示物体沿三个坐标轴移动的自由度，用 $\hat{x}$、$\hat{y}$、$\hat{z}$ 分别表示物体绕三个坐标轴转动的自由度。

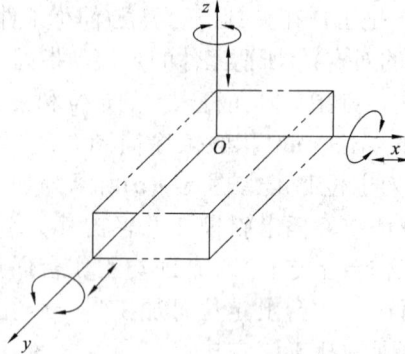

图 5-10　工件在空间的六个自由度

如图 5-11(a)所示，$xOy$ 平面(底平面)内有三个支承点，它们限制工件的 $\vec{z}$、$\hat{y}$、$\hat{x}$ 三个自由度；$zOy$ 平面(侧平面)内有两个支承点，它们限制了工件的 $\vec{x}$、$\hat{z}$ 两个自由度；$zOx$ 平面(端平面)内有一个支承点，它限制工件 $\vec{y}$ 自由度。至此，工件在空间的六个自由度全部被限制了。用适当分布的六个定位支承点来限制空间工件的六个自由度的方法，称为六点定位规则(简称六点定则)。

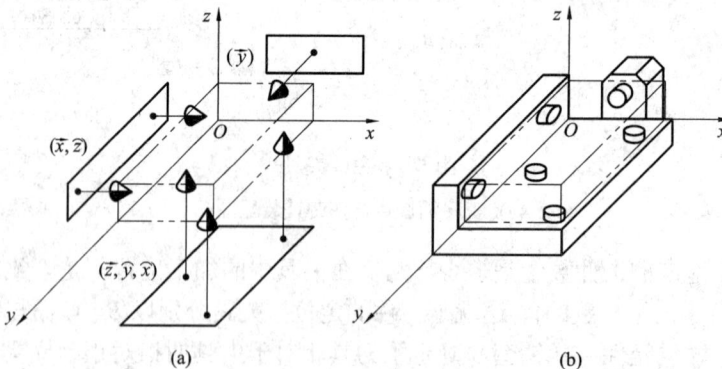

图 5-11　六点定位规则

(a) 理论六点定位；(b) 实际六点定位

点的定义是有其位置无其大小，若采用图 5-11(a)所示的支承点与工件的定位基准面接触，则接触点上的压强极大，将导致工件定位基准面损伤和支承件迅速磨损。因此，只能用小圆柱来替代支承点[见图 5-11(b)]。生产中的工件结构多变，定位元件的结构也随之而变化。在分析工件的定位状态时，不论定位元件的结构如何，总是把实际定位元件转化为相应的几个定位支承点，按一个支承点限制一个自由度来考虑。

2) 完全定位

采用一定结构形式的定位元件限制工件在空间的六个自由度的定位方法，称为完全定位。图 5-12(a)所示为铣槽工序简图。为保证槽的长度(50±0.1) mm，需限制 $\vec{y}$ 一个自由度；保证槽相对基准刀的对称度，需限制 $\vec{z}$、$\vec{x}$ 两个自由度；保证 $27^{0}_{-0.1}$ mm，需限制 $\vec{z}$、$\hat{x}$ 两个自由度；保证槽对称面与已加工槽之间的 60°夹角，需限制 $\hat{y}$ 一个自由度。分析可知，要保证槽的工序加工要求，就必须限制工件在空间的六个自由度，即完全定位。

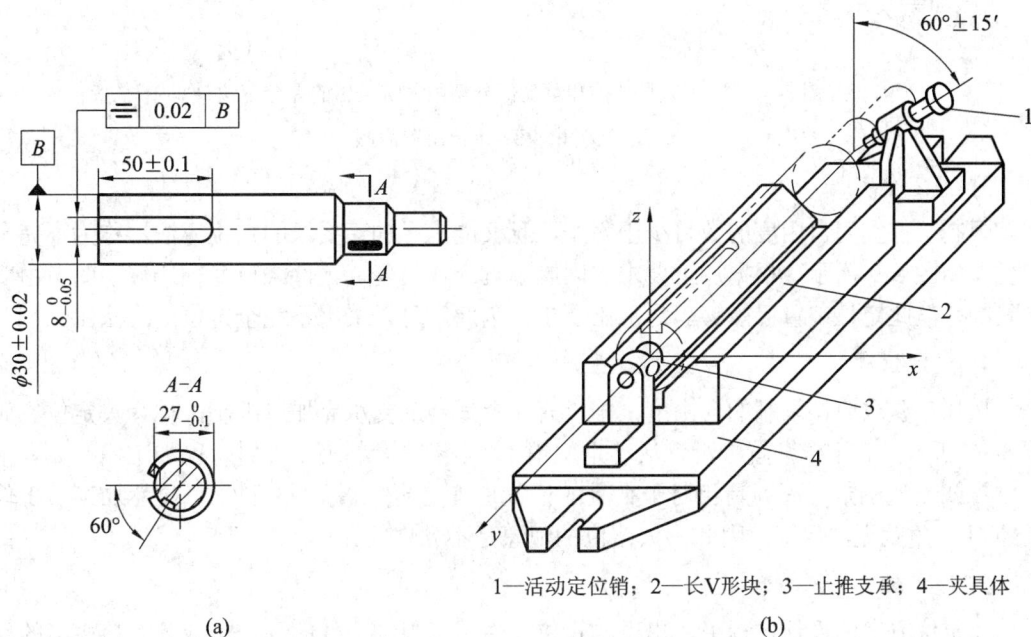

1—活动定位销；2—长V形块；3—止推支承；4—夹具体

(a)    (b)

图 5-12 满足工序要求采用的完全定位

(a) 工序简图；(b) 定位装置简图

图 5-12(b)所示为该工件的定位装置简图。止推支承 3 限制工件 $\vec{y}$ 一个自由度，相当于一个支承点；长 V 形块 2 限制了工件 $\vec{z}$、$\hat{z}$、$\vec{x}$、$\hat{x}$ 四个自由度，相当于四个支承点；活动定位销 1 限制了工件 $\hat{y}$ 一个自由度，相当于一个支承点。至此，夹具的定位装置按工件的工序加工要求限制了工件的六个自由度，也就是采用了完全定位。

上例中，为满足工序加工要求而必须采用完全定位。在生产实际中，根据加工要求不需要采用完全定位，有时却采用了完全定位。例如，图 5-13(a)所示为铣平面的工序简图，由分析可知，仅需限制 $\vec{z}$、$\hat{x}$、$\hat{y}$ 三个自由度即可满足加工要求，但是图 5-13(b)定位装置简图中仍布置了六个支承点。底面上三个支承点限制 $\vec{z}$、$\hat{x}$、$\hat{y}$ 三个自由度，侧面两个支承点是为了简化夹紧机构，端面一个支承点是为承受切削力而设置的。

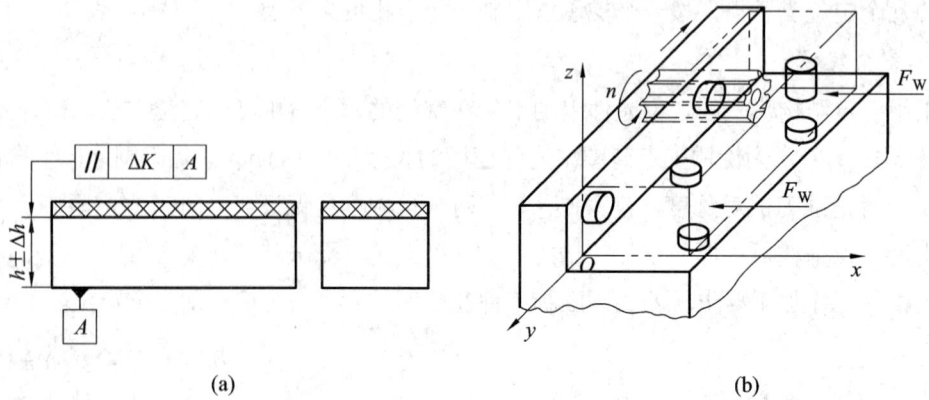

图 5-13　简化夹具结构和承受部分切削力时采用的完全定位

(a) 工序简图；(b) 定位装置简图

3) 不完全定位

限制工件空间自由度的数目少于六个，且又能满足加工要求的定位方法，称为不完全定位。如图 5-9 所示，根据加工要求，限制了五个自由度，工件绕自身轴线转动的自由度未限制，但此定位装置已能够满足加工要求。因此，可以采用不完全定位的方法。

4) 欠定位

按加工要求应该限制的自由度，却没有布置适当的支承点加以限制，称为欠定位。如图 5-12 所示，若定位装置中没有活动定位销 1，则操作者装夹工件时，已加工槽在夹具中的位置就无法确定，而刀具相对于夹具的位置是确定的(一次调整好的)，显然加工后工件上的 60° 角就无法保证。因此，欠定位的现象是不允许的。

5) 过定位

在定位方案的设计过程中，出现的定位元件重复限制工件的同一个或几个自由度的现象，称为过定位。过定位是有害的，它将造成工件定位不稳，从而降低加工精度，使工件或定位元件产生变形，甚至无法安装和加工。因此，应尽量避免过定位。必须指出，有时在高精度工件或微小工件的加工中，为了满足某些需要，常采用过定位。

6) 定位与夹紧的区别

定位的任务是保证同一批工件在夹具中占有一致的正确加工位置，夹紧的任务则是把工件压紧夹牢在定位元件上，且保证工件在加工过程中位置始终不变。因此，两者不能相互取代。

图 5-14 为钻 $\phi$10 mm 孔的专用夹具。图 5-14(a)所示为加工工序简图，图 5-14(c)所示为根据工序加工要求而设计的专用钻孔夹具。$A$ 面与定位板 7 接触定位，限制了工件的 $\vec{x}$、$\hat{z}$、$\hat{y}$ 自由度，保证(40 ± 0.05) mm；$\phi$50H7 孔与定位销 8 接触定位，可限制 $\vec{z}$、$\vec{y}$ 自由度，保证了 $\phi$10 mm 孔轴线与 $\phi$50H7 孔轴线相交；防转定位销 6 在(10 ± 0.04) mm 槽内定位，可限制工件的 $\hat{x}$ 自由度，保证了 $\phi$10 mm 孔轴线与已加工的(10 ± 0.04) mm 槽对称。当工件定位后，用开口垫圈 3、螺母 4 压紧工件，使旋转的钻头通过钻模板 2 上的钻套 1 在工件

上钻孔。可见，不论工件数量多少，加工出的工件均能满足图 5-14(a)所示的要求。

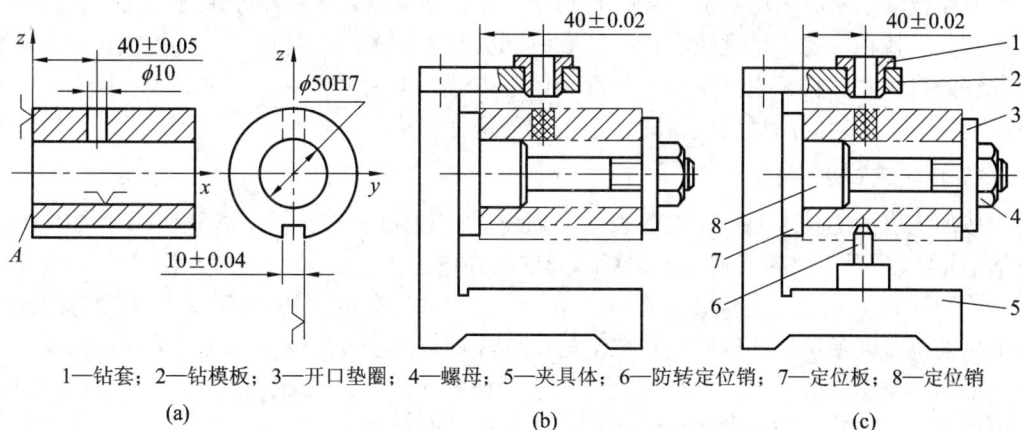

1—钻套；2—钻模板；3—开口垫圈；4—螺母；5—夹具体；6—防转定位销；7—定位板；8—定位销

(a)　　　　　　　　　　　(b)　　　　　　　　　　　(c)

图 5-14　定位与夹紧的区别

(a) 工序简图；(b) 欠定位夹具；(c) 能满足加工要求的夹具

如果使用图 5-14(b)所示夹具加工同一批工件，操作者就无法使已加工的(10±0.04) mm 槽在夹具中有一个固定的位置，这将导致加工后的 $\phi$ 10 mm 孔与(10±0.04) mm 槽的相对位置无法达到工序要求。图 5-14(b)与图 5-14(c)的夹紧机构完全相同，都是在夹紧状态下钻孔，图 5-14(b)所示仅仅少限制了工件的一个自由度(欠定位)，加工后的工件便成了废品，而图 5-14(c)加工的工件就是合格品。由此可见，工件被夹紧并不等于工件已定位了，在今后的设计工作中，一定要注意两者不能相互替代。

## 5.3.2　工件的装夹方法

### 1) 直接找正法

工件定位时，用量具或量仪直接找正工件上某一表面，使工件处于正确的加工位置，称为直接找正法。找正的表面就是工件的定位基准，简称找正基准。

(1) 选与待加工表面有位置精度要求的表面作为找正基准。

如图 5-7(a)所示，外螺纹 1 和外圆 2 与孔 4 有同轴度要求，本工序为终磨孔 4。已知外螺纹 1、外圆 2 和端面 3 是在一次安装中精车而成，则可认为外螺纹 1 与外圆 2 同轴，并与端面 3 垂直。因此，选外圆 2 和端面 3 为找正基准，在磨内孔之前，用单动卡盘夹大外圆，用百分表在外圆 2 和端面 3 上找正工件的位置。找正外圆 2 可限制两个移动自由度，找正端面 3 可限制一个移动和两个转动自由度。经找正后，可保证孔 4 与外螺纹 1 和外圆 2 的同轴度要求。

(2) 选待加工表面作为找正基准。在加工高精度的工件表面时，若该表面与其他表面间无较高的位置精度要求，则可选待加工表面作为找正基准。

图 5-7(b)所示为精磨内孔，本工序仅对内孔的尺寸、表面粗糙度值有精度要求。为了保证加工质量，应保证内孔余量均匀，先将工件夹在单动卡盘中，用百分表等找正内孔表面，使内孔轴线与机床回转中心同轴，然后夹紧工件即可进行磨削。

直接找正法装夹的定位精度取决于找正面的精度、表面质量及找正时所用的工具和工人的操作技术水平。采用目测或划针盘找正，定位精度低，多用于粗加工毛坯时的找正。采用百分表找正，定位精度较高，可达 0.01 mm 左右，多用于精加工工件的找正。这种装夹方法的找正时间长、生产率低，一般只用于单件、小批生产中。当工件加工精度要求较高，而又没有专用的高精度装备时，也可以用这种方法。

2) 按线找正法

按加工表面的技术要求在工件表面上划线，加工时在机床上按线找正(以所划的线为找正基准)，以获得工件的正确加工位置，此法称为按线找正法(或划线找正法)。

如图 5-15(a)所示，工件装夹在单动卡盘中，用划针盘按所划的线找正。它是通过调节各卡爪的位置，使所划的圆心与车床回转中心线重合，所以能够保证尺寸 $a$ 和 $c$。

如图 5-15(b)所示，在牛头刨床上刨削支承座的底面，需用划针盘按底面加工线在机床上用机用虎钳找正，使底面的加工线与机床工作台面平行。

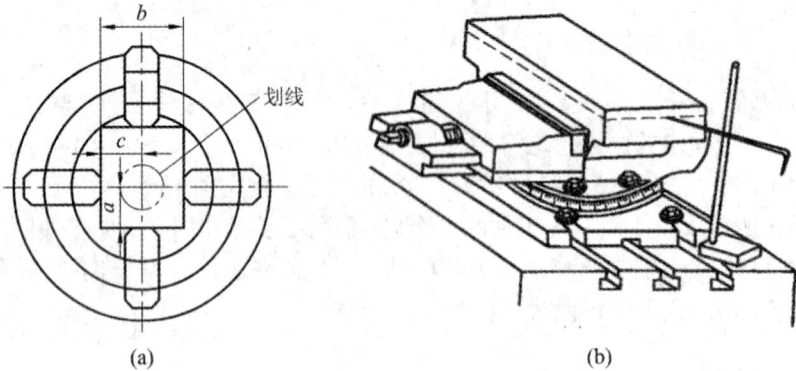

图 5-15　划线找正

(a) 车床上按线找正；(b) 刨床上按线找正

从上面两例中看出，找正用的加工线(所划的线)即为定位基准。由于线条有一定的宽度，又有划线误差和视觉误差，致使这种方法的定位精度较低，一般仅能达到 0.2～0.5 mm。因此，划线找正法多用于批量较小、加工精度较低以及大型工件的粗加工中。

3) 工件在夹具中的装夹

夹具按其特点可分为通用夹具、专用夹具、组合夹具和成组夹具等。机床上常用的自定心卡盘、单动卡盘、顶尖、中心架、机用虎钳、万能分度头等，都属于通用夹具。专用夹具是根据工件某一工序的加工内容而专门设计制造的，利用其定位元件和夹紧机构可以迅速、准确地装夹工件，不需要找正即可使工件获得正确的加工位置。如图 5-9、图 5-14(c)所示的夹具，都属于专用夹具。这类夹具操作简单，工件定位迅速、可靠，加工精度较高，生产率高，因而适用于成批和大量生产。

## 5.3.3　工件夹紧应注意的问题

在机械加工中，工件的定位和夹紧是联系密切的两个工作过程。工件定位以后，必须采用一定的装置把工件压紧夹牢在定位元件上，使工件在加工过程中，不会由于切削力、工件重力及其他外力的作用而发生位置变化或产生振动，以保证加工精度和安全生产。这种把工件压紧夹牢的装置称为夹紧装置。夹紧装置的设计和选用是否正确、合理，对于能否保证加工质量、提高生产率、减轻工人劳动强度有很大影响。为此，对夹紧装置提出如下基本要求：

(1) 夹紧应有助于定位，而不应破坏定位。

(2) 夹紧力的大小应能保证加工过程中工件不产生移动和振动，并能在一定范围内调节。

(3) 工件在夹紧后的变形和受压表面的损伤不应超出允许的范围。

(4) 应有足够的夹紧行程，手动时要有一定的自锁作用。

(5) 结构紧凑、动作灵敏、制造、操作和维修方便，省力、安全，有足够的强度和刚度。

为满足上述要求，其核心问题是如何使夹紧装置对工件正确地施加夹紧力，在确定夹紧力时应考虑以下几个问题。

1) 夹紧力不得破坏工件定位

(1) 夹紧力应施于支承面范围内。图 5-16(a)、(b)所示夹紧力均作用于支承面之外，这样夹紧力和支承力构成力偶，将使工件 2 出现图中所示倾斜或移动状况，破坏工件的定位。正确夹紧力的作用点和方向应施于支承面范围内并靠近支承件的几何中心，如图中虚线箭头所示的位置。

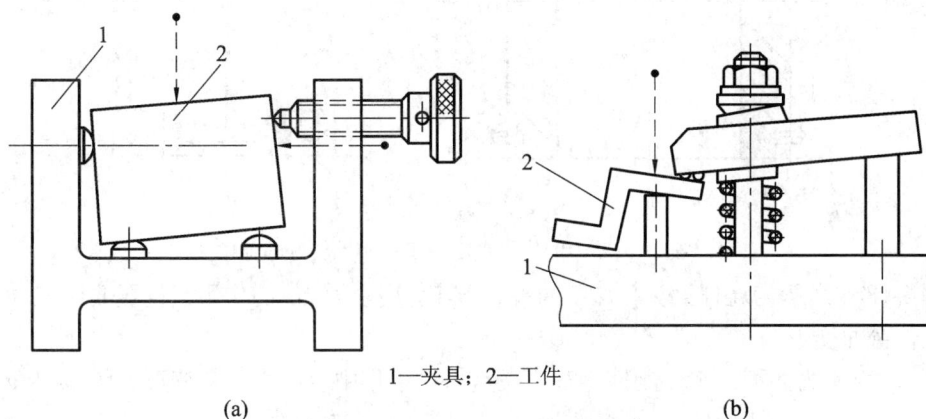

1—夹具；2—工件

(a)　　　　　　　　　　　　　　　(b)

图 5-16　夹紧力应施于支承面范围内

(a) 夹紧力方向、位置错误；(b) 夹紧力位置错误

(2) 夹紧力应垂直于主要定位基准面。为使夹紧力有助于定位，工件应紧靠支承点，并保证各个定位基准面与定位元件可靠接触。通常，工件主要定位基准面的面积较大，精度较高，限制的自由度数目多，夹紧力垂直作用于此面上，有利于保证工件的加工质量。如图 5-17(a)所示，在角形支座上镗一与 $A$ 面有垂直度要求的孔。根据基准重合的原则，应选择 $A$ 面为主要定位基准，因而夹紧力应垂直于 $A$ 面而不是 $B$ 面。只有这样，不论 $A$、$B$ 面之间角度 $\alpha$ 的误差有多大，$A$ 面都始终紧靠支承面，因而易于保证垂直度要求。若要求所镗之孔的轴线平行于 $B$ 面，则夹紧力的方向应垂直于 $B$ 面，如图 5-17(b)。

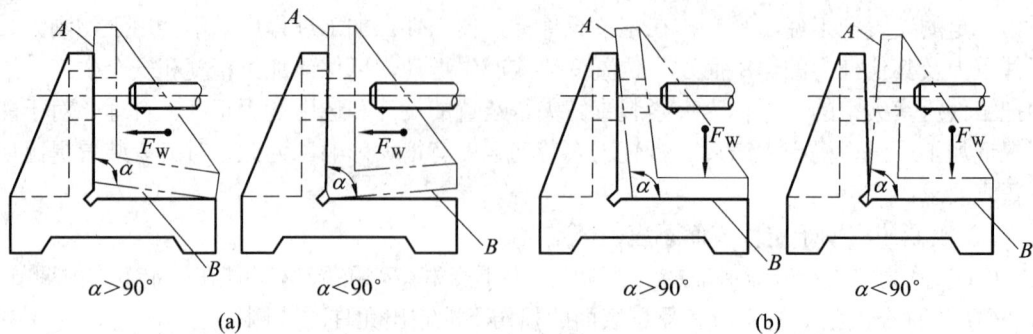

图 5-17　夹紧力应垂直于主要定位基准面

2) 夹紧力不应使工件产生夹紧变形

(1) 夹紧力作用位置正确。如图 5-18(a)所示，在壳体工件上加工两个同轴孔。虽然采用的夹紧力 $F'_W$ 朝向主要定位基准面，但由于工件该处的刚性差，会因此产生夹紧变形。如果夹紧力设在 $F_W$ 或 $F''_W$ 处，则可防止由于夹紧变形而造成的加工后工件的圆度和同轴度误差。

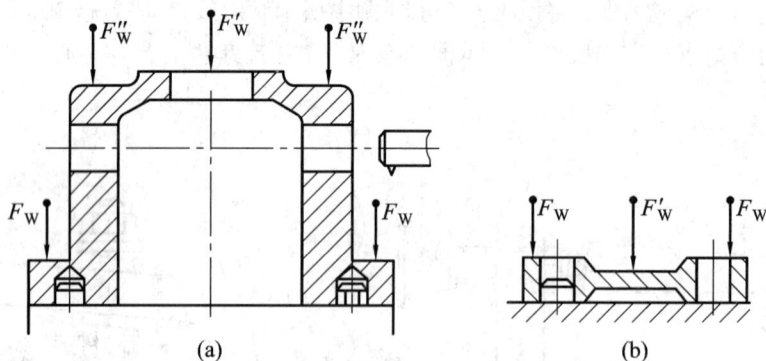

图 5-18　夹紧力的作用点应在工件刚性较好的部位

图 5-18(b)所示为连杆大头孔加工的夹紧方案，夹紧力 $F_W$ 的作用点位置要比 $F'_W$ 好，可防止工件弯曲变形。

(2) 增大受力面积。工件刚性差时，夹紧力过于集中会产生夹紧变形。图 5-19(a)所示为薄壁套类工件夹紧后的变形状态。变形的原因是：工件的刚性差，夹紧力集中。如图 5-19(b)所示，在工件外表面套一个开口过渡环(也称开缝套)，夹紧力通过过渡环将工件夹紧。可见增大工件的受力面积，可消除夹紧变形。图 5-19(c)的效果与图 5-19(b)相同。

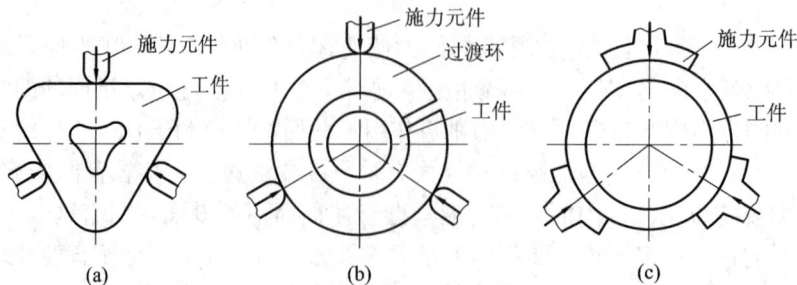

图 5-19　增大受力面积以消除夹紧变形

工件刚性很好时，夹紧力过于集中，则由于工件受力处压强太大而引起金属的局部变形，使工件表面受损伤。图 5-20(a)所示是一种典型的简单夹紧机构。工件受压面为毛坯面时尚可，若工件受压面为已加工的高精度表面，则在夹紧力的作用下，螺钉头部必然会损伤工件的受压表面。如果螺钉头部改成图 5-20(b)所示的结构，由于工件受压面积增大，单位面积的压力减小，且工件受压面与压块间无相对运动，工件受压表面不会受损伤。

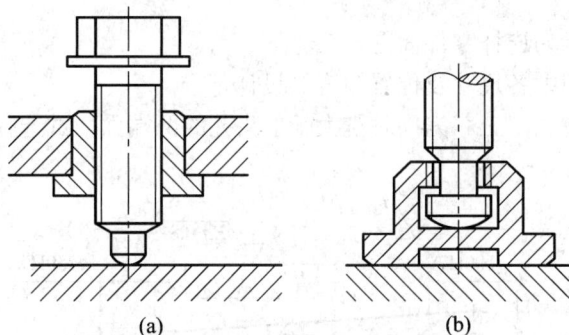

图 5-20　夹紧力不得损伤工件表面

(a) 简单螺旋夹紧机构；(b) 压块标准结构

3) 夹紧力应保证工件在加工中不松动和不振动

(1) 夹紧力应靠近工件的加工部位。图 5-21(a)所示为滚齿时的齿坯装夹简图。若压板1 及垫板 2 的直径过小，则夹紧力离切削部位较远，切削时易产生振动，会降低齿形加工的表面质量。如图 5-21(b)所示，由于加工部位刚性很差，在靠近加工表面处增设夹紧力$F_{W2}$ 可增大工件的加工刚性，减少工件加工中的振动。

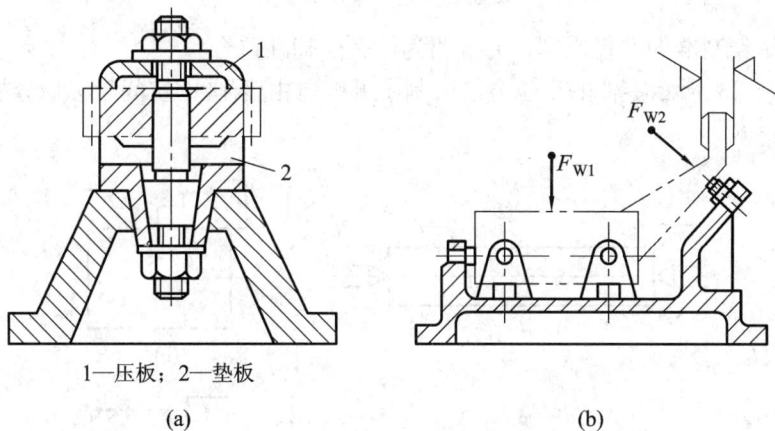

1—压板；2—垫板

(a)　　　　　　　　　　　　　(b)

图 5-21　夹紧力靠近工件加工表面

(a) 滚齿夹具；(b) 铣削夹紧示意

(2) 夹紧力的大小必须适当。夹紧力过小，工件可能在加工过程中移动或松动而破坏定位，这不仅影响加工质量，还可能造成安全事故；夹紧力过大，会使工件和夹具产生变形，同样也会影响加工质量。

在实际设计工作中，对于夹紧力的大小，大多根据同类夹具的使用情况，按类比法进行经验估算；或以切削力的大小为计算依据来确定夹紧力的大小。此类问题在后续专业课中将详细介绍。

## 复习与思考题五

5-1　图 5-22 所示为连杆零件简图。

(1) 试分别指出图中各尺寸及位置精度的设计基准。

(2) 设连杆第一道加工工序为同时铣大、小头孔的两端面，试选择该工序的定位基准，并说明选择的依据。

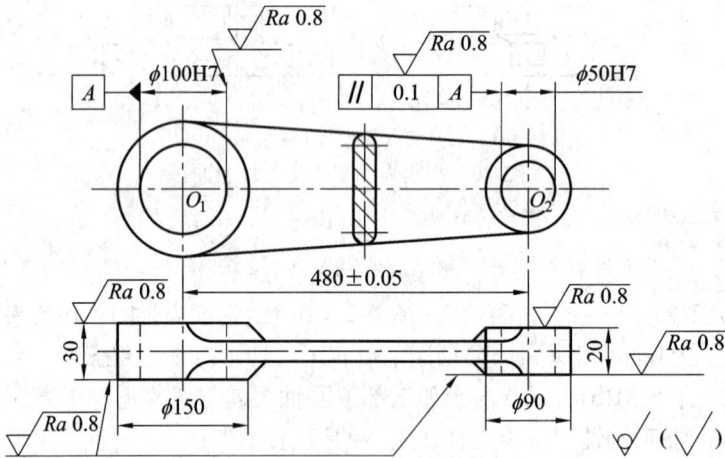

图 5-22　连杆零件简图

5-2　列举精基准的选择原则，并说明为什么要基准重合。

5-3　图 5-23 所示零件的定位方法限制了哪些自由度(画上空间坐标后分析)？属于哪种定位？

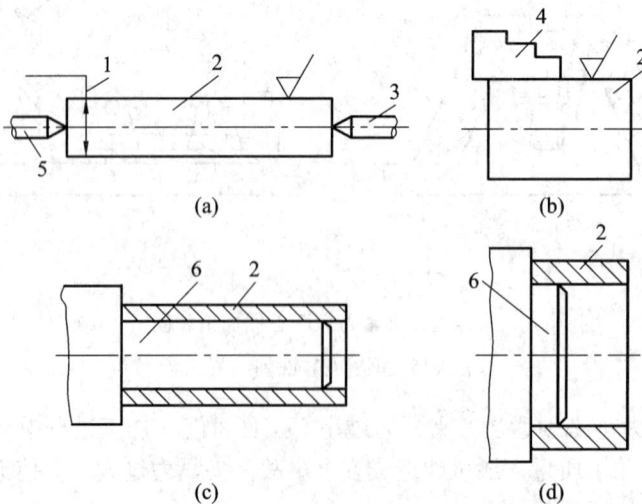

图 5-23　零件的定位方法及限制的自由度

5-4  什么是欠定位？欠定位有什么后果？试举例说明。

5-5  自定心卡盘的三个卡爪是夹紧机构还是定位机构？为什么？

5-6  工件在夹具中夹紧的目的是什么？夹紧与定位有何区别？对夹紧装置的基本要求是什么？

5-7  图 5-24 所示零件，除 $\phi 10H7$ 孔外均已加工。试选择加工 $\phi 10H7$ 孔的定位基准，并指出各定位面应限制的自由度。

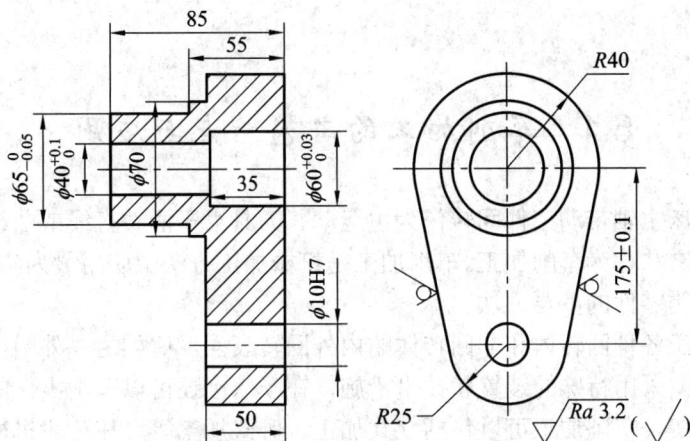

图 5-24  选择加工孔的定位基准及应限制的自由度

5-8  图 5-15 中，按所画的线找正后，限制了哪几个自由度？属于哪种类型的定位？

# 项目 6　车削加工方法与装备

## 6.1　车削加工的工艺特点与应用

通常，将车床主轴带动工件回转作为主运动、刀具沿平面做直线或曲线运动作为进给运动的机械加工方法称为车削加工。车削加工是机械加工方法中应用最为广泛的方法之一，是加工轴类、盘类零件的主要方法。

车削可以加工各种回转体和非回转体的内外回转表面，比如内、外圆柱面，圆锥面，成形回转表面等。采用特殊的装置和技术措施，在车床上还可以车削零件的非圆表面，如凸轮、端面螺纹等。车削加工可以包括立式加工、卧式加工等。在一般机械制造企业中，车床占机床总数的 $20\%\sim35\%$ 以上，车削加工在机械加工方法中占有重要的地位。其工艺特点如下：

### 1. 易于保证零件各加工表面的相互位置精度

车削加工时，一般用卡盘装夹短轴类或盘类工件，长轴类工件用前、后顶尖装夹，套类工件用心轴装夹，而形状不规则的零件用花盘装夹或用花盘—弯板装夹。在一次安装中，可依次加工工件各表面。由于车削各表面时均绕一回转轴线旋转，可较好地保证各加工表面间的同轴度、平行度和垂直度等位置精度要求。

### 2. 生产率高

车削的切削过程是连续的(车削断续外圆表面除外)，而且切削面积保持不变(不考虑毛坯余量的不均匀)，所以切削力变化小。与铣削和刨削相比，车削过程平稳，允许采用较大的切削用量，常可以采用强力切削和高速切削，生产率高。

### 3. 生产成本低

车刀是刀具中最简单的一种，制造、刃磨和安装方便，刀具费用低。车床附件多，装夹及调整时间较短，生产准备时间短，加之切削生产率高，生产成本低。

### 4. 适合于有色金属零件的精加工

当有色金属零件的精度较高、表面粗糙度值较小时，若采用磨削，则易堵塞砂轮，加工较为困难，故可由精车完成。若采用金刚石车刀，采用合理的切削用量，其加工精度可达 IT6～IT5，表面粗糙度值可达 $Ra0.8\sim0.1\ \mu m$。

### 5. 应用范围广

车削除了经常用于车外圆、端面、孔、切槽和切断等加工外，还用来车螺纹、锥面和成形表面。同时车削加工的材料范围较广，可车削黑色金属、有色金属和某些非金属材料，特别适合于有色金属零件的精加工。车削既适于单件小批量生产，也适于中、大批量生产。图 6-1 所示为车削加工的主要工艺类型(图示为卧式加工位置)。

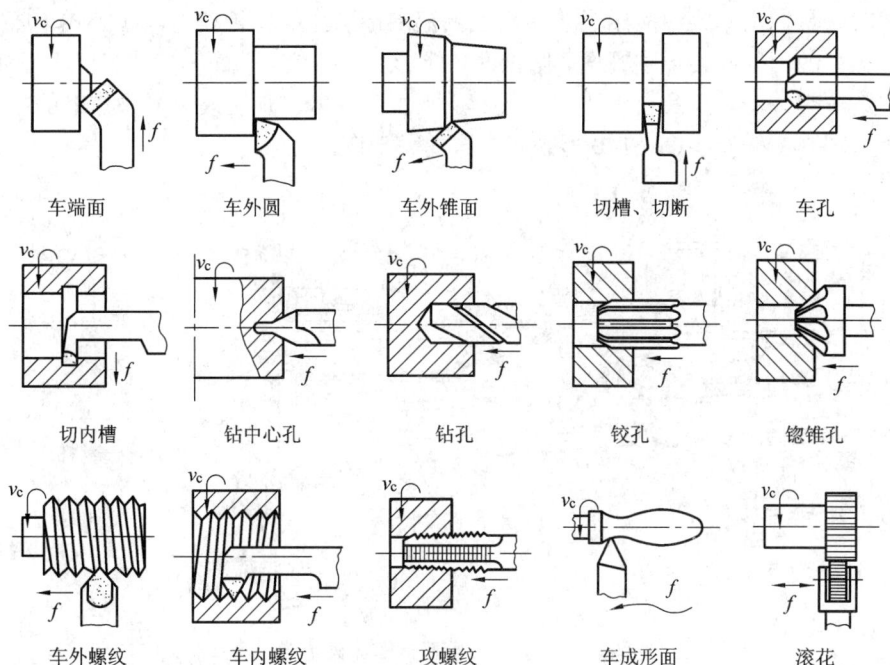

图 6-1　车削加工的主要工艺类型

# 6.2　车　　床

车床是车削加工的核心工艺装备之一，是获得加工精度的重要因素，它提供车削加工所需的成形运动、辅助运动和切削动力，保证加工过程中工件、夹具相对刀具的正确位置和运动关系。

## 6.2.1　车床的主要类型与组成

### 1. 车床的类型

《金属切削机床型号编制方法》(GB/T 15375—2008)规定，机床均用汉语拼音字母和数字，按一定规律组合进行编号，以表示机床的类型和主要规格。卧式车床 C6132 编号的字母与数字含义如图 6-2 所示。

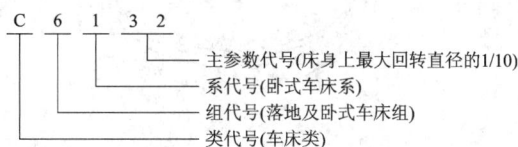

图 6-2　卧式车床 C6132 编号的字母与数字含义

车床类型很多，根据结构布局、用途和加工对象的不同，通常分为卧式车床、立式车床、转塔车床、自动和半自动车床等。

1) 卧式车床

卧式车床是通用车床中应用最普遍、工艺范围最广泛的一种类型，在卧式车床上可以完成各种类型的内外回转体圆柱面、圆锥面、成形面、螺纹、端面等的加工，还可进行钻、扩、铰、滚花等加工。但其自动化程度低，加工生产率低，加工质量受操作者的技术水平影响较大。图 6-3 所示是 CA6140 型卧式车床的外形图。

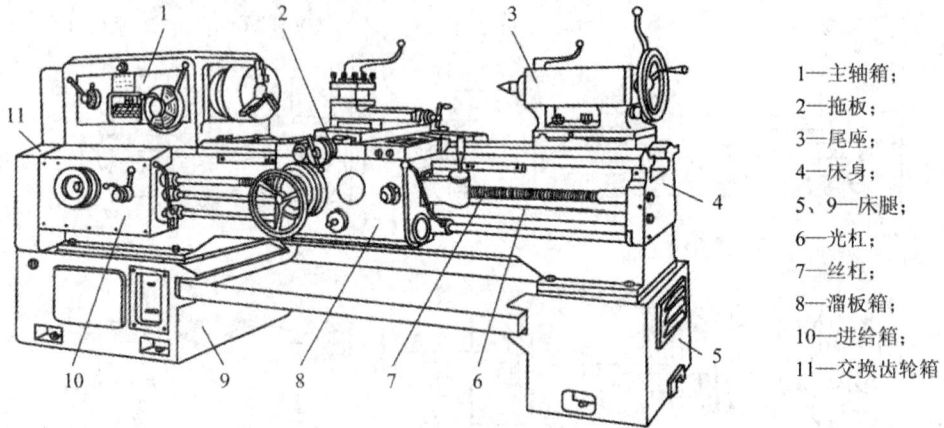

1—主轴箱；
2—拖板；
3—尾座；
4—床身；
5、9—床腿；
6—光杠；
7—丝杠；
8—溜板箱；
10—进给箱；
11—交换齿轮箱

图 6-3　CA6140 型卧式车床外形图

2) 立式车床

当工件直径较大而长度较短时，可采用立式车床加工。立式车床主轴轴线采用竖直位置，工件的安装平面处于水平位置，这样有利于工件的安装和调整，机床的精度保持性也好，立式车床如图 6-4 所示。立式车床的主轴轴线垂直布置，工作台的台面处于水平面内，使工件的装夹和找正变得比较方便。此外，由于工件和工作台面的质量均匀地作用在工作台导轨或推力轴承上，立式车床比卧式车床更能长期地保持工作精度。但立式车床结构复杂、质量较大。

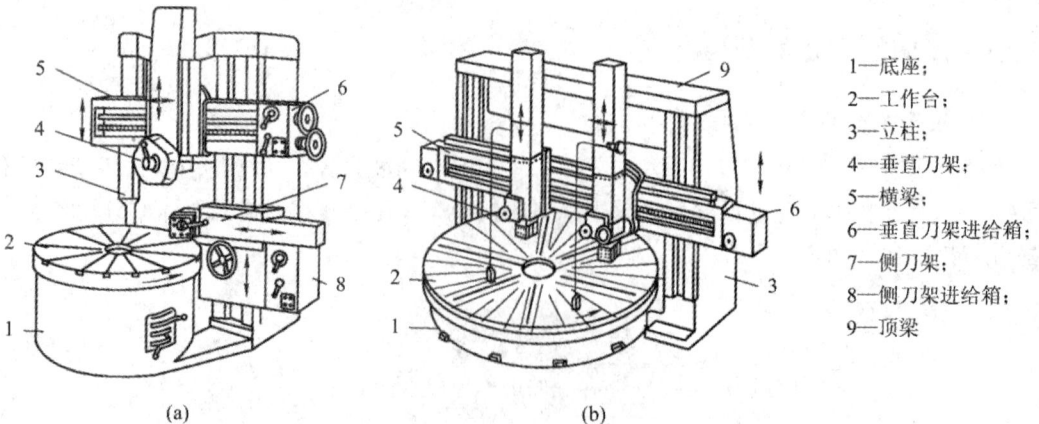

1—底座；
2—工作台；
3—立柱；
4—垂直刀架；
5—横梁；
6—垂直刀架进给箱；
7—侧刀架；
8—侧刀架进给箱；
9—顶梁

(a)　　　　　　　　　　(b)

图 6-4　立式车床

立式车床一般属于大型机床的范畴，在冶金机械制造业中应用很广。立式车床分为单柱式和双柱式两类。单柱式立式车床最大加工直径较小，一般为 800～1600 mm；双柱式立式车床最大加工直径较大，目前常用的已达 2500 mm 以上。

单柱式立式车床如图 6-4(a)所示，它的工作台面装在底座上，工件装夹在工作台上，并由工作台带动做主运动。进给运动由垂直刀架和侧刀架实现。侧刀架可在立柱的导轨上移动并做竖直方向进给，还可沿刀架底座的导轨做横向进给。垂直刀架可在横梁的导轨上移动做横向进给，垂直刀架的滑板可沿刀架滑座的导轨做竖直进给。中小型立式车床的一个垂直刀架上通常有转塔刀架，在转塔刀架上可以安装几组刀具(一般为 5 组)，轮流进行切削。横梁可根据主件的高度沿立柱导轨调整位置。

双柱式立式车床如图 6-4(b)所示。它有左、右两根立柱，并与顶梁组成封闭式机架，因此具有较高的刚度。横梁上有两个立刀架，一个主要用来加工孔，另一个主要用来加工端面。立刀架同样具有水平进给运动和沿刀架滑板的垂直进给运动。工作台支撑在底盘上，工作台的回转运动是车床的主运动。

3) 转塔车床

转塔车床的外形如图 6-5 所示，其主轴箱和卧式车床的主轴箱相似。它具有一个可绕垂直轴线转位的转塔刀架 3，在转塔刀架的六个位置上，可各装一把或一组刀具。转塔刀架通常只能做纵向进给运动，用于车削外圆，钻孔、扩孔、铰孔和车孔，攻螺纹和套螺纹等，横向刀架 2 主要用于车削大直径外圆、成形面、端面、沟槽及切断等。转塔刀架和横向刀架各有一个溜板箱 5 和 6，用来分别控制它们的运动。转塔刀架后的定程装置 4 用来控制进给行程的终端位置，并使转塔刀架迅速返回原位。

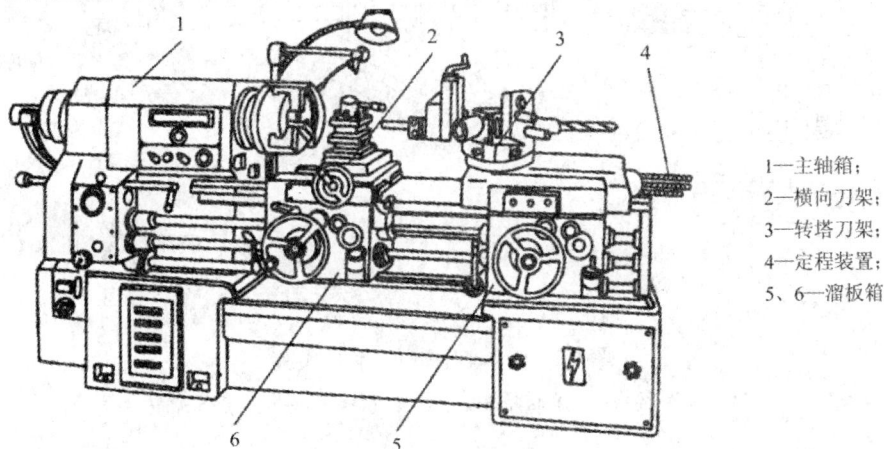

1—主轴箱；
2—横向刀架；
3—转塔刀架；
4—定程装置；
5、6—溜板箱

图 6-5　转塔车床

在转塔车床上加工工件时，需根据工件的工艺过程，预先把所用刀具装在刀架上，根据加工尺寸调定位置，并同时调整好定程装置的位置。

转塔车床没有尾座和丝杠，在尾座的位置装有一个多工位的转塔刀架，该刀架可以安装多把刀具，通过转塔转位可以使不同的刀具依次处于工作位置，对工件进行不同内容的加工，减少了反复装夹刀具的时间，因此，在成批加工形状复杂的工件时具有较高的生产率。虽然没有丝杠，但这类机床可用丝锥、板牙一类刀具加工螺纹。在转塔车床上能够加工的零件如图 6-6 所示。

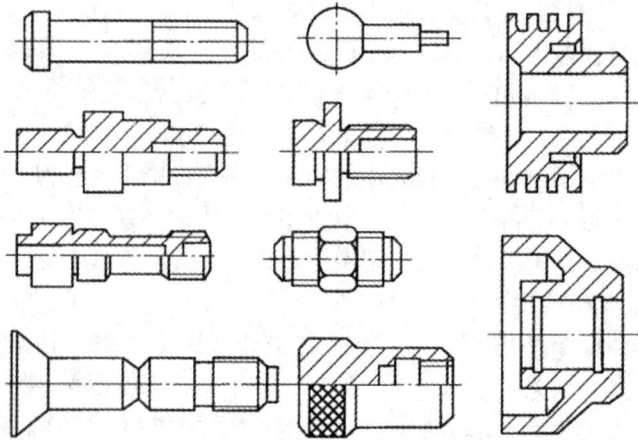

图 6-6　可在转塔车床上加工的典型零件

转塔车床加工工件的实例如图 6-7 所示，图 6-7(a)为零件简图，图 6-7(b)为转塔车床加工轴承座零件的工序布置图。

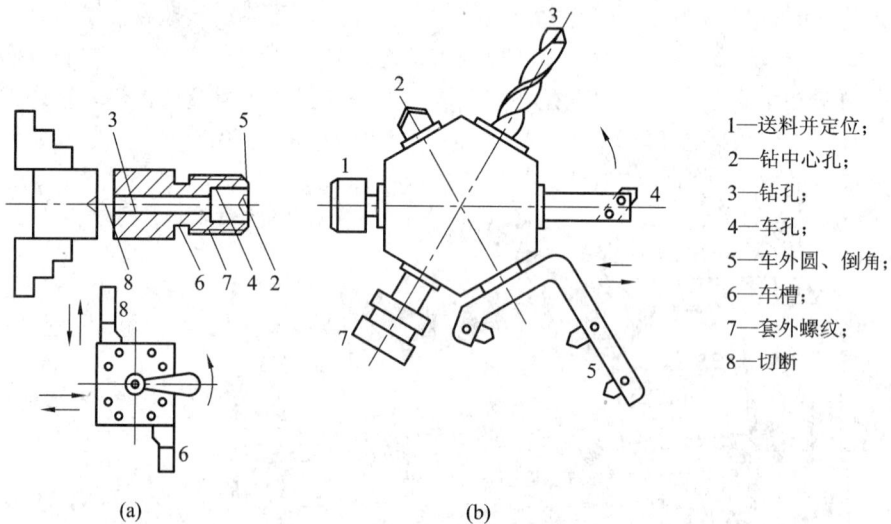

1—送料并定位；
2—钻中心孔；
3—钻孔；
4—车孔；
5—车外圆、倒角；
6—车槽；
7—套外螺纹；
8—切断

(a)　　　　　　　　　　(b)

图 6-7　转塔车床加工工件的实例

(a) 零件简图；(b) 转塔车床加工轴承座零件的工序布置图

**4) 自动和半自动车床**

自动、半自动车床是高效率的加工机床，是适应成批或大量生产的需要而发展起来的。自动车床的切削运动和辅助运动全部自动化，并能连续重复自动循环。半自动车床能自动完成一个工作循环，但工人必须进行工件的装卸，重新起动机床才能开始下一个工作循环。

自动车床能实现自动工作循环主要靠自动车床上设置的自动控制系统。自动控制系统主要控制机床各工作部件和工作机构运动的速度、方向、行程距离和位置，及动作的先后顺序和起止时间等。自动控制的方式可以是机械的、液压的或电气的，也可以是几种方式的组合。在自动、半自动车床中，通常采用机械式的凸轮和挡块控制的自动控制系统，这种控制系统的核心为凸轮和挡块，其工作稳定可靠，但是要改换工件时，需另行设计和制造凸轮，而且停机调整机床所需的时间较长，因而适宜用在大批大量生产中。

图 6-8 所示为单轴六角自动车床。主轴箱 3 右侧装有前刀架 5、后刀架 7 和上刀架 6，它们只做横向进给运动，可以完成车成形面、切槽和切断等工作。床身 2 右上方装有六角回转刀架 8，可自动换位并做纵向运动。分配轴 4 装在床身前面，轴上的凸轮控制机床进给运动部分的动作，定时完成各个自动工作循环。

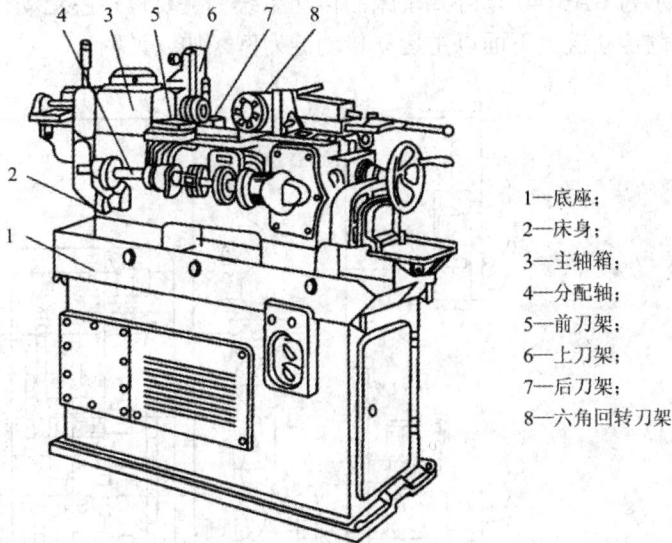

1—底座；
2—床身；
3—主轴箱；
4—分配轴；
5—前刀架；
6—上刀架；
7—后刀架；
8—六角回转刀架

图 6-8　单轴六角自动车床

### 2. 普通车床的组成

尽管车床类型很多，结构布局各不相同，但其基本组成大致相同，大都包括基础件(如床身、立柱、横梁)、主轴箱、刀架(如方刀架、转塔刀架、回轮刀架等)、进给箱、尾座、溜板箱等几部分。以卧式车床(见图 6-3)为例，其主要结构有：

(1) 床身。床身是卧式车床的基础部件，是车床其他部件的安装基准，可保证其他部件之间的正确位置和正确的相对运动轨迹。

(2) 主轴箱。安装在床身的左上端，内装主传动系统和主轴部件。主轴的端部可安装卡盘、顶尖和其他夹具，用以夹持工件，带动工件旋转，实现主运动。

(3) 进给箱。安装在床身的左下方前侧，进给箱内有进给运动传动系统，用以控制光杠及丝杠，实现进给运动变换和不同进给量的变换。

(4) 溜板箱。安装在床身前侧拖板的下方，与拖板相连。其作用是实现纵横向进给运动的变换，带动拖板、刀架实现进给运动。

(5) 刀架和拖板。拖板安装在床身的导轨上，在溜板箱的带动下沿导轨做纵向运动。刀架安装在拖板上，可与拖板一起做纵向运动，也可以经过溜板箱的传动，在拖板上做横向运动。刀架上安装刀具。

(6) 尾座。安装在床身的右端尾座导轨上，可沿导轨纵向移动调整位置，用于安装顶尖支承长工件和安装钻头等刀具进行孔加工。

## 6.2.2　普通车床的传动

　　CA6140 型卧式车床是普通精度级的卧式车床的典型代表，在卧式车床中具有重要的地位。这种车床的通用性强，可以加工轴类、盘套类零件；车削公制、英制、模数制、径节制 4 种标准螺纹和精密、非标准螺纹；还可完成钻、扩、铰孔加工。这种机床的加工范围广，适应性强，但比较复杂，适用于单件小批生产或在机修、工具车间使用。

　　如图 6-9 所示为 CA6140 型卧式车床的传动系统，主要包括主运动传动链、进给运动传动链和螺纹车削传动链。下面以主运动传动链为例来加以说明。

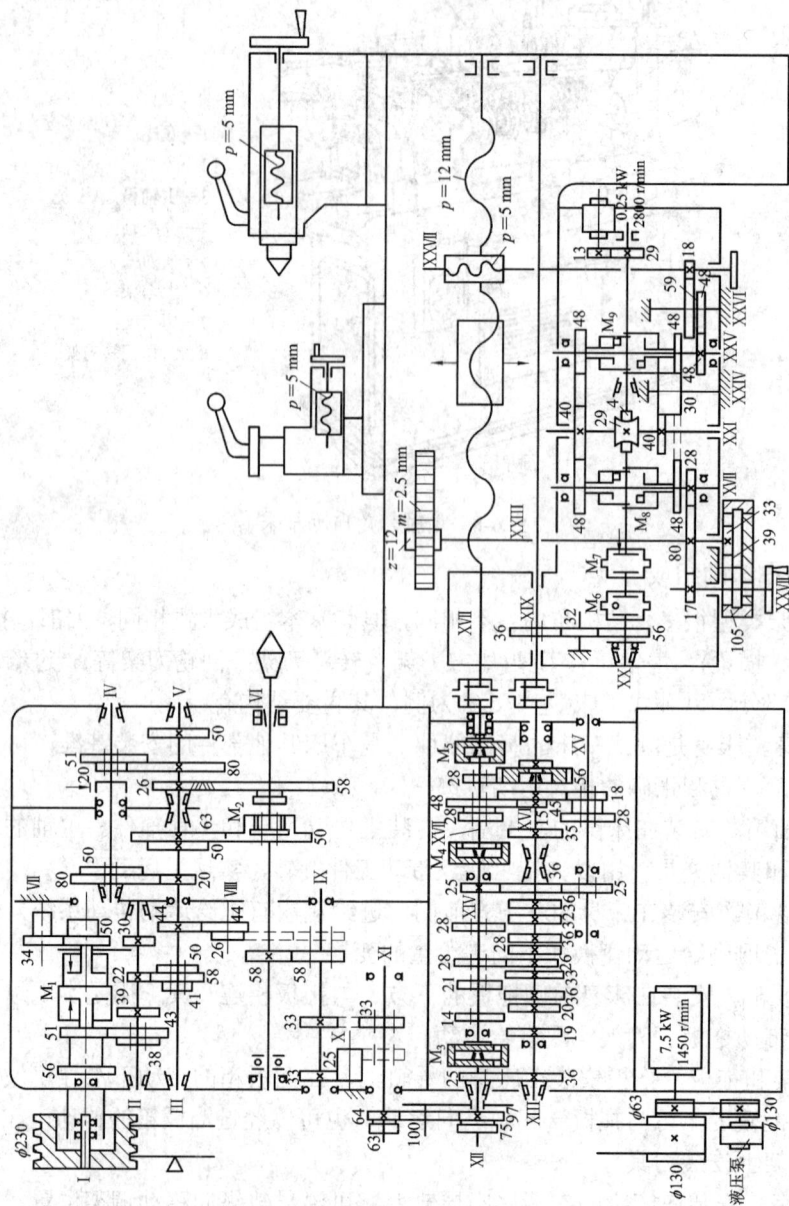

图 6-9　CA6140 型卧式车床传动系统

　　主运动传动链可使主轴获得 24 级正转转速和 12 级反转转速。传动链首、末端件是主电动机和主轴。主电动机的运动经 V 带传至主轴箱的轴 I，轴 I 上的双向摩擦片式离合器 $M_1$ 控制主轴的起动、停止和换向。离合器左边摩擦片被压紧时，主轴正转；右边摩擦片被压紧时，主轴反转；两边摩擦片均未被压紧时，主轴停转。轴 I 的运动经离合器 $M_1$ 和轴 II 上的滑移变速齿轮传至轴 II，再经过轴III上的滑移变速齿轮传至轴III。然后分两路传给主轴VI：当主轴VI上的滑移齿轮 $z50$ 位于左边位置时，轴III运动经齿轮 63/50 直接传给主轴，主轴获得高转速；当 $z_{50}$ 位于右边位置与 $z_{58}$ 联为一体时，运动经轴III、轴IV、轴V之间的背轮机构传给主轴，主轴获得中低转速。主运动传动路线的表达式为

$$
电动机 - \frac{\phi 130}{\phi 230} - \left\{ \begin{array}{l} M_1 左 - \left\{ \begin{array}{l} 56/38 \\ 51/43 \end{array} \right. \\ M_1 右 - 50/34 - 34/30 \end{array} \right\} - \left\{ \begin{array}{l} 39/41 \\ 22/58 \\ 30/50 \end{array} \right\} - \left\{ \begin{array}{l} 20/80 \\ 50/50 \\ -63/50 \end{array} \right. - \left. \begin{array}{l} 20/80 \\ 51/50 \end{array} \right\} - \frac{26}{58} - M_2 \right\} - 主轴
$$

　　由传动路线表达式可知，主轴正转转速级数为 $n = 2 \times 3 \times (1 + 2 \times 2) = 30$ 级。但在轴IV、轴V之间的 4 种传动比分别为 $u_1 = 1/16$，$u_2 \approx 1/4$，$u_3 = 1/4$，$u_4 \approx 1$，因而，实际上只有 3 种不同的传动比。故主轴的实际正转转速级数是 $n = 2 \times 3 \times (1 + 2 \times 2 - 1) = 24$ 级。同理，主轴的反转转速级数为 12 级。

　　主轴的转速可按下列运动平衡式计算：

$$
n_{主} = 1\,450 \times \frac{130}{230} \times u_{\text{I-II}}\, u_{\text{II-III}}\, u_{\text{III-IV}}
$$

式中：$n_{主}$——主轴转速(r/min)；$u_{\text{I-II}}$、$u_{\text{II-III}}$、$u_{\text{III-IV}}$——I-II轴、II-III轴、III-IV轴之间的变速传动比。

## 6.2.3　数控车床

　　数控机床是为了满足单件、小批量、高精度、复杂形面零件加工的自动化要求而产生的。数控车床特别适合加工形状复杂的轴类、盘类零件，是数控机床中产量最大的品种之一，其总体布局和结构形式与普通车床类似。如图 6-10 所示是 CK3263B 型数控车床的外形，其布局具有代表性，机床在全封闭防护罩的保护下自动工作。底座 1 上装有后斜床身 5，倾斜式导轨 6 与平面成 75° 夹角，刀架 4 装在主轴的右上方，刀架的位置决定了主轴的旋向与卧式车床相反。数控车床集中了粗、精加工工序，切削量多，切削力大。倾斜式床身有利于排屑，箱式结构能提高床身的刚度。镶钢导轨具有较好的耐磨性。主轴箱位于床身的左部。床身中部为刀架溜板，分上、下两层，底层为纵溜板，可沿床身导轨做纵向移动；上层为横向溜板，可沿纵向溜板做横向移动(沿床身倾斜方向)。刀架溜板上装有转塔刀架 3，刀架有 8 个工位，可装 12 把刀具。转塔刀架在加工过程中可按加工程序自动转位。

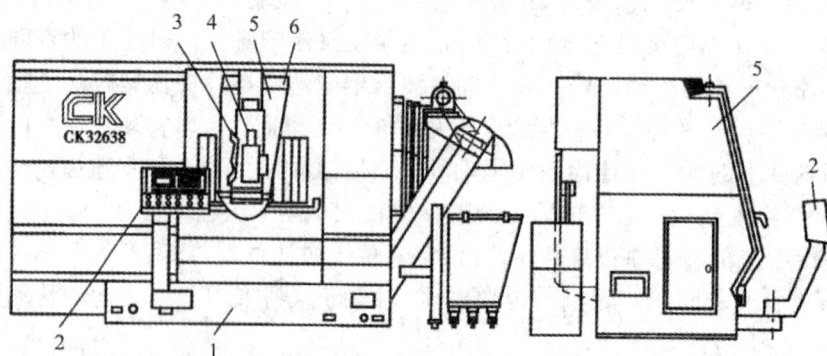

1—底座；2—操作台；3—转塔刀架；4—刀架；5—后斜床身；6—倾斜式导轨

图 6-10　CK3263B 型数控车床的外形

　　图 6-11 是该机床的传动系统图。主电动机 $M_1$ 是直流电动机，也可用交流变频调速电机。主电动机经带传动和两个双联滑移齿轮变速机构驱动主轴。在切削端面和阶梯轴时，希望主轴转速随着切削直径的变化而变化，以维持切削速度不变。这时切削不能中断，滑移齿轮不能移动，可以在任意一段速度内由电动机实现无级变速。

　　数控车床切削螺纹时，主轴和刀架之间为内联系传动链。主轴经一对齿数相同($z = 79$)的齿轮驱动主轴脉冲发生器 G，脉冲发生器发出两组脉冲，一组为每转 1 024 个脉冲，一组为每转 1 个脉冲。第一组脉冲(1 024 个)经过数控系统根据加工程序处理后，按进给量要求输出一定数量的脉冲，再由伺服机构，即伺服电动机 $M_1$ 驱动滚珠丝杠 V 实现纵向进给($z$ 轴进给)，或经 $M_3$、联轴器 6、滚珠丝杠 VI，实现横向进给($x$ 轴进给)。这样可以进行各种螺距的螺纹加工或进行进给量( mm/r)的车削。如果脉冲同时给纵向和横向伺服电动机，使 $x$ 轴和 $z$ 轴同时进给，脉冲频率又可按加工程序变化，则可加工任意回转曲面。

　　螺纹往往需要多次车削，一次切完后刀架退回原处，下一刀必须在上次的起点处开始才不会乱扣。为此，脉冲发生器还发出另一组脉冲，每转一个脉冲，显示一次工件旋转的位置，以免乱扣。工位转塔刀架由液压马达 Y，通过联轴器 5 驱动凸轮轴 VII，轴上装有凸轮 7。凸轮转动时，拨动回转轮 3 上的柱销 4，使回转轮 3、轴 VIII 和转塔 2 旋转。转塔转动的角度是按照零件加工程序的要求，由微机发出指令控制的。

# 6.3　车　刀

　　车刀是完成车削加工所必需的刀具，它直接参与从工件上切除余量的车削加工过程。车刀的性能取决于刀具的材料、结构和几何参数。刀具性能对车削加工的质量、生产率有决定性的影响，尤其是随着车床性能的提高和高速主轴的应用，刀具的性能直接影响机床性能的发挥。

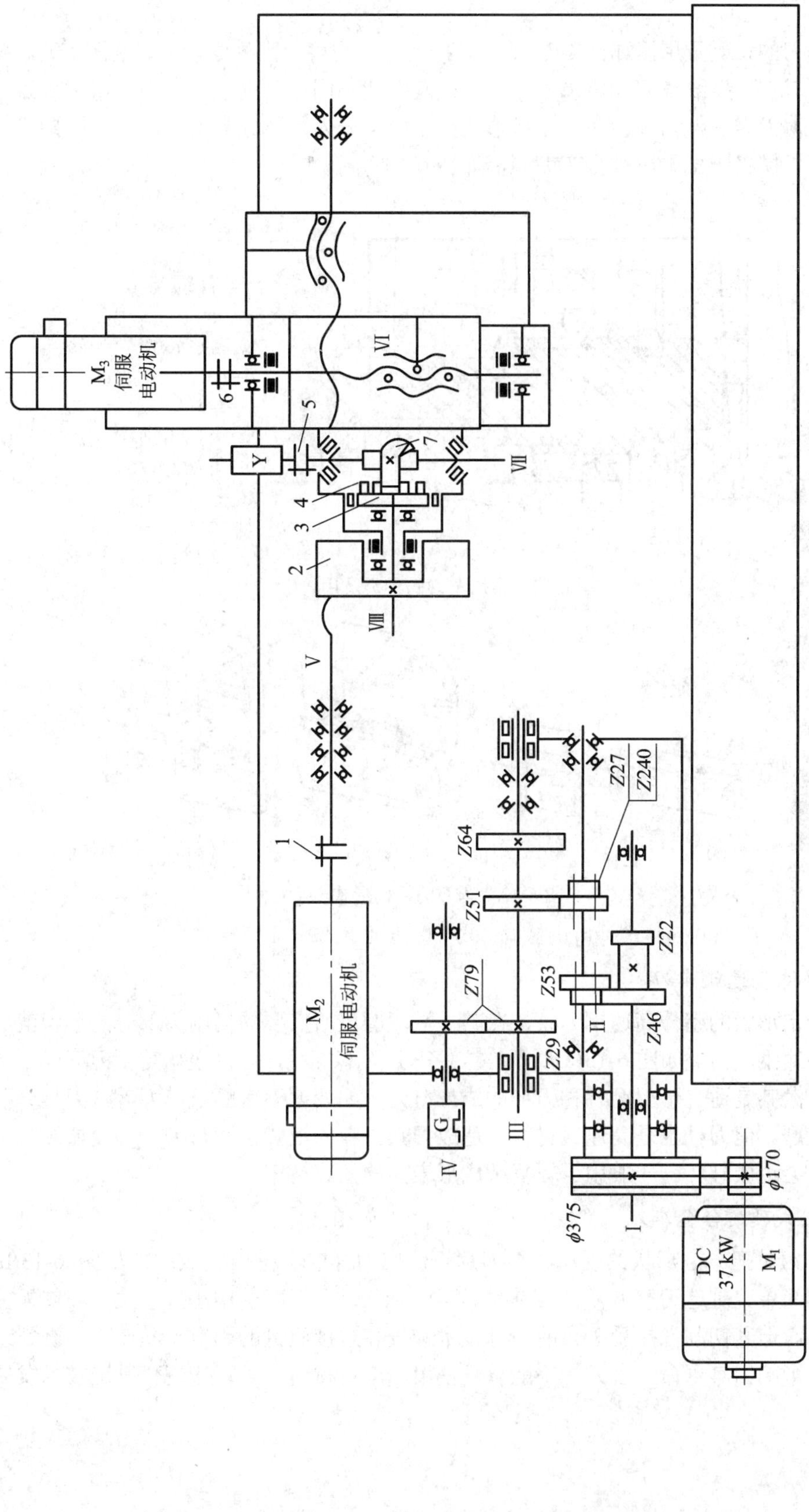

图6-11　CK3263B传动系统

1、5、6—联轴器；2—转塔；3—回转轮；4—柱销；7—凸轮

### 6.3.1　普通车床常用刀具

常用车刀的种类及用途如图 6-12 所示。按用途不同可分为外圆车刀、端面车刀、镗孔车刀、切断车刀、螺纹车刀和成形车刀等；按其形状不同可分为直头车刀、弯头车刀、圆弧车刀、左偏刀和右偏刀等；按其结构形式的不同可分为整体式高速钢车刀、焊接式硬质合金车刀、机械夹固式硬质合金车刀等，如图 6-13 所示。

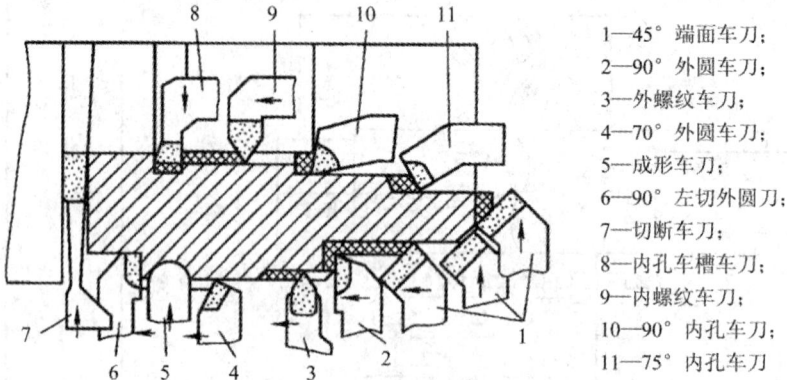

1—45°端面车刀；
2—90°外圆车刀；
3—外螺纹车刀；
4—70°外圆车刀；
5—成形车刀；
6—90°左切外圆刀；
7—切断车刀；
8—内孔车槽刀；
9—内螺纹车刀；
10—90°内孔车刀；
11—75°内孔车刀

图 6-12　常用车刀的种类及用途

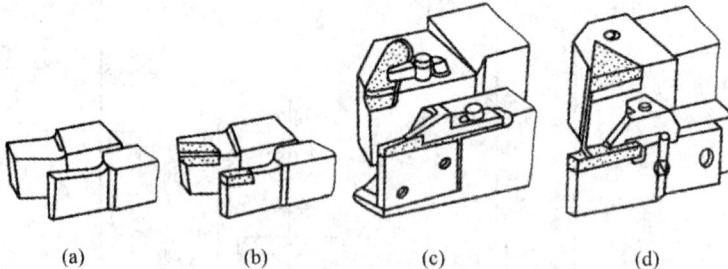

图 6-13　车刀的结构形式

(a) 整体式；(b) 焊接式；(c) 机夹可重磨式；(d) 可转位式

1) 整体式高速钢车刀

选用一定形状的整体高速钢刀条，在其一端刃磨出所需要的切削刃部分的形状就形成了整体式高速钢车刀，如图 6-13(a)所示。这种车刀刃磨方便，可以根据需要刃磨成不同用途的车刀，尤其是适宜于刃磨各种刃形的成形车刀，如切槽刀、螺纹车刀等。刀具磨损后可以多次重磨。但刀杆也是高速钢材料，造成刀具材料的浪费；而且刀杆强度低，当切削力较大时，会造成破坏。一般用于较复杂成形表面的低速精车。

2) 焊接式硬质合金车刀

这种车刀是把一定形状的硬质合金刀片钎焊在刀杆的刀槽内制成的，如图 6-13(b)所示。其结构简单、制造刃磨方便，刀具材料利用充分，在一般的中小批量生产和修配生产中应用较多。但其切削性能受工人的刃磨技术水平和焊接质量的影响，易产生刃磨裂纹和焊接裂纹，影响刀具寿命，且刀杆不能重复使用，浪费材料，不适应现代制造技术发展的要求。

3) 机械夹固式硬质合金车刀

为了克服焊接硬质合金车刀所存在的缺点，人们创造和推广使用了机械夹固式结构，将刀片通过机械夹固的方式安装在车刀的刀杆上。机械夹固式硬质合金车刀又可分为机夹可重磨车刀和机夹可转位车刀。

(1) 机夹可重磨车刀。如图 6-13(c)所示，此类车刀虽然可以避免由焊接所带来的缺陷，但车刀在用钝后仍需重磨，刃磨缺陷依然存在。

(2) 机夹可转位车刀。如图 6-13(d)所示，可转位车刀是采用机械夹固方式把具有一定形状的可转位刀片夹固在刀杆上而成。它包括刀杆、刀片、刀垫、夹固元件等部分，如图 6-14 所示。这种车刀用钝后，只需将刀片转过一个位置，即可使用新的切削刃投入切削。当几个切削刃都用钝后，需更换新的刀片。

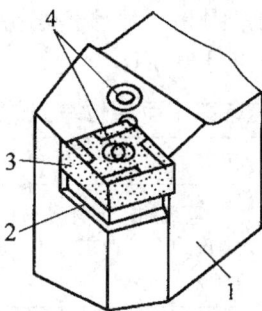

1—刀杆；2—刀垫；3—刀片；4—夹固元件

图 6-14  可转位车刀的构成

可转位车刀的刀具几何参数由刀片和刀片槽保证，使用中不需要刃磨，不受工人技术水平的影响，切削性能稳定，适用于大批量生产和数控车床使用，节省了刀具的刃磨、装卸、调整时间，同时避免了由于刀片的焊接、重磨造成的缺陷。这种刀具的刀片由专业化厂家生产，刀片性能稳定，刀具几何参数得到优化，并有利于新型刀具材料的推广应用，目前已经在生产实践中推广应用，是金属切削刀具发展的方向。

## 6.3.2  数控车床常用刀具

与普通车床相类似，数控车床在数控机床中占有相当大的比重。在数控车床上可以高效率、高精度地完成各种带有复杂母线的回转体零件的加工，数控车削中心还能进行铣削、钻削以及各种多边形零件的加工。为了适应数控车削的特点，对数控车削用刀具也提出了新的要求。

1) 数控车削用常规刀具

常用的数控车削车刀一般分为成形车刀、尖形车刀、圆弧形车刀三类。成形车刀也称样板车刀，其加工零件的轮廓形状完全由车刀刀刃的形状和尺寸决定。数控车削加工中，常见的成形车刀有小半径圆弧车刀、非矩形车槽刀和螺纹刀等。在数控加工中，应尽量少用或不用成形车刀。

尖形车刀是以直线形切削刃为特征的车刀。这类车刀的刀尖由直线形的主副切削刃构成，如 90°内外圆车刀、左右端面车刀、切槽(切断)车刀及刀尖倒棱很小的各种外圆和内孔车刀。尖形车刀几何参数(主要是几何角度)的选择方法与普通车削时基本相同,但应结合数控加工的特点(如加工路线、加工干涉等)进行全面的考虑,并应兼顾刀尖本身的强度。

圆弧形车刀是以一圆度或线轮廓度误差很小的圆弧形切削刃为特征的车刀。该车刀圆弧刃每一点都是圆弧形车刀的刀尖,因此,刀位点不在圆弧上,而在该圆弧的圆心上。圆弧形车刀可以用于车削内外表面,特别适合于车削各种光滑连接(凹形)的成形面。选择车刀圆弧半径时车刀切削刃的圆弧半径应小于或等于零件凹形轮廓上的最小曲率半径,以免发生加工干涉。该半径不宜选择太小,否则不仅制造困难,还会因刀尖强度太弱或刀体散热能力差而导致车刀损坏。

2) 数控车削用可转位刀具

数控车床用的可转位车刀与普通车床一般无本质的区别,其基本结构、功能特点是相同的,但数控车床工序是自动化的,因此,对用于其上的可转位车刀的要求侧重点又有别于普通车床的刀具,具体要求和特点见表 6-1。

表 6-1　数控车床用可转位车刀的要求和特点

| 要　求 | 特　点 | 目　的 |
|---|---|---|
| 精度高 | 刀片采用 M 级或更高精度等级的,刀杆多采用精密级的,用带微调装置的刀杆在机外预调好 | 保证刀片重复定位精度,方便坐标设定,保证刀尖位置精度 |
| 可靠性高 | 采用断屑可靠性高的断屑槽型车刀或有断屑台和断屑器的车刀,采用结构可靠的车刀,采用复合式夹紧结构和夹紧可靠的其他结构 | 断屑稳定,不能有紊乱和带状切屑;适应刀架快速移动和换位以及整个自动切削过程中夹紧不得有松动的要求 |
| 换刀迅速 | 采用车削工具系统,采用快换小刀架 | 迅速更换不同形式的切削部件,完成多种切削加工,提高生产效率 |
| 刀片材料 | 刀片较多采用涂层刀片 | 满足生产节拍要求,提高加工效率 |
| 刀杆截形 | 刀杆较多采用正方形刀杆,但因刀架系统结构差异大,有的需采用专用刀杆 | 刀杆与刀架系统匹配 |

3) 模块化刀具

模块化刀具为数控车削加工中常用的刀具,其中各种车刀都是镶嵌式的模块化刀具,夹持部分为方形刀体(加工外表面)或圆柱刀杆(加工内表面)。方形刀体一般采用槽形刀架螺钉紧固方式固定,圆柱刀杆用套筒螺钉紧固方式固定。它们与机床刀盘之间是通过槽形刀架和套筒接杆来连接的。在模块化车削工具系统中,刀盘的连接以齿条式柄体连接为多,而刀头与刀体的连接是"插入快换式系统"(即 BTS 系统,符合 ISO 5608—1980 标准)。

刀架是数控车床非常重要的部件。数控车床根据其功能,刀架上可安装的刀具数量一般为 8、10、12 或 16 把,有些数控车床可以安装更多的刀具。如图 6-15 所示,每个刀位上都可以径向装刀,也可以轴向装刀。外圆车刀通常安装在径向,内孔车刀通常安装在轴向,但也可以按需灵活使用。径向装刀时,刀具插入刀盘的方槽中,方槽的高度尺寸略大于刀杆的高度尺寸(两者之间大约有 0.3 mm 的间隙)。旋转刀盘端面的螺钉,即可将刀具的杆部锁紧。轴向装刀时,采用套筒的方式固定在方槽中。

图 6-15　数控车床用刀架

## 6.4　工件在车床上的安装

车床上常用于装夹工件的附件有自定心卡盘、顶尖、单动卡盘、心轴、中心架、跟刀架、花盘和弯板等。

### 6.4.1　用自定心卡盘安装

自定心卡盘是车床上最常用的附件，其结构如图 6-16 所示。卡盘体内有三个带有方孔的小锥齿轮，通过方孔转动其中任一个小锥齿轮都可以使大锥齿轮转动。大锥齿轮背后有平面螺纹，与 3 个卡爪背面的平面螺纹相配合。当转动大锥齿轮时，三个卡爪同时向中心收拢或张开，以夹紧不同直径的工件，并且能够自动定心，其定心精度为 0.05～0.15 mm。

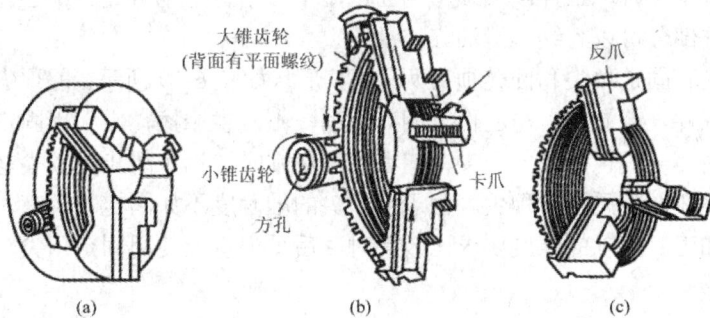

图 6-16　自定心卡盘

自定心卡盘一般有正、反两副卡爪，有的只有一副可正反使用的卡爪。卡爪张开时，其露出卡盘外圆部分的长度不能超过卡爪长度的一半，以防止损坏卡爪背面的螺纹，甚至造成卡爪飞出事故。

用自定心卡盘安装工件的方法操作方便，但夹紧力较小，适合于夹紧力和传递力矩不大的短轴、盘套类中小型工件，如图 6-17 所示。当工件的直径较大时，可以采用反爪来装夹工件，其形式如图 6-17(e)所示。

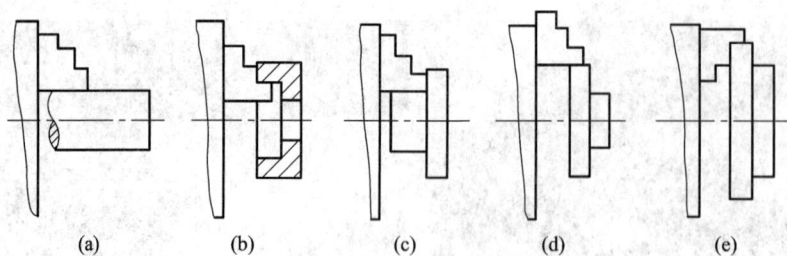

图 6-17　用自定心卡盘安装工件

## 6.4.2　用顶尖安装

对于长轴类工件或加工表面较多、位置精度要求较高的轴类零件，往往用顶尖安装，如图 6-18 所示。前顶尖安装在主轴锥孔内，并随主轴一起旋转，后顶尖安装在尾座套筒内，前、后顶尖分别顶入工件两端面的中心孔内，工件的位置即被确定；将鸡心卡头紧固在轴的一端，鸡心卡头的尾部插入拨盘的槽内，拨盘安装在主轴上并随主轴一起转动，通过拨盘带动鸡心卡头即可使工件转动。

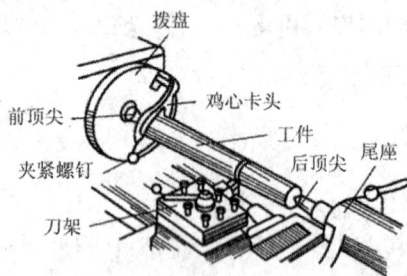

图 6-18　用顶尖安装工件

用顶尖安装工件时，工件两端须车端面，用中心钻打上中心孔。中心孔的圆锥部分和顶尖配合，圆柱部分可以容纳润滑油。

常用的顶尖有固定顶尖和回转顶尖两种，其形状如图 6-19 所示。前顶尖装在主轴锥孔内，随主轴与工件一起旋转，与工件无相对运动，不发生摩擦，常采用固定顶尖。后顶尖装在尾座套筒内，一般也用固定顶尖，但在高速切削时，为了防止后顶尖与中心孔因摩擦过热而损坏或烧坏，常采用活顶尖。由于活顶尖的准确度不如固定顶尖高，一般用于轴的粗加工和半精加工。当轴的精度要求比较高时，后顶尖也应使用固定顶尖，但要合理选择切削速度。

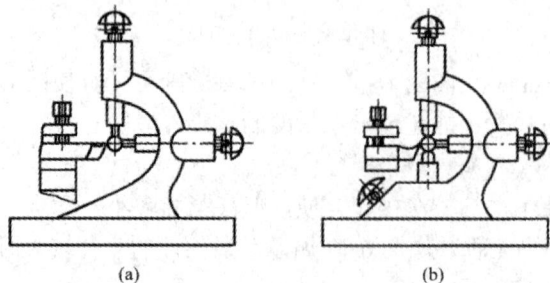

图 6-19　固定顶尖与回转顶尖

### 6.4.3　用单动卡盘安装

单动卡盘结构如图 6-20 所示。它的四个卡爪通过四个螺杆操纵，可独立径向移动，因此不能自动定心，工件安装校正比较麻烦。但单动卡盘夹紧力大及其不能自动定心的特性适用于调整装夹大型或形状不规则的零件，也可用来安装带有偏心外圆、内孔的工件，如图 6-21 所示。

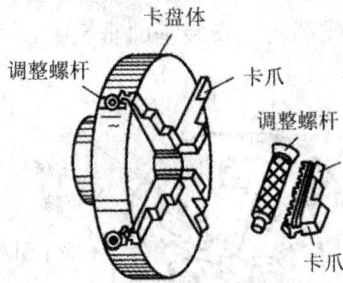

图 6-20　单动卡盘

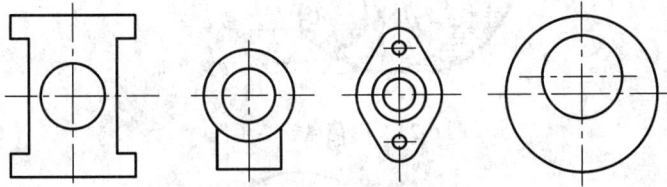

图 6-21　单动卡盘安装的零件示例

用单动卡盘安装工件毛坯面及粗加工时，一般先用划针盘找正工件，如图 6-22(a)所示。找正时既要使工件端面基本垂直于其轴线，又要使回转中心与机床轴线基本重合。在校正工件过程中，相对的两对卡爪始终要保持交错调整。每次调整量不宜过大(1～2 mm)，并在工件下方的导轨上垫上木板，防止工件意外掉到导轨上。

已加工过的表面在进行精车时，要求调整后的工件旋转精度达到一定值，这样就需要在工件与卡爪之间垫上小铜块，用百分表多次交叉校正外圆与端面，使工件的轴向圆跳动和径向圆跳动调整到最理想的数值，如图 6-22(b)所示。如用卡爪直接夹住工件，若接触面长，则很难调整出轴向圆跳动和径向圆跳动都很好的状态。

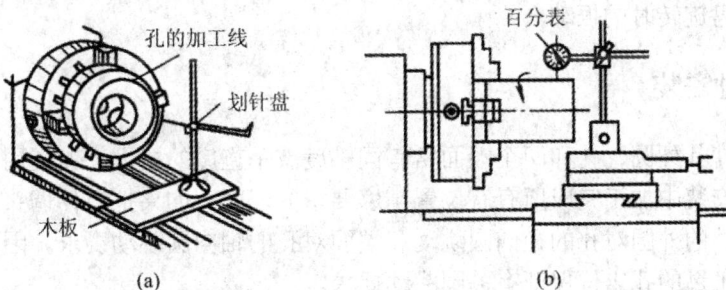

(a)　　　　　　　　　　　　　　　　(b)

图 6-22　用单动卡盘安装工件时的找正

(a) 用划线盘找正；(b) 用百分表找正

## 6.4.4　用花盘(花盘-弯板)安装

　　花盘是安装在车床主轴上的一个直径较大的铸铁圆盘。在圆盘面上有许多径向的、穿通的导槽，可以用来固定紧固螺栓，花盘的端面平面度要求较高，并且与主轴轴线垂直。加工某些形状不规则并要求孔的轴线与安装面有位置公差要求的(如平行度或垂直度)复杂零件时，可用花盘、弯板安装工件，但安装位置要仔细找正。要求外圆、孔的轴线与安装基面垂直，或端面与安装面平行时，可以把工件直接压在花盘上加工，如图 6-23 所示；当要求孔的轴线与安装面平行，或端面与安装基面垂直时，可用花盘-弯板安装工件，如图 6-24 所示。

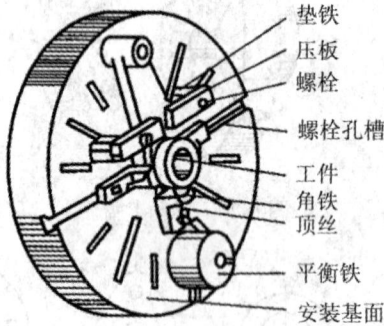

垫铁
压板
螺栓
螺栓孔槽
工件
角铁
顶丝
平衡铁
安装基面

图 6-23　用花盘安装工件

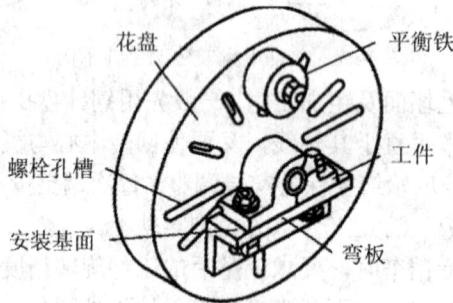

花盘
平衡铁
螺栓孔槽
工件
安装基面
弯板

图 6-24　用花盘-弯板安装工件

　　用花盘或弯板安装工件时，由于重心常常偏离主轴轴线，需要在另一边加平衡铁，以减少主轴、花盘旋转时的振动。

## 6.4.5　用心轴安装

　　盘套类零件其外圆、孔和两个端面常有同轴度或垂直度的要求，但利用卡盘安装加工时无法在一次安装中加工完成所有有位置精度要求的表面。如果把零件调头安装再加工，又无法保证零件的外圆对孔的径向圆跳动和端面对孔的轴向圆跳动要求。因此，需要利用心轴以及精加工过的孔定位保证有关圆跳动要求。

　　心轴的种类很多，常用的有锥度心轴、圆柱心轴和可胀心轴，如图 6-25 所示。

　　(1) 锥度心轴。如图 6-25(a)所示，其锥度为 1/2000～1/1000。工件从小端压入心轴，靠心轴圆锥面与工件间的变形将工件夹紧。由于切削力是靠其配合面的摩擦力传递的，故切削力不可太大，切削余量要小。这种方法加工的工件同轴度较高。

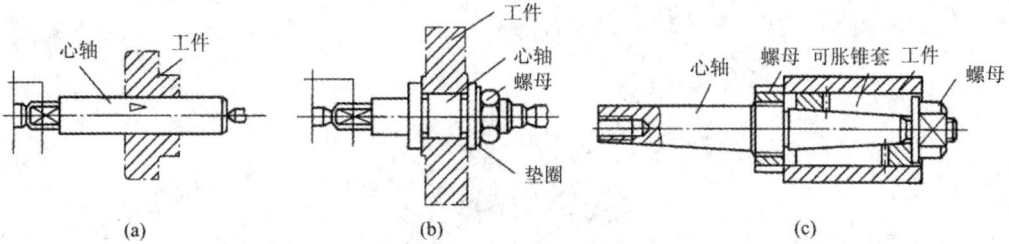

图 6-25 心轴的种类

(a) 锥度心轴；(b) 圆柱心轴；(c) 可胀心轴

(2) 圆柱心轴。如图 6-25(b)所示，心轴做成带螺母压紧形式，心轴与工件内孔是间隙量很小的间隙配合，工件套在心轴上后，靠螺母及垫圈压紧。这种心轴安装形式定位精度比前者略差。

(3) 可胀心轴。如图 6-25(c)所示，工件装在可胀锥套上，拧紧右边螺母，使锥套沿心轴锥体向左移动而引起直径增大，即可胀紧工件。卸下工件时，先拧松右边螺母，再拧动左边螺母向右推动工件，即可将工件卸下。

### 6.4.6 采用中心架和跟刀架附加支承

车削细长轴时，由于其刚度差，在加工过程中容易变形和振动，造成工件出现两头细、中间粗的腰鼓形。为了提高工件在切削时的刚性，需采用跟刀架或中心架作为工件的附加支承，以提高其刚度。

1) 中心架

中心架主要用以车削有台阶或需要调头车削的细长轴。它固定在床身导轨上(如图6-26 所示)，车削时先在工件上中心架支承处车出凹槽，调整两个支承与其接触，然后进行车削。

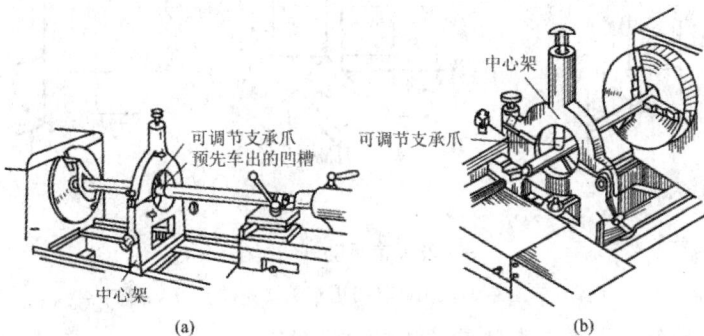

图 6-26 中心架的应用

(a) 用中心架车外圆；(b) 用中心架车端面

2) 跟刀架

跟刀架主要用来车削细长光轴，安装在车床刀架的床鞍上，与整个刀架一起移动(如图

6-27 所示)。两个支承点安装在车刀的对面,用以支承工件。车削时,先将工件一头车好一段外圆,然后使跟刀架支承爪与其接触,并调整松紧适宜。工作时支承处要加油润滑。

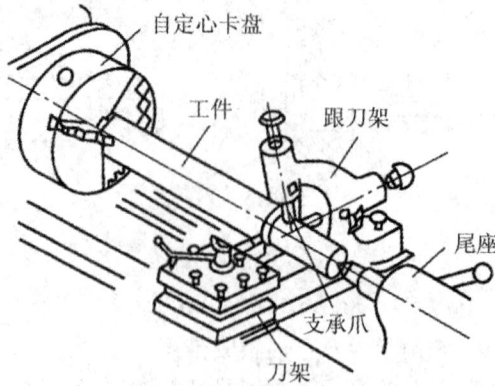

图 6-27　跟刀架的应用

# 6.5　车削加工方法

## 6.5.1　车外圆、端面及台阶面

### 1) 车外圆

刀具的运动方向与工件轴线平行时,将工件车削成圆柱形表面的加工称为车外圆,如图 6-28 所示。这是车削加工最基本的操作,经常用来加工轴销类和盘套类工件的外表面。

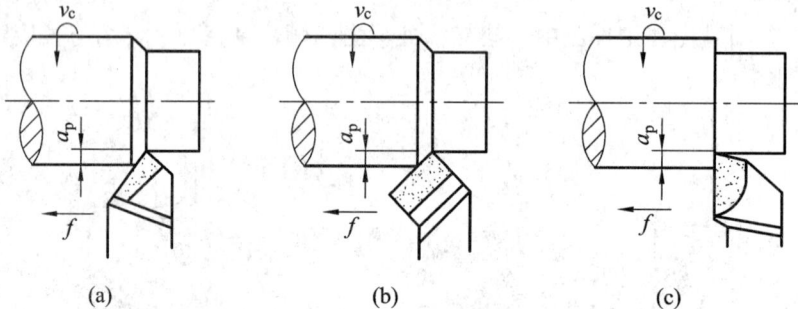

图 6-28　常见的外圆车削

(a) 用直头车刀;(b) 用弯头车刀;(c) 用 90° 偏刀

外圆面的车削分为粗车、半精车、精车和精细车。

粗车的目的是从毛坯上切去大部分余量,为精车做准备。粗车时用较大的背吃刀量 $a_p$、较大的进给量以及中等或较低的切削速度,以达到高的生产率。粗车也可作为低精度表面的最终工序。粗车后的尺寸公差等级一般为 IT13~IT11,表面粗糙度值为 $Ra50$~$12.5\ \mu m$。

半精车的目的是提高精度和减小表面粗糙度值,可作为中等精度外圆的终加工,亦可作为精加工外圆的预加工。半精车的背吃刀量和进给量较粗车时小。半精车的尺寸公差等级可达 IT10~IT9，表面粗糙度值为 $Ra6.3$~$3.2$ μm。

精车的目的是保证工件所要求的精度和表面粗糙度，作为较高精度外圆面的终加工，也可作为光整加工的预加工。精车一般采用小的背吃刀量($a_p$<0.15 mm)和进给量($f$<0.1 mm/r)，可以采用高的或低的切削速度，以避免积屑瘤的形成。精车的尺寸公差等级一般为 IT8~IT7，表面粗糙度值为 $Ra1.6$~$0.8$ μm。

精细车一般用于技术要求高的、韧性大的有色金属零件的加工。精细车所用机床应有很高的精度和刚度，多使用仔细刃磨过的金刚石刀具。车削时采用小的背吃刀量($a_p$≤0.03 mm~0.05 mm)、小的进给量($f$=0.02~0.2 mm/r)和高的切削速度($v_c$>2.6 m/s)。精细车的尺寸公差等级可达 IT6~IT5，表面粗糙度值为 $Ra0.4$~$0.1$ μm。

2) 车端面

轴类、盘套类工件的端面经常用来作为轴向定位和测量的基准。车削加工时，一般都先将端面车出。对工件端面进行车削时刀具进给运动方向与工件轴线垂直，如图 6-29 所示，常采用弯头车刀或偏刀来车削。车刀安装时应严格对准工件中心，否则端面中心会留下凸台，无法车平。

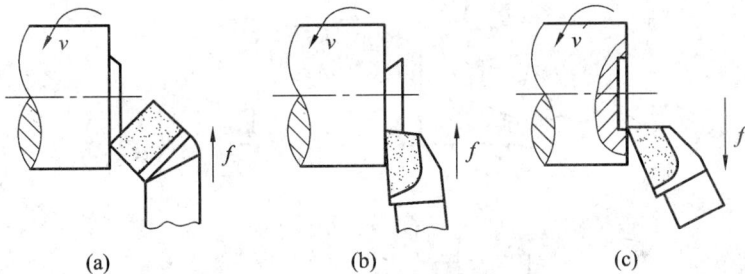

图 6-29 端面车削

(a) 用弯头车刀；(b) 用偏刀(由外圆向中心进给)；(c) 用偏刀(由中心向外圆进给)

车端面时，最好将床鞍固紧在床身上，而用小滑板调整背吃刀量，这样可以避免整个刀架产生纵向松动而使端面出现凹面或凸面。车刀的横向进刀一般是从工件的圆周表面切向中心，而最后一刀精车时则由中心向外进给，以获得较低的表面粗糙度值。

车端面时背吃刀量较大，使用弯头刀比较有利，最后精车端面时用偏刀从中心向外进给能提高端面的加工质量。

3) 车台阶面

阶梯轴上不同直径的相邻两轴段组成台阶，车削台阶处外圆和端面的加工方法称为车台阶。车台阶时可用主偏角等于 90°的外圆车刀直接车出台阶处的外圆和环形端面，也可以用 45°端面车刀先车出台阶外圆，再用主偏角大于 90°的外圆车刀横向进给车出环形端面。但要注意环形端面与台阶外圆处的接刀应平整，不能产生内凹或外凸。车削多阶梯台阶时，应先车最小直径台阶，从两端向中间逐个进行车削。台阶高度小于 5 mm 时，可一次走刀车出；高度大于 5 mm 的台阶可分多次走刀后再横向切出，如图 6-30 所示。

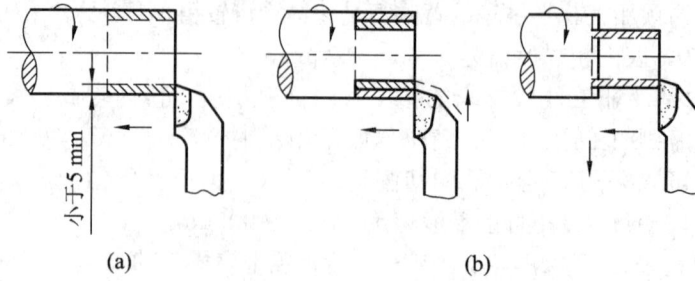

图 6-30    车台阶面

(a) 车低台阶；(b) 车高台阶

## 6.5.2    切槽与切断

回转体工件表面经常需要加工一些沟槽，如螺纹退刀槽、砂轮越程槽、油槽、密封圈槽等，分布在工件的外圆表面、内孔或端面上。切槽所用的刀具为切槽刀，如图 6-31 所示，它有一条主切削刃、两条副切削刃、两个刀尖，加工时沿径向由外向中心进刀。

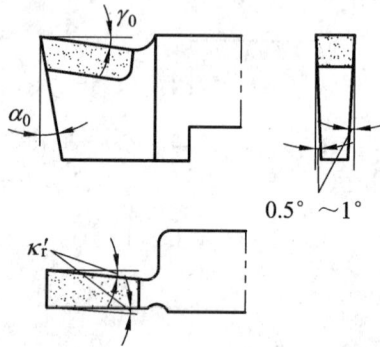

图 6-31    切槽刀

宽度小于 5 mm 的窄槽，用主切削刃尺寸与槽宽相等的车槽刀一次车出；车削宽度大于 5 mm 的宽槽时，先沿纵向分段粗车，再精车，车出槽深及槽宽，如图 6-32 所示。

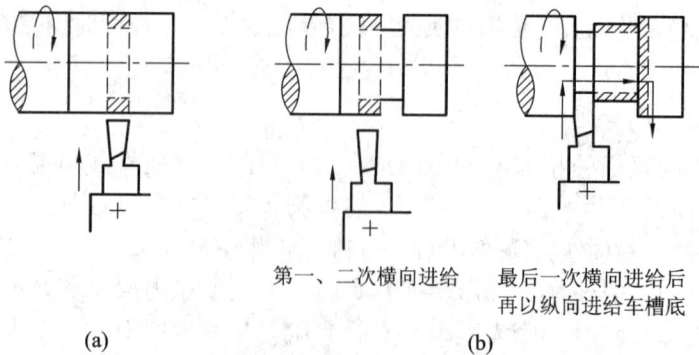

第一、二次横向进给          最后一次横向进给后
                          再以纵向进给车槽底

(a)                              (b)

图 6-32    切槽方法

(a) 切窄槽；(b) 切宽槽

当工件上有几个同一类型的槽时，槽宽如一致，可以用同一把刀具切削。

切断是使用切断刀将坯料或工件从夹持端上分离下来，切断刀的形状与切槽刀基本相同，只是刀头窄而长。因为切断时刀头伸进工件内部，散热条件差，排屑困难，所以切削时应放慢进给速度，以免刀头折断。

切断时应注意下列事项：

(1) 切断刀的刀尖应严格与主轴中心等高，否则切断时将剩余一个凸起部分，并且容易使刀头折断，如图 6-33 所示。

(2) 为了增加系统刚性，工件安装时应距卡盘近些，以免切削时工件振动。另外刀具伸出刀架的长度不宜过长，以增加车刀的刚性(如图 6-33 所示)。

(3) 切削时采用手动进给，并降低切削速度，加切削液，以改善切削条件。

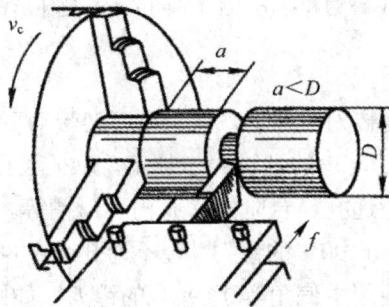

图 6-33　切断

### 6.5.3　孔加工

在车床上可以用钻头、镗刀、铰刀进行钻孔、镗孔和铰孔。加工孔时，应在工件一次装夹中同时完成外圆、端面的加工，以保证它们的垂直度和同轴度。

1) 钻孔

在车床上钻孔时，所用的刀具为麻花钻。工件的回转运动为主运动，尾座上的套筒推动钻头所做的纵向移动为进给运动，如图 6-34 所示。钻孔前应将工件端面车平，最好在中心打出小坑，以免钻头引偏。由于孔内散热条件差，排屑困难，麻花钻的刚性差，容易扭断，因此钻孔时，工件的转速宜低，钻头送进应缓慢，并应经常退出钻头排屑及冷却。

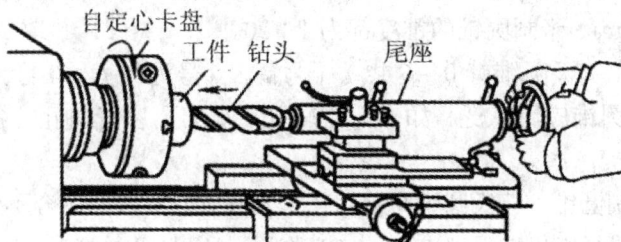

图 6-34　在车床上钻孔

钻孔的精度较低，表面粗糙度值高，如对孔的要求较高时，钻孔后应再进行铰孔和镗孔。

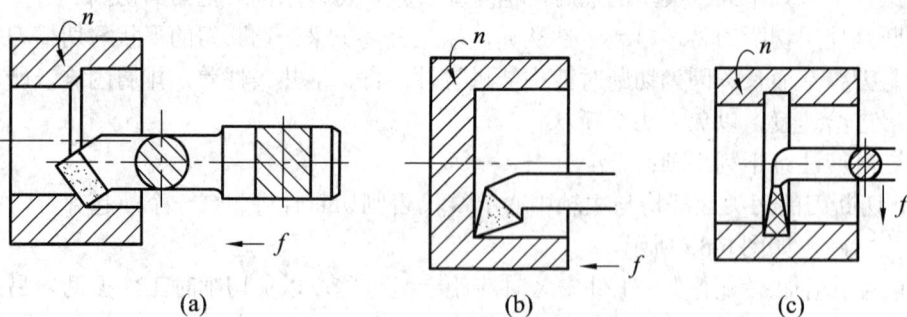

图 6-35　镗孔

(a) 镗通孔；(b) 镗不通孔；(c) 镗环形槽

2) 镗孔

在车床上镗孔时，工件旋转为主运动，镗刀在刀架带动下做进给运动。利用镗孔刀(或称内孔车刀)对钻出的孔或锻、铸出的孔进一步加工，以扩大孔径，提高孔的精度和表面质量。在车床上可以镗通孔、不通孔、台阶孔和孔内环形槽等。

镗通孔时，使用主偏角小于 90° 的镗刀；镗不通孔或镗台阶时，使用主偏角大于 90° 的镗刀；镗孔内环形槽时，使用主偏角等于 90° 的镗刀，如图 6-35 所示。镗刀杆应尽可能粗些，安装时伸出刀架的长度尽可能短点，以增加刀具刚度。刀尖装得要略高于主轴中心，以减少颤动及避免扎刀。

在车床上镗内孔比车外圆困难。因为镗刀的尺寸受到工件内孔尺寸的限制，刚性差，孔内切削情况不能直接观察；同时散热、排屑条件较差，所以镗内孔的精度和生产率都比车外圆低。在车床上镗孔多用于单件小批生产中。

### 6.5.4　车圆锥

常用的圆锥有以下 4 种：

(1) 一般圆锥。锥角较大，直接用角度表示，如 30°、45°、60° 等。

(2) 标准圆锥。不同锥度有不同的使用场合。常用的标准圆锥有 1∶4，1∶5，1∶20，1∶30，7∶24 等。例如铣刀锥柄与铣床主轴孔就是 7∶24 的锥度。

(3) 米制圆锥。米制圆锥有 40、60、80、100、120、140、160 和 200 号 8 种，号数表示圆锥大端直径( mm)。米制圆锥的锥度都为 1∶20。

(4) 莫氏圆锥。莫氏圆锥有 0~6 共 7 个号码。6 号为最大，0 号为最小。每个号数锥度都不同。莫氏圆锥应用广泛，如车床主轴孔、车床尾座套筒孔、各种刀具、工具锥柄等。

标准圆锥、米制圆锥、莫氏圆锥常被用作工具圆锥，圆锥面配合不仅拆卸方便，而且可以传递力矩，多次拆卸仍能保证准确的定心作用，所以应用很广。

车削锥面常用的方法有宽刀法、转动小滑板法、偏移尾座法和靠模法。

1) 宽刀法

宽刀法就是利用主切削刃横向直接车出圆锥面,如图 6-36 所示。此时,切削刃的长度要略长于圆锥素线长度,切削刃与工件回转中心线成半锥角。宽刀法方便、迅速,能加工任意角度的内、外圆锥。此种方法加工的圆锥面很短,而且要求切削加工系统要有较高的刚性,适用于批量生产。

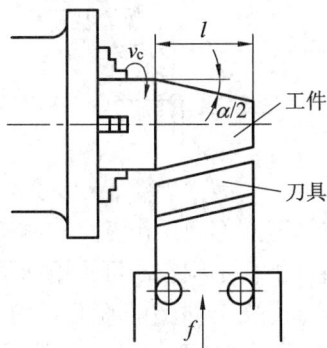

图 6-36　宽刀法

2) 转动小滑板法

根据图样标注或计算出的工件圆锥锥角 $\alpha$,将小滑板转过 $\alpha/2$ 后固定。车削时,摇动小滑板手柄,使车刀沿圆锥素线移动,即可车出所需的锥体或锥孔,如图 6-37 所示。这种方法简单,不受锥度大小的限制;但由于受小滑板行程的限制,不能加工较长的圆锥,且只能手动进给,不能机动进给,劳动强度较大。表面粗糙度的高低靠操作技术控制,不易掌握。

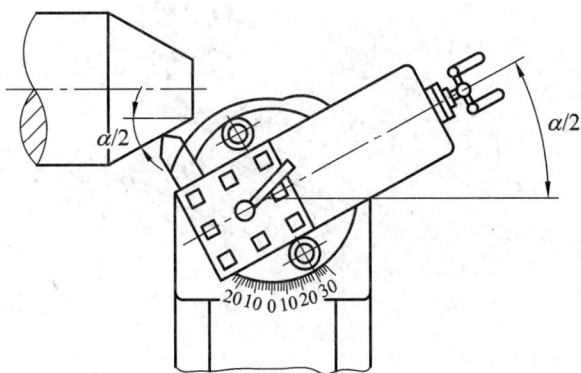

图 6-37　转动小滑板法

3) 偏移尾座法

如图 6-38 所示,工件装夹在两顶尖之间,将尾座上部沿横向偏移一定距离,使工件的回转轴线与车床主轴轴线的夹角等于工件的半锥角 $\alpha/2$,车刀纵向自动进给即可车出所需锥面。偏距 $s = (D-d)L/(2l)$。

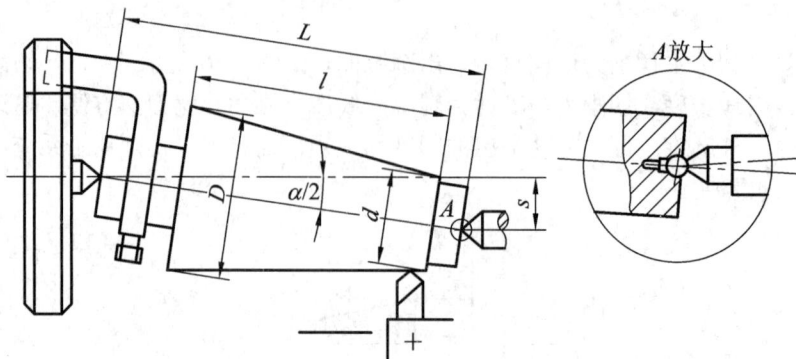

图 6-38　偏移尾座法

为使加工、检验方便，常将尾座上部向操作者一方偏移，以使锥体小端在床尾方向。为了改善顶尖在顶尖孔内的歪斜及不稳定状态，可采用球顶尖，如图 6-38 所示。

偏移尾座法可自动进给车削较长工件上的锥面，但不能车削锥度较大的工件($\alpha/2$ <8°)，不能车削锥孔，且调整偏移量费时间，适于单件或小批生产。

4) 靠模法

如图 6-39 所示，靠模装置的底座固定在车床床身上，装在底座上的靠模板可绕中心轴旋转到与工件轴线成所需的半锥角 $\alpha/2$，靠模板内的滑块可自由地沿靠模板滑动。滑块与中滑板用螺钉压板固定在一起，为使中滑板能横向自由滑动，需将中滑板横向进给丝杠与螺母脱开，同时将小滑板转过 90° 用于吃刀。当床鞍纵向进给时，滑块既做纵向移动，又带动中滑板做横向移动，从而使车刀运动方向平行于靠模板。加工出的锥面半锥角等于靠模板的转角 $\alpha/2$。

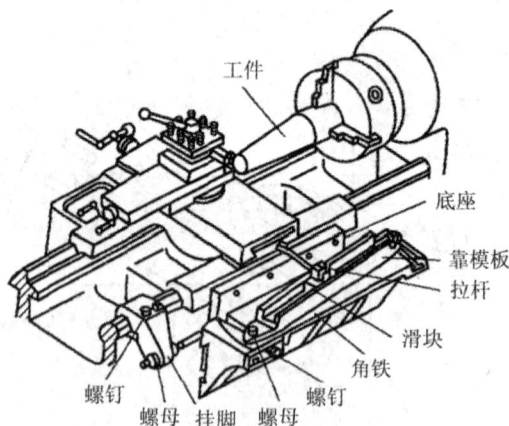

图 6-39　靠模法

## 6.5.5　车螺纹

带螺纹的零件应用非常广，可作为连接件、紧固件、传动件以及测量工具上的零件。

车削螺纹是螺纹加工的基本方法。其优点是设备和刀具的通用性大，并能获得精度高的螺纹，所以任何类型的螺纹都可以在车床上加工；缺点是生产率低，要求工人技术水平高，只有在单件、小批量生产中用车削方法加工螺纹才是经济的。

车螺纹时，应用螺纹车刀，其形状必须与螺纹截面相吻合(可用样板校验)，螺纹车刀的刀尖角 $\varepsilon_r = 60°$ ，前角 $\gamma_f = 0°$ ，方可车出准确的螺纹截面形状。

螺纹截面的精度还取决于螺纹车刀的刃磨精度及其在车床上的正确安装。螺纹车刀安装时，刀尖必须同螺纹回转轴线等高，刀尖角的平分线垂直于螺纹轴线，平分线两侧的切削刃应对称。图 6-40 所示为车三角形螺纹时车刀的安装。

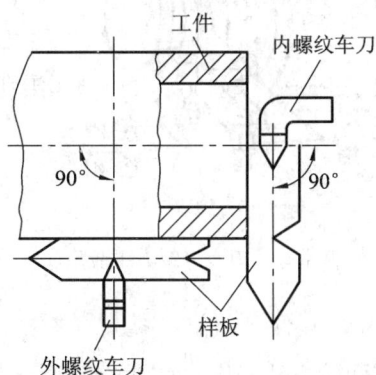

图 6-40　螺纹车刀的安装

加工标准普通螺纹只要根据工件螺距按机床进给箱上的操纵手柄位置标牌选择有关手柄位即可。对于非标准螺纹，则要通过计算交换齿轮的齿数，变更交换齿轮来改变丝杠的转速，从而车出所要求的螺距的螺纹。

### 6.5.6　车成形面

在回转体上有时会出现素线为曲线的回转表面，如手柄、手轮、圆球等。这些表面称为成形面。成形面的车削方法有手动法、成形刀法、靠模法、数控法等。

1) 用普通车刀车成形面

采用双手操作，同时纵横向进给，车刀做合成运动车削出所要求的成形面，如图 6-41 所示。这种方法生产率低，且需高劳动强度及较高的技巧，只适用于单件生产。

图 6-41　用普通车刀车成形面

### 2) 用成形车刀车成形面

切削刃形状和工件成形面素线形状相同的车刀($\gamma_f = 0°$ 时)称为成形车刀。成形车刀车削时，车刀只需横向进给，如图 6-42 所示。此法操作简单，生产率高；但车刀制造成本高，适用于成批生产中加工轴向尺寸较小的成形面。

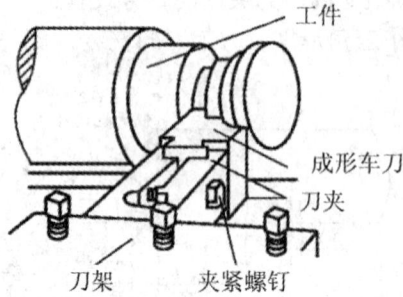

图 6-42　用成形车刀车成形面

### 3) 用靠模法车成形面

这种方法与靠模法加工锥面的方法一样，如图 6-43 所示，只需把锥度靠模板换成曲线靠模板即可。

靠模法车成形面加工质量好，生产率较高，适于成批或大量生产中加工尺寸较长、曲率不大的成形面。

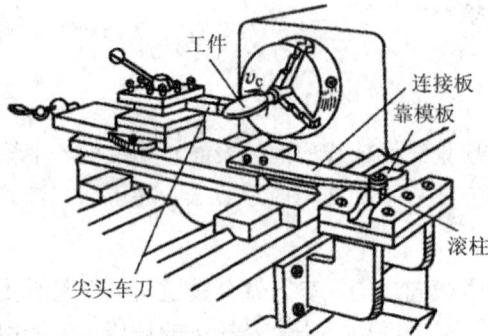

图 6-43　用靠模法车成形面

## 6.6　车刀的刃磨与几何角度的测量

### 6.6.1　车刀几何角度的刃磨方法

#### 1. 砂轮的选用

#### 1) 磨料的选择

磨料选择的主要依据是刀具的材料和热处理方法。除手动工具外，大部分刀具材料是用高速钢或硬质合金制成的。一般高速钢淬火后硬度在 65HRC 左右。刃磨硬质合金刀具通常选用绿色碳化硅磨料 GC；刃磨淬火高速钢刀具选用白刚玉 WA 或铬刚玉 PA 磨料；对于要求较高的硬质合金刀具(如铰刀等)，可用人造金刚石 D 磨料；对于高钒高速钢工具，选用单晶刚玉 SA 磨料。

2) 粒度的选择

粒度选择的主要依据是刀具的精度和表面粗糙度，还要考虑磨削效率。一般刀具的表面粗糙度值为 $Ra0.4\sim0.1\mu m$ 时，若分粗、精磨，则从磨削效率考虑，粗磨时应选粒度为 F46～F60 的砂轮，精磨时应选粒度为 F80～F120 的砂轮。

3) 硬度选择

刃磨刀具时，砂轮的硬度应选得软些。一般刃磨硬质合金刀具时，硬度选用 H、J；刃磨高速钢刀具时，硬度选用 H、K。

**2. 车刀几何角度的刃磨方法**

1) 刃磨方法

如图 6-44 所示，刀尖角 $\varepsilon_r$ 为 80° 的外圆车刀，采用手工刃磨的方法。方法如下：

(1) 人站立在砂轮侧面，以防砂轮碎裂时，其碎片飞出伤人。

(2) 双手握刀的距离拉开，两肘夹紧腰部，可减小磨刀时手的抖动。

(3) 磨刀时，车刀应放在砂轮的水平中心，刀尖略微上翘 3°～8°，车刀接触砂轮后应做左右方向的水平移动。当车刀离开砂轮时，刀尖应向上抬起，以防磨好的切削刃被砂轮碰伤。

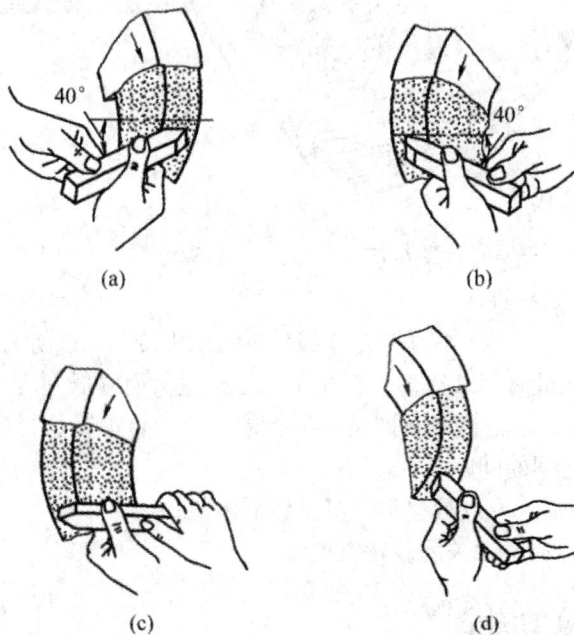

图 6-44　车刀的刃磨

(a) 磨主后面；(b) 磨副后面；(c) 磨前面；(d) 磨刀尖圆弧

(4) 磨主后面时，刀柄尾部向左偏一个主偏角的角度，如图 6-44(a)；磨副后面时，刀柄尾部向右偏过一个副偏角的角度[见图 6-44(b)]。

(5) 修磨刀尖圆弧时，通常以左手握车刀前端为支点，用右手转动车刀尾部[图 6-44(d)]。

(6) 刃磨步骤为粗磨主后面和副后面，粗、精磨前面，精磨主后面和副后面，磨刀尖圆弧，测量角度，用油石手工研磨负倒棱及刀尖圆弧。

2) 注意事项。

(1) 车刀刃磨时，不能用力过大，以防打滑伤手。

(2) 车刀的高低必须控制在砂轮水平中心，刀具头部略向上翘，否则会出现负后角或后角过大等弊端。

(3) 车刀刃磨时应做水平的左右移动，以免砂轮表面出现凹坑。

(4) 在平行砂轮上磨刀时，应避免在砂轮侧面上磨。

(5) 砂轮磨削表面必须经常修整，使砂轮没有明显的跳动。对平行砂轮一般可用砂轮刀在砂轮上来回修整，如图 6-45 所示。

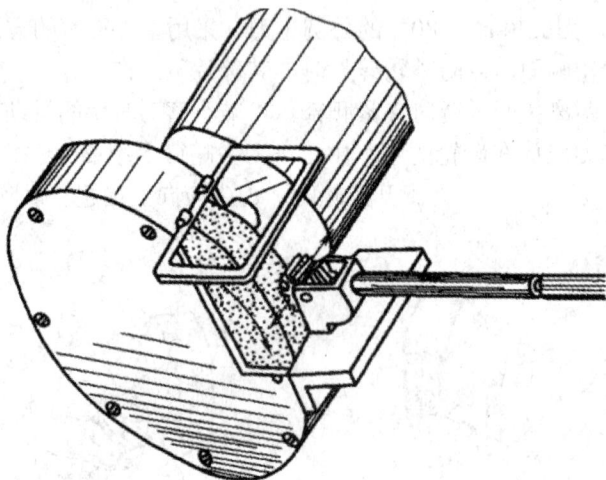

图 6-45　用砂轮刀修整砂轮

(6) 磨刀时要求戴防护镜。

(7) 刃磨硬质合金车刀时，不可把刀体部分放入水中冷却，以防刀片突然冷却而碎裂。刃磨高速钢车刀时，应随时用水冷却，以防车刀过热退火而降低硬度。

(8) 在磨刀前，要对砂轮机的防护设施进行检查，如防护罩是否齐全，对于有托架的砂轮，其托架与砂轮之间的间隙是否恰当等。

(9) 重新安装砂轮后，要进行检查，经试转后才能使用。

(10) 刃磨结束后，应随手关闭砂轮机电源。

## 6.6.2　车刀几何角度的测量

车刀标注角度可用角度样板、游标万能角度尺及量角台等进行测量。本书主要介绍量角台的使用方法。

### 1. 车刀量角台的结构

车刀量角台是测量车刀标注角度的专用量角仪器，其形式很多，常用车刀量角台如图 6-46 所示。

装在支脚 1 上的圆形底盘 2 的周边，有从 0°起向左、右各 100°的标尺，工作台 5 绕小轴 7 转动，转动角度由固定于工作台上的指针 6 读出。定位块 4 和导条 3 固定在一起，可在工作台的滑槽内平行移动。立柱 20 固定在底盘上，其上有矩形螺纹。旋转螺母 19，可使滑体 13 沿立柱的键槽上、下移动。小标尺盘 15 由小螺钉 16 固定在滑体上，用旋钮 17 可将弯板 18 锁紧在滑体上；松开旋钮，弯板以旋钮为轴，可向顺、逆时针两个方向转动，转动的角度由固定于弯板 18 上的小指针 14 在小标尺盘 15 上示出。大标尺盘 12 由螺钉 11 固定在弯板上，用螺钉轴 8 装在大标尺盘上的大指针 9 可绕螺钉轴向顺时针、逆时针两个方向转动，转动的角度由大标尺盘示出，转动的极限位置由销轴 10 限制。

当指针 6、大指针 9、小指针 14 都处于 0°时，大指针的前面 $a$ 和侧面 $b$ 分别垂直于工作台的平面，而底面 $c$ 平行于工作台的平面。

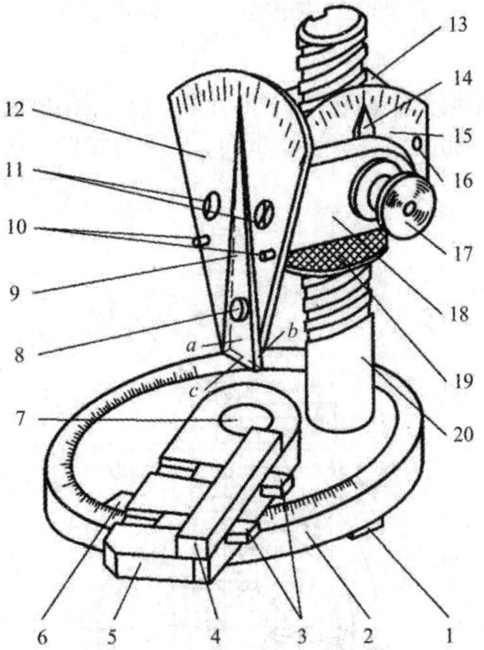

1—支脚；2—圆形底盘；3—导条；4—定位块；5—工作台；6—指针；7—小轴；8—螺钉轴；
9—大指针；10—销轴；11—螺钉；12—大标尺盘；13—滑体；14—小指针；15—小标尺盘；
16—小螺钉；17—旋钮；18—弯板；19—螺母；20—立柱

图 6-46　车刀量角台

### 2. 用车刀量角台测量车刀标注角度

1) 校准车刀量角台的原始位置

测量前应将量角台的大、小指针全部调整到零位，然后按图 6-47 把车刀平放在工作台上。此状态下车刀量角台位置为测量车刀角度的原始位置。

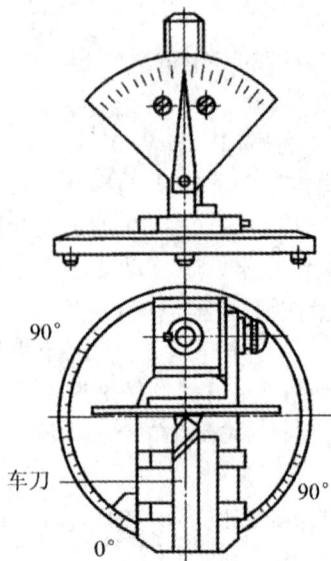

图 6-47　测量车刀角度的原始位置

## 2) 主偏角的测量

从原始位置起，按顺时针方向转动工作台(工作台平面相当于基面 $P_r$)，让主切削刃和大指针前面 $a$ 紧密贴合，如图 6-48 所示。此时，工作台指针在底盘上所指示的尺标标记值即是主偏角的数值。

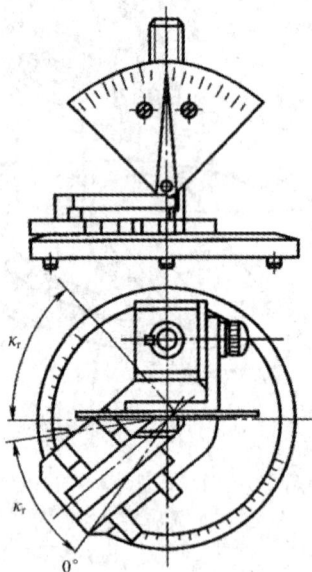

图 6-48　测量车刀主偏角

## 3) 刃倾角的测量

测完主偏角后，使大指针底面 $c$ 和主切削刃紧密贴合(大指针前面 $a$ 相当于切削平面 $P_s$)，如图 6-49 所示。此时，大指针在大标尺盘上所指示的标记值就是刃倾角的数值。大指针在零位左边为$+\lambda_s$，在右边为$-\lambda_s$。

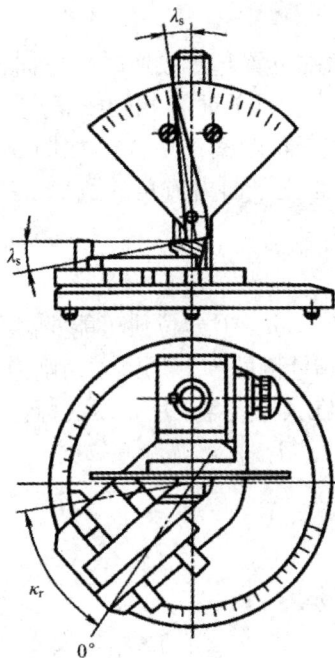

图 6-49　测量车刀刃倾角

#### 4) 副偏角的测量

参照测量主偏角的方法，按逆时针方向转动工作台，使副切削刃和大指针前面 a 紧密贴合，如图 6-50 所示。此时，工作台指针在底盘上所指示的标记值就是副偏角的数值。

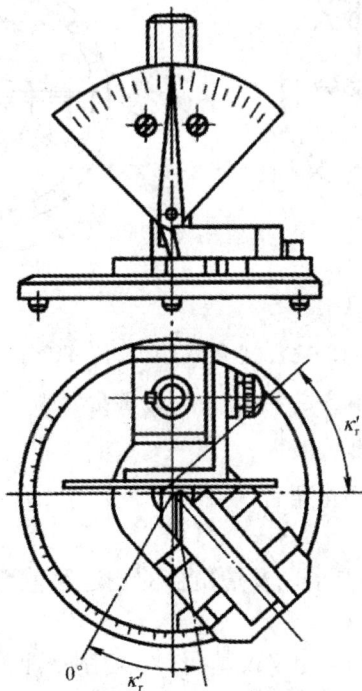

图 6-50　测量车刀副偏角

5) 前角的测量

从图 6-48 测完车刀主偏角的位置起，按逆时针方向使工作台转 90°，这时主切削刃在基面上的投影恰好垂直于大指针前面 $a$(相当于正交平面 $P_o$)，然后让大指针底面落在通过主切削刃上选定点 $A$ 的前面上(紧密贴合)，如图 6-51(a)所示。此时，大指针在大标尺盘上所指示的标记值就是正交平面内前角的数值。指针在零位右边时为$+\gamma_0$，在左边时为$-\gamma_0$。

6) 后角的测量

测完前角后，向右平行移动车刀(这时定位块可能要移到车刀的左边，但仍要保证车刀侧面与定位块侧面靠紧)，使大指针侧面 $b$ 和通过主切削刃上选定点 $A_a$ 的后面紧密贴合，如图 6-51(b)所示。此时，大指针在大标尺盘上所指示的标记值就是正交平面内后角的数值。指针在零位左边为$+\alpha_0$，在右边为$-\alpha_0$。

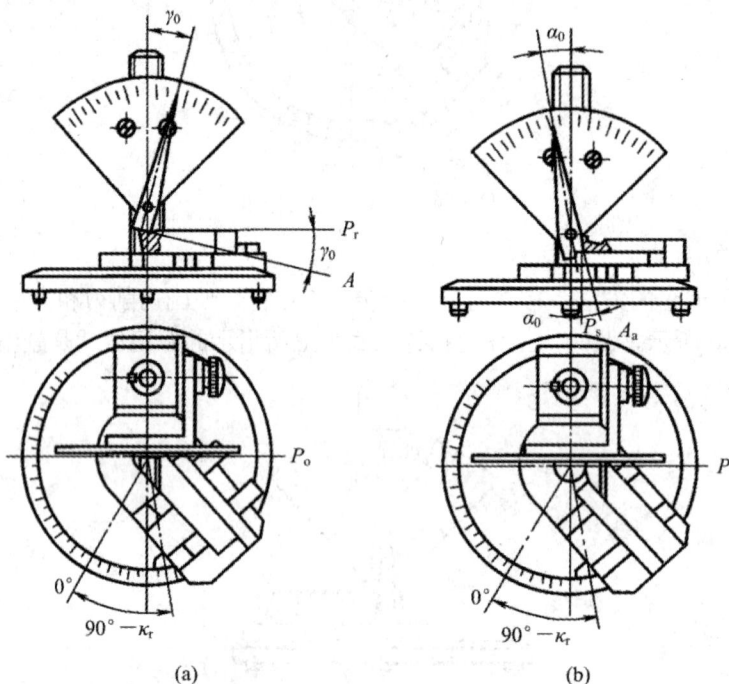

图 6-51　测量车刀的前角与后角

(a) 测量车刀前角；(b) 测量车刀后角

### 3. 车刀角度测量实践

(1) 测量仪器及工具有车刀量角台、直头外圆车刀、弯头外圆车刀、端面车刀、切断刀及螺纹车刀。

(2) 教师讲解测量目标、要求以及量角台的构造和使用方法，演示车刀角度的测量方法。

(3) 学生在预习车刀主要角度定义及基面 $P_r$、切削平面 $P_s$、正交平面 $P_o$ 等概念的基础上，熟悉和调整量角台。

(4) 分别测量 5 把车刀的 5 个基本角度，将测得的数据填入表 6-2 中，绘制刀具工作简图并标注实际测量的车刀角度。

### 表 6-2　车刀角度测量

| 车刀编号 | 车刀名称 | 刀柄尺寸 $B \times H$ /(mm×mm) | 前角 $\gamma_0$ /(°) | 后角 $\alpha_0$ /(°) | 主偏角 $\kappa_r$ /(°) | 副偏角 $\kappa'_r$ /(°) | 倾角 $\gamma_s$ /(°) |
|---|---|---|---|---|---|---|---|
| 1 | 直头外圆车刀 | | | | | | |
| 2 | 弯头外圆车刀 | | | | | | |
| 3 | 端面车刀 | | | | | | |
| 4 | 切断刀 | | | | | | |
| 5 | 螺纹车刀 | | | | | | |

# 复习与思考题六

6-1　简述车削加工的工艺特点及应用。

6-2　简述车床的类型及各自适应的加工场合。

6-3　工件在车床上的安装方法有哪些？各自的应用场合如何？

6-4　简述 CA6140 型车床主运动传动路线，计算主轴的最高与最低转速，并分析车床进给运动的传动路线。

6-5　简述数控车床的加工特点。

6-6　数控车床的组成与结构有何特点？适用于何种加工对象？

6-7　车刀有哪些类型？各自适用于哪些加工场合？

6-8　车床上车锥面的方法有哪几种？各自适合于何种场合？

6-9　C6132 车床型号中各个字母和数字的含义是什么？C6140 及 C6136 又表示什么意义？

6-10　光杠和丝杠的作用是什么？车外圆用丝杠带动刀架移动，车螺纹用光杠带动刀架移动，是否可以？试分析说明。

6-11　主轴转速是否就是切削速度？当主轴转速提高时，刀架移动加快，是否意味着进给量加大？

6-12　车床可加工哪些表面？车削外圆的尺寸公差等级可达几级，表面粗糙度 $Ra$ 值各为多少？

6-13　试切的目的是什么？主要应用在什么场合？试述正确的试切方法。

6-14　安装车刀应注意哪些问题？

6-15　粗车和精车的要求是什么？刀具角度的选用有何不同？切削用量的选择有何不同？

6-16　车床常用的工件装夹方法有哪些？各适用于安装哪些形状的工件？

6-17　中心孔各部分的作用是什么？车床前顶尖与中心孔之间是否要加润滑油？两顶尖装夹工件有什么特点？

6-18　自定心卡盘和单动卡盘各有什么特点？试分析单动卡盘的定心精度为什么比自定心卡盘的高。适用于什么场合？

6-19　中心架和跟刀架的用途有何不同？车削细长轴为什么采用三支承爪的跟刀架？

6-20　用花盘装夹的工件与用花盘–弯板装夹的工件有什么不同？

6-21　车外圆和车端面都有哪些形式的车刀？

6-22　车锥面有哪些方法？适用于哪些场合？

6-23　车成形面有哪些方法？适用于哪些场合？

6-24　车螺纹时应如何保证螺纹牙型和螺距的精度？如何防止产生乱牙？

6-25　转塔车床结构有何特点？适合加工哪些类型的工件？

# 第二篇　提高篇(高职阶段)

# 项目 7　零件的结构工艺性

## 7.1　零件的结构工艺性及其影响因素

### 7.1.1　零件结构工艺性的概念

零件本身的结构对加工质量、生产效率和经济效益有着重要影响。为了获得较好的技术经济效果，在设计零件结构时，不仅要考虑满足使用要求，还应当考虑是否能够制造和便于制造，也就是要考虑零件结构的工艺性。

零件的结构工艺性是指零件制造和装配时的可行性和经济性。所谓零件结构的工艺性良好，是指所设计的零件在保证使用要求的前提下能较经济、高效、合格地加工出来。

### 7.1.2　零件结构设计工艺性的影响因素

零件结构工艺性的好坏是相对的，随着科学技术的发展和客观条件(如生产类型、设备条件等)的不同而变化。影响结构设计工艺性的因素大致有三个方面。

#### 1) 生产类型

生产类型是影响结构设计工艺性的首要因素。当单件、小批生产零件时，大都采用生产效率较低、通用性较差的设备和工艺装备，采用普通的制造方法，因此，机器和零部件的结构应与这类工艺装备和工艺方法相适应。在大批大量生产时，产品结构必须与采用的高生产率的工艺装备和工艺方法相适应。所以，在单件小批生产中具有良好工艺性的结构，在大批大量生产中其工艺性并不一定好，反之亦如此。因此，当产品由单件小批量生产扩大到大批量生产时，必须对其结构工艺性进行审查和修改，以适应新的生产类型的需要。

#### 2) 制造条件

机械零部件的结构必须与制造厂的生产条件相适应。具体生产条件应包括：毛坯的生产能力及技术水平；机械加工设备和工艺装备的规格及性能；热处理的设备及能力；技术人员和工人的技术水平；辅助部门的制造能力和技术力量等。

#### 3) 工艺技术

随着生产不断发展，新的加工设备和工艺方法不断出现。精密铸造、精密锻造、精密冲压、挤压、镦锻、轧制成形、粉末冶金等先进工艺使毛坯制造精度大大提高；真空技术、离子氮化、镀渗技术使零件表面质量有了很大的提高；电火花、电解、激光、电子束、超声波加工技术使难加工材料、复杂形面、精密微孔等的加工较为方便。设计者要不断掌握新的工艺技术，设计出符合当代工艺水平的零部件结构。

如果根据使用要求所设计的零件结构在毛坯生产、切削加工、热处理等生产阶段都能用高效率、低成本的方法制造出来，并便于装配和拆卸，就说明该零件具有良好的结构工艺性。具体来讲，要使零件在切削加工过程中有良好的工艺性，应考虑以下几方面问题：

(1) 满足使用要求。这是设计、制造零件的根本目的，是考虑零件结构工艺性的前提。

(2) 零件结构工艺性的优劣随生产条件的不同而异。在进行零件的结构设计时，必须考虑现有设备条件、生产类型和技术水平等生产条件。例如，如图 7-1(a)所示的铣床工作台的 T 形槽，在单件、小批量生产时，其结构工艺性良好，但在大批、大量生产时，则不便在龙门刨床上一次同时加工若干个工件，若将结构改为如图 7-1(b)所示的形式，则可多件同时加工，提高了生产效率。

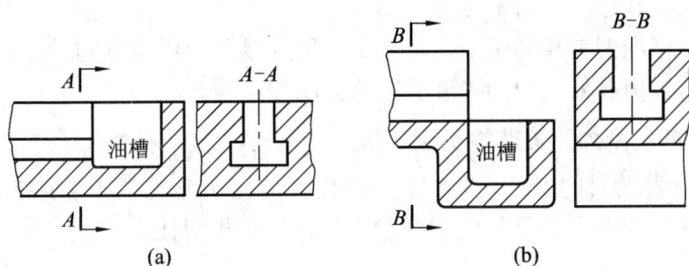

图 7-1　铣床工作台结构

(3) 零件的结构工艺性与发展着的科学技术设备和先进工艺方法相适应。零件结构工艺性的好坏是相对的，如图 7-2(a)所示阀套上精密方孔的加工，为保证方孔之间的尺寸公差要求，过去将阀套分成 5 个圆环分别加工，待方孔间的尺寸精度达到要求后再联系起来，当时认为这样的结构工艺性是好的，但随着电火花加工精度的不断提高，把原来的 5 个圆环组装为整体机构，如图 7-2(b)所示，用四个电极同时把方孔加工出来，也能保证加工精度。这样既提高了生产率，又降低了加工成本，所以这种整体结构的工艺性也是好的。

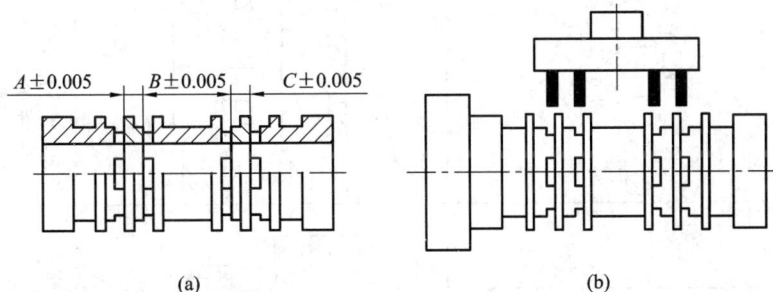

图 7-2　电磁伺服阀阀套结构

(4) 统筹兼顾、全面考虑。产品的制造包括毛坯生产、切削加工、热处理和装配等工艺过程，这些过程都是有机地联系在一起的，在结构设计时，要尽可能使各个生产阶段都具有良好的结构工艺性。

# 7.2 零件结构的切削加工工艺性

## 1. 切削加工对零件结构工艺性的要求

在机器的整个制造过程中，零件切削加工所耗费的工时和费用最多，因此零件结构的切削加工工艺性就显得非常重要。为使零件在切削过程中具有良好的工艺性，零件结构设计需满足以下几方面的要求：

(1) 加工表面的几何形状应尽量简单，尽可能布置在同一平面上或同一轴线上。

(2) 不需要加工的毛坯面不要设计成加工面，要求不高的面不要设计成高精度、低表面粗糙度值的表面。

(3) 有相互位置精度要求的各个表面，最好能在一次安装中加工。

(4) 应便于安装和加工，易于测量。

(5) 尽量使用标准刀具和通用量具，减少专用刀具和专用量具的设计和制造。

(6) 结构应与采用高效机床和先进的工艺方法相适应。

## 2. 零件结构的切削加工工艺性实例分析

零件结构设计总的目的就是使零件加工方便，提高切削效率，减少加工量和易于保证加工质量。表 7-1 所示为零件结构的切削加工工艺性分析对比。

**表 7-1 零件结构的切削加工工艺性分析对比**

| 设计原则 | 结构工艺性对比 | | 说 明 |
|---|---|---|---|
| | 结构工艺性不好 | 结构工艺性好 | |
| 便于安装 | | | 增加工艺凸台，以便安装找正。精加工后把凸台去除 |
| | | | 该轴承座在车削时装夹 A 和 B 处均不妥当，应改变毛坯外形，装夹 C 或 D 处 |
| | | | 增加夹紧边缘或夹紧孔，以便在龙门刨床或龙门铣床上加工上平面 |

**续表一**

| 设计原则 | 结构工艺性对比 | | 说　明 |
|---|---|---|---|
| | 结构工艺性不好 | 结构工艺性好 | |
| 便于安装 | 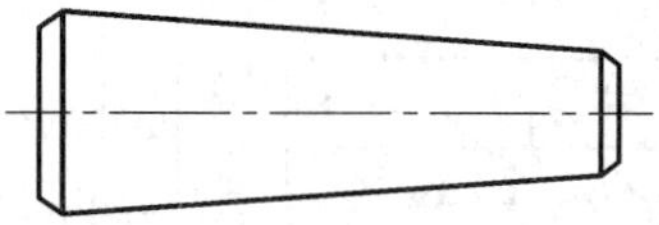 | 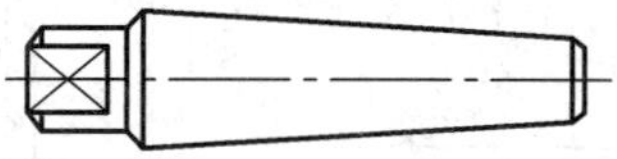 | 加工锥度心轴时，左端应增加安装鸡心卡头的圆柱面 |
| 减少装夹次数 | 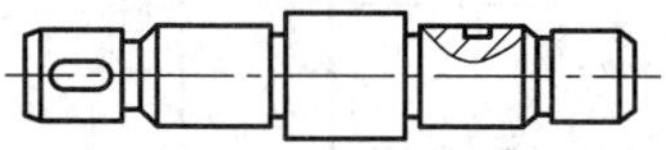 | 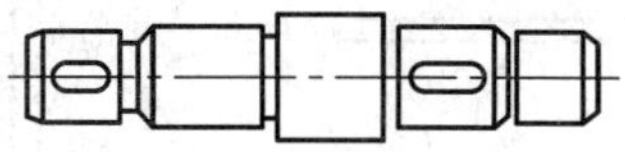 | 轴上键槽应在同一侧，以便在一次安装中加工 |
| | 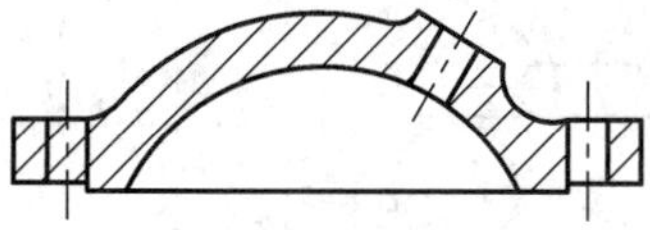 | 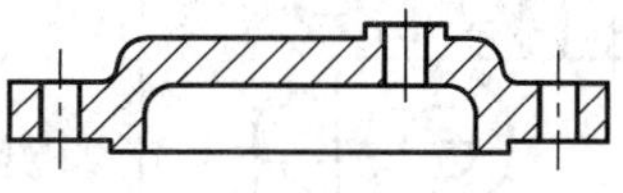 | 孔设计在倾斜方向既增加了安装次数，加工又不方便 |
| | 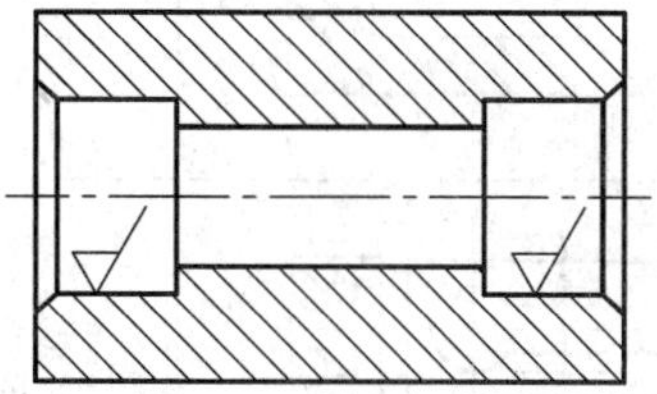 | 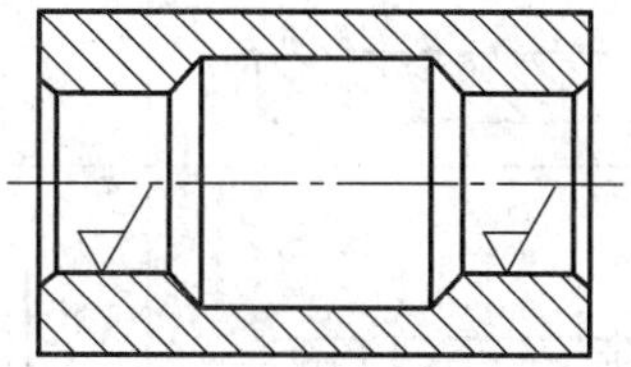 | 右图所示轴套两端孔在一次安装中既可全部加工出来，又有利于保证两孔间的同轴度 |
| 减少机床调整次数 | 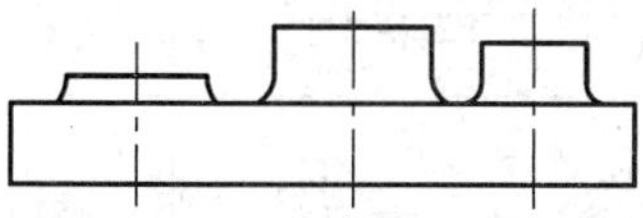 | 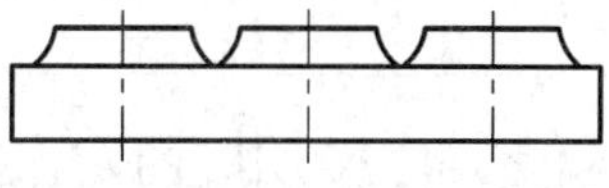 | 需加工的凸台应设计在同一平面，以便一次进给加工所有凸台 |
| | 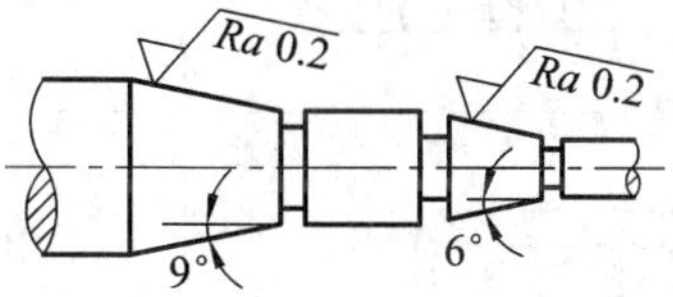Ra 0.2<br>Ra 0.2<br>9°<br>6° | 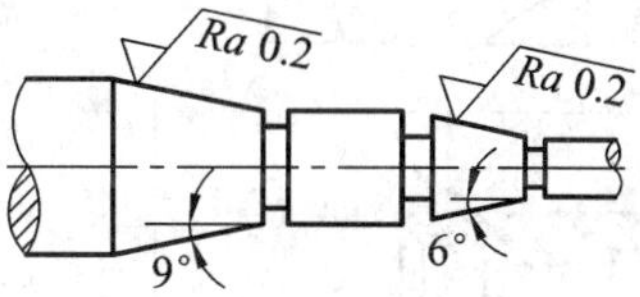Ra 0.2<br>Ra 0.2<br>9°<br>6° | 在允许的情况下采用相同的锥度，磨床只需调整一次 |
| 降低加工难度 | 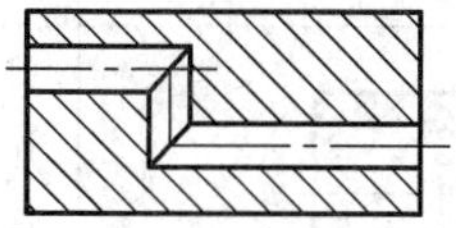 | 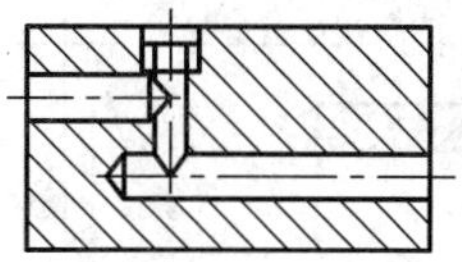 | 右图所示的结构能加工，不过需增加一个堵头螺钉 |

| 设计原则 | 结构工艺性对比 | | 说　明 |
|---|---|---|---|
| | 结构工艺性不好 | 结构工艺性好 | |
| 降低加工难度 | | | 内腔的直角凹槽无法加工，应考虑到所用立铣刀的直径 |
| | | | 将箱体内表面加工改为外表面加工，以方便加工 |
| | | | 将封闭的T形槽改为开口形，或者设计出落刀孔的结构 |
| | | | 孔口表面应与孔的轴线垂直，以免钻头折断或者产生"引偏" |
| | | | 采用组合结构，以避免加工两端同轴线孔的困难 |
| | | | 不通孔的底部以及大孔到小孔的过渡，应尽量采用钻头形成的锥面 |

| 设计原则 | 结构工艺性对比 | | 说　明 |
|---|---|---|---|
| | 结构工艺性不好 | 结构工艺性好 | |
| 便于进刀和退刀 | | | 螺纹的根部应有退刀槽，或者留有足够的退刀长度 |
| | | | 需要磨削的内、外表面，其根部应有砂轮越程槽 |
| | | | 孔内不通的键槽，前端必须有孔或环槽，以便插削时退刀 |
| 减少加工面积 | | | 支架底面挖空后，既可减少加工表面面积，又有利于和机座平面的配合 |
| | | | 轴上如只有一小段有公差要求，则应设计成阶梯轴，以减少磨削面积，且容易装配 |

| 设计原则 | 结构工艺性对比 | | 说明 |
|---|---|---|---|
| | 结构工艺性不好 | 结构工艺性好 | |
| 减少刀具种类 | | | 轴上退刀槽、轴肩圆角半径及键槽宽度，在结构允许的情况下应尽可能一致或减少种类 |
| 增加工件刚度 | | | 车削薄壁筒时增加一凸起结构，以防止装夹时变形 |
| | | | 采用加强肋增加工件刚度，以防止加工时工件变形 |

# 7.3　零件结构的装配工艺性

　　设计零件时，不仅要考虑其结构的切削加工工艺性，还必须使其具有良好的装配工艺性，即便于装配和维修，以保证机械产品的质量。下面通过部分实例介绍常见的装配工艺性。

　　(1) 零件应有正确的装配基准面。装配基准面是用以确定零件在部件或机器中相对位置的表面。有无合理的装配基准面将直接影响装配质量和装配工作量，见表 7-2 中序号 1～2。

(2) 两零件在同一方向上不应有多对配合面。要使多对表面都处于很好的配合状态是困难的，为此必须提高有关表面的尺寸精度和位置精度，这样就使工时延长，成本提高，既无必要，又不合理，见表 7-2 中序号 3～4。

(3) 零件结构应便于到达装配位置。要求零件结构便于到达装配位置的目的是使装配容易，保证配合质量，见表 7-2 中序号 5～6。

(4) 零件结构应便于拆卸。当需要维修、更换配合较紧的零件时，应容易拆卸，见表 7-2 中序号 7～9。

(5) 设计装拆紧固件的空间或工艺孔。零件上要有装拆紧固件的空间或工艺孔，以便使用工具及易于装卸紧固件，见表 7-2 中序号 10～12。

(6) 配合零件端部应设计有倒角。配合零件端部要求有倒角，目的在于保证两配合件对中和导入容易，也避免划伤配合表面和操作者，见表 7-2 中序号 13。

(7) 应尽量避免装配时过多的切削加工。装配时过多的切削加工会造成装配时的周期延长，而且可能影响加工后零件的质量。

表 7-2 零件结构的装配工艺性实例分析

| 序号 | 不良结构 | 良好结构 | 说 明 |
|---|---|---|---|
| 1 | 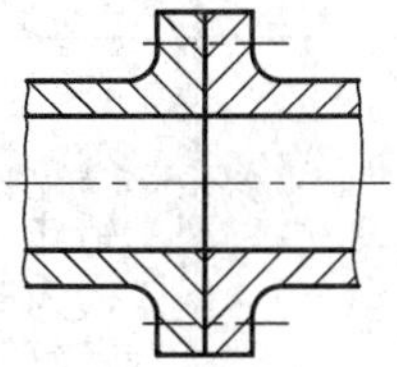 | 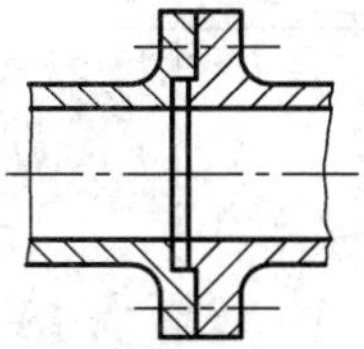 | 左图所示两配合件无径向装配定位基准，难以保证其同轴度要求。应改为右图所示结构 |
| 2 | 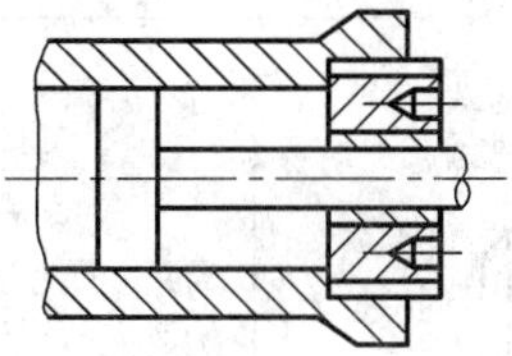 | 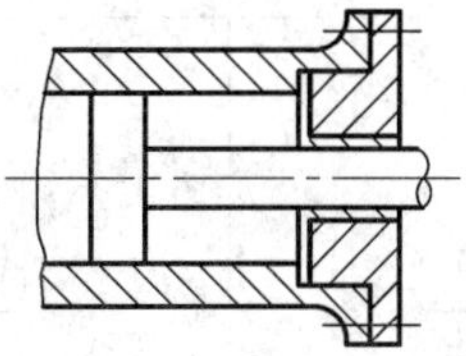 | 左图所示气缸盖与缸体直接以螺纹连接，由于内、外螺纹间隙的存在，难以保证两工件内孔的同轴度，活塞杆易偏移，使往复运动不灵活。右图所示增设了装配基准面，解决了上述问题，且避免了螺纹加工，生产率高 |
| 3 | 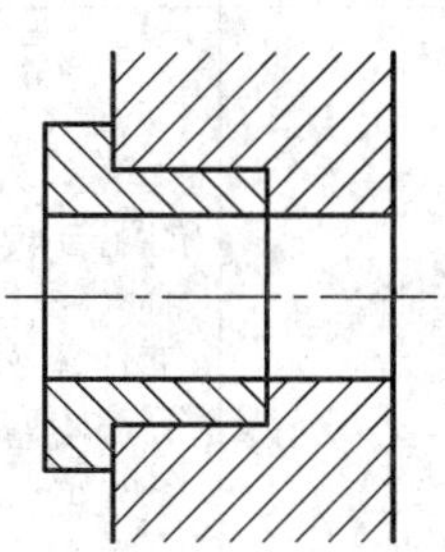 | 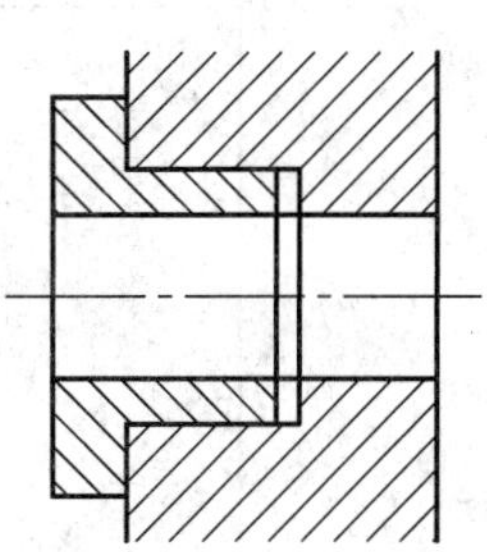 | 左图所示两配合件在轴向有两对配合表面，不得不提高孔深和台阶套长度的加工精度。应改为右图所示结构 |

| 序号 | 不良结构 | 良好结构 | 说　明 |
|---|---|---|---|
| 4 | 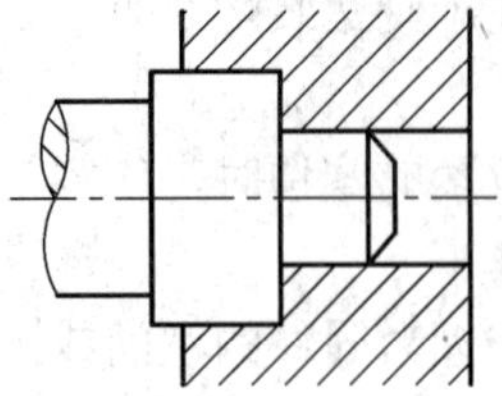 | 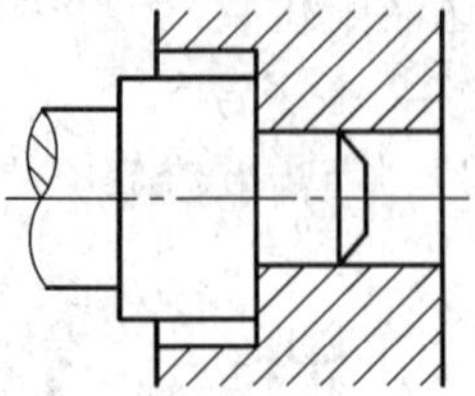 | 　左图所示两配合件在径向有两对配合表面,不得不提高阶梯轴外圆和阶梯孔的精度。右图所示结构合理 |
| 5 | 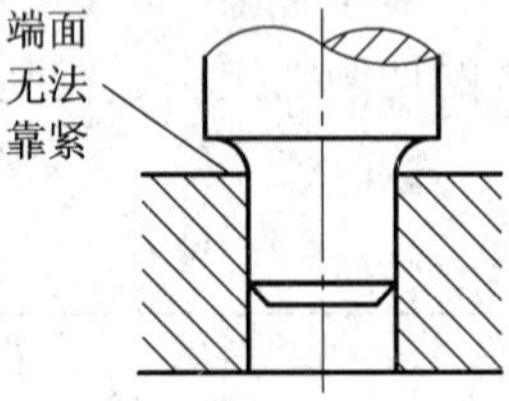 端面无法靠紧 | 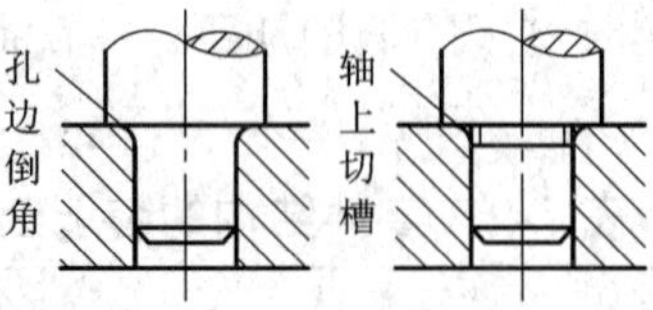 孔边倒角　　轴上切槽 | 　左图所示轴肩和孔的端面无法贴紧,应在孔端设倒角或在轴肩根部切槽,如右图所示 |
| 6 | 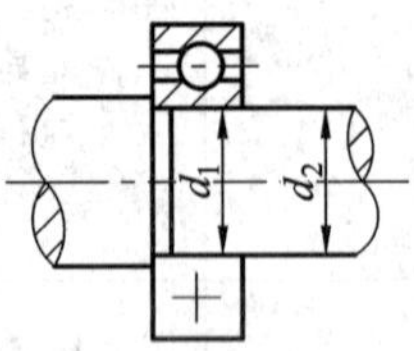 $d_1$　$d_2$ | 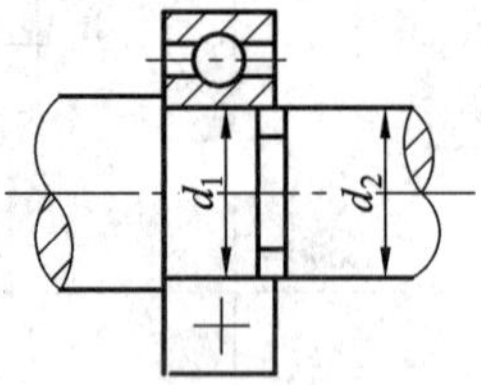 $d_1$　$d_2$ | 　轴承与轴颈配合较紧,为保证轴承顺利到达轴颈 $d_1$ 处,应使轴承的 $d_2$ 稍小于轴颈的 $d_1$ |
| 7 | 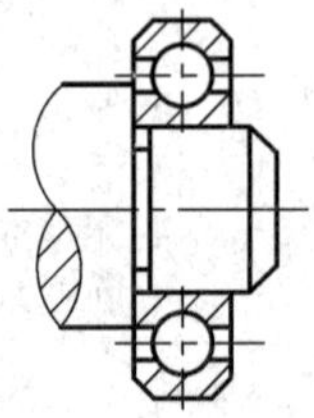 | 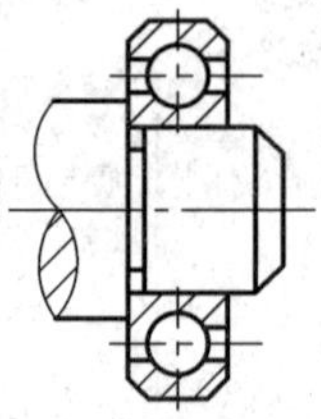 | 　左图所示轴承内环不易拆卸,应使轴承内环的外径大于轴肩直径,如右图所示 |
| 8 | 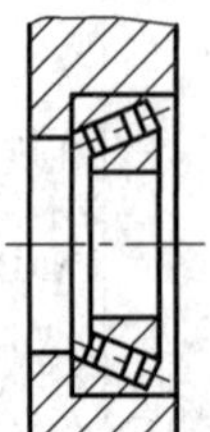 | 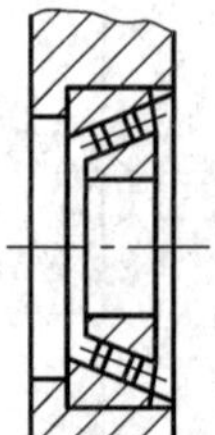 | 　轴承外环和箱体孔的配合较紧,左图所示轴承外环难以拆卸,应使轴承外环的内径小于箱体靠肩孔径,如右图所示 |

续表二

| 序号 | 不良结构 | 良好结构 | 说　明 |
|------|----------|----------|--------|
| 9 | 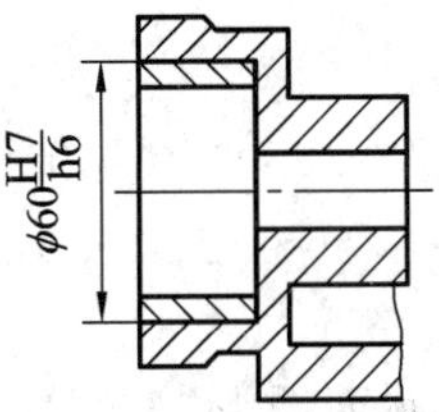 $\phi60\dfrac{H7}{h6}$ | 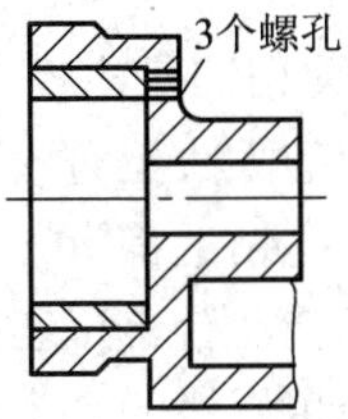 3个螺孔 | 　衬套以较大的力压入机体，左图中结构使拆卸更换衬套比较困难。可在机体上设计 3 个均布的螺钉孔，用螺钉顶出衬套，见右图 |
| 10 | 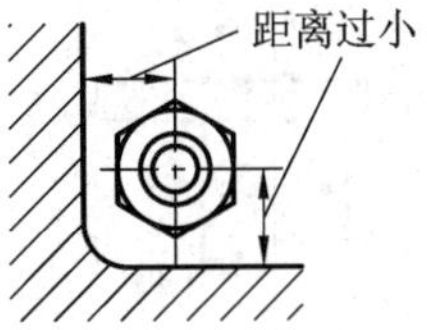 距离过小 | 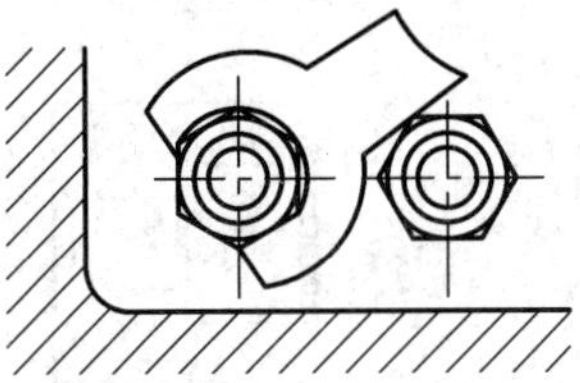 | 　左图所示螺钉位置距机壁太近，无法使用扳手，改进后，扳手活动空间增大，便于拧紧或松开螺钉 |
| 11 | 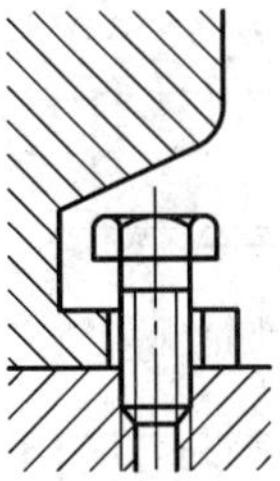 | 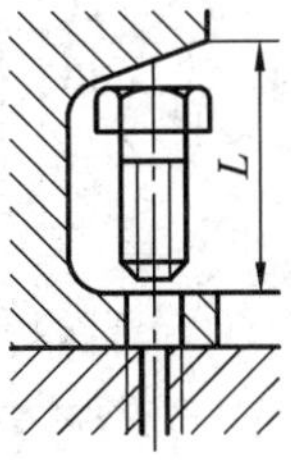 $L$ | 　左图所示空间小于螺钉长度，无法装入螺钉 |
| 12 | 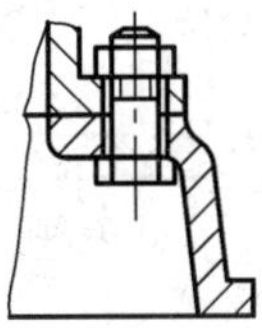 | 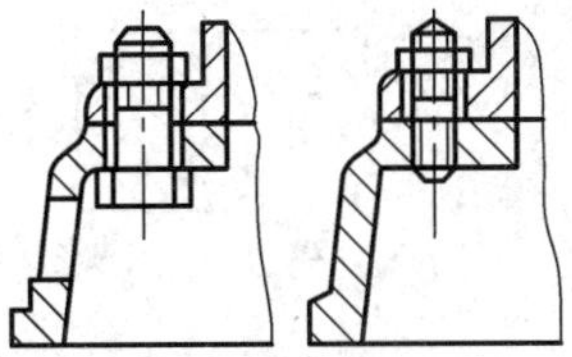 | 　左图所示连接机体和底座的螺栓安装困难，若结构允许，可在底座上设计出装螺栓的工艺孔，或在底座上加工螺纹孔，用螺柱连接两配合件 |
| 13 | 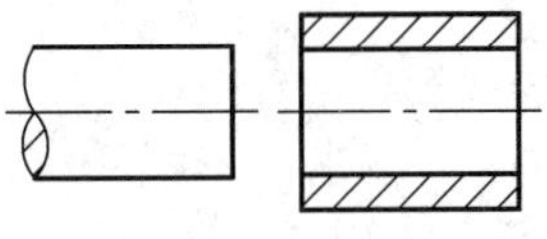 | 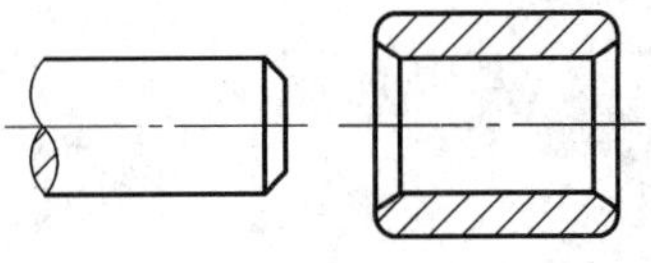 | 　轴、孔配合较紧时，左图所示装配不方便，应在轴、孔端部设计出倒角结构 |

# 复习与思考题七

7-1　何谓零件结构的切削加工工艺性？生产中有何意义？

7-2　为什么有的定位锥销的大头上有一个螺孔？

7-3　为什么锥柄钻头和扩孔钻上都有一个扁尾？

7-4　试举几个实例说明工艺凸台、工艺孔的作用。

7-5　试举出需要退刀槽、越程槽的几个实例，并绘图说明理由。

7-6　为什么在同一方向上，两配合件只能有一对配合表面？

7-7　图 7-3 所示的零件结构工艺性是否合理？若不合理，试绘图改进并说明理由。

| 攻螺纹 | 车内螺纹 | 铣上平面 |
|---|---|---|
| 铣内凹面 | 三联齿轮插齿 | 齿轮轴滚齿 |
| 滑套铣端面 | 轮毂钻孔攻螺纹 | 箱体镗孔 |

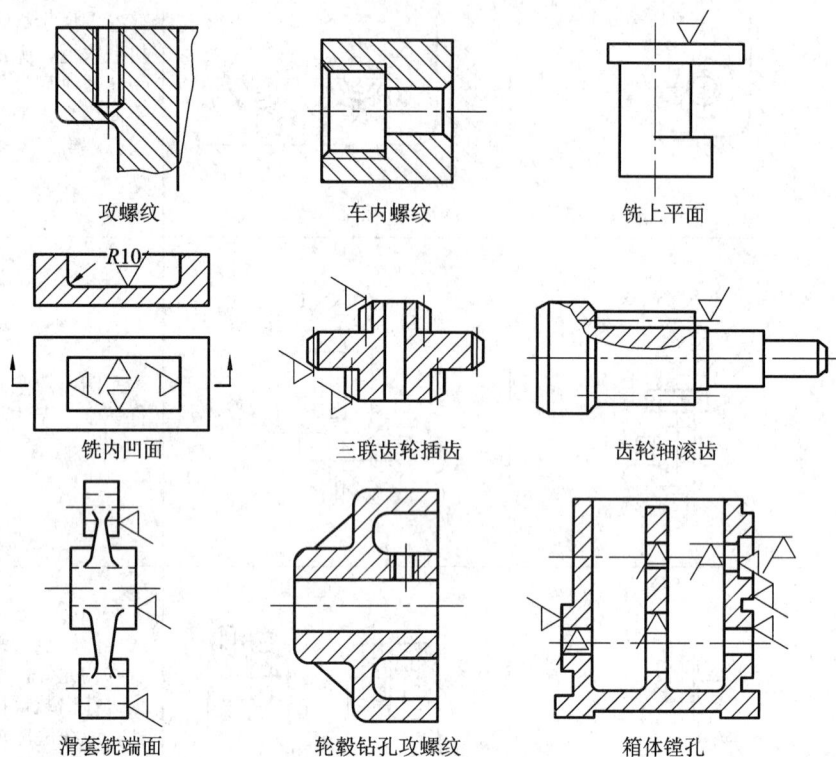

图 7-3　零件的结构工艺性

# 项目8　铣 削 加 工

## 8.1　铣　　床

　　铣削加工是在铣床上用旋转的多刃刀具(铣刀)对工件进行切削加工的一种方法。铣削的适用范围很广，在铣床上可以铣削平面(水平面、垂直面)、台阶面、沟槽、成形面、螺旋槽、分度零件(齿轮、链轮、花键轴……)、切断以及刻线等，如图8-1所示。

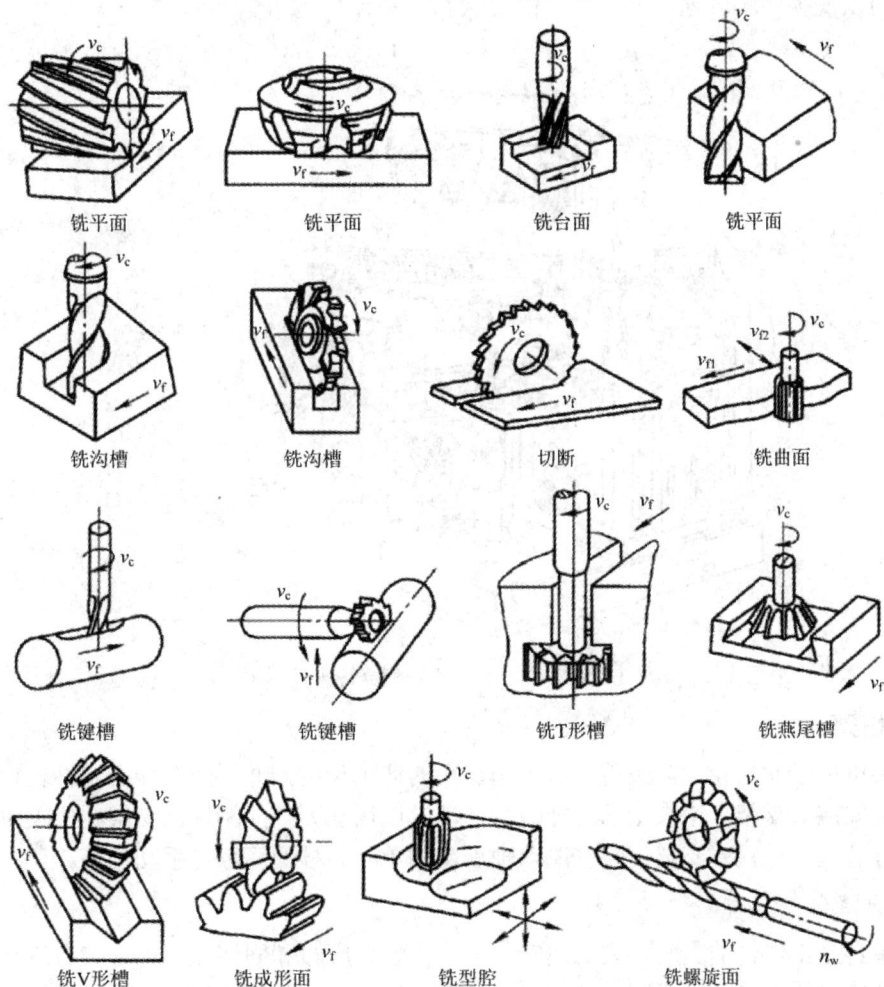

铣平面　　　　　铣平面　　　　　铣台面　　　　　铣平面

铣沟槽　　　　　铣沟槽　　　　　切断　　　　　铣曲面

铣键槽　　　　　铣键槽　　　　　铣T形槽　　　　铣燕尾槽

铣V形槽　　　　铣成形面　　　　铣型腔　　　　铣螺旋面

图 8-1　常见的铣削加工工艺类型

　　此外，在铣床上还可以安装孔加工刀具，如钻头、铰刀和搅刀来加工工件上的孔。一般铣刀是多齿刀具，铣削时可采用较大的铣削深度和进给量，因此，铣削是一种生产率比较高的加工方法。

　　但是，铣削时切削力较大，而且切削力的变化也比较大，因此，要求铣床有较大的功率，还要求铣床和夹具有较好的刚性。一般来说，铣削属于粗加工和半精加工的范畴。

## 8.1.1　铣床的组成

　　X6132 型万能升降台铣床由下列部分组成(见图 8-2)。

### 1. 床身

　　床身是铣床的主体，用来安装和连接铣床的其他部件，如主轴、升降台、横梁、主电动机以及主传动变速机构等。床身的前壁有燕尾形的垂直导轨，供升降台上下移动导向用；床身的上部有燕尾形水平导轨，供横梁前后移动导向用；床身的后面装有主电动机，通过安装在床身内部的主传动装置和变速操纵机构使主轴旋转；床身的左侧壁上有一手柄和转速盘，用以变换主轴转速。变速应在停车状态下进行。

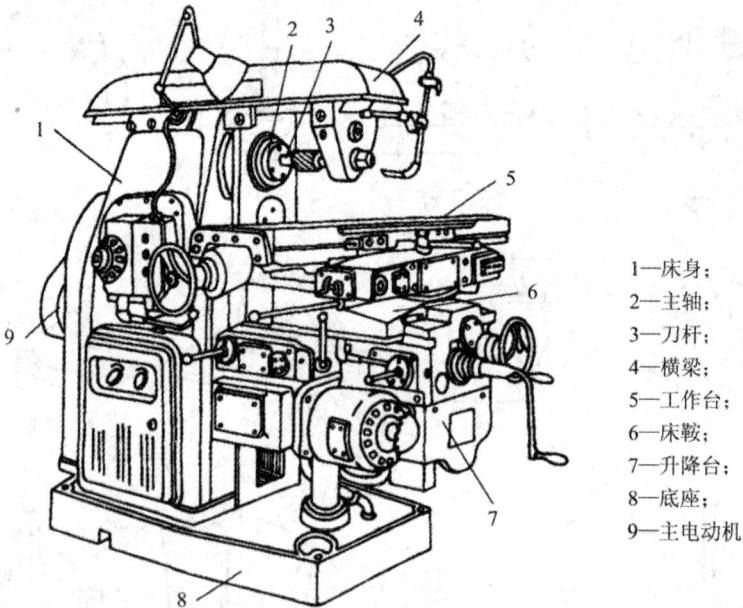

1—床身；
2—主轴；
3—刀杆；
4—横梁；
5—工作台；
6—床鞍；
7—升降台；
8—底座；
9—主电动机

图 8-2　X6132 型万能升降台铣床外形图

### 2. 横梁

　　横梁可以借助齿轮、齿条前后移动调整它的伸出长度，并用两个偏心螺杆机构夹紧。在横梁上安装着支架，用来支承刀杆的悬伸端，以增加刀杆的刚性。支架的位置可以根据需要进行调整并锁紧。支架内装有滑动轴承，轴承与刀杆的间隙可手动调整。

### 3. 升降台

　　升降台是工作台的支座。它上面安装着工作台、床鞍和回转盘，内部装有进给电动机和进给变速机构，以使升降台、工作台、床鞍做进给运动和快速移动。升降台前面左下角有一蘑菇形手柄,用以变换进给速度。变速允许在机床运行中进行。

升降台和床鞍的机动操纵是靠升降台左侧的手柄来控制的。操纵手柄有两个,它们是联动的,以适应操作工人在不同的位置上方便地操纵机床。手柄有向上、向下、向前、向后及停止 5 个工作位置,其扳动方向与工作台进给方向一致。

### 4. 床鞍

床鞍安装在升降台的横向水平导轨上,可沿平行于主轴轴线的方向(横向)移动,使工作台做横向进给运动。安装在工作台上的工件通过工作台、床鞍和升降台在三个互相垂直方向上的移动来满足加工的要求。

### 5. 回转盘

回转盘在工作台和床鞍之间,它可以带动工作台绕床鞍的圆形导轨中心在水平面内转动±45°,以便铣削螺旋槽等特殊表面。

### 6. 工作台

工作台安装在回转盘的纵向水平导轨上,可沿垂直于或交叉于(当工作台被扳转角度时)主轴轴线的方向移动,使工作台做纵向进给运动。工作台的台面上有三条 T 形槽,用来安装压板螺柱,以固定夹具或工件。工作台前侧面有一条小 T 形槽,用来安装行程挡块。工作台的机动操纵手柄也有两个,分别在回转盘的中间和左下方。操纵手柄有向左、向右及停止三个工作位置,其扳动方向与工作台进给方向一致。工作台的台面宽度是标志铣床规格的主要参数。

### 7. 主轴

主轴用来安装铣刀或者通过刀杆来安装铣刀,并带着它们一起旋转,以便切削工件。铣床主轴是一根空心轴,用以通过拉杆,前端有锥度为 7∶24 的精密锥孔,用来安装刀具或刀杆的锥柄部分,起定心作用[见图 8-3(a)]。主轴前端有精密的外圆柱面和端面,用来安装大直径的面铣刀[见图 8-3(b)]。在主轴的前端面上装有两个端面键,与刀杆或面铣刀的键槽配合以传递转矩。

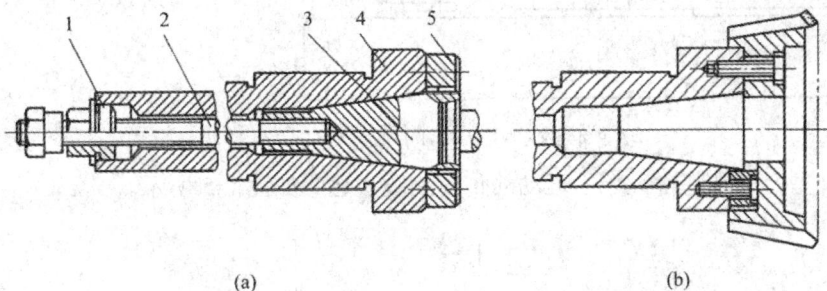

(a)                                        (b)

1—锁紧螺母;2—拉杆;3—刀杆;4—主轴;5—端面键

图 8-3 铣床主轴

## 8.1.2 铣床的运动

### 1. 主运动

铣床的主运动是主轴的旋转运动。X6132 型万能升降台铣床的传动系统如图 8-4 所示,由 7.5 kW、1450 r/min 的主电动机驱动，经 $\phi$150 mm/$\phi$290 mm 的 V 带传动，再经 II-III 轴间的三联滑移齿轮变速组、III-IV 轴间的三联滑移齿轮变速组和 IV-V 轴间的双联滑移齿轮变速组使主轴获得 $3 \times 3 \times 2 = 18$ 级转速，转速范围为 30～1500 r/min。主轴旋转方向的改变由主电动机正、反转实现。主轴的制动由电磁制动器 M 来控制。

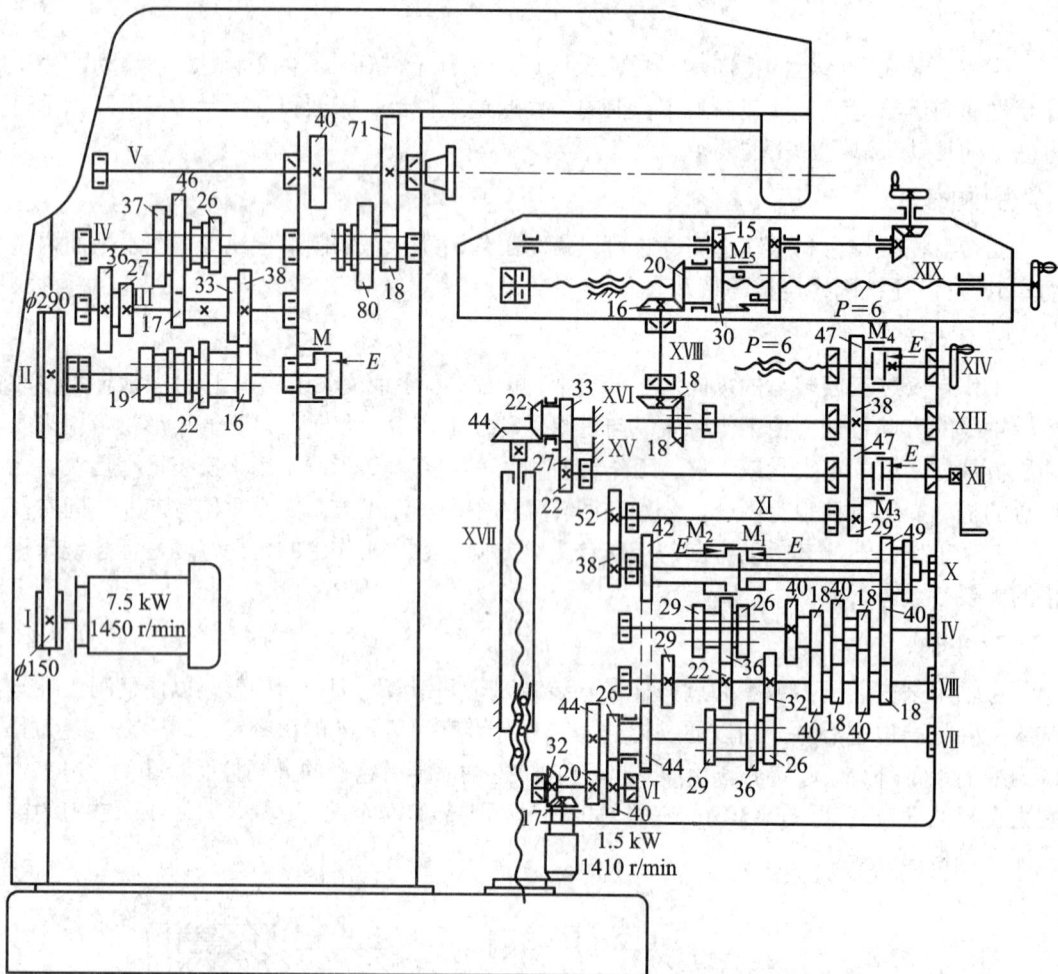

图 8-4　X6132 型万能升降台铣床传动系统

X6132 型万能升降台铣床主运动的传动路线表达式如图 8-5 所示。

$$\text{主电动机-I} - \frac{\phi150\,\text{mm}}{\phi290\,\text{mm}} - \text{II} - \begin{bmatrix} \dfrac{19}{36} \\[4pt] \dfrac{22}{33} \\[4pt] \dfrac{16}{38} \end{bmatrix} - \text{III} - \begin{bmatrix} \dfrac{27}{37} \\[4pt] \dfrac{17}{46} \\[4pt] \dfrac{38}{26} \end{bmatrix} - \text{IV} - \begin{bmatrix} \dfrac{80}{40} \\[4pt] \dfrac{18}{71} \end{bmatrix} - \text{主轴V}$$

图 8-5　X6132 型万能升降台铣床主运动的传动路线

## 2. 进给运动

铣削中，铣床工作台相对铣刀的缓慢移动为进给运动。X6132 型万能升降台铣床工作台在相互垂直的三个方向做进给运动。如图 8-4 所示，它由 1.5 kW、1410 r/min 的进给电动机驱动，经锥齿轮副 17/32 传至轴Ⅵ，经齿轮副 20/44 传至轴Ⅶ，再经Ⅶ-轴间和Ⅷ-Ⅸ轴间两组三联滑移齿轮变速组以及Ⅷ-Ⅸ轴间的曲回机构，经离合器 $M_1$ 将运动传至 X 轴。X 轴的运动经电磁离合器 $M_3$、$M_4$ 以及端面齿离合器 $M_5$ 的不同接合，使工作台获得垂向、横向和纵向三个方向的进给运动。

### 3. 辅助运动

工作台带动工件快速接近铣刀的运动是铣床的辅助运动。X6132 型万能升降台铣床的工作台、床鞍以及升降台均有快速移动，是由进给电动机驱动，经锥齿轮副 17/32 传至轴Ⅵ，经齿轮副 40/26、44/42 并经电磁离合器 $M_2$ 将运动传至 X 轴，使 X 轴快速旋转，经齿轮副 38/52 传出，即可利用离合器 $M_3$、$M_4$、$M_5$ 接通垂向、横向和纵向的快速移动。快速移动的方向变换由进给电动机的正、反转来实现。

X6132 型万能升降台铣床进给运动及快速移动传动路线表达式如图 8-6 所示。

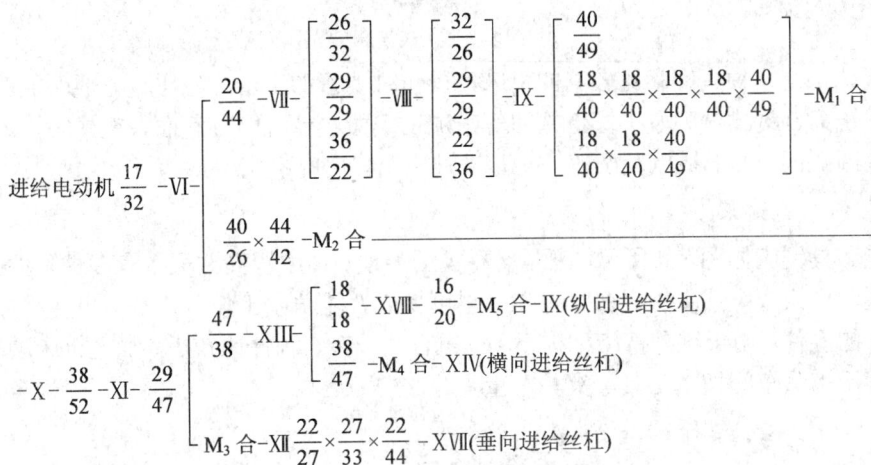

$$
进给电动机 \frac{17}{32} \text{-Ⅵ-} \left[ \begin{array}{l} \frac{20}{44} \text{-Ⅶ-} \left[ \begin{array}{l} \frac{26}{32} \\ \frac{29}{29} \\ \frac{36}{22} \end{array} \right] \text{-Ⅷ-} \left[ \begin{array}{l} \frac{32}{26} \\ \frac{29}{29} \\ \frac{22}{36} \end{array} \right] \text{-Ⅸ-} \left[ \begin{array}{l} \frac{40}{49} \\ \frac{18}{40}\times\frac{18}{40}\times\frac{18}{40}\times\frac{18}{40}\times\frac{40}{49} \\ \frac{18}{40}\times\frac{18}{40}\times\frac{40}{49} \end{array} \right] \text{-}M_1 \text{合} \\ \\ \frac{40}{26}\times\frac{44}{42} \text{-}M_2 \text{合} \end{array} \right.
$$

$$
\text{-X-} \frac{38}{52} \text{-Ⅺ-} \frac{29}{47} \left[ \begin{array}{l} \frac{47}{38} \text{-XⅢ-} \left[ \begin{array}{l} \frac{18}{18} \text{-XⅧ-} \frac{16}{20} \text{-}M_5 \text{合-Ⅸ(纵向进给丝杠)} \\ \frac{38}{47} \text{-}M_4 \text{合-XⅣ(横向进给丝杠)} \end{array} \right. \\ \\ \text{-}M_3 \text{合-XⅡ} \frac{22}{27}\times\frac{27}{33}\times\frac{22}{44} \text{-XⅦ(垂向进给丝杠)} \end{array} \right.
$$

图 8-6　X6132 型万能升降台铣床进给运动及快速移动传动路线

## 8.1.3　常见铣床的种类与型号的含义

### 1. 常见铣床的种类

前面我们了解了卧式万能升降台铣床的组成，它因有回转盘而被称为卧式万能升降台铣床，而没有回转盘的就称为卧式升降台铣床。生产中常见的铣床除了以上两种以外，常用的还有：

#### 1) 立式铣床

立式铣床与卧式铣床的不同之处，是主轴与工作台台面垂直，呈立式布置(见图 8-7)。按照铣头与床身的关系又有两种结构形式：一种铣头与床身做成一个整体，另一种铣头与床身不是一体。根据加工的需要，可以将铣头扳转一个角度，使主轴与工作台面成一定角度。

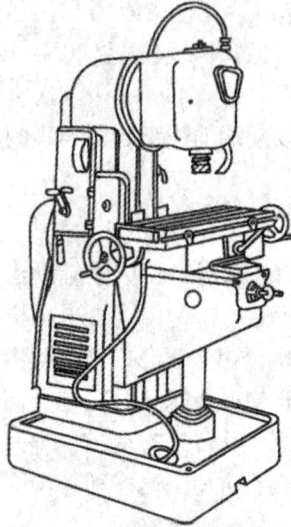

图 8-7　立式铣床

立式铣床是一种生产率比较高的机床，操作时观察加工情况也比较方便，能够安装面铣刀、立铣刀、键槽铣刀及半圆键铣刀等来加工平面、台阶面、斜面、键槽等，还可以加工内、外圆弧面，T 形槽以及凸轮。它是一种应用很广的机床。

2) 万能工具铣床

万能工具铣床如图 8-8 所示，它是一种灵活方便、精度较高并配备有多种附件的机床。其立式主轴可换成卧式主轴，水平工作台也可换成万能角度工作台，从而方便地加工多种形状复杂的零件。由于这种铣床结构小巧、组合面较多、刚性比较小，加之机床功率不大，主要适用于工具车间切削工具、夹具、量具等。

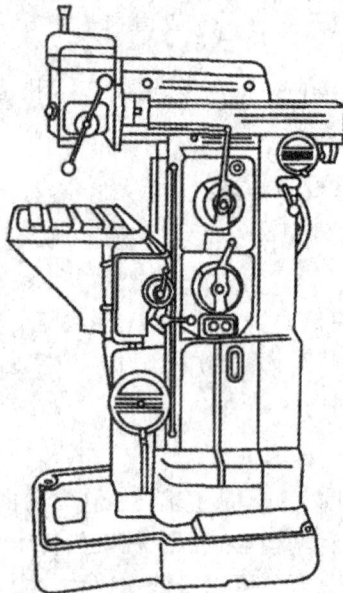

图 8-8　万能工具铣床

### 3) 龙门铣床

龙门铣床如图 8-9 所示。它呈龙门式结构，刚性大、功率大，主要用于成批生产大、中型零件的平面加工。由于在其两侧立柱及横梁上分别装有铣削动力头，工作台台面大、行程长，因此，它可以安装多把铣刀，同时铣削多个工件，生产率很高。

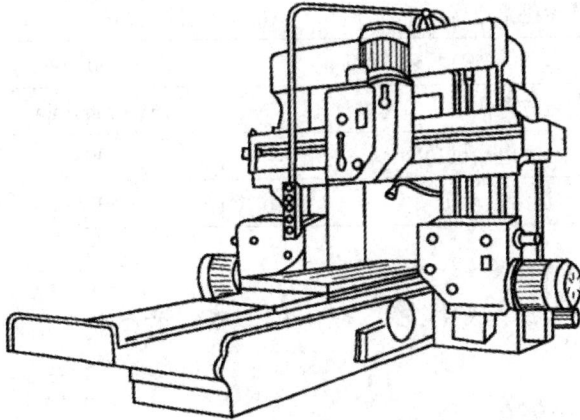

图 8-9 龙门铣床

### 2. 铣床型号的含义

生产中常见的 X6132 型万能升降台铣床的型号是按国家标准《金属切削机床型号编制方法》(GB/T 15375—2008)编制的，其含义如图 8-10 所示。

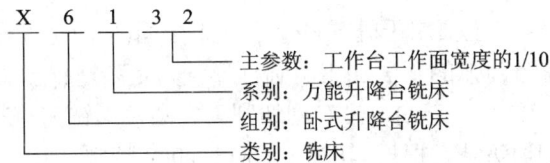

X 6 1 3 2
主参数：工作台工作面宽度的1/10
系别：万能升降台铣床
组别：卧式升降台铣床
类别：铣床

图 8-10 X6132 型万能升降台铣床的型号含义

金属切削机床型号编制方法

X6132 型万能升降台铣床的主要技术规格与参数见表 8-1。

**表 8-1 X6132 型万能升降台铣床的主要技术规格与参数**

| 序号 | 技 术 规 格 | 技术参数 | 备 注 |
|---|---|---|---|
| 1 | 工作台的工作面积(宽×长) | 320 mm×1250 mm | — |
| 2 | 工作台最大机动行程长度：纵向 | 860 mm | — |
| 3 | 工作台最大机动行程长度：横向 | 240 mm | — |
| 4 | 工作台最大机动行程长度：垂直方向 | 300 mm | — |
| 5 | 主轴锥孔锥度 | 7：24 | — |
| 6 | 主轴轴线与工作台面间的距离：最大 | 350 mm | — |
| 7 | 主轴轴线与工作台面间的距离：最小 | 30 mm | — |
| 8 | 主轴转速 | 30～1500 r/min | 18 级 |

| 序号 | 技 术 规 格 | 技术参数 | 备 注 |
|---|---|---|---|
| 9 | 工作台进给速度：纵向 | 10～1000 mm/min | 21 级 |
| 10 | 工作台进给速度：横向 | 10～1000 mm/min | 21 级 |
| 11 | 工作台进给速度：垂直方向 | 3.3～333 mm/min | 21 级 |
| 12 | 纵向、横向快速移动速度 | 2300 mm/min | — |
| 13 | 垂直方向快速进给速度 | 766.6 mm/min | — |
| 14 | 主电动机功率 | 7.5 kW | — |
| 15 | 进给电动机功率 | 1.5 kW | — |

# 8.2　铣　削　方　法

## 8.2.1　铣刀的种类与选用

铣刀的种类很多，一般由专业工具厂生产。由于铣刀的形状比较复杂，尺寸较小的往往用高速钢做成整体式结构；尺寸较大的铣刀一般做成镶齿结构，刀齿为高速钢或硬质合金，刀体则为中碳钢或者合金结构钢，从而节约刀具材料。常用的铣刀有下述几种：

### 1. 圆柱形铣刀

圆柱形铣刀(见图 8-11)主要用于卧式铣床上加工平面(平面宽度不大于 160 mm)，特别适合于狭长平面和收尾带圆弧的平面加工。圆柱形铣刀是高速钢整体式结构，仅在圆柱表面上有螺旋切削刃($\beta = 30°\sim45°$)，没有副切削刃。圆柱形铣刀有粗齿($z$ 为 6、8、10)和细齿($z$ 为 8、10、12、14)两种。根据 GB/T 1115.1—2002 规定，其直径有 50 mm、63 mm、80 mm、100 mm 等 4 种规格。

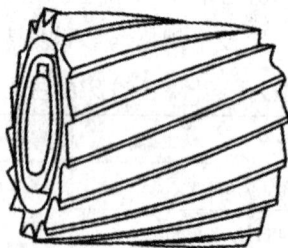

图 8-11　圆柱形铣刀

### 2. 三面刃铣刀

三面刃铣刀(见图 8-12)主要用于卧式铣床上加工凹槽和台阶面。三面刃铣刀除圆周具有主切削刃外，两侧面也有副切削刃，从而改善了切削情况，提高了切削效率。

圆柱形铣刀第 1
部分：形式和尺寸

圆柱形铣刀第 2
部分：技术条件

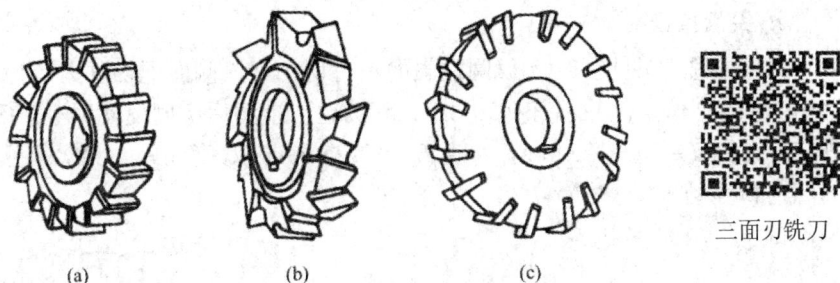

图 8-12 三面刃铣刀

(a) 直齿三面刃铣刀；(b) 错齿三面刃铣刀；(c) 镶齿三面刃铣刀

按照刀齿的排列方式，三面刃铣刀可分为直齿和错齿两种。

直齿三面刃铣刀圆周切削刃的整个宽度同时参加切削，因此，每个刀齿在切入和切出工件时，切削力的变化比较大，使铣削不平稳。此外两侧刃的前角为零，所以切削条件较差。不过这种铣刀的制造和刃磨比较方便。

错齿三面刃铣刀的刀齿一齿左斜、一齿右斜地交错排列，从而改善了切削条件，克服了直齿三面刃铣刀的不足，具有切削平稳、排屑容易和容屑槽大等特点，目前应用较广。

GB/T 6119—2012 规定，直齿三面刃铣刀直径 $D = 50\sim200$ mm，宽度 $L = 4\sim40$ mm；错齿三面刃铣刀 $\beta = 10°\sim15°$，$D = 50\sim200$ mm，$L = 4\sim40$ mm。

### 3. 立铣刀

立铣刀(见图 8-13)主要用于立式铣床上加工凹槽、台阶面以及按靠模加工成形表面。立铣刀圆柱面上的切削刃为主切削刃，端面上的切削刃是副切削刃，工作时不能沿着铣刀轴线方向做进给运动。

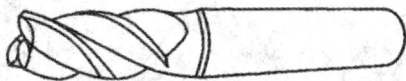

图 8-13 立铣刀

立铣刀多为带柄刀具，按柄部形状分为：直径 $d = 2\sim71$ mm 的直柄立铣刀(GB/T 6117.1—2010)，直径 $d = 6\sim63$ mm 的莫氏锥柄立铣刀(GB/T 6117.2—2010)，直径 $d = 25\sim80$ mm 的 7：24 锥柄立铣刀(GB/T 6117.3—2010)。它们又分为粗齿、中齿与细齿三种。

### 4. 键槽铣刀

键槽铣刀(见图 8-14)主要用于加工轴上的圆头封闭键槽，其外形与立铣刀相似。键槽铣刀有两个螺旋刀齿，在圆柱面和端面上都有切削刃。它与立铣刀的主要差别是键槽铣刀的端面切削刃延至中心，工作时能沿其轴线做进给运动。

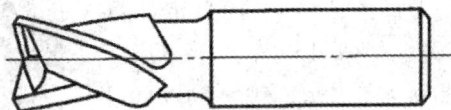

图 8-14 键槽铣刀

国家标准(GB/T 1112—2012)规定，直径 $d = 2\sim20$ mm 为直柄键槽铣刀，直径 $d = 14\sim50$ mm 为莫氏锥柄键槽铣刀。

### 5. 尖齿槽铣刀

尖齿槽铣刀(见图 8-15)仅圆柱表面上有切削刃，侧面无切削刃。为减少摩擦，两侧面磨出 1°的副偏角，并留有 0.5~1.2 mm 棱边，重磨后宽度变化很小。GB/T 1119.2—2002 规定，直径 $d$ = 50~125 mm，宽度 $L$ = 4~25 mm，宽度偏差为 k8，可用于加工 H9 级左右的凹槽和键槽。

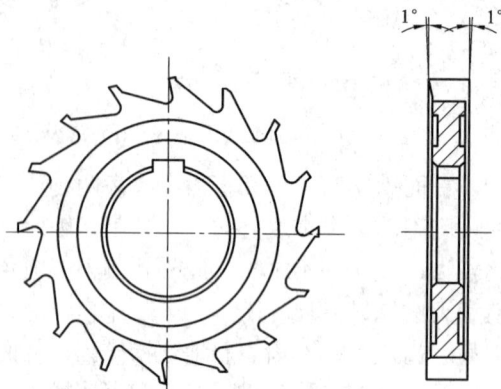

尖齿槽铣刀 第 2
部分：技术条件

图 8-15　尖齿槽铣刀

### 6. 角度铣刀

角度铣刀(见图 8-16)用来加工带有角度的沟槽和小斜面，特别是加工多齿刀具的容屑槽。它分为单角铣刀和双角铣刀两种，双角铣刀又分为对称双角铣刀和不对称双角铣刀(按两切削刃夹角的顶点是否在铣刀中心来区分)。

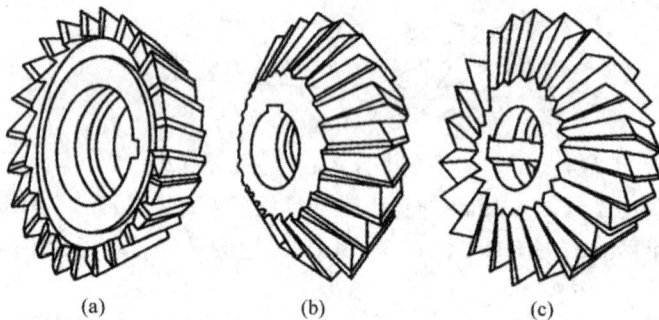

(a)　　　　　　　(b)　　　　　　　(c)

图 8-16　角度铣刀

(a) 单角铣刀；(b) 对称双角铣刀；(c) 不对称双角铣刀

国家标准规定，单角铣刀直径 $d$ = 40~100 mm，两切削刃夹角为 18°~90°，有 15 种规格 (GB/T 6128.1—2007)；不对称双角铣刀直径 $d$ = 40~100 mm，夹角为 50°~100°，有 9 种规格(GB/T 6128.1—2007)；对称双角铣刀直径 $d$ = 50~100 mm，夹角为 18°~90°，有 9 种规格(GB/T 6128.2—2007)，供生产中选用。

角度铣刀 第 1
部分：单角和不
对称双角铣刀

角度铣刀 第 2
部分：对称双角
铣刀

### 7. 重磨式硬质合金面铣刀

硬质合金面铣刀是目前高速铣削平面时用得最多的一种铣刀，可以用于立式铣床，也可以用于卧式铣床。重磨式硬质合金面铣刀可分为整体刃磨式和体外刃磨式。

图 8-17 所示是一种整体刃磨式面铣刀。它先通过斜楔将刀齿夹紧在铣刀刀体上(也可采用螺钉或压板夹紧)，再将整个铣刀装夹在专用磨床上进行刃磨。这种刃磨方式比较容易控制铣刀的端面圆跳动和径向圆跳动，对刀齿和刀体槽的制造精度要求不高，但是装卸铣刀费时、费力。

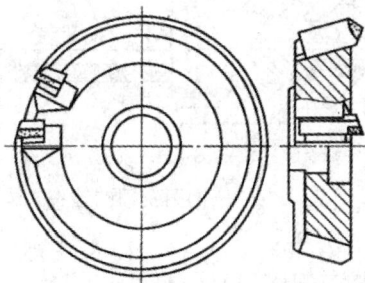

图 8-17　整体刃磨式面铣刀

另一种是体外刃磨式面铣刀，当其刀齿磨损后，不必将很重的刀体从机床主轴前端卸下来，而只需将磨钝的刀齿从刀体上卸下来，用专用夹具在工具磨床上单独刃磨，然后在刀体上调整每个刀齿刀尖和切削刃的位置，保证径向圆跳动和端面圆跳动在规定的范围内。这种方式不需要专用磨床，刃磨方便，可按各刀齿的磨损程度来磨，刃磨质量好。但缺点是调整费时，刀体结构复杂，对制造精度要求较高。

### 8. 可转位面铣刀

可转位面铣刀(见图 8-18)是直接把可转位硬质合金刀片夹固在刀体上，切削刃磨钝后不再重磨，而是把刀片转过一个角度再使用另一个切削刃。使用可转位面铣刀不但容易保证刀齿的径向圆跳动和端面圆跳动，更重要的是刀片不存在焊接时所产生的内应力和细小裂纹，因而可采用较大的切削速度和进给量，以提高生产率，同时也节约了刃磨的辅助时间。不过这种铣刀刀体的结构很复杂，对精度要求也非常高。

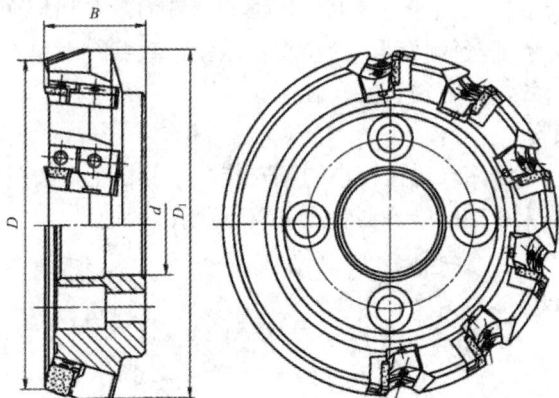

图 8-18　可转位面铣刀

其他还有 T 形槽铣刀、齿轮盘铣刀、半圆键槽铣刀、锯片铣刀及成形铣刀等。

## 8.2.2　铣刀的装夹

### 1. 带孔铣刀的装夹

圆柱形铣刀、三面刃铣刀、角度铣刀、半圆铣刀、齿轮盘铣刀以及锯片铣刀都是带孔铣刀，一般多采用长刀杆装夹，如图 8-19 所示。

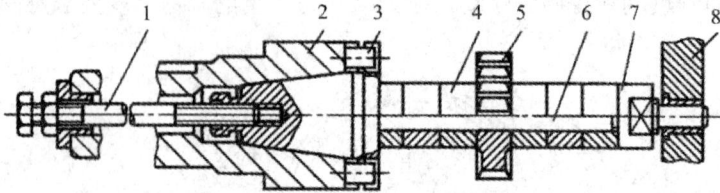

1—拉杆；2—主轴；3—端面键；4—套筒；5—铣刀；6—刀杆；7—螺母；8—支架

图 8-19　三面刃铣刀的装夹

用长刀杆装夹带孔铣刀时应注意：

(1) 根据铣刀的孔径选择相应规格的刀杆。

(2) 擦净主轴的锥孔和刀杆锥柄，然后用拉杆把刀杆拉紧在主轴上。

(3) 铣刀套上刀杆后，应先把支架装好，并调整支架轴承间隙，再拧紧螺母，把铣刀压紧；而不应在未装支架时就拧紧螺母，以防刀杆受力弯曲。

(4) 在不影响加工的情况下，应尽可能使铣刀靠近铣床主轴，并使支架尽可能靠近铣刀，以增加刚性。

(5) 刀杆上套筒的两端面必须保持平行、清洁，不得有磕碰毛刺或者黏有切屑、污物，以免把铣刀夹歪，或者把刀杆挤弯。

(6) 在装夹铣刀时应当注意，铣刀的刃口必须和主轴旋转方向一致，否则不但无法切削，而且会损坏铣刀。

(7) 铣刀装好后，可用手反向转动主轴，借助百分表来检验铣刀的径向圆跳动或轴向圆跳动。一般铣刀的径向或轴向圆跳动不应超过 0.05 mm。如果超差，一方面会使加工表面的质量变差，另一方面会使铣刀部分刀齿负荷加重，加剧磨损。此时应检查各有关部分是否已擦干净，例如，主轴锥孔和刀杆的锥体部分，铣刀内孔和端面，各套筒的端面以及刀杆的外圆等处。同时可把套筒转动一个位置再压紧，直到跳动量在允许范围之内为止。如为系刀杆弯曲过大所致，则应校直后再使用。

(8) 最后将横梁锁紧。

另一类带孔铣刀是面铣刀，直径较小的可安装在短刀杆上，如图 8-20 所示；大直径的面铣刀则直接装夹在铣床主轴的端部，如图 8-3(b)所示。

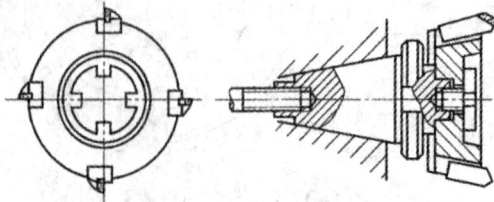

图 8-20　面铣刀的装夹

**2. 带柄铣刀的装夹**

立铣刀、键槽铣刀、半圆键槽铣刀以及 T 形槽铣刀等都是带柄铣刀。柄部形状有锥柄和直柄两种。

1) 锥柄铣刀的装夹

锥柄铣刀的安装如图 8-21(a)所示。根据铣刀锥柄的锥度，选择合适的变径套，将各配合表面擦净，然后用拉杆把铣刀及变径套一起拉紧在主轴上。

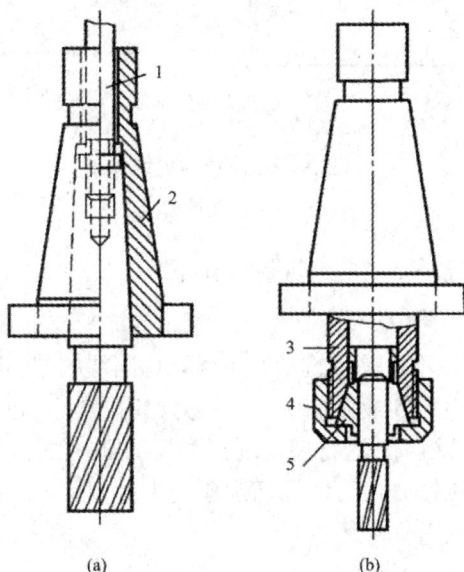

(a)                              (b)

1—拉杆；2—变径套；3—夹头体；4—螺母；5—弹簧套

图 8-21  带柄铣刀的装夹

(a) 锥柄铣刀的装夹；(b) 直柄铣刀的装夹

2) 直柄铣刀的装夹

直柄铣刀多为小直径铣刀，一般采用弹簧夹头进行装夹，如图 8-21(b)所示。铣刀的直柄插入弹簧套的孔中，用螺母压紧弹簧套的端面，使弹簧套的外锥面受压而孔径缩小，从而将铣刀抱紧。弹簧套上有三个开口，故受力时能变形收缩。弹簧套有多种孔径，以适应各种规格尺寸的铣刀。

带柄铣刀装夹好后，也可使用百分表检验它的径向圆跳动。如果超差，应检查各有关部分是否干净，对于直柄铣刀，还可以把铣刀转过一个角度再夹紧，直到误差值在允许范围以内为止。

## 8.2.3  铣削方式

**1. 顺铣和逆铣**

用圆柱形铣刀加工平面时，有两种铣削方式，即顺铣和逆铣。如图 8-22(a)所示，铣刀旋转切入工件的方向与工件的进给方向相反，这种铣削方式称为逆铣；如图 8-22(b)所示，铣刀旋转切入工件的方向与工件的进给方向相同，这种铣削方式称为顺铣。

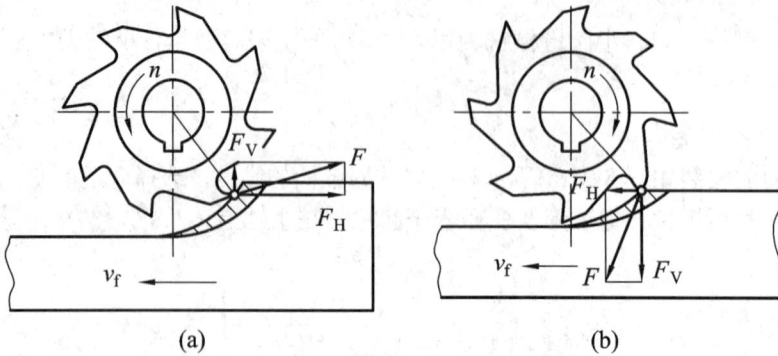

图 8-22　顺铣和逆铣

(a) 逆铣；(b) 顺铣

逆铣和顺铣的切削情况是不同的，现比较如下。

1) 铣削厚度的变化

从图 8-22 中可以看出，不论是顺铣还是逆铣，切削层的截面形状都是一样的。在逆铣时，每个刀齿的切削厚度由零到最大，切削刃在开始时不能立刻切入工件，而是挤压待加工表面，在其上滑移一小段距离。这将使切削刃磨损加剧，工件已加工表面冷硬现象严重，从而影响工件表面质量。顺铣时，刀齿的切削厚度由最大到零，没有逆铣的缺点，但它不适合于加工有硬皮的铸件或锻件毛坯。

2) 切削力的方向

如图 8-22 所示，逆铣时，作用于工件上的垂直切削分力 $F_V$ 是向上的，有把工件从工作台上抬起来的趋势，影响工件的夹紧，同时也容易产生振动，从而在已加工表面上产生振纹，使表面粗糙度值变大。顺铣时，垂直切削分力 $F_V$ 向下，对工件的夹紧比较有利，同时也减小了工件的振动。

顺铣时，作用在工作台上的水平切削分力 $F_H$ 的方向与工作台的运动方向一致，有使丝杠和螺母的工作侧面脱离的趋势。由于铣刀的线速度比工作台的移动速度大得多，切削力又是变化的，水平切削分力 $F_H$ 经常会把工件和工作台一起拉动一个距离 $\Delta$[见图 8-23(b)]，这个距离 $\Delta$ 就是丝杠和螺母之间的间隙。工作台这种突然的窜动会使切削不平稳，影响加工质量，甚至发生打刀现象。逆铣时，水平切削分力 $F_H$ 总是使丝杠和螺母在维持进给的那个工作侧面上贴紧[见图 8-23(a)]。因此，丝杠副之间的间隙对铣削过程没有什么影响，各种铣床都可以采用逆铣。

总之，顺铣方式对提高工件的加工质量、提高加工效率以及延长刀具寿命比较有利，但采用顺铣必须满足一定条件：一是工件表面没有"硬皮"，二是进给丝杠副应具有间隙消除机构。否则应采用逆铣方式。

**2. 对称铣和不对称铣**

在立式铣床上用面铣刀铣削平面时，根据铣刀与工件之间的相对位置不同，分为对称铣和不对称铣两种情况。

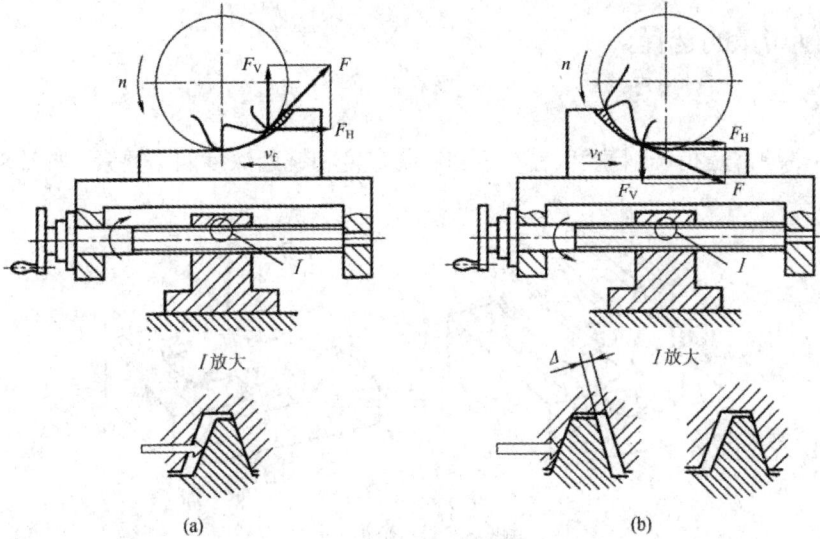

图 8-23　顺铣和逆铣时水平切削分力 $F_H$ 对丝杠副间隙的影响

(a) 逆铣时；(b) 顺铣时

1) 不对称铣削

如图 8-24 所示，工件偏于面铣刀回转中心的一侧时，称为不对称铣削。这时，也有逆铣和顺铣之分。虽然在逆铣时面铣刀的刀齿没有刚切入工件时的滑移现象，但是用面铣刀顺铣同样会使工作台沿着进给方向窜动，造成不良后果。因此，在不对称铣削时，如铣床工作台的纵向进给丝杠副无间隙调整装置，则应采用逆铣方式，即工件相对于铣刀的位置应使逆铣部分大于顺铣部分。

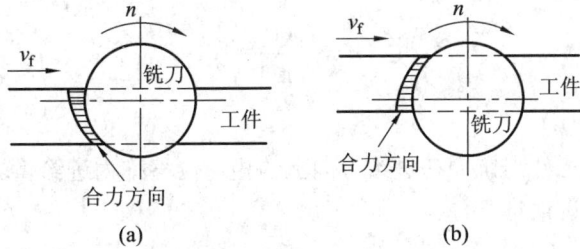

图 8-24　不对称铣削

(a) 逆铣；(b) 顺铣

2) 对称铣削

铣刀轴线与工件的对称中心线重合时，称为对称铣削（见图 8-25）。这时，每一刀齿的切削过程有一半是逆铣，一半是顺铣，两者作用刚好抵消，所以在铣削过程中不会产生工作台的纵向窜动现象。但是，这时作用在工件上的平行于横向进给方向的切削分力比较大，工作台会因横向进给丝杠副的间隙而产生窜动，从而引起振动，故铣削时必须将工作台的横向部件锁紧。

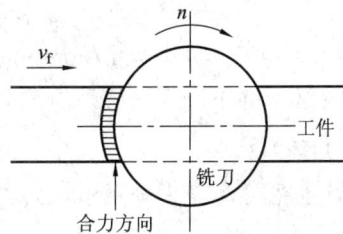

图 8-25　对称铣削

### 8.2.4　铣削用量的选择

#### 1. 铣削用量

铣削用量通常是指铣削速度、进给量、铣削宽度和铣削深度四个要素，如图 8-26 所示。

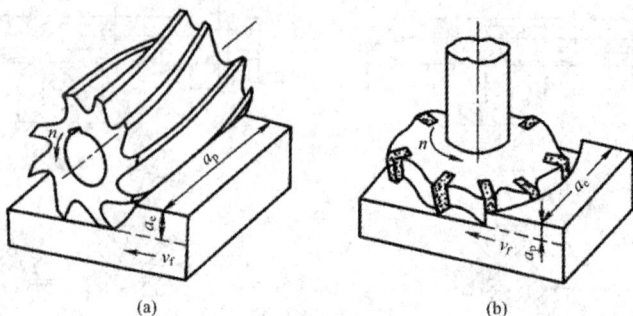

图 8-26　铣削四要素

(a) 圆周铣；(b) 端面铣

1) 铣削速度

铣削速度是指铣刀刀齿的线速度，即

$$v_c = \frac{\pi D n}{1000}$$

式中：$v_c$——铣削速度(m/min)；$D$——铣刀直径( mm)；$n$——铣刀转速(r/min)。

在实际生产中，一般先选择合适的铣削速度，再换算出铣床主轴转速，然后调整铣床。主轴转速按下式计算：

$$n = \frac{1000 v_c}{\pi D}$$

2) 进给量($v_f$、$f$、$f_z$)

在铣削过程中，工件与铣刀在进给方向上的相对位移称为进给量。其表示方法有进给速度、进给量、每齿进给量三种。

(1) 进给速度 $v_f$：工件每分钟相对于铣刀的位移量。机床铭牌所示的为进给速度值。

(2) 进给量 $f$：铣刀每一转相对于工件的位移量。

(3) 每齿进给量 $f_z$：铣刀每转一个齿时相对工件的位移量。它的大小决定着一个刀齿的负荷。

进给速度、进给量、每齿进给量三者的关系为

$$v_f = fn = f_z z n$$

式中：$v_f$——每分钟进给量( mm/min)；$f$——进给量( mm/r)；$f_z$——每齿进给量( mm/z)；$n$——铣刀转速(r/min)；$z$——铣刀齿数。

3) 铣削宽度

铣削宽度 $a_e$ 是指垂直于铣刀轴线方向测量的切削层尺寸，单位是 mm。

4) 铣削深度

铣削深度 $a_p$ 是指平行于铣刀轴线方向测量的切削层尺寸，也称背吃刀量，单位是 mm。

**2. 铣削用量的选择**

在工件的材料及工艺装备已定的情况下，铣削加工时可以控制的参数是铣削速度、进给量、铣削深度和铣削宽度。合理选择这些参数对提高生产率，保证加工精度和表面质量有重要意义。

1) 选择切削用量的原则和顺序

选择切削用量的原则：

(1) 保证刀具有合理的使用寿命，有较高的生产率和较低的生产成本。

(2) 保证加工质量，主要是保证加工表面的精度和表面粗糙度值达到图样要求。

(3) 不超过铣床允许的动力和转矩，不超过工艺系统(机床、工件、刀具和夹具)的刚度和强度，同时又充分发挥它们的潜力。

以上三方面根据情况应有所侧重：一般在粗加工时，应尽可能发挥刀具、机床的潜力和保证合理的刀具寿命；精加工时，则首先要保证加工精度和表面质量，同时兼顾合理的刀具寿命。

选择铣削用量的顺序：在铣削过程中，如果能在一定的时间内切除较多的金属，就有较高的生产率。显然，增大铣削用量的四个要素都能增加金属的切除量。但是，影响刀具寿命最显著的是铣削速度 $v_c$，其次是每齿进给量 $f_z$，而铣削宽度 $a_e$ 和铣削深度 $a_p$ 影响最小。因此，为了保证必要的刀具寿命，应当优先采用较大的铣削宽度或铣削深度，其次是选择较大的每齿进给量 $f_z$，最后才是选择适宜的铣削速度 $v_c$。

2) 铣削宽度 $a_e$ 和铣削深度 $a_p$ 的选择

在铣削加工中，一般是根据工件切削层的尺寸来选择铣刀尺寸的。铣削宽度 $a_e$ 和铣削深度 $a_p$ 是由切削层尺寸决定的。例如，用面铣刀铣削平面时，铣刀直径一般应大于工件的切削层宽度，这样一次进给就可铣出工件的全部切削层宽度，此时铣削宽度 $a_e$ 就等于切削层宽度；在用圆柱铣刀铣平面时，铣刀长度一般应大于工件的切削层宽度，此时铣削深度 $a_p$ 就等于切削层宽度。在有些铣削加工中，铣削宽度和铣削深度同时由切削层尺寸来决定，如 T 形槽的铣削。

根据切削层宽度确定端面铣的铣削宽度 $a_e$ 或圆周铣的铣削深度 $a_p$ 后，铣削深度 $a_p$ 或铣削宽度 $a_e$ 主要根据工件的加工余量和加工表面的表面粗糙度值来确定。加工余量不大时，应尽量一次进给铣去全部加工余量；当对工件的精度要求较高或对表面粗糙度值要求较小时，应分粗铣、精铣。选择铣削宽度 $a_e$ 和铣削深度 $a_p$ 时，可参考表 8-2。

**表 8-2 铣削宽度和铣削深度的选择**

| 工件材料 | 高速钢圆柱铣刀的铣削宽度 $a_e$/mm | | 面铣刀的铣削深度 $a_p$/mm | | | |
|---|---|---|---|---|---|---|
| | | | 高速钢铣刀 | | 硬质合金铣刀 | |
| | 粗铣 | 精铣 | 粗铣 | 精铣 | 粗铣 | 精铣 |
| 铸铁 | 5～7 | 0.5～1 | 5～7 | 0.5～1 | 10～18 | 1～2 |
| 软钢 | <5 | 0.5～1 | <5 | 0.5～1 | <12 | 1～2 |
| 中硬钢 | <4 | 0.5～1 | <4 | 0.5～1 | <7 | 1～2 |
| 硬钢 | <3 | 0.5～1 | <3 | 0.5～1 | <4 | 1～2 |

注：表中数值是经验数据，供参考。生产中应根据具体情况灵活应用，不要受表中数值的限制。

3) 每齿进给量 $f_z$ 的选择

(1) 粗铣时每齿进给量 $f_z$ 的选择。粗铣时，限制每齿进给量 $f_z$ 的是铣削力及铣刀容屑空间的大小，主要应根据铣床进给机构的强度、刀杆尺寸、刀齿强度以及工艺系统的刚度来确定。在强度许可的条件下，每齿进给量 $f_z$ 应尽量取大些。

(2) 精铣时每齿进给量的选择。精铣时，限制每齿进给量 $f_z$ 提高的主要因素是表面质量的要求。为了减小工艺系统的弹性变形和已加工表面残留面积的高度，一般应采用较小的进给量。

不同材料和刀具的每齿进给量 $f_z$ 值可按表 8-3 选取。表中小值用于精铣或铣削深度 $a_p$(或铣削宽度 $a_e$)较大的情况；大值用于粗铣或铣削深度 $a_p$(或铣削宽度 $a_e$)较小的情况。

表 8-3　每齿进给量 $f_z$ 的推荐值( mm/z)

| 工作材料 | 工作硬度 HBW | 硬质合金 | | 高 速 钢 | | | |
|---|---|---|---|---|---|---|---|
| | | 面铣刀 | 三面刃铣刀 | 圆柱铣刀 | 立铣刀 | 面铣刀 | 三面刃铣刀 |
| 低碳钢 | ≈150 | 0.20～0.40 | 0.15～0.30 | 0.12～0.20 | 0.04～0.20 | 0.15～0.30 | 0.12～0.20 |
| | 150～200 | 0.20～0.35 | 0.12～0.25 | 0.12～0.20 | 0.03～0.18 | 0.15～0.30 | 0.10～0.15 |
| 中、高碳钢 | 120～180 | 0.15～0.50 | 0.15～0.30 | 0.12～0.20 | 0.05～0.20 | 0.15～0.30 | 0.12～0.20 |
| | 180～220 | 0.15～0.40 | 0.12～0.25 | 0.12～0.20 | 0.04～0.20 | 0.15～0.25 | 0.07～0.15 |
| | 220～300 | 0.12～0.25 | 0.07～0.20 | 0.07～0.15 | 0.03～0.15 | 0.10～0.20 | 0.05～0.12 |
| 灰铸铁 | 150～180 | 0.20～0.50 | 0.12～0.30 | 0.20～0.30 | 0.07～0.18 | 0.20～0.35 | 0.15～0.25 |
| | 180～220 | 0.20～0.40 | 0.12～0.25 | 0.15～0.25 | 0.05～0.15 | 0.15～0.30 | 0.12～0.20 |
| | 220～300 | 0.15～0.30 | 0.10～0.20 | 0.15～0.20 | 0.03～0.10 | 0.10～0.15 | 0.07～0.12 |
| 可锻铸铁 | 110～160 | 0.20～0.50 | 0.10～0.30 | 0.20～0.35 | 0.08～0.20 | 0.20～0.40 | 0.15～0.25 |
| | 160～200 | 0.20～0.40 | 0.10～0.25 | 0.20～0.30 | 0.07～0.20 | 0.20～0.35 | 0.15～0.25 |
| | 200～240 | 0.15～0.30 | 0.10～0.20 | 0.20～0.25 | 0.05～0.15 | 0.15～0.30 | 0.10～0.20 |
| | 240～280 | 0.10～0.30 | 0.10～0.15 | 0.10～0.20 | 0.02～0.08 | 0.10～0.20 | 0.07～0.12 |
| 碳的质量分数<0.3%的合金钢 | 125～170 | 0.15～0.50 | 0.12～0.30 | 0.12～0.20 | 0.05～0.20 | 0.15～0.30 | 0.12～0.20 |
| | 170～220 | 0.15～0.40 | 0.12～0.25 | 0.10～0.20 | 0.05～0.10 | 0.15～0.25 | 0.07～0.15 |
| | 220～280 | 0.10～0.30 | 0.08～0.20 | 0.07～0.12 | 0.03～0.08 | 0.12～0.20 | 0.07～0.12 |
| | 280～300 | 0.08～0.20 | 0.05～0.15 | 0.05～0.10 | 0.025～0.05 | 0.07～0.12 | 0.05～0.10 |
| 碳的质量分数>0.3%的合金钢 | 170～220 | 0.125～0.4 | 0.12～0.30 | 0.12～0.20 | 0.12～0.20 | 0.15～0.25 | 0.07～0.15 |
| | 220～280 | 0.10～0.30 | 0.08～0.20 | 0.07～0.15 | 0.07～0.15 | 0.12～0.20 | 0.07～0.20 |
| | 280～320 | 0.08～0.20 | 0.05～0.15 | 0.05～0.12 | 0.05～0.12 | 0.07～0.12 | 0.05～0.10 |
| | 320～380 | 0.06～0.15 | 0.05～0.12 | 0.05～0.10 | 0.05～0.10 | 0.05～0.10 | 0.05～0.10 |
| 工具钢 | 退火状态 | 0.15～0.50 | 0.12～0.30 | 0.07～0.15 | 0.05～0.10 | 0.12～0.20 | 0.07～0.15 |
| | 36HRC | 0.12～0.25 | 0.08～0.15 | 0.05～0.10 | 0.03～0.08 | 0.07～0.12 | 0.05～0.10 |
| | 46HRC | 0.10～0.20 | 0.06～0.12 | | | | |
| | 56HRC | 0.07～0.10 | 0.05～0.10 | | | | |
| 铝镁合金 | 95～100 | 0.15～0.38 | 0.125～0.3 | 0.15～0.20 | 0.05～0.15 | 0.20～0.30 | 0.07～0.20 |

4) 铣削速度 $v_c$ 的选择

当铣削深度 $a_p$(或铣削宽度 $a_e$)及每齿进给量 $f_z$ 选定后，应在保证正常的刀具寿命及机床动力和刚度允许的条件下，尽可能取较大的铣削速度 $v_c$。

选取铣削速度 $v_c$ 时，首先应考虑的因素是刀具材料和工件材料的性质，刀具材料的耐热性越好，则铣削速度 $v_c$ 可取得越高；而工件材料的强度、硬度越高，则铣削速度 $v_c$ 应适当减小。但在铣削不锈钢等难加工材料时，虽然它们的强度和硬度可能比一般钢材要低，但是它们的冷硬、黏刀倾向大，导热性差，使铣刀磨损严重，因此这时的铣削速度 $v_c$ 值应选得低一些。

粗铣时铣削速度 $v_c$ 的选择：粗铣时，确定铣削速度必须考虑机床的许用功率，如超过许用功率，则应适当降低铣削速度。

精铣时铣削速度 $v_c$ 的选择：精铣时，一般不会超过机床的许用功率。为了抑制积屑瘤的产生，以提高表面质量，硬质合金铣刀一般采用较高的铣削速度；高速钢铣刀则采用较低的铣削速度。

铣削速度 $v_c$ 可在表 8-4 中选取，并根据实际情况进行试切后加以调整。

### 表 8-4 铣削速度

| 工件材料 | 硬度 HBW | 铣削速度/(m/min) | |
| --- | --- | --- | --- |
| | | 硬质合金铣刀 | 高速钢铣刀 |
| 低、中碳钢 | <200 | 60～150 | 20～40 |
| | 225～290 | 55～115 | 15～35 |
| | 300～425 | 35～75 | 10～15 |
| 高碳钢 | <220 | 60～130 | 20～35 |
| | 225～325 | 50～105 | 15～25 |
| | 325～375 | 35～50 | 10～12 |
| | 375～425 | 35～45 | 5～10 |
| 合金钢 | <220 | 55～120 | 15～35 |
| | 225～325 | 35～80 | 10～25 |
| | 325～425 | 30～60 | 5～10 |
| 工具钢 | 200～250 | 45～80 | 12～25 |
| 灰铸铁 | 100～140 | 110～115 | 25～32 |
| | 150～225 | 60～110 | 15～20 |
| | 230～290 | 45～90 | 10～18 |
| | 300～320 | 20～30 | 5～10 |
| 可锻铸铁 | 110～160 | 100～200 | 40～50 |
| | 160～200 | 80～120 | 25～35 |
| | 200～240 | 70～110 | 15～25 |
| | 240～280 | 40～60 | 10～20 |
| 铝镁合金 | 95～100 | 360～600 | 130～300 |
| 不锈钢 | — | 70～90 | 20～35 |
| 铸钢 | — | 45～75 | 15～25 |
| 黄铜 | — | 180～300 | 60～90 |
| 青铜 | — | 180～300 | 30～50 |

注：精铣时，铣削速度可提高 30%～50%。

## 8.2.5 常用铣削方法

### 1. 工件装夹方法

1) 工件直接装夹在铣床工作台上

尺寸较大的工件往往直接装夹在工作台上,用螺柱、压板压紧。为了确定加工面与铣刀的相对位置,一般用百分表校正;精度不高时,可用划针法或用黄油把大头针黏在铣刀的刀齿上的方法来校正工件。

用压板装夹工件(见图 8-27)时应注意以下几点:

(1) 螺柱要尽量靠近工件,这样可增大夹紧力。

(2) 装夹薄壁工件和在悬空部位夹紧时,夹紧力的大小要适当,应尽可能把悬空处垫实,以免引起工件变形。

(3) 压板的使用数量一般不少于两块。使用多块压板时,应注意工件上受压点的合理选择。在工件上的压紧点要尽量靠近加工部位。

(4) 垫铁的高度要适当,要防止压板和工件接触不良,以免工件在铣削力的作用下发生位移。

(5) 对于非铁金属工件,压紧力不可太大,最好在压板和工件夹紧点处垫一层薄铜皮,防止把工件表面压出痕迹。在工作台面上直接装夹毛坯工件时,应在工件和台面之间加垫纸片或薄铜皮,这样不但可保护工作台面,而且可以增加工作台面与工件之间的摩擦力,使工件夹紧牢靠。

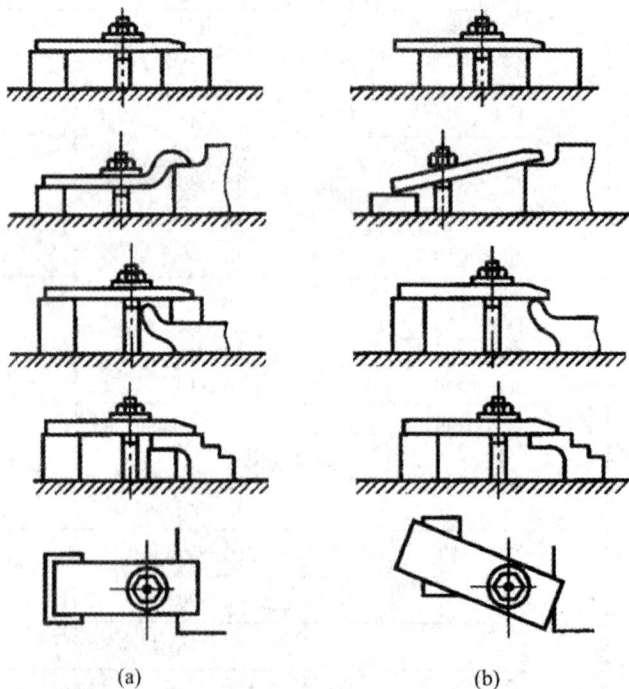

图 8-27 用压板装夹工件

(a) 正确装夹方式;(b) 错误装夹方式

2) 工件装夹在机用虎钳中

对于中小尺寸、形状简单的工件,一般装夹在机用虎钳中。为了保证机用虎钳在铣床工作台上的正确位置,应当将其底面的定向键靠紧在工作台台面中央T形槽的一个侧面上。如果没有定向键或者是具有回转标尺盘的机用虎钳,则可用90°角尺或划针来校正机用虎钳的固定钳口;对于精度要求较高的可用百分表来校正。

机用虎钳装夹工件时应注意下列几点:

(1) 装夹工件时,必须将工件的基准面紧贴固定钳口或钳身导轨面。承受铣削力的最好是固定钳口。

(2) 工件的余量层必须稍高出钳口,以免铣坏钳口和损坏铣刀。如果工件低于钳口平面,可在工件下面垫放适当厚度的垫铁。

(3) 工件应装在钳口的中间,以使工件装夹稳定可靠。

(4) 用机用虎钳夹持毛坯时,应在毛坯面与钳口之间垫上薄铜皮,以免损坏钳口。

(5) 当工件两侧的平行度较差时,应将工件的基准面与固定钳口贴紧,而在活动钳口与工件之间放置一根圆棒,以保证工件的安装精度(见图8-28)。

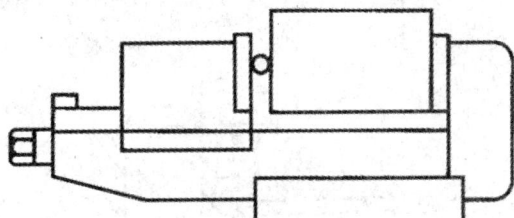

图 8-28　工件装夹在机用虎钳上

3) 工件装夹在弯板上

弯板是用来在工件上铣削垂直面的一种通用夹具。在使用弯板之前,应当检查弯板本身的垂直度。把弯板安装在铣床工作台上时,需用90°角尺或百分表校正其位置,然后把工件装夹在弯板上(见图8-29)。

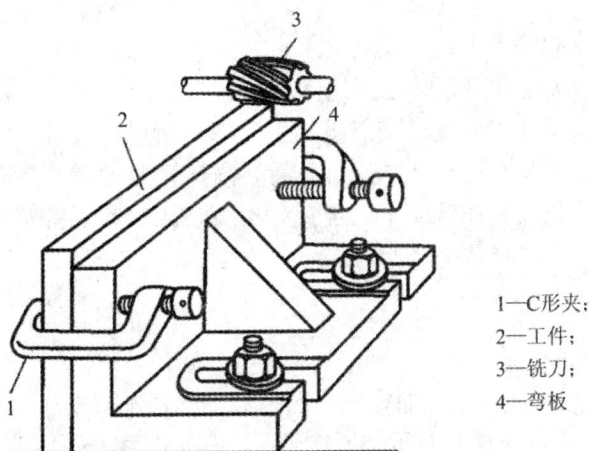

1—C形夹;
2—工件;
3—铣刀;
4—弯板

图 8-29　工件装夹在弯板上

**4) 工件装夹在分度头上**

对于需要分度铣削的工件，例如齿轮、花键等，一般装夹在分度头上。此外，对于中、小型的轴类工件，有的虽不需要分度，但为了装夹方便，也可以使用分度头(见图 8-30)。

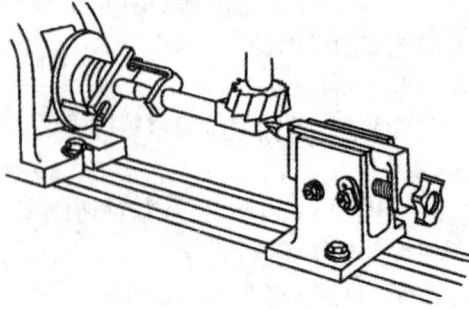

图 8-30　工件装夹在分度头上

**5) 工件装夹在 V 形块中**

对于轴类工件，可采用 V 形块装夹(见图 8-31)。一方面 V 形块有很好的对中性，另一方面此法能承受比分度头装夹法更大的铣削力。

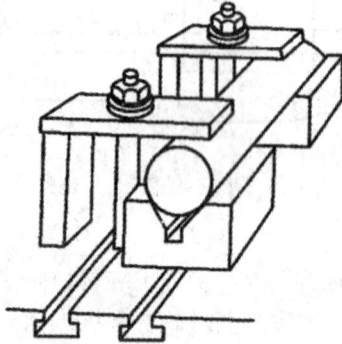

图 8-31　工件装夹在 V 形块中

**6) 工件装夹在专用夹具中**

采用专用夹具装夹工件可以使工件迅速定位和夹紧，一般不需要再校正工件的位置。使用专用夹具既能保证加工精度，又能提高生产率，所以在成批、大量生产中广泛使用专用夹具。为了确定夹具在铣床上的正确位置，铣床夹具通常都具有定向键。如果没有定向键，则需预先校正夹具在铣床上的位置。不少铣床夹具还备有对刀元件，可以利用它来对刀。

**2. 平面铣削**

**1) 铣削方法**

(1) 圆周铣。圆周铣是利用分布在铣刀圆柱面上的切削刃来加工平面的铣削方法，主要用在卧式铣床上加工狭长面。对于圆周铣平面，其平面度的好坏主要取决于铣刀的圆柱素线是否平直。因此，在精铣平面时，铣刀的圆柱度一定要好。

(2) 端面铣。端面铣是利用分布在铣刀端面上的切削刃来加工平面的铣削方法。它既可以在卧式铣床上进行，也可以在立式铣床上进行。

圆周铣和端面铣的比较：

① 端面铣时，同时工作的刀齿比较多，切屑厚度变化小，故铣削力波动小，切削过程比较平稳。

② 端面铣刀的刀轴一般比较短，故刚性较好，能承受较大的铣削力。在高速铣削时，端面铣的铣削过程比圆周铣的平稳，生产率高，加工质量好。

③ 端面铣时，影响平面度的主要因素是铣床主轴轴线与进给方向的垂直度。端面铣刀的切削刃和刀尖在径向和轴向的参差不齐对加工表面的平面度基本无影响；而圆柱铣刀若刃磨质量差，圆柱度不好，将对加工表面的平面度有直接影响。

④ 端面铣刀便于镶装硬质合金刀片和可转位刀片进行高速切削；在圆柱铣刀上镶装硬质合金刀片则比较困难。

⑤ 面铣刀的直径可做得很大，目前已有直径近 1000 mm 的铣刀盘，对较宽的平面，可一次铣出而不用接刀。这样，不但生产率高，而且表面质量好；而圆柱铣刀的长度一般不大于 200 mm。

⑥ 由于端面铣刀刀轴刚性好，同时参加工作的刀齿多，故可采用大进给量、高速铣削，生产率高。

⑦ 端面铣刀若不采取减小副偏角和修光刃等措施，在相同的铣削条件下，圆周铣比端面铣获得的表面粗糙度值要小。

总之，端面铣平稳，铣削力大，可高速铣削，铣刀直径大(直径 1000 mm 可达)，刀轴刚性好，切削刃质量对加工表面平面度影响较小，生产率高，但加工表面质量较差。

2) 铣削质量

铣削平面的质量可用平面度和表面粗糙度值来衡量。铣平面时，影响平面度和表面粗糙度的因素很多，现将常见的铣削质量问题及原因简述如下。

(1) 平面度。

① 平面出现凹下或凸起的原因：圆周铣时，铣刀的圆柱素线不直。如圆柱铣刀磨成中间大两端小，则铣出的平面呈中间下凹状；若磨成中间小两端大，则铣出的平面呈中间凸起状。端面铣时，铣床主轴轴线与进给方向的垂直度也会影响铣削表面的平面度。若主轴轴线与进给方向垂直，则刀尖旋转时的轨迹与进给方向平行，在工件上切出一个平面，刀纹呈网状；若主轴轴线与进给方向不垂直，则将切出一个弧形凹面，刀纹呈单向的弧形。在铣削时，正反进给方向各铣一段，如发现一个方向进给时有"拖刀"现象，而另一个方向进给时无"拖刀"现象，则说明铣床主轴轴线与进给方向不垂直。

② 表面有明显接刀痕迹：通常是机床精度较差、调整不当以及铣刀圆柱度不好等原因造成的。例如，圆柱铣刀采用接刀法加工平面时，由于卧式铣床的主轴与床鞍横向导轨面不平行，铣出的平面就会出现接刀痕迹，从而影响该平面的平面度。

③ 机床导轨的平面度和直线度误差使工作台带动工件进给时，进给运动不是直线，铣出的平面呈波浪状。

(2) 表面粗糙度。

① 进给量过大，使铣削表面产生明显的大间距切痕波纹。

② 铣刀不锋利，使表面切痕粗糙，出现拉毛现象。

③ 铣削过程中振动太大，造成表面出现振纹。铣刀装夹不好、铣削用量过大、切削刃不锋利、机床和夹具刚性差、工作台导轨间隙过大以及工作台锁紧手柄没有锁紧等情况都会使铣削过程产生振动。此外，在使用圆柱铣刀铣削时，由于横梁、支架未紧固或支架滑动轴承调整不当，也会造成较大的振动。

(3) "深啃"现象。

铣削过程中，工作台进给中途停顿而产生"深啃"现象。这是因为在铣削时，由于切削力的作用，会使机床-夹具-工件-刀具系统发生一定的弹性变形。当停止进给后，切削力减小，它们又发生了弹性恢复，这时铣刀仍在转动而把恢复部分切去，从而在进给停顿处产生了"深啃"。

3) 铣削生产率

提高铣削生产率可从缩短加工时间和辅助时间两方面入手。缩短加工时间与加工方法有着直接的关系。下面介绍三种提高生产率的铣削方法。

(1) 高速铣削。高速铣削是指使用硬质合金刀具，充分发挥其切削性能，利用比高速钢刀具高得多的切削速度来提高生产率的一种铣削方法。目前，不仅铣平面时大量采用高速铣削，在铣削直角沟槽、T形槽、外花键及组合铣削等时也广泛采用高速铣削。

高速铣削时，由于切削速度高，动力消耗大，产生的切削热也多。虽然大部分热量被切屑带走，但是切削区域仍有很高的温度(高达 600～900 ℃)。这样高的温度可使硬质合金的韧性提高，克服了硬质合金脆性的缺点，改善了刀具的切削性能；而工件的局部高温可导致被加工处材料的软化，从而有利于切削加工的进行。因此，在高速铣削时，切削力不会因铣削速度的提高而正比例地增大。

高速铣削时，由于刀齿工作的冲击较大，铣刀刀体应当坚固，硬质合金刀齿在刀体上的装夹和铣刀在机床主轴孔内的装夹要比较牢固，刀齿要容易调整，容屑的空间要大。

(2) 强力铣削。所谓强力铣削，就是使用硬质合金刀具，采用中速偏高的铣削速度，加大进给量来缩短加工时间，提高生产率的一种方法，又称为大进给切削法。用硬质合金刀具进行大进给量铣削是靠提高每齿进给量来充分发挥硬质合金在高温下尚能保持良好切削性能的特点，因此它也是由高速铣削发展而来的。强力铣削法比高速铣削法对提高生产率更为有利，因为对刀具寿命影响最大的是铣削速度，其次才是进给量和铣削深度。

提高进给量后，加工表面的表面粗糙度值会增大，所以强力铣削时要保证加工面的表面粗糙度值较小，就必须减少切削时的振动和合理地改进刀具的角度。强力铣削一般用于铣平面，图 8-32 所示是强力铣削的面铣刀的刀齿形状。其主偏角 $\kappa_r \approx 60°$；为了增加刀尖的强度而增加了过渡刃，过渡刃偏角 $\kappa_{re} \approx 20°$；该刀具还具有副偏角 $\kappa_r' = 0°$ 的修光刃，可保证在较大进给量的情况下，仍能使加工表面的表面粗糙度值较小 ($Ra6.3～1.6 \ \mu m$)。修光刃的长度一般取进给量 $f$ 的 1.2～1.8 倍，修光刃过长会引起径向铣削力增大而产生振动；过短则会影响加工表面的质量。在刃磨时，修光刃要有较高的平直性和较小的表面粗糙度值；装刀时，应使修光刃与工件已加工表面平行，否则不能获得理想的表面质量。

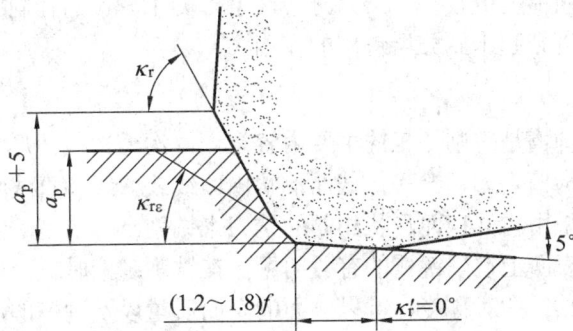

图 8-32　强力铣削的面铣刀刀齿形状

(3) 阶梯铣削。阶梯铣削是在面铣刀上将各刀齿的刀尖分布在刀体的不同半径上，各相差一个 $\Delta R$ 的距离，如图 8-33 所示。同时，各刀尖还由里向外呈阶梯状排列，以使工件加工表面的加工余量沿着铣削深度方向分配到各刀齿上。

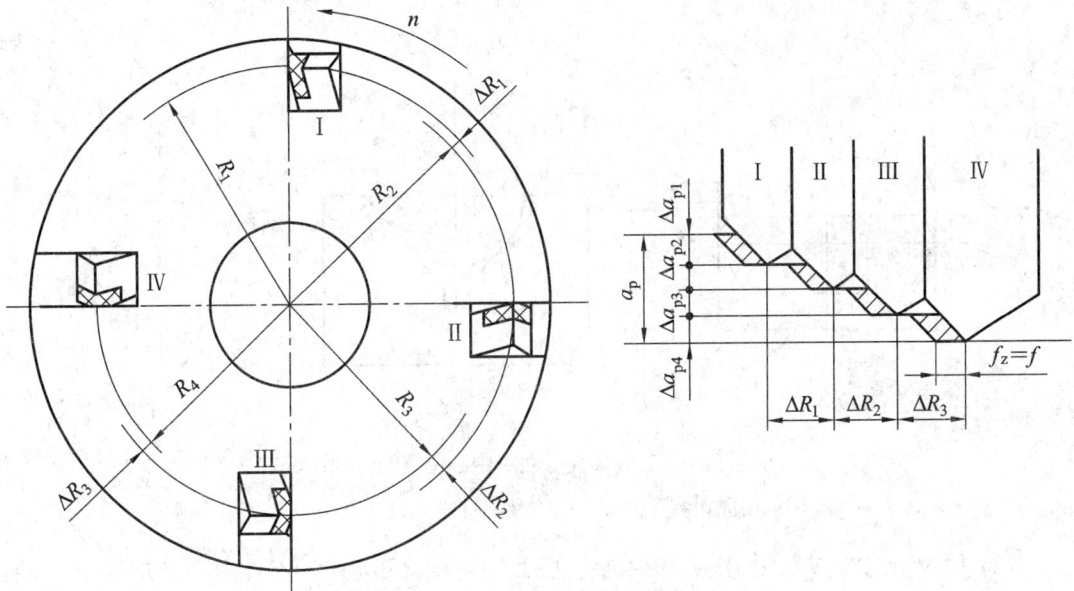

图 8-33　阶梯铣削示意图

这种铣刀可看成是由一组半径不同且刀尖伸出长度不同的单齿面铣刀组合而成，所以铣削时，每齿进给量 $f_z$ 等于进给量 $f$，每齿的铣削深度为 $\Delta a_{pi}$，而整个刀具的铣削深度 $a_p$(一次进给所切除的金属层厚度)等于各刀齿的铣削深度 $\Delta a_{pi}$ 之和。由于各刀齿在刀体圆周方向上均匀分布，在铣削过程中的任一瞬时，最多只有 $z/2$($z$ 为刀齿数)个刀齿在工作(铣削宽度 $a_e$ 小于或等于刀盘最大直径 $2R_1$ 时)，即实际铣削深度不大于 $a_p/2$。因此，与其他铣削方法相比，阶梯铣削的铣削深度大，而铣削力并不大，从而减小了振动和功率的消耗；此外，阶梯铣削可以使粗、精铣一次完成，使生产率大大提高。

这种方式的刀具一般都是体外刃磨。如图 8-33 所示，刀 Ⅰ 进行粗铣，它切去的工件余量比其他几把刀具要大得多；刀 Ⅳ 是精铣刀，它切去的余量较小，一般为 0.5 mm 左右，以保证加工面的表面粗糙度值较小。装刀时应注意，刀Ⅰ～Ⅳ的径向距离应由大到小，轴向距离则由小到大，否则起不到分层铣削的作用。

### 3. 槽铣削

加工各种形状的沟槽是铣削加工的主要内容之一。沟槽按截面形状可分为两大类：截面形状由直线组成的沟槽，如键槽等；截面形状由曲线或曲线和直线组成的沟槽，如齿轮的齿槽等。沟槽通常采用与其截面形状相同的铣刀来铣削。

下面介绍在圆柱表面上铣削键槽的有关问题。在铣削键槽时，一般需要保证键槽宽度的尺寸精度、键槽与轴线的对称度、键槽侧面的表面质量以及键槽的深度。

#### 1) 圆柱形工件的装夹

(1) 用机用虎钳装夹。这种装夹方法的优点是装卸工件方便，但键槽的中心位置会随着工件直径的大小而改变，如图 8-34(a)所示。当一批工件的直径偏差较大时，键槽与轴线的对称度的偏差也较大。因此，用机用虎钳装夹适用于工件直径公差较小的批量生产或单件生产。

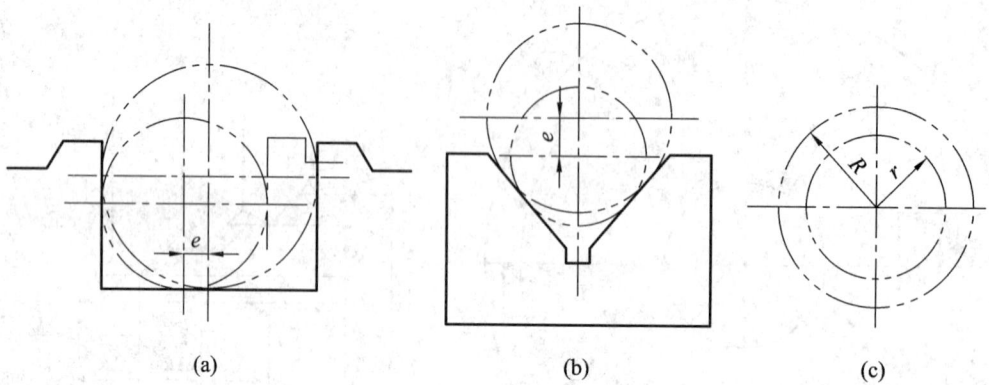

图 8-34　工件装夹方法对中心位置的影响

(a) 用机用虎钳装夹；(b) 用 V 形块装夹；(c) 用分度头装夹

(2) 用 V 形块装夹。在用 V 形块装夹工件时[见图 8-34(b)]，工件中心必定在 V 形块的角平分线上。当工件直径改变时，工件中心只在 V 形块的角平分线上变动。因此，当铣刀的轴线或对称线与 V 形块的角平分线对准后，就可保证键槽的对称度。虽然这种装夹方式对键槽的深度有影响，但一般对键槽深度的要求都不高，所以用 V 形块装夹是经常采用的。

(3) 用分度头装夹。利用分度头上的自定心卡盘和后顶尖装夹工件时，工件轴线必定在自定心卡盘和顶尖的轴线上。因此，工件轴线的位置不会因其直径变化而改变。

#### 2) 对刀方法

为了保证键槽两侧面对外圆轴心线的对称度要求，在铣削键槽之前必须把工件的轴线对准铣刀的中心。

(1) 侧面贴纸对刀法。将一张薄纸(厚度约为 0.05 mm)浸透机油后贴在工件侧面上(见图 8-35)。

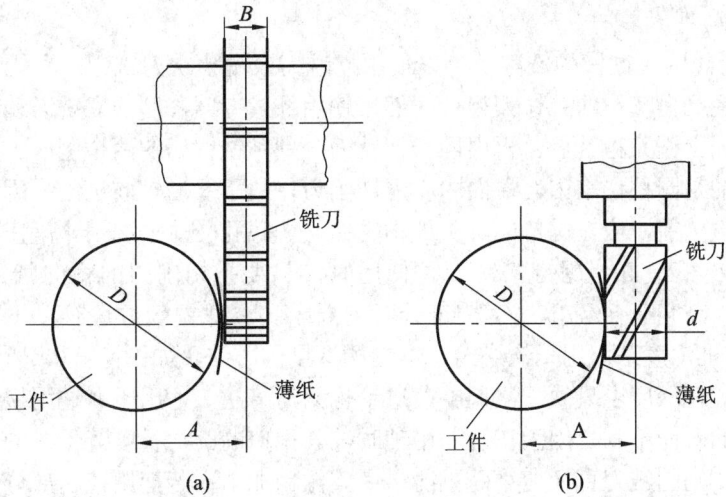

图 8-35　侧面对刀法

(a) 用盘形铣刀加工；(b) 用立铣刀或键槽铣刀加工

　　开动机床使铣刀旋转，仔细移动工作台，使盘形铣刀的侧面切削刃或键槽铣刀的圆柱面切削刃刚刚擦破薄纸，然后降低工作台，将工作台横移一个距离 $A$。$A$ 的数值可按下式计算：

$$A = \frac{D+B}{2} \ \ 或 \ \ A = \frac{D+d}{2}$$

式中：$D$——工件直径( mm)；$B$——铣刀宽度( mm)；$d$——铣刀直径( mm)。

　　(2) 切痕对刀法。对刀时先使铣刀在工件表面上铣出一切痕(用盘形铣刀铣出的是一个椭圆形切痕，而用键槽铣刀或立铣刀铣出的是一个矩形切痕)，再调整工作台位置，使铣刀处在切痕中央(见图 8-36)。此法的对刀准确度取决于操作者的技术水平及目测的准确度。由于此法调整时不需任何辅助工具，操作也较简便，在实际生产中，尤其在单件生产并且对称度要求不太高的情况下应用较多。

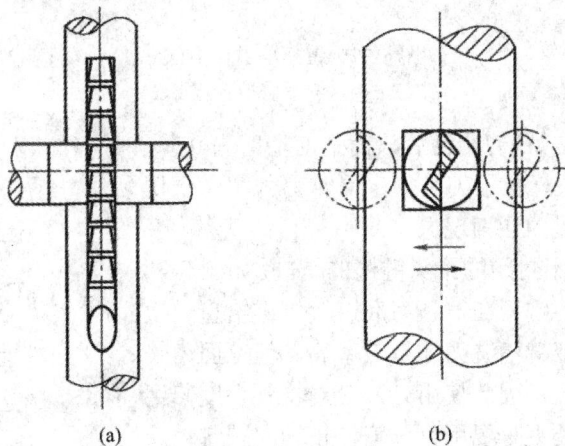

图 8-36　切痕对刀法

(a) 用盘形铣刀加工；(b) 用立铣刀或键槽铣刀加工

3) 键槽铣削方法

(1) 两端封闭圆头键槽的铣削。可以使用立铣刀或键槽铣刀铣削。立铣刀外径精度不高，可先用外径比槽宽小的立铣刀粗铣，然后使用经过专门修磨的立铣刀精铣；也可以用外径小于槽宽的立铣刀粗铣后，再用同一把铣刀分别精铣键槽的两个侧面。由于立铣刀起主要切削作用的是圆柱切削刃，端面中心无切削刃，故不能沿轴向进给。因此，用立铣刀铣削封闭圆头键槽前，应在键槽的圆头处预先钻好平底孔(孔径略小于槽宽)。

铣削圆头键槽最好使用键槽铣刀。使用时，只要把切削刃的径向圆跳动量校正在 0.01 mm 以内，就可保证铣出的键槽符合公差要求。具体铣削方法有以下两种：

① 一次铣准深度法。用一次进给铣准键槽深度的方法，如图 8-37(a)所示。这种铣削方法的优点是，在深度上只做一次调整，进给也只需一次，适用于在通用铣床上加工。其缺点是对铣刀的寿命不利，因为在铣刀用钝时，其刃口的磨损长度等于槽的深度，若刃磨刀具的圆柱面，则因铣刀直径变小而不能再用其做精加工；若把用钝的部分都磨掉，则很不经济。另外，由于铣削时切削量较大，铣刀的偏让量也较大，从而影响键槽的对称度。

② 分层铣削法。用分层法铣削键槽时，每次进给的铣削深度只有 0.1～1 mm[见图 8-37(b)]，并以较快的进给速度往复进行铣削。这种铣削方法一般是在键槽铣床上使用，因为键槽铣床在调整好键槽长度(两端起始位置)、键槽总深度和每次铣削深度等以后，就能自动地进行铣削，直至达到预定的尺寸。若在普通铣床上用此法加工，则显得操作不方便，生产率低，劳动强度大。

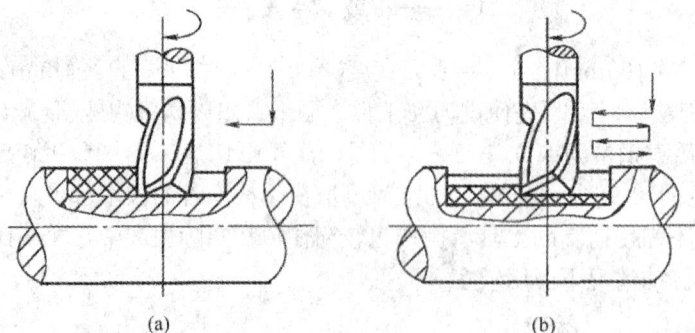

图 8-37　键槽的铣削方法

(a) 一次铣准深度法；(b) 分层铣削法

这种方法的优点是，铣刀用钝后只需把前端磨去 0.5～1 mm 即可，从而大大延长了刀具的寿命。另外，由于切削量小，不致产生明显的让刀现象。

(2) 两端(或一端)不封闭的平头键槽的铣削。如图 8-38 所示，可以使用三面刃铣刀在对正刀后以较大进给量一次铣到深度，比立铣刀或键槽铣刀加工效率高。但三面刃铣刀制造的宽度偏差较大，因此使用时，应当将其宽度修磨到槽宽公差的下限，装夹时要用百分表校正轴向圆跳动。

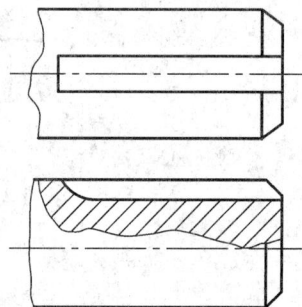

图 8-38　平头键槽的铣削

4. 分度铣削

在铣削四方、六方、多齿刀具的容屑槽、齿轮以及花键等表面时，工件每铣过一个表面后，需转过一定角度再铣，这种工作称为分度铣削。分度头就是进行分度工作的一种铣床附件，生产中常见的是万能分度头。

1) 万能分度头的结构与传动

(1) 万能分度头的结构。通常所见的万能分度头有 FW200 型、FW250 型和 FW320 型三种。它们都是以夹持工件的最大直径来表示其规格的。在铣床上使用最多的是 FW250 型万能分度头，其外形如图 8-39 所示。主轴 3 是空心结构，两端均为锥孔。前锥孔可装入顶尖，后锥孔可装入心轴，以便在差动分度时安装交换齿轮。主轴可随回转体 4 在分度头底座 2 的环形导轨内转动，因此主轴除安装成水平位置外还能扳成倾斜的位置，向上倾斜到 95°，向下倾斜到 6°。

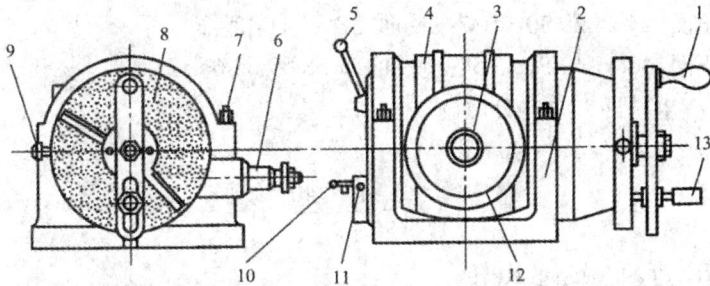

1—手柄；2—底座；3—主轴；4—回转体；5—锁紧主轴的手柄；6—交换齿轮轴；7—螺母；8—分度盘；
9—分度盘锁紧螺钉；10—蜗杆脱落手柄；11—蜗杆间隙限位螺钉；12—标尺环；13—定位销

图 8-39　FW250 型万能分度头的外形

(2) 万能分度头的传动系统。图 8-40 所示为 FW250 型万能分度头的传动系统。转动手柄，通过传动比为 1：1 的一对齿轮以及传动比为 1：40 的蜗杆蜗轮带动主轴旋转，因此，手柄每转 1 转，主轴转过 1/40 转。举例来说，如果要求工件转 1/2 转，则分度手柄要转 20 转。

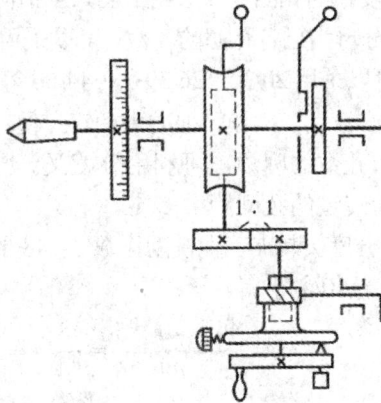

图 8-40　FW250 型万能分度头的传动系统

此外，在分度头内还有一对传动比为 1：1 的螺旋齿轮，用来在差动分度时将交换齿轮轴的转动传给分度盘。

2) 分度方法

(1) 直接分度法。在工件要求分度数很少(如等分数为 2、3、4、6)，且分度精度要求不高时，可以使蜗轮与蜗杆脱开，利用主轴标尺环上的标尺标记进行直接分度。

(2) 简单分度法。简单分度法是使用最多的一种分度方法。图 8-39 所示分度前应将蜗轮和蜗杆啮合上，并用锁紧螺钉 9 把分度盘 8 固定，然后旋转手柄 1 进行分度。由传动系统图(见图 8-40)可知，主轴若转 1 转，手柄应转 40 转。如果工件要 $z$ 等分，即每次分度时主轴转$(1/z)$转，则手柄的转数为

$$n = \frac{40}{z}$$

式中：$n$——手柄的转数；40——分度头的传动比，目前我国生产的分度头均为此值；$z$——工件的分度数。

FW250 型分度头有两块分度盘，每一块的正面有 6 圈孔，而反面有 5 圈孔，每块分度盘孔圈的孔数如下：

第一块：正面 24 25 28 30 34 37；反面 38 39 41 42 43

第二块：正面 46 47 49 51 53 54；反面 57 58 59 62 66

【例 8-1】 求铣四方时的分度。

【解】 将 $z = 4$ 代入 $n = 40/z$ 得

$$n = \frac{40}{z} = \frac{40}{4} = 10$$

即每铣完一边后，手柄应转过 10 转。

【例 8-2】 求铣六方时的分度。

【解】 将 $z = 6$ 代入 $n = 40/z$ 得

$$n = \frac{40}{z} = \frac{40}{6} = 6\frac{2}{3} = 6\frac{44}{66}$$

即每铣完一边后，手柄应转过 6 转后，再在 66 孔圈上转动 44 个孔。

由上述例题可以看出，分度盘的孔圈数要选用恰当，当手柄要摇转 2/3 转时，分子、分母同时扩大相同的倍数，并且使分母为已有孔圈的孔数，可以采用 16/24，就是在 24 孔的孔圈上摇过 16 个孔间距。另外，也可以采用 20/30、26/39……44/66 等。一般采用孔数较多的孔圈较好，因为孔数较多的孔圈离轴心较远，操作时摇动手柄较方便，并且分度精度也比较高。

为了避免每次分度时要数孔数的麻烦，可利用分度叉计孔数。但需注意，分度叉两叉夹角之间的实际孔数应比所需转过的孔间距数多 1。

【例 8-3】 用 FW250 型分度头装夹工件铣削齿数 $z = 48$ 的直齿圆柱齿轮，试进行分度。

【解】 将 $z = 48$ 代入 $n = 40/z$ 得

$$n = \frac{40}{z} = \frac{40}{48} = \frac{5}{6} = \frac{45}{54}$$

即每铣完一边后，手柄应在 54 孔圈上转动 45 个孔。

(3) 角度分度法。角度分度法实际上是简单分度法的另一种形式，只是计算的依据不同。简单分度法是以工件等分数作为计算依据，角度分度法则是以工件所需转过的角度口作为计算依据。因此，在具体计算方法上稍有不同。

从分度头结构可知，分度手柄转 40 转，分度头主轴转 1 转，也就是转了 360°。因此，分度手柄转 1 转，分度头主轴只转 9°。根据这一关系，就可得出下列计算式：

$$n = \frac{\theta(°)}{9°} \text{ 或 } n = \frac{\theta'}{540'} \text{ 或 } n = \frac{\theta''}{32\,400''}$$

式中：$n$——手柄的转数；$\theta$——工件所需的转角。

**【例 8-4】**　在工件外圆上铣两条夹角为 35°50′的沟槽，试进行分度计算。

**【解】**　将 35°50′代入 $n = \dfrac{\theta(°)}{9°}$ 或 $n = \dfrac{\theta'}{540'}$ 或 $n = \dfrac{\theta''}{32\,400''}$，得

$$n = \frac{\theta'}{540'} = \frac{60' \times 35 + 50'}{540'} = \frac{2150}{540} = 3\frac{53}{54} \text{ （转）}$$

即一条槽铣好后，分度手柄在孔数为 54 的孔圈上转过 3 转又 53 个孔间距。

(4) 差动分度法。从简单分度的计算式 $n = 40/z$ 可看出，若要求的等分数 $z$ 与 40 不能相约，而分度盘上又没有与 $z$ 成倍数的孔圈数，则此时会因选不到合适的孔圈而不能用简单分度法进行分度，这时可采用差动分度法分度。

差动分度时(见图 8-39)，要松开分度盘锁紧螺钉 9，并且在主轴 3 和交换齿轮轴 6 之间装上交换齿轮(其传动系统如图 8-41 所示)，使得在转动手柄时，分度盘跟着主轴的转动也稍微转过一个角度。这样，手柄的实际转数将是手柄相对于分度盘的转数与分度盘自身转数的代数和。

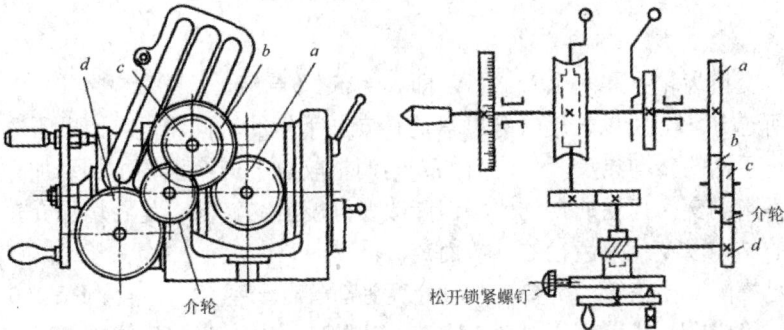

图 8-41　差动分度时的传动系统和交换齿轮的安装

现在以等分数 $z = 79$ 为例。按简单分度法分度时，每次分度要求手柄转过 40/79 转，但此数没有相应的孔圈与之对应，为此，可选一既接近所需的等分数，又能用简单分度法进行分度的假定等分数 $z'$。本例选为 $z' = 80$，于是手柄相对于分度盘将要转过 40/$z'$ = 40/80 转，也就是说，每分度一次，手柄少转了 40/$z$–4/$z'$，这个差数需由分度盘的转动来补偿(见图 8-42)。

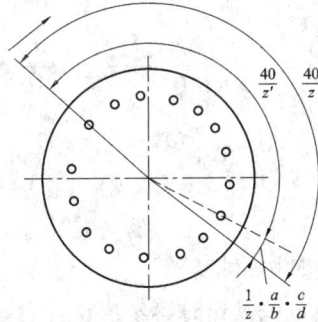

图 8-42　差动分度时手柄与分度盘的转数关系

因此，要求分度盘由主轴经交换齿轮传动，在每次分度中转过 $\frac{1}{z} \cdot \frac{a}{b} \cdot \frac{c}{d} \cdot \frac{1}{1} = \frac{40}{z} - \frac{40}{z'}$，化简得出交换齿轮的传动比：

$$\frac{a}{b} \cdot \frac{c}{d} = \frac{40(z'-z)}{z'}$$

式中：$a$、$b$、$c$、$d$——配换交换齿轮的齿数；$z$——要求的等分数；$z'$——假定的等分数。

其中，$z'$的选取应接近 $z$，并能进行简单分度。这样，在差动分度时，每次分度中手柄相对于分度盘的转数为 $n = 40/z'$。

上例用差动分度法做 79 等分时，计算过程如下：

① 确定手柄相对分度盘的转数。

取 $z' = 80$，则（$n = \frac{40}{z'} = \frac{40}{80}$ 转 $= \frac{1}{2}$ 转 $= \frac{17}{34}$ 转）。即每一次分度，手柄在 34 孔的孔圈上转过 17 个孔间距。

② 计算差动交换齿轮的传动比和齿数 $a$、$b$、$c$、$d$。

$$\frac{a}{b} \cdot \frac{c}{d} = \frac{40(z'-z)}{z'} = \frac{40 \times (80-79)}{80} = \frac{1}{2} = \frac{25}{50}$$

在这里，交换齿轮只需两个就够了，即 $a = 25$，$b = 50$。

本例中所选 $z' > z$，所以分度时分度盘的转向与手柄的转向相同；如果所选 $z' < z$，则分度盘的转向与手柄的转向相反。分度盘的转向调整取决于交换齿轮中加不加介轮，介轮的增加与否并不影响交换齿轮的传动比，但能改变分度盘的转向。是否增加介轮，要视分度头传动系统的结构以及交换齿轮的轴数而定。

为了满足搭配交换齿轮的需要，一般分度头都备有一套交换齿轮。FW250 型万能分度头备有一套交换齿轮，其齿数分别为 20、25、30、35、40、50、55、60、70、80、90、100，以备分度时选用。

【例 8-5】 用 FW250 型分度头分度铣削 $z = 111$ 的直齿圆柱齿轮，试进行分度调整计算。

【解】 $z = 111$ 无法进行简单分度，故采用差动分度。取 $z' = 110$，则 $n = 40/z' = 40/110 = 24/66$，分度时，手柄相对于分度盘在孔数为 66 的孔圈上转过 24 个孔间距。

$$\frac{a}{b} \cdot \frac{c}{d} = \frac{40(z'-z)}{z'} = \frac{40 \times (110-111)}{110} = -\frac{40}{110} = -\frac{8}{11} \times \frac{1}{2} = -\frac{44}{55} \times \frac{30}{60}$$

配交换齿轮齿数：主动轮 $a = 40$、$c = 30$；被动轮 $b = 55$、$d = 60$。介轮的选择使分度盘的转向与手柄转向相反。

(5) 直线移距分度法。有些工件需要在直线上进行等分，如铣削齿条的齿槽或进行直线刻线等。在一般情况下，移距时可直接转动工作台进给丝杠，并以手轮标尺盘的标尺标记作为移距的依据。但这种移距方法操作时容易出错，且精度不高。如果利用分度头做直线移距分度，不仅操作简单，也可提高移距精度。

所谓直线移距分度法，就是把分度头的主轴或侧轴与工作台纵向进给丝杠用交换齿轮连接起来，移距时只要转动分度手柄，就可通过齿轮传动带动工作台做较精确的移距。常用的直线移距分度法有主轴交换齿轮法和侧轴交换齿轮法两种。

① 主轴交换齿轮法。主轴交换齿轮法就是在分度头主轴后锥孔中插入安装交换齿轮的心轴，然后在其与工作台纵向进给丝杠之间安装交换齿轮(见图 8-43)。移距时，转动分度手柄，通过蜗轮蜗杆和齿轮传动带动纵向丝杠旋转，使工作台纵向移动一个所需的距离。由于利用了蜗轮蜗杆的减速作用，使得分度手柄转过较多转时，工作台才移动一个较小的距离。因此，它的移距精度较高，适用于移距间隔较小的工件。

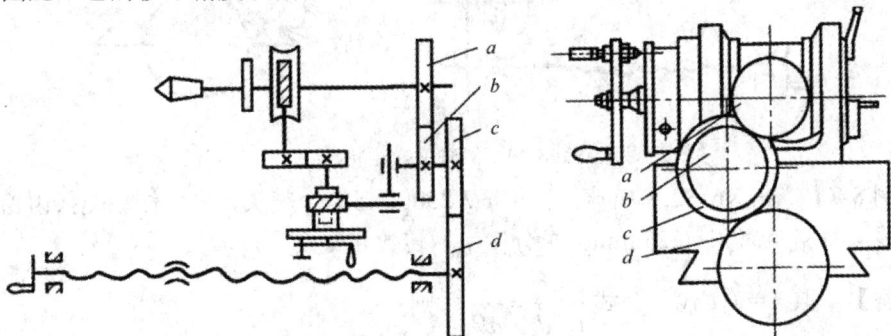

图 8-43  主轴交换齿轮法

关于交换齿轮的计算，由图 8-43 可知

$$n \times \frac{1}{40} \cdot \frac{a}{b} \cdot \frac{c}{d} \cdot P = s$$

整理得

$$\frac{a}{b} \cdot \frac{c}{d} = \frac{40s}{nP}$$

式中：$a$、$c$——交换齿轮主动轮齿数；$b$、$d$——交换齿轮被动轮齿数；$s$——每次分度的移距值( mm)；$P$——工作台纵向进给丝杠的螺距( mm)；$n$——每次分度时手柄的转数。其中，$n$ 的取值不应使交换齿轮的传动比太大或太小，一般取 $n = 1 \sim 10$。

【例 8-6】  在 X6132 型铣床上，用 FW250 型万能分度头，采用主轴交换齿轮法分度进行刻线，每格距离 $s = 0.98$ mm，机床工作台纵向进给丝杠的螺距 $P = 6$ mm。试确定每分度一次分度手柄的转数和交换齿轮的齿数。

【解】  取 $n = 4$，代入公式 $\frac{a}{b} \cdot \frac{c}{d} = \frac{40s}{nP}$，则有

$$\frac{a}{b} \cdot \frac{c}{d} = \frac{40s}{nP} = \frac{40 \times 0.98}{4 \times 6} = \frac{49}{30} = \frac{7 \times 7}{10 \times 3} = \frac{35 \times 70}{50 \times 30}$$

即主动轮 $a = 35$，$c = 70$；被动轮 $b = 50$，$d = 30$，每次分度时手柄转 4 转。

② 侧轴交换齿轮法。对于移距较大的工件，如果采用主轴交换齿轮法进行移距分度，则每次分度时分度手柄需转很多转，操作不方便。此时可采用侧轴交换齿轮法，即将分度头侧轴和机床工作台纵向进给丝杠通过交换齿轮连接起来(见图 8-44)，这样就不通过分度头 1∶40 的蜗轮蜗杆减速传动，从而获得较大的移距量。其交换齿轮计算式为 $\frac{a}{b} \cdot \frac{c}{d} = \frac{s}{nP}$。

式中，$n$ 的取值与主轴交换齿轮法相同。

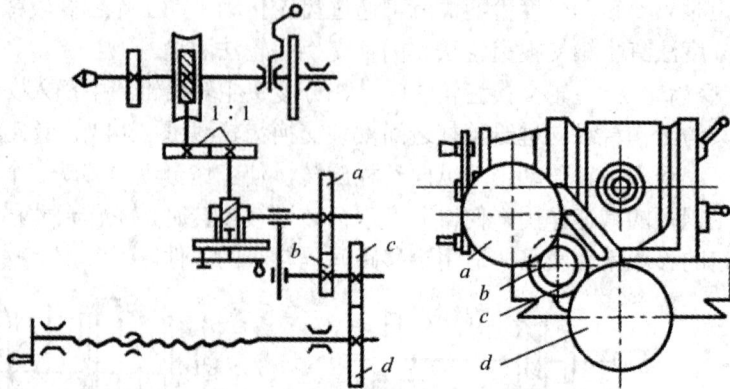

图 8-44　侧轴交换齿轮法

【例 8-7】　在 X6132 型铣床上，用 FW250 型万能分度头，采用侧轴交换齿轮法分度进行刻线，每格距离 $s = 6.25$ mm。求分度手柄转数和交换齿轮齿数。

【解】　取 $n = 1$，代入公式 $\dfrac{a}{b} \cdot \dfrac{c}{d} = \dfrac{s}{nP}$，则

$$\frac{a}{b} \cdot \frac{c}{d} = \frac{s}{nP} = \frac{6.25}{1 \times 6} = \frac{6.25 \times 4}{6 \times 4} = \frac{25}{24} = \frac{5 \times 5}{4 \times 6} = \frac{50 \times 100}{80 \times 60}$$

即主动轮 $a = 50$，$c = 100$；被动轮 $b = 80$，$d = 60$；每次分度时手柄转 1 转。

由分度头的结构可知，采用侧轴交换齿轮法移距时，分度手柄的定位销不能拔出，应该松开分度盘的紧固螺钉，使分度盘连同手柄一起转动。为了准确地控制分度手柄的转数，可将分度盘紧固螺钉改装为定位销，如图 8-45 所示，并在分度盘外圆上钻一定位孔。分度时拔出侧面定位销，将分度手柄连同分度盘一起转动，摇定转数时，侧面的定位销靠弹簧的作用自动弹入定位孔内。

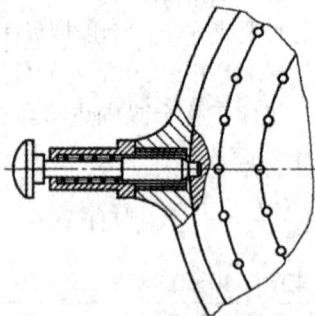

图 8-45　分度盘侧面加装定位销

使用侧轴交换齿轮法进行直线移距分度时，应将分度头的蜗轮蜗杆脱开，以减少蜗轮蜗杆的磨损。

3) 直齿圆柱齿轮齿形的铣削

在铣床上加工齿轮的基本要求是保证齿形准确和分齿均匀。分齿均匀靠分度头的分度保证，齿形主要由铣刀的轮廓形状来保证。

(1) 齿轮铣刀。理论上讲，要铣出正确的齿形，则每一个模数、每一种齿数的齿轮就要相应地有一把铣刀，这样就需要制造许多不同齿形的铣刀，显然很不经济。比较合理的办法是把铣刀铣削的齿数按照它们齿形曲线接近的程度划分成段。每一段定为一个号数，并以每段中最小齿数的齿轮齿形作为铣刀的齿形，以避免发生干涉。这样，同一模数系列中齿数相近的齿轮就可采用同一号数的铣刀进行加工，大大减少了刀具的品种数量。虽然这样会产生齿形误差，但对于精度要求不高的齿轮来说是允许的。

表 8-5 是 8 把一套的铣刀号数表，适用于模数 $m = 1 \sim 8$ mm 的齿轮加工。

表 8-5　8 把一套的铣刀号数表

| 刀号 | 1 | 2 | 3 | 4 | 5 | 6 | 7 | 8 |
|---|---|---|---|---|---|---|---|---|
| 所铣齿轮齿数 | 12~13 | 14~16 | 17~20 | 21~25 | 26~34 | 35~54 | 55~134 | 135~∞ |

(2) 铣削注意事项。

① 装夹分度头和尾座时，必须用百分表校正心轴的上母线和侧母线，以保证心轴轴线与铣床工作台和铣床纵向进给方向的平行，同时还要校正心轴的径向圆跳动。

② 检查齿坯外圆和内孔的尺寸、外圆与内孔的同轴度以及端面与轴线的垂直度。

③ 正确分度、对刀、选择铣刀号数。

④ 齿轮盘铣刀是一种铲齿成形铣刀，其刀齿的剖面形状相当于齿轮齿槽的剖面形状[见图 8-46(a)]。它的后面是由铲齿车床加工出来的阿基米德螺旋线齿背，后角 $\alpha_0$ 的大小与铲背量 $K$ 有关[见图 8-46(b)]。它的前角一般为 0°，铣刀磨损后只须刃磨前面，保持前角不变，就可保持刀齿的截形不变。由于齿轮盘铣刀的前角为 0°，对切削不利，所以铣削时应用较小的铣削用量并加注切削液。

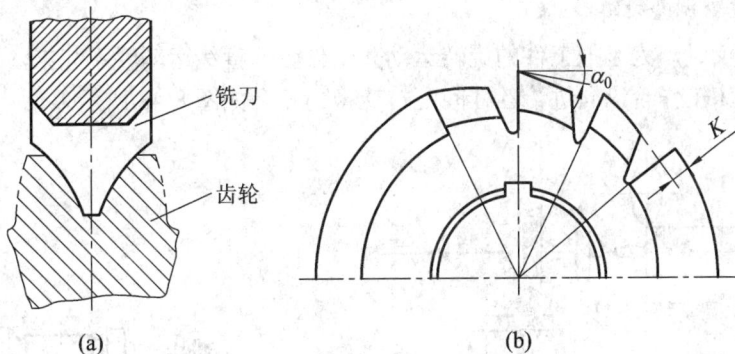

(a)　　　　　　　　　　　　　(b)

图 8-46　齿轮盘铣刀的铲齿

(a) 齿轮齿槽的剖面形状；(b) 齿轮盘铣刀端面

(3) 调整铣削宽度。如果齿面的表面质量要求不高或齿轮模数较小，则可以一次进给铣出全部齿深。一般情况下，为了保证齿面的表面粗糙度要求和齿厚尺寸，应分成粗铣、精铣两次加工。精铣时根据粗铣后的实际余量做第二次切削，其铣削宽度按下列公式计算：

$$a_e = 1.37(s'-s) \quad \text{或} \quad a_e = 1.46(w'-w)$$

式中：$a_e$——精铣时的铣削宽度( mm)；$s'$——粗铣后的分度圆弦齿厚或固定弦齿厚( mm)；$s$——图样要求的分度圆弦齿厚或固定弦齿厚( mm)；$w'$——粗铣后的公法线长度( mm)；$w$——图样要求的公法线长度( mm)。

#### 5. 螺旋槽铣削

1) 铣削方法

(1) 选择铣刀。选用的铣刀应符合螺旋槽的形状。但要注意，当铣削剖面形状为带角度的螺旋槽时，原则上只能用双角铣刀，而不能用单角铣刀；当铣削矩形螺旋槽时，只能用立铣刀而不能用三面刃铣刀，否则铣削时会发生过切现象，破坏螺旋槽正确的剖面形状。

(2) 工作台扳转角度。为了使工件螺旋槽的方向与铣刀的旋转平面一致，在铣削左螺旋槽时，应将工作台按顺时针方向扳动一个螺旋角 $\beta$(站在铣床前，用左手推动工作台)，如图 8-47(a)所示；在铣削右螺旋槽时，应将工作台逆时针方向扳动一个螺旋角 $\beta$(站在铣床前，用右手推动工作台)，如图 8-47(b)所示。如果用立铣刀铣削螺旋槽，则不必旋转工作台。

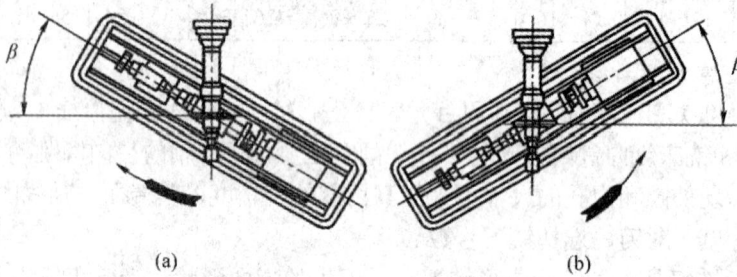

图 8-47　工作台扳转角度

(a) 铣左螺旋槽；(b) 铣右螺旋槽

(3) 分度头的装夹。分度头的定位键应装夹在铣床工作台中间的 T 形槽内，这样，刀具对好中心后若工作台再旋转一个角度，对刀中心才不会改变。

2) 交换齿轮调整计算

铣削螺旋槽时，为了把工件的旋转运动和工作台的直线运动联系起来，要在分度头交换齿轮轴和机床工作台纵向进给丝杠间配挂交换齿轮，如图 8-48 所示。

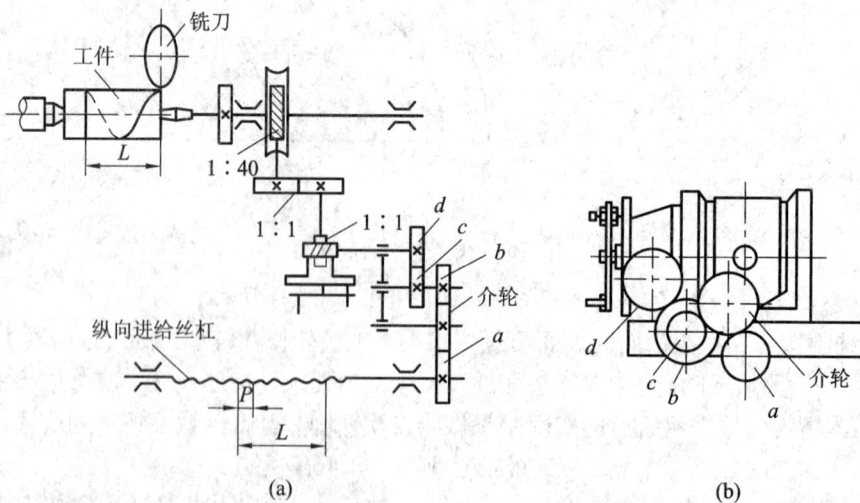

图 8-48　铣削螺旋槽时的传动系统

(a) 传动系统；(b) 交换齿轮位置

要保证工件转 1 转，工作台需纵向移动工件的一个导程距离 $Ph$，即要纵向丝杠转 $Ph/P$。由图 8-48 所示的传动关系可知：$\dfrac{Ph}{P} \cdot \dfrac{a}{b} \cdot \dfrac{c}{d} \times \dfrac{1}{1} \times \dfrac{1}{1} \times \dfrac{1}{40} = 1$，化简得交换齿轮的传动比：

$$\frac{a}{b} \cdot \frac{c}{d} = \frac{40P}{Ph}$$

式中：$a$、$c$——交换齿轮主动轮齿数；$b$、$d$——交换齿轮被动轮齿数；$P$——工作台纵向进给丝杠的螺距（mm）；$Ph$——工件螺旋槽的导程（mm）。

**【例 8-8】** 在 X6132 型铣床上用 FW250 型万能分度头铣削一螺旋槽。已知工件直径 $D = 70$ mm，螺旋角 $\beta = 30°$，工作台纵向进给丝杠的螺距 $P = 6$ mm。试选择交换齿轮。

**【解】** 首先计算螺旋槽的导程 $Ph$：

$$Ph = \pi D \cot \beta = 3.1416 \times 70 \times \cot 30° \text{ mm} \approx 380.898 \text{ mm}$$

按公式 $\dfrac{a}{b} \cdot \dfrac{c}{d} = \dfrac{40P}{Ph}$ 计算交换齿轮齿数：

$$\frac{a}{b} \cdot \frac{c}{d} = \frac{40P}{Ph} = \frac{40 \times 6}{380.898} \approx 0.63 = \frac{63}{100} = \frac{35}{100} \times \frac{90}{50}$$

即主动轮齿数 $a = 35$、$c = 90$；从动轮齿数 $b = 100$、$d = 50$。

在实际工作中，为了节省时间，可根据工件的导程在工艺手册中直接查得交换齿轮的齿数。

装夹交换齿轮时，应注意主动轮和从动轮不能颠倒，齿轮啮合间隙要适当。因为所加工的螺旋槽有左旋和右旋之分，所以工件的旋转方向也不相同，可以利用介轮使工件按需要的方向旋转。若工作台丝杠为右旋，则加工右螺旋槽时，工件与丝杠的旋转方向应相同；加工左螺旋槽时，两者的旋转方向应相反。

# 复习与思考题八

8-1　铣床都可加工哪些类型的表面？

8-2　何谓端面铣和圆周铣？为什么在一般情况下端面铣的生产率和加工质量比圆周铣高？

8-3　在一般情况下，为什么圆周铣大都采用逆铣而不采用顺铣？

8-4　什么是对称铣削？有何特点？

8-5　在铣削过程中，为什么不应在停止进给运动时让铣刀空转？

8-6　在装夹铣刀时，铣刀为什么要尽量靠近主轴前端？在不影响工作的条件下，为什么要尽量采用比较短的刀轴？

8-7　分度头有何主要功用？

8-8　用 FW250 型万能分度头铣削直齿圆柱齿轮，齿数 $z_1 = 32$、$z_2 = 55$，应分别如何分度？

8-9　在 FW250 型分度头上铣两条夹角为 20° 的槽，应如何分度？若夹角为 33° 36′，又应如何分度?

8-10　差动分度法用于什么场合?差动分度法的原理是什么?

8-11　差动分度法需计算哪两项内容?用什么公式计算?

8-12　用 FW250 型万能分度头铣削齿数 $z_1 = 71$ 和 $z_2 = 81$ 的直齿圆柱齿轮,应如何进行分度?

8-13　何谓直线移距分度法?何谓直线移距主轴交换齿轮法和侧轴交换齿轮法?

8-14　直线移距主轴交换齿轮法和侧轴交换齿轮法用什么公式计算?计算哪两项内容?

8-15　在 X6132 型铣床上用支架将铣刀横向安装铣齿条,齿条模数为 2 mm。用 FW250 型万能分度头分度,做直线移距主轴交换齿轮法和侧轴交换齿轮法的分度计算。(取 $\pi = 22/7$)

8-16　何谓高速铣削和强力铣削?

8-17　简述铣削加工工艺特点及应用。

8-18　铣削用量包括哪几项?试举例说明。

8-19　铣床主要有哪些类型?各用于什么场合?

8-20　常用铣刀有哪些?各自的应用场合是什么?

8-21　成批和大量生产中,铣削平面常采用端铣法还是周铣法?为什么?

8-22　工件在铣床上的安装方法有哪些?各自的应用场合如何?

# 项目 9  刨 削 加 工

## 9.1  刨　床

　　刨削加工是在刨床上，利用刨刀(或工件)的直线往复运动进行切削加工的一种方法。刨削加工适用于单件、小批生产中对零件上各类平面、斜面、沟槽以及素线为直线的特殊形面等进行加工，如图 9-1 所示。刨削加工的切削速度低，加工精度和表面加工质量不高。由于切削运动有空回程，劳动生产率也比较低，在大批量生产中常被铣削、拉削所代替。但刨削加工的生产准备周期短，刀具制造简单，装夹方便；在加工窄长平面或采用强力刨削方式时，仍能获得较高的劳动生产率；使用宽刀精刨，还可获得较理想的表面质量和较高的平面度。因此，刨削加工在生产中仍占有一定地位。

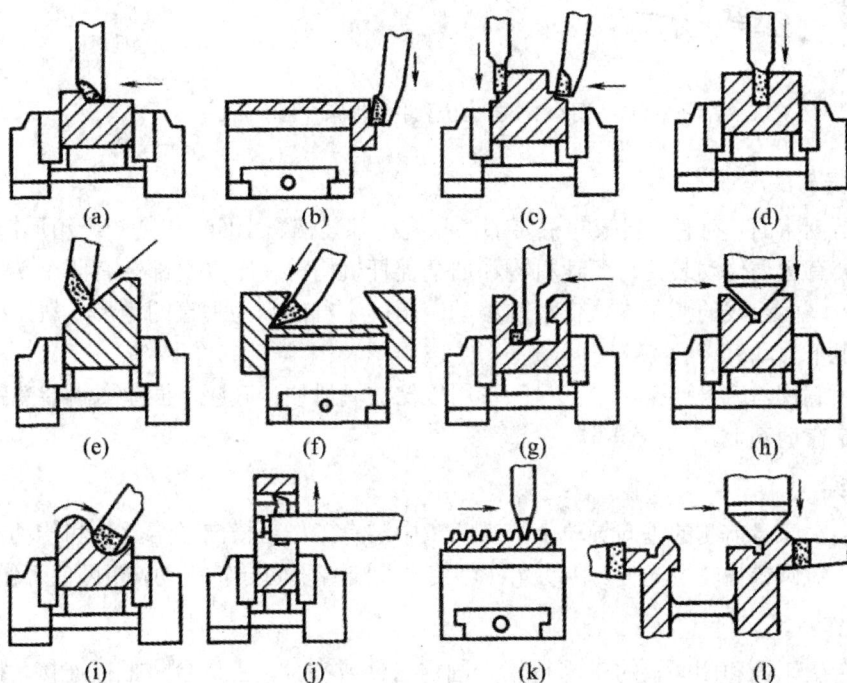

图 9-1　刨床工作的基本内容

(a) 刨平面；(b) 刨垂直面；(c) 刨台阶面；(d) 刨直角沟槽；(e) 刨斜面；(f) 刨燕尾形工件；

(g) 刨 T 形槽；(h) 刨 V 形槽；(i) 刨曲面；(j) 刨孔内键槽；(k) 刨齿条；(l) 刨复合表面

### 9.1.1　牛头刨床的组成

牛头刨床主要用来加工中、小型工件，刨削长度一般不超过 1 m。根据所能加工工件尺寸的大小，牛头刨床可分为大型、中型和小型三种。小型牛头刨床的刨削长度在 400 mm 以内，中型的刨削长度为 400～600 mm，刨削长度超过 600 mm 的即为大型牛头刨床。牛头刨床由以下各部分组成(以 B6050 型牛头刨床为例，如图 9-2 所示)。

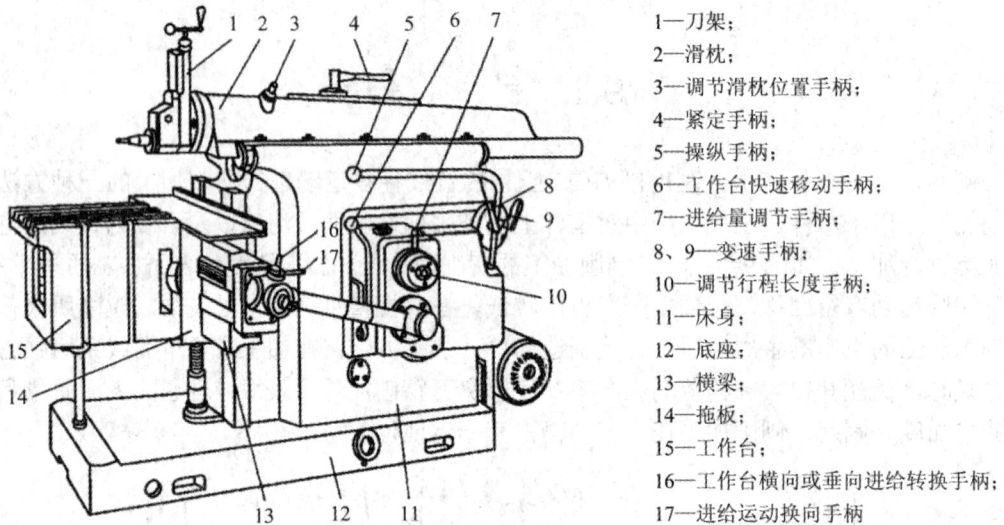

1—刀架；
2—滑枕；
3—调节滑枕位置手柄；
4—紧定手柄；
5—操纵手柄；
6—工作台快速移动手柄；
7—进给量调节手柄；
8、9—变速手柄；
10—调节行程长度手柄；
11—床身；
12—底座；
13—横梁；
14—拖板；
15—工作台；
16—工作台横向或垂向进给转换手柄；
17—进给运动换向手柄

图 9-2　B6050 型牛头刨床外形

#### 1. 床身与底座

床身是刨床的基础件，刨床的主要部件和机构都装在它上面。它是一个箱形铸铁壳体，箱体内部装有运动传动装置、变速机构和曲柄摇杆机构等。床身上部装有两个斜压板，它们与床身上平面组成的燕尾导轨供滑枕移动之用。床身前侧为垂直的矩形导轨，横梁可沿该导轨面上下移动。

底座用螺柱与床身连接，中部呈凹形用以储放润滑油；底座下面垫入调整垫铁，用地脚螺栓固定在地基上。

#### 2. 横梁

横梁装在床身前侧的垂向导轨上，其凹槽中装有工作台横向进给丝杠和传动横梁升降丝杠用的一对圆锥齿轮及光杠。转动光杠可使横梁沿着垂向导轨移动，即可使工作台升降。

#### 3. 工作台

工作台上平面和侧面上的 T 形槽用于固定工件或夹具。工作台与拖板连接，拖板装在横梁的侧面导轨上，可做横向移动。工作台和拖板在接合面的中部用圆柱凸台定位，托板上有环状的 T 形槽，其外缘上有标尺，用 4 个螺钉固定工作台。使用这一结构可以把工作台转动一定角度，以适应刨削不同角度的斜面。

#### 4．滑枕

滑枕是牛头刨床上的主要运动部件。为了减少滑枕的运动惯性、提高其刚度，滑枕做成空心结构，内部有加强肋。滑枕内部还装有调整其行程位置的机构，由一对圆锥齿轮和丝杠组成。滑枕的前端有环状 T 形槽，用来装夹刀架和调节刀架的偏转角度。滑枕下部有燕尾导轨，它与床身上的水平导轨配合(其配合间隙由斜压板来调节)，由曲柄摇杆机构传动，在水平导轨内做往复直线运动。

#### 5．刀架

刀架用于装夹刨刀(见图 9-3)，并使刨刀沿垂向移动或倾斜角度。转动手柄 1，拖板 13 做垂向移动，用来调整吃刀量，其调整值可在刻度环 2 上读出。刨削斜面时，松开 T 形螺柱 5 的紧固螺母，扳动拖板 13，倾斜至要求角度后再将紧固螺母拧紧，角度值可在刻度转盘 6 上读出。

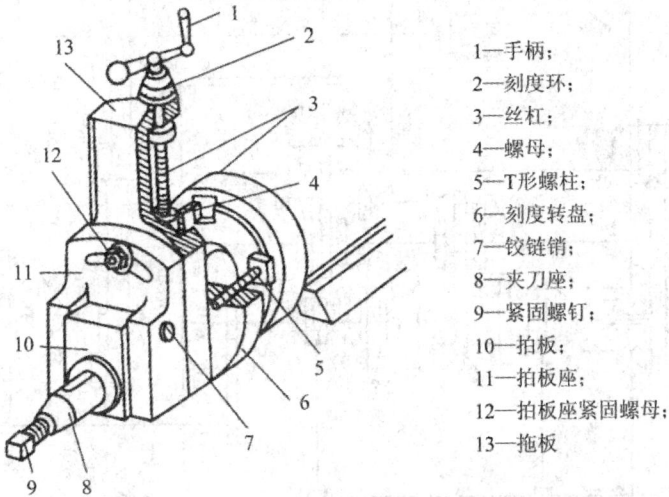

1—手柄；
2—刻度环；
3—丝杠；
4—螺母；
5—T 形螺柱；
6—刻度转盘；
7—铰链销；
8—夹刀座；
9—紧固螺钉；
10—拍板；
11—拍板座；
12—拍板座紧固螺母；
13—拖板

图 9-3　牛头刨床刀架

刨刀装在夹刀座 8 的方孔内，拍板 10 与拍板座 11 用铰链销 7 连接，两者用凹槽配合，这样在回程时拍板可以绕铰链销向前上方抬起，以减少滑枕回程时刨刀与工件已加工表面之间的摩擦。旋松螺母 12，可使拍板座沿弧形槽在拖板平面上做±15°的偏转，以便于刨削侧面和斜面。

### 9.1.2　刨床的运动

#### 1．主运动

刨削时的主运动是指工件或刨刀的直线往复运动。对于牛头刨床来说，主运动就是由滑枕带动刨刀的直线往复运动。刨刀向前切下切屑的行程，称为工作行程或切削行程；反向退回时不切削，称为空回程或返回行程。

B6050 型牛头刨床的主运动如图 9-4 所示，电动机的转动经 $\phi95$ mm/$\phi362$ mm 的 V 带传给轴 I，当摩擦离合器 M 向右移动而接合时(此时制动装置 F 脱开)，轴 I 的转动经

Ⅰ-Ⅱ轴间的三联滑移齿轮变速组、Ⅱ-Ⅲ轴间的三联滑移齿轮变速组以及斜齿轮副23/115，使轴Ⅳ获得 $3 \times 3 = 9$ 种转速，再通过曲柄摇杆机构，使滑枕做往复直线移动。

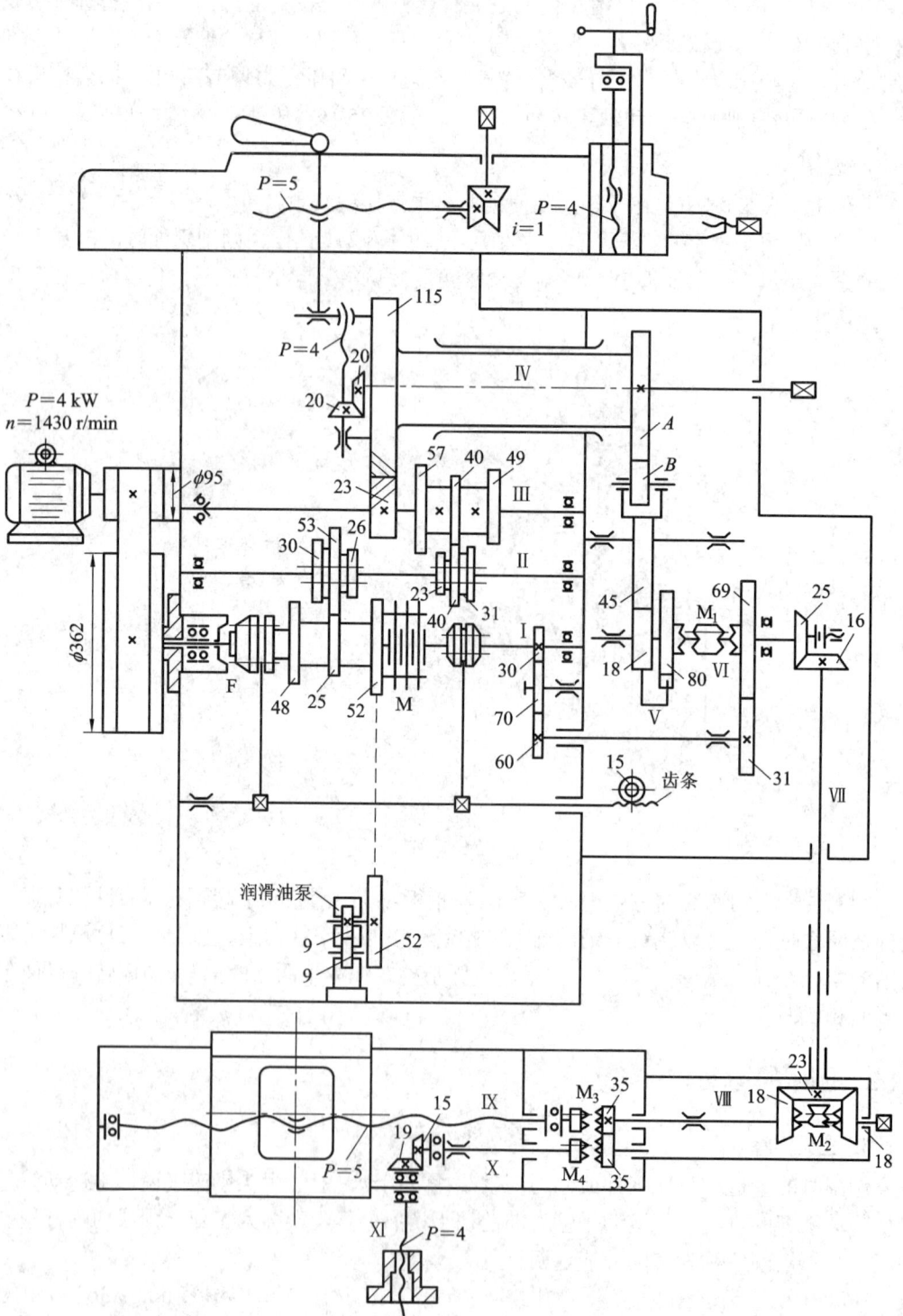

图 9-4　B6050 型牛头刨床传动系统

### 2. 进给运动

刨削时使金属连续投入切削的运动称为进给运动。牛头刨床的进给运动是指工作台带动工件的间歇直线移动，即滑枕每往复一次，工作台送进一个距离(进给量)。

B6050 型牛头刨床的进给运动如图 9-4 所示，当固定在轴Ⅳ上的凸轮 A 随轴转动时，经滚轮 B，使扇形齿轮副 45/18 做往复摆动，同时传动棘轮机构(传动比为 1/80～16/80)。离合器 $M_1$ 左移，则棘轮带动轴Ⅵ转动，经锥齿轮副 25/16，传动可伸缩传动轴Ⅶ，再经锥齿轮变向机构 23/18，通过 $M_2$ 的左向、右向移动，使轴Ⅷ获得正反两种转向，也即控制工作台的左右或上下的进给方向。最后，当 $M_3$ 右移时，运动传至横向进给丝杠Ⅸ，使工作台实现横向进给运动；当 $M_4$ 右移时，轴Ⅷ的运动经齿轮副 35/35 传给轴Ⅹ，再经锥齿轮副 15/19 传至垂向进给丝杠Ⅺ，使工作台实现垂向进给运动。

### 3. 辅助运动

刨床上除主运动和进给运动以外，滑枕和工作台的其他运动称为辅助运动。如调整机床时工作台的快速移动，如图 9-4 所示，当离合器 $M_1$ 右移时，轴Ⅰ的运动经齿轮副 30/70、70/60 传给轴Ⅴ，再经齿轮副 31/69 和 $M_1$ 传至轴Ⅵ(此时传动路线不经过棘轮机构)，以下的传动路线与进给运动相同。这样，可使工作台获得横向或垂直的快速移动。

B6050 型牛头刨床的传动结构式如图 9-5 所示。

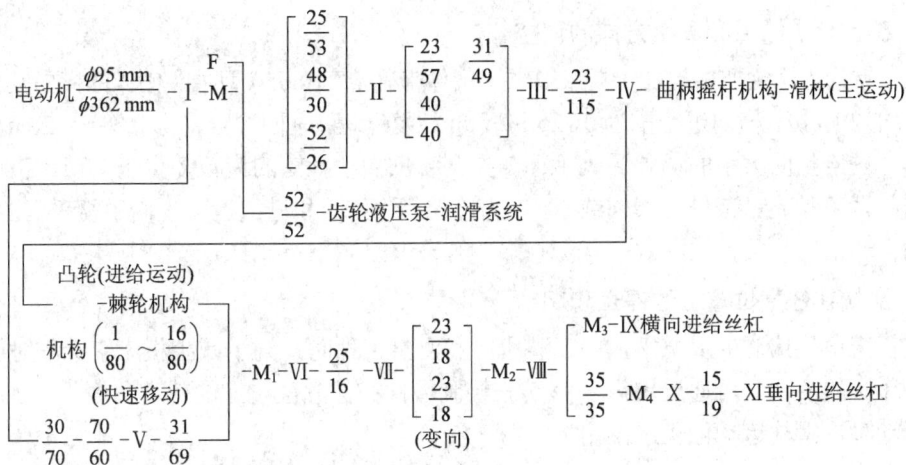

图 9-5　B6050 型牛头刨床的传动结构式

## 9.1.3　B6050 型牛头刨床的调整

刨削加工前，应先将工件安装在工作台的适当位置上，或装夹在工作台上的机用虎钳内，把刨刀安装在刀架上，然后调整机床。

### 1. 行程长度的调整

刨刀在往复运动中所处的两个极限位置之间的距离称为行程长度。为了能加工出工件的整个表面，刨刀的行程长度应比工件的刨削长度稍长一些。超过工件刨削长度的距离称为越程。切入工件前的越程称为切入越程，切削以后的越程称为切出越程。行程长度调整时，如图 9-2 所示，先将手柄 10 端部的滚花压紧螺母松开，然后用方孔摇把转动手柄 10，从而改变滑枕的行程长度。手柄顺时针方向转动时，滑枕行程增长；反之则缩短。接着应检查滑枕的行程长度调整得是否合适，其方法是：先将变速手柄 8 和 9 扳到空档位置，然后转动手柄 10，使滑枕往复移动来观察滑枕的行程长度调整得是否合适。调整好以后，将方孔摇把取下，并把滚花压紧螺母拧紧。

### 2. 滑枕工作行程前后位置的调整

根据被加工工件装夹在机床工作台上的位置调整滑枕工作行程的前后位置。如图 9-2 所示，调整时，先松开位于滑枕上部的紧定手柄 4，再用方孔摇把转动位于滑枕上的方头手柄 3，这样就可以随意调节滑枕工作行程的前后位置。顺时针方向转动方头，滑枕位置后移；逆时针方向转动方头，滑枕的位置前移。滑枕位置调整好以后，将手柄 4 扳紧。

### 3. 滑枕行程速度的调整

调整滑枕的运动速度必须在机床停止时进行，否则会损坏变速齿轮。B6050 型牛头刨床的滑枕运动速度共有九级。根据不同的加工要求，改变变速手柄 8 和 9 的位置便可得到所需的滑枕行程速度。速度的大小由机床的标牌示出。

### 4. 工作台进给量和进给方向的调整

进给量的大小主要根据加工要求及加工条件来确定。B6050 型牛头刨床的横向及垂向的进给量均为 16 级。横向进给量为 0.125～2 mm/往复行程，垂向进给量为 0.08～1.28 mm/往复行程。进给量的大小的调整通过手柄 7 控制棘爪拨动棘轮的齿数多少来实现。工作台进给方向的调整是通过工作台横向或垂向进给转换手柄 16 和进给运动换向手柄 17 的变换来实现的。

### 5. 滑枕在任意位置上的停止和起动

在机床电气接通的情况下，当调整机床和测量工件时，为了减少机床空行程时间的损失和操作时的安全，可通过操纵手柄 5 来控制滑枕在任意位置上的起动和停止。当手柄 5 向外扳动时，滑枕运动停止；向内扳动时，滑枕起动。

## 9.1.4　常见刨床种类与型号的含义

### 1. 常用刨床的种类

生产中常用的刨床除了上述牛头刨床外，还有下述几种。

#### 1) 龙门刨床

龙门刨床(见图 9-6)主要用于大型零件的加工，工件的长度可达十几米甚至几十米。对中、小型工件，可以在工作台上一次装夹多个工件同时进行加工，还可以用多把刨刀同时刨削，从而大大提高生产率。与普通牛头刨床相比，其形体大，结构复杂，刚性好，加工精度也比较高。

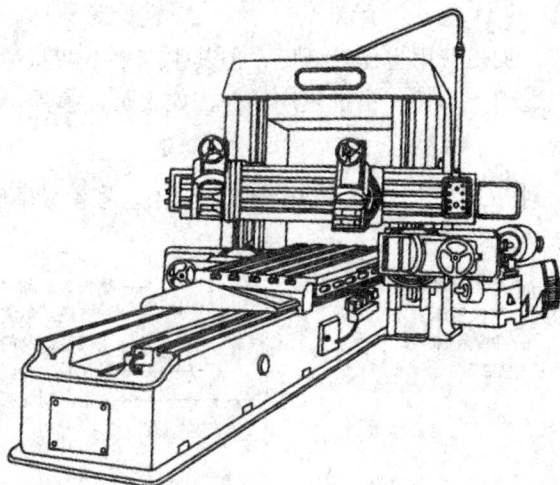

图 9-6　龙门刨床

从机床的运动方式来看，龙门刨床与牛头刨床的区别在于：龙门刨床的主运动是工作台连同工件做直线往复运动，进给运动是刨刀沿横向或垂向做间歇直线移动。

2) 插床

插床又称立式刨床(见图 9-7)。它与牛头刨床在运动形式上的区别在于主运动方向的不同。牛头刨床的滑枕是在水平方向上做直线往复运动，插床的滑枕则是在垂直于水平面的方向上做直线往复运动。插床的进给运动较牛头刨床复杂一些。它的工作台由纵向拖板、横向拖板以及圆形工作台组成。在圆形工作台的传动中，还配备有分度装置。因此，插床工作台除了能做纵向或横向进给运动外，还可以做回转进给和分度工作。

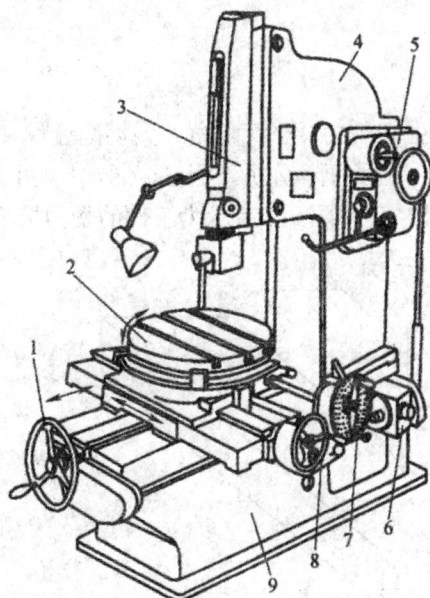

1—工作台纵向移动手轮；
2—工作台；
3—滑枕；
4—床身；
5—变速箱；
6—进给箱；
7—分度盘；
8—工作台横向移动手轮；
9—底座

图 9-7　插床

插床主要用来加工工件的内表面，如多边形孔或孔内键槽等。此外，还可以插削内、外曲面(直素线)。

插床加工范围较广,加工费用也比较低廉,但其生产率不高,对操作工人的技术要求较高。因此,插床一般适用于单件、小批生产场合,如工具、模具、修理或试制车间等。

### 2. 刨床型号的含义

刨床属于通用机床,按 GB/T 15375—2008 规定,刨床型号含义举例说明如图 9-8 所示。

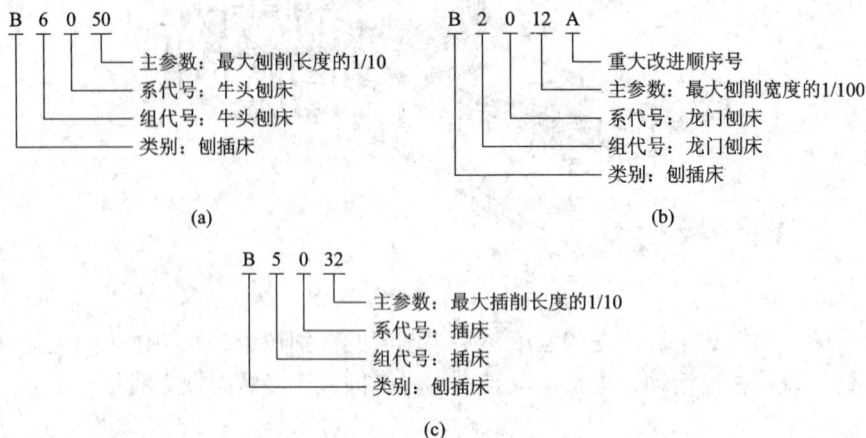

B 6 0 50
主参数:最大刨削长度的1/10
系代号:牛头刨床
组代号:牛头刨床
类别:刨插床

(a)

B 2 0 12 A
重大改进顺序号
主参数:最大刨削宽度的1/100
系代号:龙门刨床
组代号:龙门刨床
类别:刨插床

(b)

B 5 0 32
主参数:最大插削长度的1/10
系代号:插床
组代号:插床
类别:刨插床

(c)

图 9-8  刨床型号含义

## 9.2  刨削加工特点

### 9.2.1  工件的装夹

#### 1. 刨削时工件的受力

刨削过程与其他切削过程一样会产生切削力。总切削力 $F$ 为切削过程中切削区域的变形抗力以及摩擦力的综合,为一空间力。为了便于分析、测量,通常把总切削力 $F$ 分解为三个分力:进给力 $F_f$、背向力 $F_p$、切削力 $F_c$。图 9-9 所示为工件的受力情况。

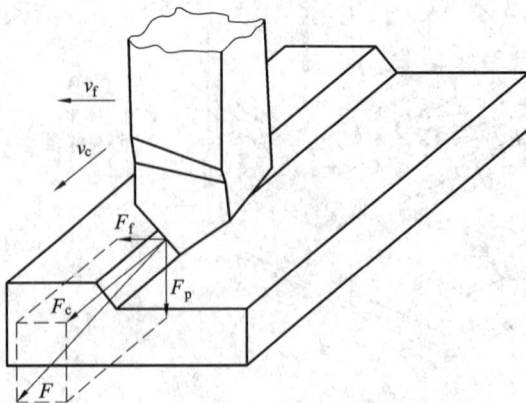

图 9-9  刨削时工件的受力

1) 切削力 $F_c$

切削力 $F_c$ 是作用于切削速度方向上的分力，是三个分力中最大的力。$F_c$ 直接影响到机床动力的消耗，是计算机床动力、刀柄和刀头强度、夹紧力大小以及合理选择切削用量等的主要依据。

2) 背向力 $F_p$

背向力 $F_p$ 是总切削力垂直于工作平面方向上的分力。$F_p$ 将工件压向机床工作台。

3) 进给力 $F_f$

进给力 $F_f$ 是总切削力 $F$ 在进给方向上的分力。与 $F_c$ 相比 $F_f$ 一般是比较小的，它是校验机床进给机构强度的主要依据。切削力 $F$ 的三个分力中，$F_c$、$F_f$ 对工件的装夹影响最大，它们将使工件有偏离定位状态的趋势。因此，在工件的安装中应考虑如何抵御它们对工件的作用。

**2. 工件装夹方式**

在机床上加工工件时，应根据被加工工件的形状和大小来选用机床和装夹方法，这有利于合理使用机床和保证加工精度。对于较小的工件，可选用预先安装在牛头刨床上的机用虎钳装夹；对较大的工件，可直接装夹在牛头刨床的工作台上；对于大型工件，则需在龙门刨床上加工。

1) 用机用虎钳装夹工件

加工前，先把机用虎钳装夹在牛头刨床的工作台上，并校验固定钳口与滑枕运动方向的平行度或垂直度。校验钳口与滑枕运动方向垂直度的步骤如下：

(1) 张开钳口，擦净各活动面、接合面，然后使平口钳大致在工作台上定位。

(2) 准确地对准机用虎钳上的零线，并紧固钳身与底座的连接螺柱。

(3) 把百分表装夹在刀架上，再把平行垫铁轻轻地夹在钳口内，使百分表的测头与平行垫铁接触，然后横向移动工作台，以百分表的指针是否摆动来判断钳口与滑枕运动方向是否垂直；经校正，直到百分表的指针不摆动或摆动极微为止；最后把机用虎钳完全紧固在工作台上[见图 9-10(a)]。

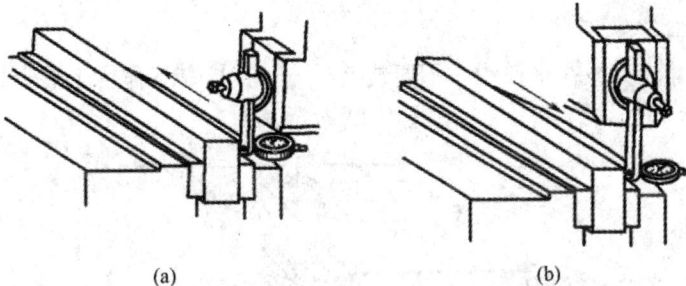

|  | (a) | | (b) |
图 9-10　校正钳口与滑枕运动方向的相对位置

(a) 校正钳口与滑枕运动方向的垂直度；　(b) 校正钳口与滑枕运动方向的平行度

校正钳口与滑枕运动方向平行度的方法与上述方法基本相同，只是把机用虎钳旋转 $90°$，然后移动滑枕进行校正[见图 9-10(b)]。

检查固定钳口工作表面与滑枕运动方向的垂直度时，可将 $90°$ 角尺夹在钳口内，通过百分表检查 90° 角尺的测量面与滑枕运动方向是否平行来间接进行[见图 9-11(a)]。

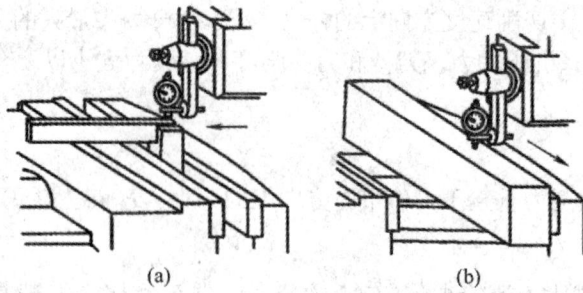

图 9-11　机用虎钳的检查

(a) 检查固定钳口与滑枕运动方向的垂直度；(b) 检查钳身滑动面与工作台台面的平行度

检查钳身滑动面与工作台台面的平行度时，可将平行垫铁放在钳身滑动面上，然后横向移动工作台，用百分表进行检查[见图 9-11(b)]。

用机用虎钳装夹工件时的注意事项如下：

(1) 工件的加工面必须高于钳口，若工件的高度不够，可用平行垫铁将工件垫高。

(2) 为了保护钳口，在夹持毛坯工件时，可在钳口上垫铜皮等护口片。但在加工与定位面相垂直的平面时，如果垂直度要求高，则钳口上不宜垫护口片，以免影响定位精度。

(3) 工件装夹时，要用铜棒轻轻敲击工件，使其贴实垫铁。

(4) 对刚性不足的工件需要垫实，以免夹紧后工件产生变形(见图 9-12)。

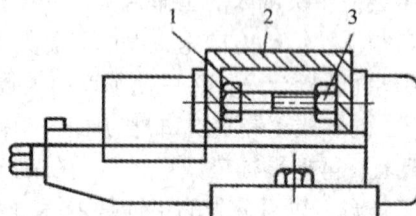

1—螺栓；2—工件；3—螺母

图 9-12　框形工件的夹紧

2) 在工作台上装夹工件

当工件的尺寸较大或在平口钳内不便装夹时，可直接在工作台上装夹。其方法如下：

(1) 用螺钉撑和挡块装夹工件，如图 9-13 所示。

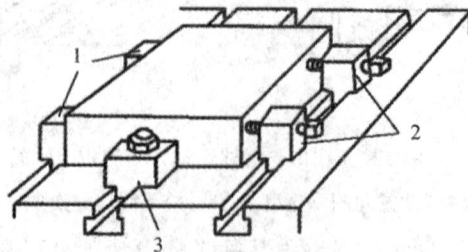

1、3—挡块；2—螺钉撑

图 9-13　用螺钉撑和挡块装夹工件

(2) 侧面有凸出部分的工件，其装夹方法如图 9-14 所示。

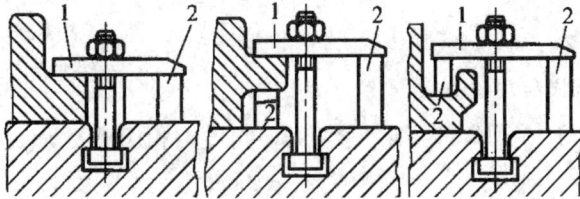

1—压板；2—垫铁

图 9-14　侧面有凸出部分的工件的装夹方法

(3) 侧面有孔的工件，其装夹方法如图 9-15 所示。

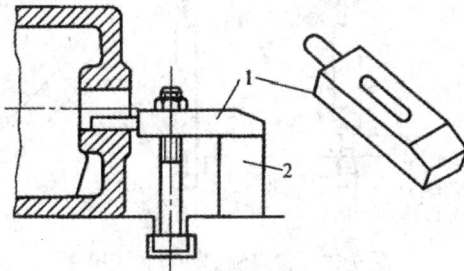

1—插销压板；2—垫铁

图 9-15　侧面有孔的工件的装夹方法

(4) 采用平压板倾斜放置于工件两侧，利用挤压的作用装夹工件(见图 9-16)。

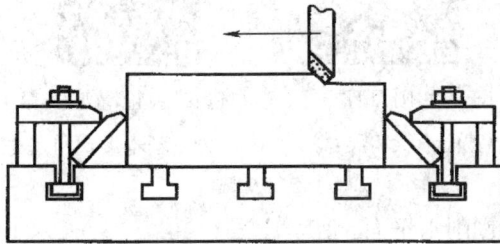

图 9-16　利用平压板挤压装夹工件

在工作台上装夹工件时的注意事项如下：

(1) 在尚未检查工件装夹位置是否正确前，不要将其夹得太紧，经检查并校正以后再夹紧。

(2) 工件装夹时应使底面与工作台面贴实，可用塞尺检查，或用铜棒敲击工件听声音来判断是否贴实。

(3) 如果工件是毛坯，为防止工作台面受损伤或定位不稳定，应用铜皮或楔铁垫实。

(4) 采用压板时，需压在工件与工作台面的贴实处，以免工件受压变形。

(5) 工件压紧后，应复查其安装位置是否正确，避免因压紧力而使工件变形或移动。

### 9.2.2 刨刀的装夹

**1. 刨刀的种类**

1) 按加工表面形状和用途分类

一般分为平面刨刀、偏刀、切刀、弯切刀、角度刀和切槽刀等(见图 9-17)。

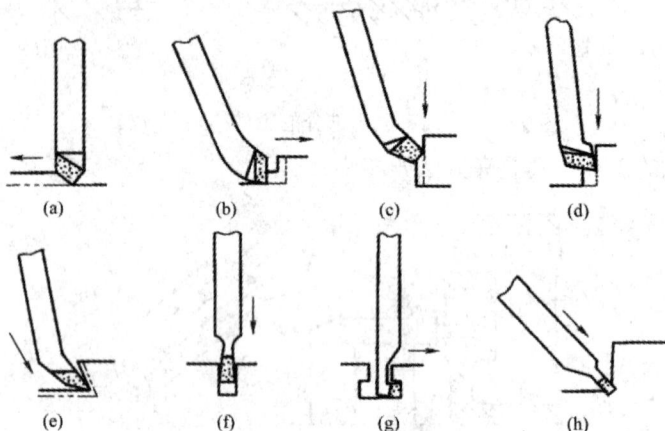

图 9-17　常用刨刀种类和应用

(a) 平面刨刀；(b)、(d) 台阶偏刀；(c) 普通偏刀；(e) 角度刀；(f) 切刀；(g) 弯切刀；(h) 切槽刀

刨刀　　　　　车刀和刨刀刀杆　　直齿锥齿轮精刨刀 第1　　直齿锥齿轮精刨刀
　　　　　　　　截面形状和尺寸　　部分：基本形式和尺寸　　第2部分：技术条件

(1) 平面刨刀：用于刨削水平面。

(2) 偏刀：用于刨削垂直面、台阶面和外斜面等。

(3) 切刀：用于刨削直角槽和切断。

(4) 弯切刀：用于刨削 T 形槽。

(5) 角度刀：用于刨削燕尾槽和内斜面等。

(6) 切槽刀：用于刨削 V 形槽和特殊形状的表面等。

2) 按刀具形状和结构分类

一般可分为左刨刀和右刨刀、直头刨刀和弯头刨刀、整体刨刀和组合刨刀等。

(1) 左刨刀和右刨刀。这是按主切削刃在工作时所处左右位置的不同来区分的。主切削刃在右边的，称为左刨刀；主切削刃在左边的，称为右刨刀。此外，按左、右手大拇指所指主切削刃的不同，也可区分左、右刨刀，如图 9-18 所示。

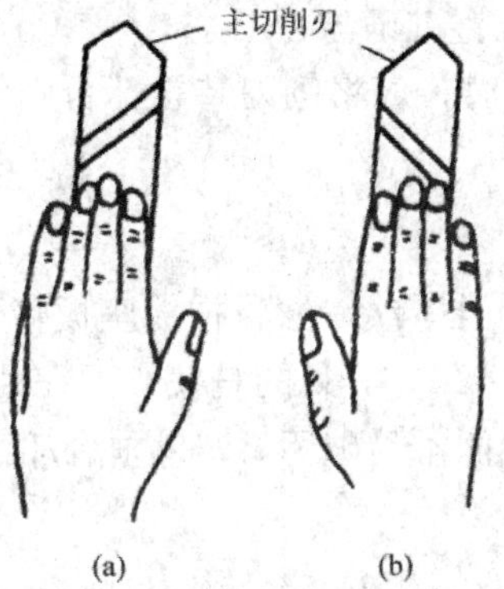

图 9-18 左刨刀和右刨刀

(a) 左刨刀；(b) 右刨刀

(2) 直头刨刀和弯头刨刀。刨刀杆纵向是直的，称为直头刨刀；刨刀头向后弯的刨刀，称为弯头刨刀。由于弯头刨刀在受到较大的切削阻力时，刀杆所产生的弯曲变形是向后上方弹起，刀尖不会啃入工件，可避免折断刀杆或啃伤加工表面，所以这种刀具应用较广泛，如图 9-19(b)所示。

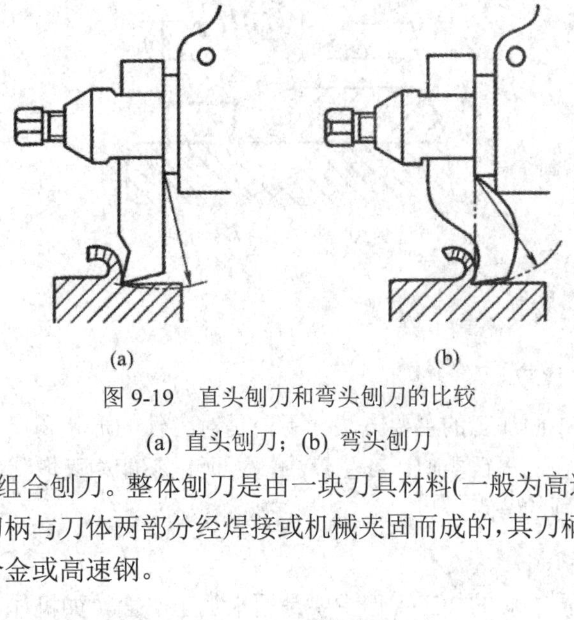

图 9-19 直头刨刀和弯头刨刀的比较

(a) 直头刨刀；(b) 弯头刨刀

(3) 整体刨刀和组合刨刀。整体刨刀是由一块刀具材料(一般为高速钢)制成的，组合刨刀是由不同材料的刀柄与刀体两部分经焊接或机械夹固而成的,其刀柄材料一般是中碳钢，而刀体材料为硬质合金或高速钢。

**2. 刨刀的装夹**

1) 平面刨刀的装夹

平面刨刀装夹在刀座内时，应注意以下几点：

(1) 刀架和拍板座都应在垂直位置。

(2) 刨刀在刀架上不能伸出太长，以免在加工中发生振动或折断。直头刨刀的伸出长度一般不宜超过刀柄厚度的 1.5～2 倍。弯头刨刀可以伸出稍长一些，一般稍长于弯曲部分。

(3) 装卸刀时，扳手放置的位置要合适，用力时必须由上而下地扳转螺钉，将刨刀压紧或松开。用力方向不得由下而上，以免拍板翘起而碰伤或夹伤手指。

(4) 安装平头精刨刀时，要用透光法找正切削刃的位置，然后夹紧刨刀。夹紧后，还要再次用透光法检查切削刃的位置准确与否。

(5) 安装带有修光刃的刨刀时，应将刨刀装正，否则将改变过渡刃偏角的大小，从而影响切削性能及加工表面质量。

2) 偏刀的装夹

装夹偏刀时，首先将刀架对准零线，并将拍板座扳转一定角度，使拍板座上端向离开工件加工表面的方向偏转(见图 9-20)。其目的是使刨刀在回程抬刀时偏离工件的加工表面，以减少刀具的磨损，保证加工表面不受破坏。如果垂直加工面的高度在 10 mm 以下，拍板座可不必扳转角度。

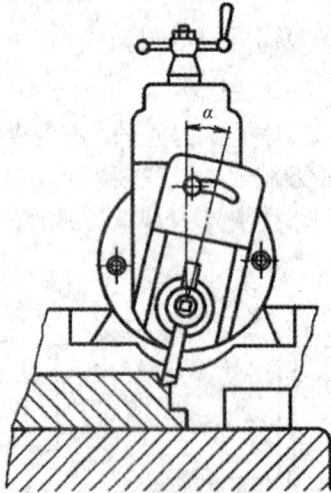

图 9-20　拍板座扳转方向

### 9.2.3　刨削加工的特点

#### 1. 刨削与铣削的比较

刨削和铣削都是平面加工的主要方法。不论是对工件的形状和尺寸的适应性，还是所能达到的加工精度，它们都很类似。在生产中，之所以不能相互取代，是因为它们各有所长。下面简单说明刨削的特点。

1) 加工的适应性

刨削可以适应不同性质的加工，但主要是用来加工平面，如机体、箱体、床身、导轨等平面。如果将机床稍加调整或增加某些附件，特别是牛头刨床，就可以用来加工齿条、齿轮、花键、成形表面(直素线)等。刨削加工的主要特点是机床成本低，适应性好，刨刀结构简单。因此，在单件、小批生产中，刨削加工应用广泛。

2) 加工生产率

刨削生产率较低。这是因为刨削主运动有空回程，而且一般为单刃切削，切削不连续。刀具往复运动一方面限制了切削速度的提高，另一方面在切削时有冲击现象，所以刨削加工一般用于单件、小批生产。但是，在刨床上加工窄长平面或多件同时加工时，其生产率并不低于铣削加工。

3) 加工精度

一般刨削加工精度尺寸公差等级可达 IT8~IT9，表面粗糙度 $Ra$ 值为 6.3~1.6 μm。刨削加工可以保证一定的相互位置精度，所以刨削加工箱体、导轨等平面非常适宜。尤其在龙门刨床上，利用精刨代替手工刮研，大大提高了加工精度和生产率。

**2. 精刨特点**

对于表面粗糙度值要求较小和平面度要求较高的平面，以往大多采用手工刮研的方法进行加工。手工刮研是一种繁重的体力劳动，生产率低，对工人技术水平要求较高。随着生产技术的发展，采用精刨代替手工刮研的技术已经很成熟，应用也很广泛。

1) 精刨刀具

(1) 加工铸铁精刨刀(见图 9-21)。刀片材料为高速钢，采用弹性刀杆可以减少振动，从而降低加工表面粗糙度值。该刀具结构简单，制造方便，采用机械夹固式，节省刀具材料，刃磨方便。其刃倾角 $\lambda_s = 5°$，有利于精加工。这种刀具适用于在牛头刨床上对铸铁件进行精加工。

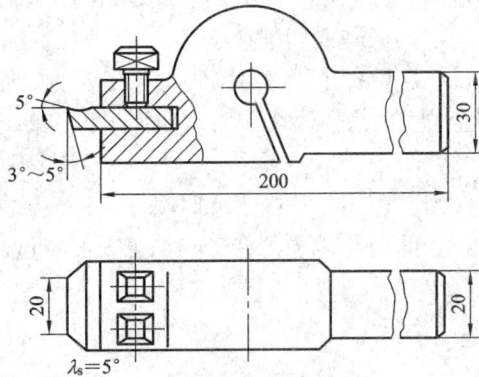

图 9-21 加工铸铁精刨刀

(2) 宽刃精刨刀(见图 9-22)。刀杆材料为 45 钢，刀片材料为高速钢或硬质合金(YG8)，前者用于刃宽较大者。其前角 $\gamma_0 = -10° \sim -15°$，在切削时产生刮削和挤压作用，以降低表面粗糙度值；后角 = 3°~5°；刃倾角 $\lambda_s = 10° \sim 15°$，由刀柄保证。宽刃精刨刀主要用于龙门刨床上精刨铸铁件。

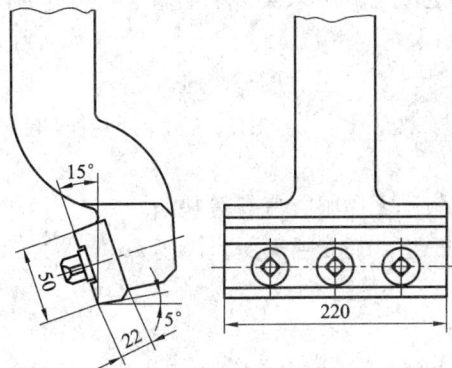

图 9-22 宽刃精刨刀

2) 精刨时切削用量和切削液的选择

(1) 进给量 $f$ 的选择。精刨时应取大的进给量。使用平直宽刃精刨刀(硬质合金刨刀的切削刃宽度在 20～40 mm，高速钢刨刀的切削刃宽可达 200 mm 以上)时，进给量根据刨刀结构和切削刃宽度来决定，一般取 5～24 mm / 往复行程。选择的进给量不能大于修光刃的宽度，否则会出现刀痕而影响工件表面的质量。对于长形工件，若采用比工件表面宽的刨刀，可不需横向进给。

(2) 背吃刀量 $a_p$ 的选择。精刨时应取极小的背吃刀量。一般精刨可分为修整和光整两步。修整的目的是去掉上道工序遗留下来的形状误差和本工序的装夹误差，并留下一层极薄而均匀的余量，以待光整加工。光整加工的平面质量应达到预定的精刨要求。精刨时的总余量在 0.1～0.5 mm 范围内。修整时的背吃刀量每次 0.08～0.12 mm。光整加工时的背吃刀量每次取 0.03～0.08 mm。背吃刀量大了容易使加工表面出现麻点，从而影响表面质量。在条件良好的情况下，光整加工切削深度还可以取更小值。

(3) 切削速度 $v_c$ 的选择。精刨时尽可能取低的切削速度，这样可使切削过程比较稳定，从而得到小的表面粗糙度值。精刨速度常取在 2～12 m/min 范围内，最高不超过 15 m/min。如果精刨过程中发现有振动，则应降低切削速度。

(4) 切削液的选择。在加工铸铁时可使用煤油，若在煤油中加 0.03％重铬酸钾，效果更好。精刨钢件时，使用全损耗系统用油、煤油的混合液(2∶1)或矿物油和松节油的混合液(3∶1)。

精刨时，最好能连续在刀具前面和后面上同时喷注切削液。如果条件不具备而采用间断浇注时，要防止局部未浇到的现象，否则会影响加工表面质量。

3) 精刨对工艺系统的要求

(1) 对机床的要求。

① 最好粗、精加工分别在不同的刨床上进行。

② 精刨前要调整机床精度，使其符合精度标准，主要项目为：导轨精度、工作台移动精度、横梁的移动与工作台的平行度等，还要对刀架滑动间隙进行调整。

③ 工作台面如有较大和较多的凸凹不平时，需用微量自刨来进行修整；如台面只有微量不平时，可用锉刀或油石修平。

④ 床身导轨润滑要充足，以减小摩擦力和工作台的热变形，提高加工精度。

(2) 对工件的要求。

① 在搬运、装夹工件时，要防止变形和磕碰。

② 工件粗刨后要经过时效处理，半精刨后也要过一段时间后再进行精刨，其目的是消除内应力。

③ 工件本身组织要均匀，无砂眼、气孔等缺陷。

④ 工件的定位基面要平整，基面的表面粗糙度 $Ra$ 值不大于 3.2 μm，工件的两端必须要倒角，以防伤刀。

(3) 对工件装夹的要求。

① 工件的定位基准面和工作台面要擦干净，工件装夹后用塞尺检查工件与工作台面之间的间隙。夹紧力作用点必须落在工件的定位支承面上。

② 夹紧力要小，以防止工件变形。对于大型、笨重的工件，轻轻夹紧，并用挡块挡住即可。

(4) 对刀具的要求。

① 切削刃全长上的直线度误差，不得超过 0.005 mm，切削刃表面粗糙度 $Ra$ 值要低于 0.1 μm，切削刃要装夹成水平。

② 刃倾角 $\lambda_s$ 在精刨时具有特别重要的意义，它可以使刨刀的切削刃在全长上逐渐进入切削，以减少对切削刃的冲击，并且增加了工作中的平稳性，这对硬质合金刀具尤为重要。由于刃倾角的增大，在切削过程中实际的工作前角比理论前角大，因而切削力降低，切削热减少，在不削弱刀具强度的前提下，可获得较小的表面粗糙度值。在加工钢料时采用 $\lambda_s = 30°$，或再选大些；加工铸铁时，刃倾角 $\lambda_s = 0° \sim 15°$。

③ 修整加工与光整加工所采用的刀具应该严格区分开，不要混淆，以免影响加工表面质量。

(5) 其他方面的要求。因机床导轨面上的油膜豁度、弹性在机床刚起动和经过一段时间工作后是不一致的，故在精刨大平面时，不允许中间停顿，否则将产生接刀痕迹。因精刨过程中换刀后重新对刀校准很困难，所以严禁中途换刀或停车。

# 9.3 插削加工

插削加工可以认为是立式刨削加工，是在插床上利用插刀来进行加工，主要用于单件小批生产中加工零件的内表面，例如孔内键槽、方孔、多边形孔和花键孔等，也可以加工某些不便于铣削或刨削的外表面(平面或成形面)。其中用得最多的是插削各种盘类零件的内键槽，如图 9-23 所示。

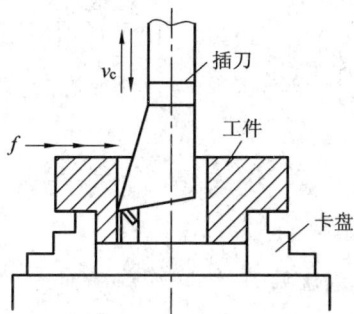

图 9-23　插削孔内键槽

插床外形如图 9-7 所示。工件安装在插床圆工作台上，插刀装在滑枕的刀架上。滑枕带动插刀在竖直方向的往复直线运动为主切削运动，工作台带动工件沿垂直于主运动方向的间歇运动为进给运动，圆工作台还可绕垂直轴线回转，实现圆周进给和分度。滑枕导轨座可绕水平轴线在前后小范围内调整角度，以便加工斜面和沟槽。插削前需在工件端面上画出键槽加工线，以便对刀和加工，工件用自定心卡盘和单动卡盘夹持在工作台上，插削速度一般为 20～40 m/min。

键槽插刀的种类如图 9-24 所示，图 9-24(a)所示为高速钢整体插刀，一般用于插削较大孔径内的键槽；图 9-24(b)所示为机夹插刀，刀杆为圆柱形，在径向方孔内安装刀头，刚性较好，可以用于加工各种孔径的内键槽，插刀材料可为高速钢和硬质合金。为避免回程时插刀后刀面与工件已加工表面发生剧烈摩擦，插削时需采用活动刀杆，如图 9-24(c)所示。当刀杆回程时，夹刀板 3 在摩擦力作用下绕转轴 2 沿逆时针方向稍许转动，后刀面只在工件已加工表面上轻轻擦过，可避免刀具损坏。回程终了时，弹簧 1 的弹力使夹刀板恢复原位。

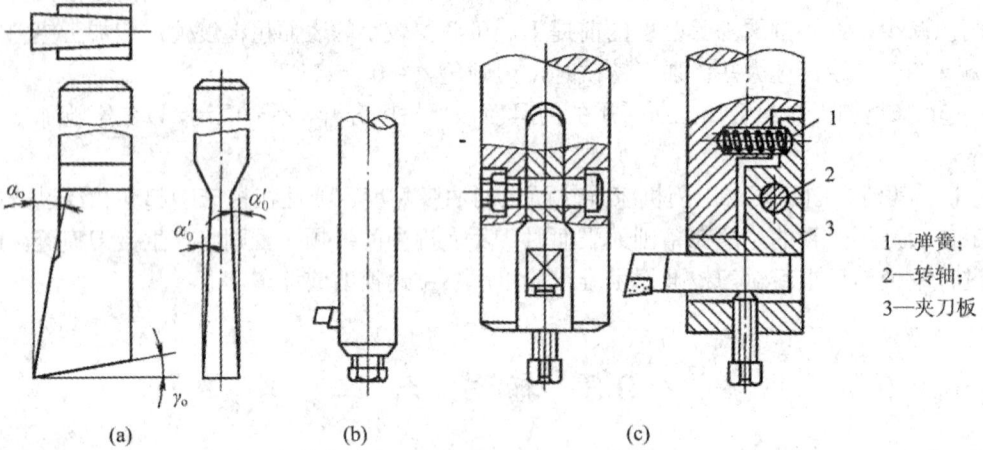

图 9-24　键槽插刀的种类

(a) 高速钢整体插刀；(b) 机夹插刀；(c) 插刀活动刀杆

插床上多用自定心卡盘、单动卡盘和插床分度头等安装工件，也可用平口钳和压板螺栓安装工件。

插削的表面粗糙度 $Ra$ 值为 $6.3\sim1.6\ \mu m$。由于插削与刨削加工一样，生产效率低，主要用于单件小批量生产和修配加工。

# 复习与思考题九

9-1　刨床工作的基本内容有哪些？

9-2　常用刨刀有哪几种？一般各用在什么场合？

9-3　刨平面时，工件的装夹方法有哪些？各有什么特点？

9-4　应该怎样正确装夹和拆卸刨刀？

9-5　加工垂直面时，为什么拍板座要扳转一定角度？

9-6　用机用虎钳装夹工件时，应注意哪些问题？

9-7　何谓精刨？精刨对机床、刀具、工件和夹具有哪些要求？

9-8　简述刨削、插削加工的工艺特点与应用。

9-9　试分析下列机床在结构上的区别：

(1) 牛头刨床与插床;

(2) 牛头刨床与龙门刨床;

(3) 龙门刨床与龙门铣床。

9-10 在牛头刨床上如何加工 T 形槽和燕尾槽?

9-11 试比较刨削加工与铣削加工在加工平面和沟槽时各自的特点。

9-12 工件在刨床上的安装方法有哪些?各自的应用场合是什么?

9-13 一般情况下,为什么刨削的生产率比铣削低?

# 项目 10　拉 削 加 工

## 10.1　拉削加工的工艺特点及应用

拉削加工是在拉床上利用拉刀对工件进行加工，如图 10-1 所示。拉削的主切削运动是拉刀的轴向移动，进给运动是由拉刀前后刀齿的高度差来实现的。因此，拉床只有主运动，没有进给运动。拉削时的动力通常由液压系统提供，拉刀做平稳的低速直线运动。

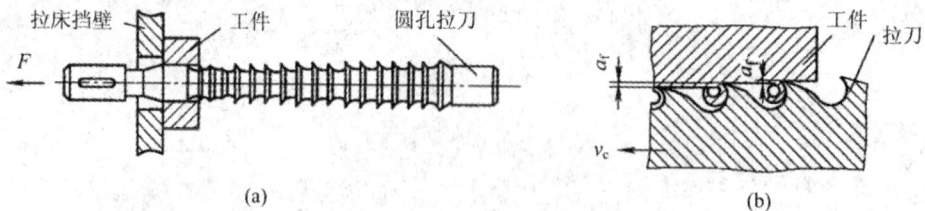

图 10-1　圆孔拉削加工

### 1. 拉削加工的工艺特点

(1) 生产率高。拉削时刀具同时工作的齿数多、切削刃长，且拉刀的刀齿分粗切齿、精切齿和校准齿，在一次工作行程中就能完成工件的粗、精加工及修光，机动时间短，因此，拉削的生产率很高。

(2) 加工质量较高。拉刀是定尺寸刀具，用校准齿进行校准、修光工作；拉床采用液压系统，驱动平稳；拉削速度低($v_c = 2 \sim 8$ m/min)，不会产生积屑瘤。因此，拉削加工质量好，精度可以达到 IT8～IT7 级，表面粗糙度 $Ra$ 值为 1.6～0.4 μm。

(3) 拉刀寿命长。由于拉削切削速度低，切削厚度小，在每次拉削过程中，每个刀齿只切削一次，工作时间短，拉刀磨损小。另外，拉刀刀齿磨钝后，还可重磨几次。

(4) 容屑、排屑和散热困难。拉削属于封闭式切削，如果被切屑堵塞，加工表面质量就会恶化，损坏刀齿，甚至会造成拉刀断裂。因此，要妥善处理切屑。通常在切削刃上开出分屑槽，并留有足够的齿间容屑空间及合理的容屑槽形状，以便切屑自由卷曲。

(5) 拉刀制造复杂、成本高。每种拉刀只适用于加工一种规格尺寸的型孔或槽，因此，拉削主要适用于大批大量生产和成批生产中。

### 2. 拉削加工的应用

拉削用于加工各种截面形状的通孔及一定形状的外表面(如图 10-2 所示)。拉削的孔径一般为 8～125 mm，孔的深径比一般不超过 5。拉削不能加工台阶孔和不通孔。由于拉床工作的特点，复杂形状零件的孔(如箱体上的孔)也不宜进行拉削。

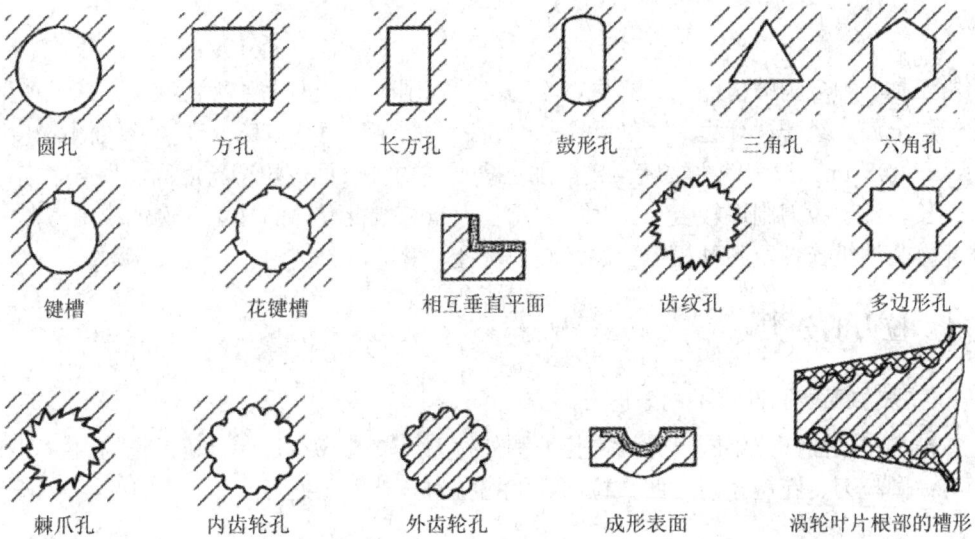

| 圆孔 | 方孔 | 长方孔 | 鼓形孔 | 三角孔 | 六角孔 |

| 键槽 | 花键槽 | 相互垂直平面 | 齿纹孔 | 多边形孔 |

| 棘爪孔 | 内齿轮孔 | 外齿轮孔 | 成形表面 | 涡轮叶片根部的槽形 |

图 10-2　拉削加工的典型工件截面形状

## 10.2　拉　床

　　常用的拉床按照加工表面可分为内表面拉床和外表面拉床，按照结构和布局可分为立式、卧式和连续式拉床等。

　　图 10-3 所示为卧式拉床外形图。床身的左侧装有液压缸，由压力油驱动活塞，通过活塞杆右部的刀夹(由随动支架支承)夹持拉刀沿水平方向向左做主运动。拉削时，工件以其基准面紧靠在拉床挡板的端面上。拉刀尾部支架和支承滚柱用于承托拉刀。一件拉完后，拉床将拉刀送回到支承座右端，将工件穿入拉刀，将拉刀左移使其柄部穿过拉床支承座插入刀夹内，即可进行第二次拉削。拉削开始后，支承滚柱下降，不起作用，只有拉刀尾部支架随行。

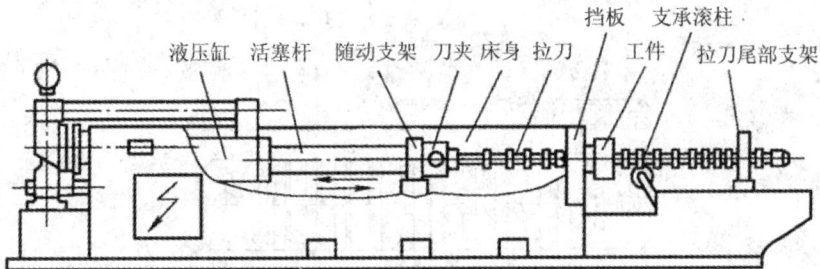

图 10-3　卧式拉床外形图

# 10.3　拉　　刀

拉刀是一种多齿的精加工、高生产率刀具。拉削时，拉刀上各齿依次从工件上切下很薄的一层金属，经一次行程即可切除全部余量，拉削精度可达 IT8～IT7，表面粗糙度 $Ra$ 值为 3.2～0.5 μm。拉削的主要特点：能加工贯通的内外表面，拉削精度高、生产率高，拉刀寿命长。由于拉刀制造较复杂，故主要用于大量、成批零件的加工，例如拉削汽车发动机体壳、柴油机连杆及各种机器上的齿轮花键孔，等等。

## 10.3.1　拉刀的分类

### 1. 按被加工表面部位不同来区分

按被加工表面部位不同可分为内拉刀和外拉刀。如图 10-4 所示，较常见的内拉刀和外拉刀有：圆拉刀、花键拉刀、四方拉刀、键槽拉刀和外平面拉刀。

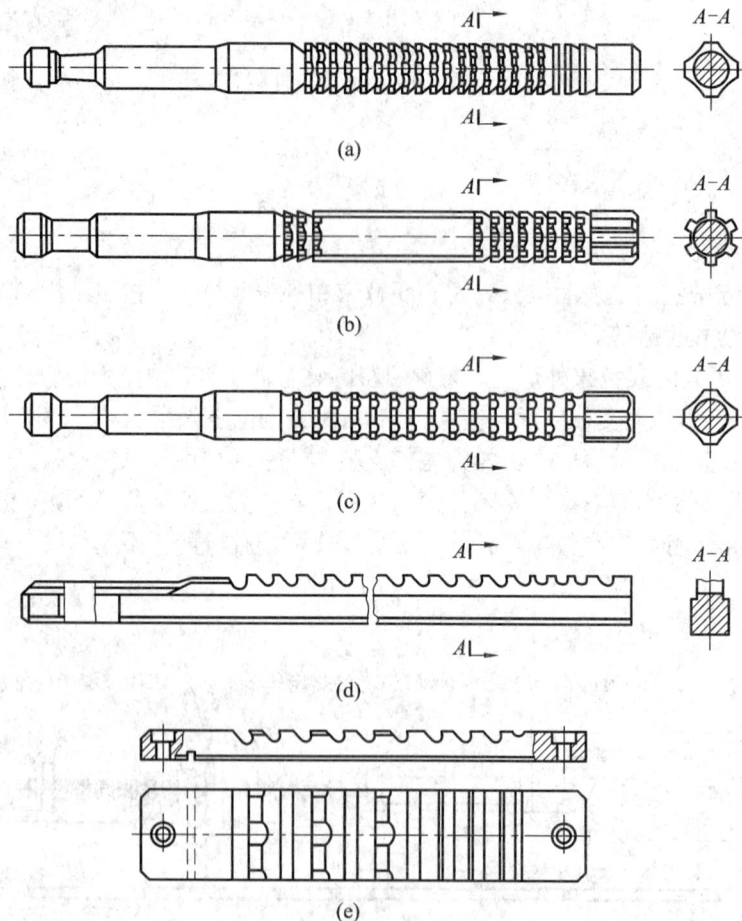

图 10-4　各种内拉刀和外拉刀

(a) 圆拉刀；(b) 花键拉刀；(c) 四方拉刀；(d) 键槽拉刀；(e) 外平面拉刀

### 2. 按拉刀结构不同来区分

按拉刀结构不同分为整体式拉刀、焊接式拉刀、装配式拉刀和镶齿式拉刀。加工中、小尺寸表面的拉刀用整体高速钢制成；加工大尺寸、复杂形状表面的拉刀制成组装式结构。图 10-5 所示为装配式内齿轮拉刀和硬质合金镶齿平面拉刀。

圆拉刀 技术条件

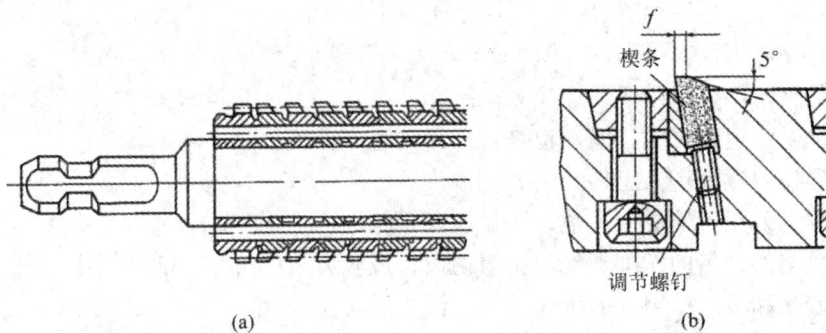

图 10-5  装配式拉刀和镶齿式拉刀

(a) 装配式内齿轮拉刀；(b) 硬质合金镶齿平面拉刀

### 3. 按使用方法不同来区分

按使用方法不同可分为拉刀、推刀和旋转拉刀。图 10-6 所示为圆推刀和花键推刀。推刀是在推力作用下工作，主要用于校正硬度<HRC45、变形量<0.1 mm 的已加工孔。推刀的结构与拉刀相似，但它的齿数少，长度短，前、后柄较为简单。旋转拉刀是在转矩作用下，通过旋转运动切削工件的。

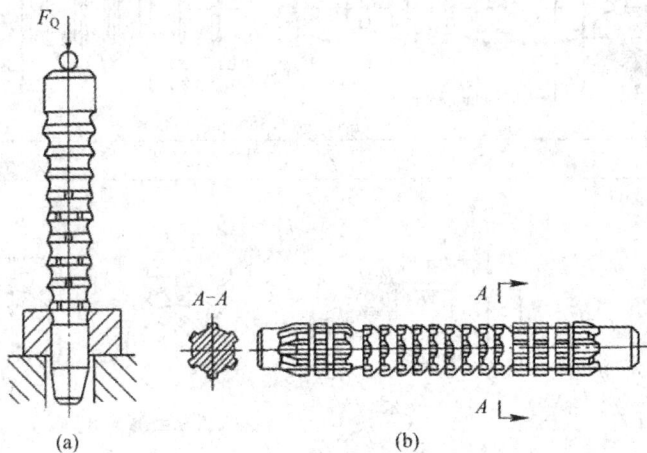

图 10-6  推刀

(a) 圆推刀；(b) 花键推刀

## 10.3.2  拉刀的结构组成及主要参数

### 1. 拉刀的结构组成

拉刀的种类很多，结构也各不相同，但它们的组成部分基本相同。现以圆孔拉刀为例，说明拉刀的各组成部分及其作用,如图 10-7 所示。

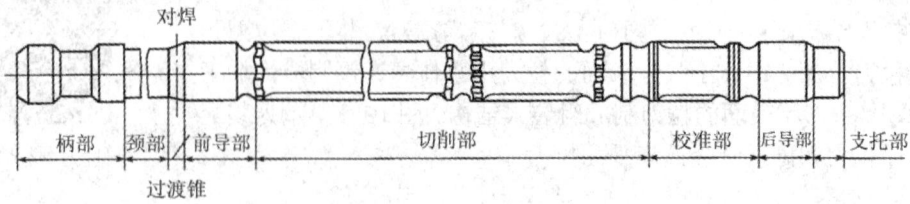

图 10-7　圆孔拉刀结构

(1) 柄部。拉刀的夹持部分,用于传递拉力。

(2) 颈部。便于柄部穿过拉床的挡壁,也是打标记的地方。

(3) 过渡锥。引导拉刀逐渐进入工件孔中。

(4) 前导部。引导拉刀正确地进入孔中,防止拉刀歪斜。

(5) 切削部。担负全部余量的切削工作。由粗切齿、过渡齿和精切齿三部分组成。

(6) 校准部。起修光和校准作用,并可作为精切齿的后备齿。

(7) 后导部。保证拉刀最后的正确位置,防止拉刀的刀齿切离后因下垂而损坏已加工表面或刀齿。

(8) 支托部。对于长又重的拉刀,用于支承并防止拉刀下垂。

## 2. 拉刀的主要结构参数

以圆拉刀为例介绍拉刀的结构,主要由切削、校准和其他部分组成,如图 10-8 所示。

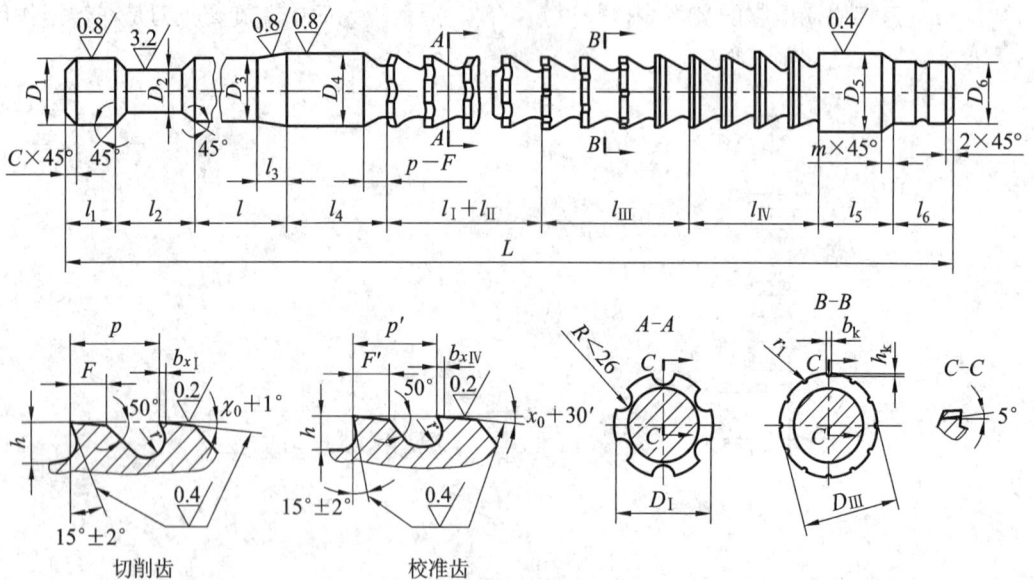

图 10-8　综合轮切式圆孔拉刀的结构

### 1) 切削部分

切削部分是拉刀的主要部分,与拉削质量以及生产效率密切相关。其组成参数有:齿升量 $f_z$、几何参数、齿距、容屑槽、分屑槽、切削齿数及直径等。

(1) 齿升量 $f_z$。

粗切齿、过渡齿和精切齿都有齿升量。粗切齿的齿升量较大(为 0.03~0.06 mm),各粗切齿的齿升量相等,全部粗切齿共约切去拉削余量的 80%。齿升量不宜过大,过大则拉削力太大,影响拉刀的强度和机床的负荷,也难获得表面粗糙度值小的拉削表面;齿升量也不能小于 0.01 mm,过小则切屑很薄,由于刃口钝圆半径 $r_\beta$ 的影响,使挤压作用加剧,刀齿容易磨损,且难获得光洁的加工表面。

粗切齿的齿升量根据工件材料和拉刀类型进行选取,可查阅有关资料。过渡齿的齿升量不等,为了逐渐降低拉削负荷,由粗切齿的齿升量逐齿递减至精切齿的齿升量。精切齿的齿升量一般取 0.03~0.01 mm。

(2) 几何参数。

① 前角 $\gamma_0$。为了减小切削变形和便于卷屑、降低拉削力、获得光洁的加工表面、提高拉刀的寿命,前角应适当选大些。一般是根据工件材料选取为 5°~20°。

② 后角 $\alpha_0$。圆孔拉刀属于精加工的刀具,工件的尺寸由刀具来控制,拉刀是重磨前刀面,为了使直径变化较小,延长拉刀的使用寿命,后角应选取小些,一般为 1°~3°。

③ 刃带宽度 $b_{\alpha 1}$。刃带是在制造拉刀时可测量刀齿直径,在拉削时起支承作用,重磨后保持直径不变。但刃带不能太宽,以免增加摩擦而使表面粗糙度值变大,刃带的宽度一般选 0.1~0.4 mm,粗切时取小值,精切时取大值。

(3) 齿距 $p$ 。

齿距 $p$ 是相邻两刀齿间的轴向距离。齿距 $p$ 的大小主要影响容屑槽尺寸和同时工作齿数 $z_e$。在确定齿距 $p$ 的尺寸时,为了保证切削过程平稳,并能获得良好的拉削表面,首先要满足容屑槽尺寸的需要,其次应使同时工作齿数不小于 3 个齿,但最多不应超过 8 个齿。

粗切齿的齿距通常按经验公式 $p_{\mathrm{I}} = (1.25 \sim 1.5)\sqrt{l}$ 选取。

过渡齿:$p_{\mathrm{II}} = p_{\mathrm{I}}$。

精切齿:$p_{\mathrm{III}} = (0.6 \sim 0.8)p_{\mathrm{I}}$(当 $p_{\mathrm{I}} > 10$ mm 时)。

式中,$p_{\mathrm{I}}$——拉刀粗切齿的齿距,单位为 mm;$l$——拉削长度,单位为 mm;$p_{\mathrm{II}}$——拉刀过渡齿的齿距,单位为 mm;$p_{\mathrm{III}}$——拉刀精切齿的齿距,单位为 mm。

(4) 容屑槽。

① 容屑槽的形状。容屑槽的形状应能使切屑自由卷曲,并能使刀齿有足够的强度和重磨次数。其形式如图 10-9 所示。

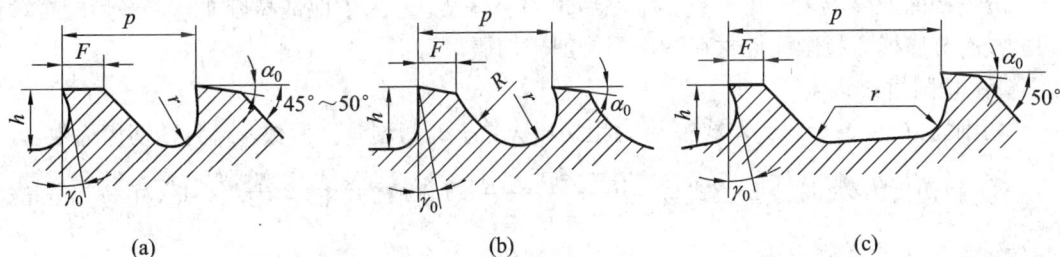

图 10-9 容屑槽形式

(a) 直线齿背;(b) 曲线齿背;(c) 加长齿距

a. 直线齿背。槽形简单、制造容易，常用于拉削脆性金属。

b. 曲线齿背。槽形有利于切屑的卷曲，适用于拉削韧性金属。

c. 加长齿距。槽形有足够的容屑空间，适用于综合轮切式拉刀。

② 容屑槽的深度 $h$，通常按经验公式 $h = 1.13\sqrt{kh_{D}l}$ 选取。式中，$h$ 为容屑槽的深度，单位为 mm；$k$ 为容屑系数，即容屑槽的有效容积和切屑体积的比，一般 $k = 2\sim4$；$h_{D}$ 为切屑厚度，单位为 mm；$l$ 为拉削长度，单位为 mm。

根据齿距 $p$ 和槽深 $h$，可在有关资料中查出各尺寸的容屑槽。

(5) 分屑槽。

分屑槽的作用是减小切屑宽度，便于切屑容纳在容屑槽中。所以，在切削齿的刀刃上都要做出交错分布的分屑槽，使切屑分成许多小段。其形式有 V 形、U 形和圆弧形三种，如图 10-10 所示。

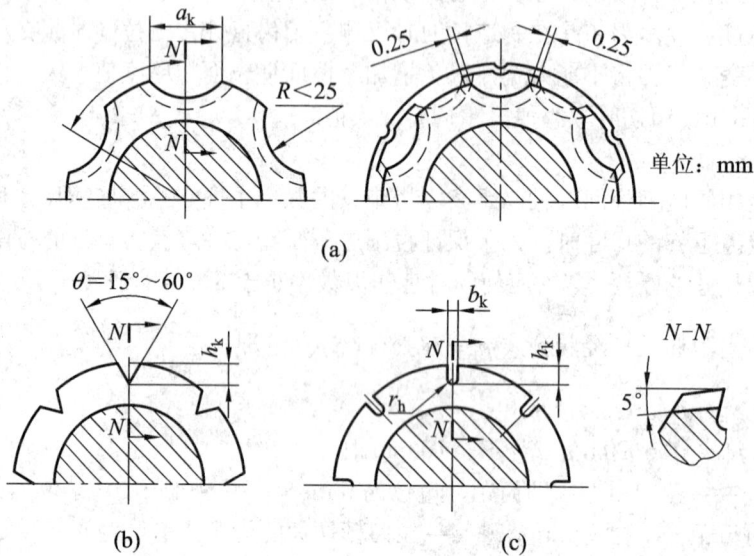

图 10-10　分屑槽形式

(a) 圆弧形；(b) V 形；(c) U 形

分屑槽的深度应大于齿升量，槽底后角为 $\alpha_{0} + 2°$，为了保证拉削质量，最后一个精切齿没有分屑槽。拉削脆性材料时，因是崩碎切屑，可不设分屑槽。

(6) 切削齿数。

切削齿数 $z = z_{I} + z_{II} + z_{III}$，式中 $z_{I}$ 为粗切齿齿数，$z_{II}$ 为过渡齿齿数，$z_{III}$ 为精切齿齿数。

① 粗切齿齿数。按经验公式 $z_{I} = \dfrac{A - (A_{II} + A_{III})}{2f_{z}} + 1$ 选取。式中，$A$ 为总余量，单位为 mm；$A_{II}$ 为过渡齿切削余量，单位为 mm；$A_{III}$ 为精切齿切削余量，单位为 mm。

② 过渡齿齿数 $z_{II}$。一般取 3～5 个。

③ 精切齿齿数 $z_{III}$。一般取 3～7 个。

(7) 直径。

① 拉刀第一圈粗切齿的直径。为避免因拉削余量不均使拉刀承受过大的负荷，拉刀的第一个粗切齿的直径一般与前导部的直径不同。

综合轮切式圆孔拉刀的第一个切削齿直径 $d_1$ 可以没有齿升量，或者取为：$d_1 = d_{min} + (1/3 \sim 1/2)f_z$。

当拉削前孔的精度在 IT10 以上时，因精度较高，则第一个切削齿可以参加切削工作，故第一个切削齿直径 $d_1$ 取为：$d_1 = d_{min} + 2f_z$。

上述两式中，$d_1$ 为拉刀的第一个切削齿直径，单位为 mm；$d_{min}$ 为预制孔的最小直径，单位为 mm；$f_z$ 为齿升量，单位为 mm。

② 各刀齿的直径。以后各刀齿的直径按各刀齿的齿升量依次递增计算，最后一个精切齿的直径等于校准齿的直径。

2) 校准部分

校准部分的校准齿没有齿升量，只起校准和修光孔的作用，不开分屑槽。

(1) 几何参数。

① 前角 $\gamma_{0IV}$。由于校准齿不起切削作用，前角可取为 $0° \sim 5°$。但为了制造方便，也可取与切削齿相同的前角。

② 后角 $\alpha_{0IV}$。为了使拉刀重磨后直径变化小，延长拉刀使用寿命，校准齿的后角应取得比切削齿后角小些，一般取 $1° \sim 2°$。

③ 刃带宽度 $b_{aIV}$。为了使拉刀重磨后直径变化小及拉削平稳，校准齿上也做有刃带，其宽度比精切齿大些，一般取 0.4~0.8 mm。

(2) 齿距 $p_{IV}$。由于校准齿只起修光作用，其齿距可比切削齿距 $p_1$ 小，以缩短拉刀长度。

当粗切齿的齿距 $p_1 > 10$ mm 时，$p_{IV} = (0.6 \sim 0.8)p_1$。

当粗切齿的齿距 $p_1 \leqslant 10$ mm 时，$p_{IV} = p_1$。

(3) 齿数与直径。校准齿的齿数的选取与被拉削孔的精度有关，一般取 3~7 个齿，精度要求高时取大值，低时取小值。

为了增加拉刀的重磨次数和延长使用寿命，校准齿的直径应等于被拉削孔的最大直径 $d_{mmax}$。但考虑到拉削后的工件孔常会发生扩张或收缩，故校准齿的直径 $d_{IV}$ 实际取为

$$d_{IV} = d_{mmax} \pm \delta$$

式中：$d_{IV}$ 为校准齿直径，单位为 mm；$d_{mmax}$ 为拉削后孔的最大直径，单位为 mm；$\delta$ 为拉削后孔径扩张或收缩量，单位为 mm。拉削后孔径扩张，取 "$-$"；若孔径收缩，取 "$+$"。拉削韧性金属时，取收缩量为 0.01 mm。加工薄壁零件时，收缩量的计算公式为：

$$\delta = 0.3d_{mmax} - 1.4T \text{(拉削 3 号或 5 号钢)}$$

$$\delta = 0.6d_{mmax} - 2.8T \text{(拉削或 18CrNiMnWA)}$$

式中：$T$ 为孔壁厚度，单位为 mm。

3) 其他部分

(1) 柄部、颈部、过渡锥和前导部(如图 10-8 所示)。

① 柄部。通常采用快速装夹的形式，直径 $D_1$ 约比拉削前孔径小 0.5 mm，并按标准尺寸选取(参阅设计资料)；$C = 2 \sim 5$ mm；$l_1 = 15 \sim 25$ mm；$l_2 = 28 \sim 38$ mm；$D_2 \geqslant D_1 - 5$。

② 颈部和过渡锥。$D_3 = D_1-(0.3\sim1)$ mm 或 $D_3 = D_1$；$l = 100\sim180$ mm(根据拉床规格选取)；$l_3$ 可取 10 mm、15 mm、20 mm 三种规格。

③ 前导部。$D_4$ 等于拉削前孔的最小直径 $d_{wmin}$，偏差取 e8。$l_4$ 等于拉削孔的长度。

(2) 后导部和支托部(如图 10-8 所示)。

① 后导部。$D_5$ 等于拉削后孔的最小直径 $d_{wmin}$，偏差取 $f_7$。

② 支托部。$D_6 = (0.5\sim0.7)$拉削后孔的公称尺寸。$l_6 = (0.5\sim0.7)l$($l$ 为拉削长度)。

(3) 拉刀的总长度。

拉刀所有组成部分长度的总和。总长度在 1000 mm 以内时，偏差取±2 mm；超过 1000 mm 时，偏差取±3 mm。

拉刀的总长度不能超过拉床允许的最大行程。一般拉刀总长度 $L = (30\sim40)d$($d$ 为拉刀外径)，当外径和容屑槽深时取最小值。

### 10.3.3　拉削方式

拉刀在切削过程中时后一个刀齿的齿高于前一个刀齿，拉刀做直线运动，一次行程从工件上切下全部加工余量，如图 10-11 所示。

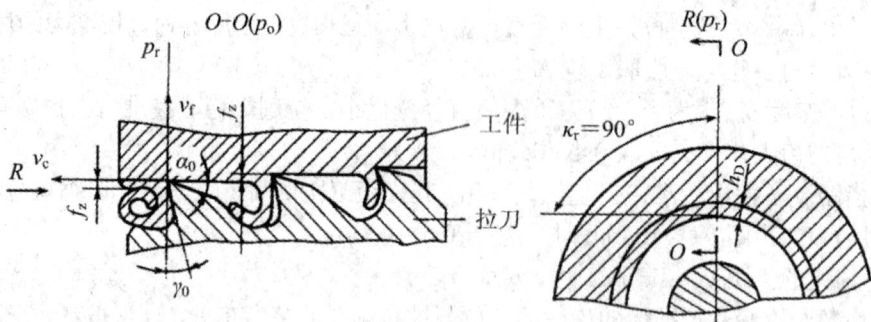

图 10-11　拉削过程

#### 1. 拉削要素

(1) 拉削速度 $v_c$。拉刀直线运动的速度就是拉削速度。

(2) 进给量或齿升量 $f_z$。相邻两齿径向高度之差就是进给量或齿升量 $f_z$。

(3) 切削厚度 $h_D$。在基面 $p_r$ 内垂直于加工表面的切削层尺寸就是切削厚度 $h_D$。

(4) 切削宽度 $b_D$。在基面 $p_r$ 内沿着过渡面所度量的切削层尺寸就是切削宽度 $b_D$。

(5) 切削层横截面积 $A_D$。在基面 $p_r$ 内，一个刀齿的切削层横截面积 $A_z = b_D h_D = f_z b_D$。总切削层横截面积 $A_D = A_z z_e$。式中，$z_e$ 为同时工作齿数，$z_e = l/p + 1$($p$ 为拉刀切削齿的齿距，单位为 mm；$l$ 为拉削长度，单位为 mm)。

#### 2. 拉削方式

拉削方式是指拉刀逐齿从工件表面上切除加工余量的方式。如图 10-12 所示，拉削方式有分层式、分块式和综合式三种。

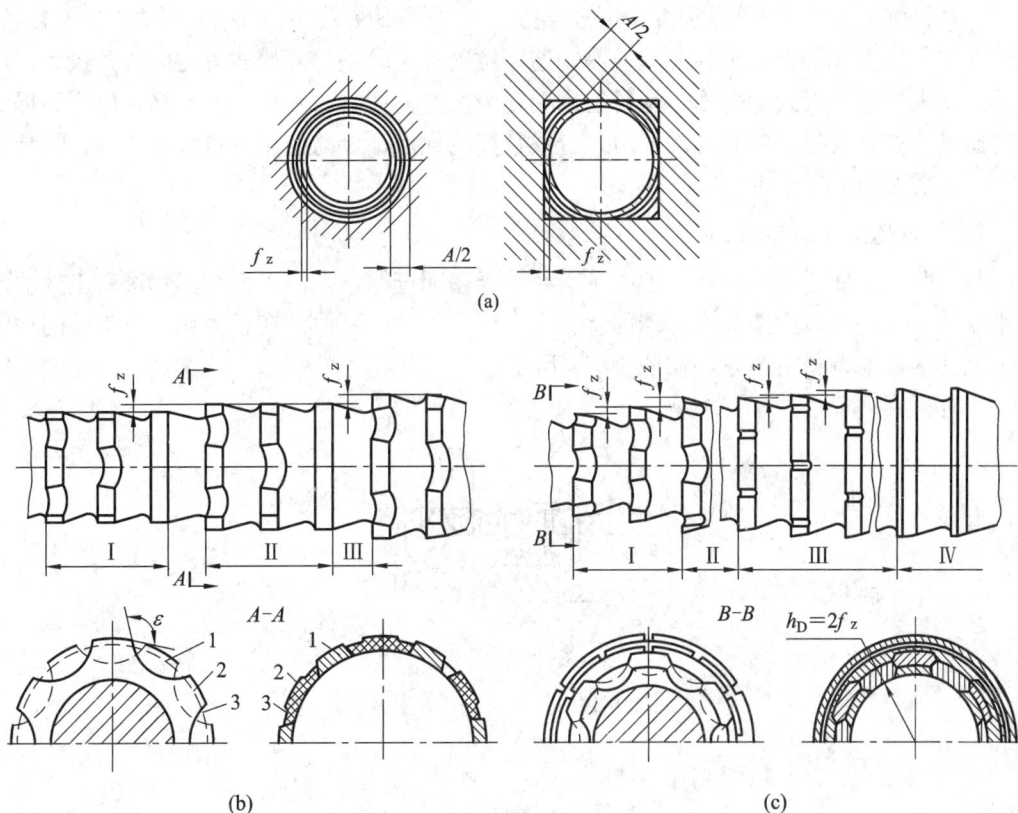

图 10-12　拉削方式

(a) 分层式；(b) 分块式；(c) 综合式

1) 分层式[如图 10-12(a)所示]

分层拉削的余量是一层一层地切去。但根据工件表面最终廓形的形成过程不同，又分成同廓式和渐成式。

(1) 同廓式。各刀齿的形状与加工表面的最终形状相同，最后一个刀齿的形状和尺寸决定已加工表面的形状和尺寸。其优点是切削厚度小、切削宽度大，拉削后的表面粗糙度值小，适用于加工余量较小且均匀的中小尺寸圆孔和精度要求较高的成形表面。缺点是场薄而 $b_D$ 宽，使拉削力增大、刀齿数多、拉刀较长，生产效率较低。

(2) 渐成式。各刀齿的形状与加工表面的最终形状不相似，已加工表面的形状和尺寸由各刀齿切出的表面连接而成。其优点是拉刀制造简单，缺点是拉削后的表面质量差。

2) 分块式(轮切式)[如图 10-12(b)所示]

拉刀的切削部分由若干齿组组成，每个齿组中有 2～5 个刀齿。每个齿组切除较厚的一层余量，每个刀齿切除该层加工余量的一段。如图 10-12(b)所示为三个刀齿为一组的分块式拉刀刀齿的结构与拉削图形。前两个刀齿在刀刃上磨出交错分布的大圆弧分屑槽，使切削刃交错分布。第三个刀齿为圆环形，直径略小。

3) 综合式[如图 10-12(c)所示]

综合式拉刀是吸取了轮切与同廓式的优点而形成的拉削方式。

三种拉削方式的主要特点是：同廓分层式拉刀的齿升量较小，拉削质量高，拉刀较长；同廓渐成式拉削成形表面时的拉刀较易制造，拉削质量较差；分块式拉刀的齿升量大，适宜于拉削大尺寸、大余量表面，也可拉削毛坯表面，拉刀的长度短，效率高，但不易提高拉削质量；综合式拉刀具有同廓分层、分块拉削的优点，目前拉削余量较大的圆孔时常使用综合式圆拉刀。

### 3. 拉刀及工件的安装

拉孔时，工件通常不夹持，但必须有经过半精加工的预孔，以便拉刀穿过。工件端面要求平整，并装在球面垫圈上。球面垫圈有自定位作用，可保证在拉力作用下工件的轴线与刀具的轴线能调整得一致，如图 10-13 所示。

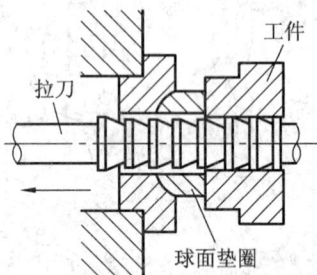

图 10-13　拉刀及工件的安装

## 复习与思考题十

10-1　试述拉刀工作范围，所能达到的加工精度和表面粗糙度。

10-2　拉削加工的特点是什么？拉削加工适用于什么场合？

10-3　简述拉刀的种类及其结构特点。

10-4　拉削加工的运动有何特殊之处？

10-5　试述拉刀的种类和用途。

10-6　用图表示拉削图形，并说明它们的拉削特点。

10-7　以圆孔拉刀为例说明拉刀的各组成部分及其作用。

10-8　拉削要素包括哪些？

10-9　拉刀的齿升量根据什么原则选择？

10-10　拉刀的几何参数包括哪些？

10-11　拉刀的容屑槽有几种形状？容屑槽尺寸参数如何选定？

10-12　拉刀的分屑槽有哪几种形状？

10-13　拉刀使用前应检验哪些项目？如何检验？

10-14　拉削有几种方式？各有何优缺点？使用范围如何？

# 项目 11　钻、扩、铰削及镗削加工

## 11.1　钻、扩、铰削及镗削加工的特点与应用

### 11.1.1　内孔的结构和技术要求

内孔是零件上最常见的表面之一，根据零件及孔在产品中的功用、结构不同，其精度和表面质量要求的差别也相当大。按照与其他零件的相对连接关系的不同，孔可分为配合孔和与非配合孔；按其几何特征的不同，可分为通孔、不通孔、阶梯孔、锥孔等；按其几何形状的不同，可分为圆孔、非圆孔等。

孔的结构和技术要求不同，在机械加工中则采用不同的加工方法，这些方法归纳起来可以分为两类：一类是在实体工件上加工孔，即从无孔开创出孔；另一类是对已有的孔进行半精加工和精加工。对于非配合孔，一般采用钻头在实体工件上直接把孔钻出来；对于配合孔，则需要在钻孔的基础上，根据被加工孔的精度和表面质量要求，采用铰削、镗削、磨削等方法对孔进行进一步精加工。铰削、镗削是对已有孔进行精加工的典型工艺方法。对于孔的精密加工，主要方法就是磨削。当孔的表面质量要求较高时，还需要采用精细键、研磨、珩磨、滚压等表面光整加工技术；对非圆孔的加工则需采用插削、拉削以及特种加工方法。

### 11.1.2　内孔加工的特点

由于孔是零件的内表面，对加工过程的观察、控制比较困难，加工难度要比外圆表面等开放型表面的加工难度大得多。孔加工过程的主要特点如下：

(1) 孔加工刀具多为定尺寸刀具，如钻头、铰刀等，在加工过程中，磨损造成的刀具形状和尺寸变化直接影响被加工孔的精度。

(2) 受被加工孔尺寸的限制，切削速度很难提高，从而影响加工生产率和加工表面质量，尤其是对较小的孔进行精密加工时，为达到所需的速度，需要使用专门的装置，对机床的性能也提出了很高的要求。

(3) 刀具的结构受孔的直径和长度限制，刚性较差。加工时由于进给力的影响，容易产生弯曲变形和振动。孔的长径比(孔深度与直径之比)越大，刀具刚性对加工精度的影响就越大。

(4) 孔加工时，刀具一般是在半封闭的空间下工作，排屑困难；切削液难以进入切削区域，散热条件差，切削区热量集中，温度较高，影响刀具的寿命和钻孔加工质量。

所以在孔加工中，必须解决好冷却问题、排屑问题、刚性导向问题和速度问题等。

### 11.1.3　钻、扩、铰削及镗削加工的应用

在对实体零件进行钻孔加工时，对应大小和深度不同的被加工孔，有各种结构的钻头，其中最常用的是标准麻花钻，孔系的位置精度主要由钻床夹具和钻模板保证。

对已有孔进行精加工时，铰削和镗削是代表性的精加工方法。铰削加工适用于对较小孔的精加工，但铰削加工的效率一般不高，而且不能提高位置精度。镗削加工能获得较高的精度和较小的表面粗糙度值，若用金刚镗床和坐标镗床加工，则质量可以更好。镗孔加工可以用一种刀具加工不同直径的孔。对于大直径孔和有较严格位置精度要求的孔系，镗削是主要的精加工方法。镗孔可以在车床、钻床、铣床、镗床和加工中心等不同类型的机床上进行。在镗削加工中，镗床和镗床夹具是保证加工精度的主要因素。

应该指出的是，虽然在车床上可以加工孔，但由于零件的形状、孔径的大小各不相同，车床上的孔加工受到很大的局限，所以绝大部分的孔是在钻床和镗床上加工的。

## 11.2　钻、扩、铰削加工设备与加工方法

钻、扩、铰削都可以在钻床上实现对孔的加工，其主运动都是刀具的回转运动，进给运动都是刀具的轴向移动，但所用刀具和能够达到的加工质量不同。

### 11.2.1　钻床

机器零件上分布着很多大小不同的孔，其中那些数量多、直径小、精度不很高的孔，都是在钻床上加工出来的。钻床主要分为立式钻床、台式钻床、摇臂钻床、深孔钻床、数控钻削中心。

#### 1. 立式钻床

在立式钻床上可以完成钻孔、扩孔、铰孔、攻螺纹、锪沉头孔、锪端面等工作。加工时，工件固定不动，刀具在钻床主轴的带动下旋转做主运动，并沿轴向做进给运动，如图 11-1 所示。图 11-2 所示是 Z5125 型立式钻床外形图，其特点是主轴轴线垂直布置，位置固定，加工时通过移动工件来对正孔中心线，适用于中小型工件的孔加工。

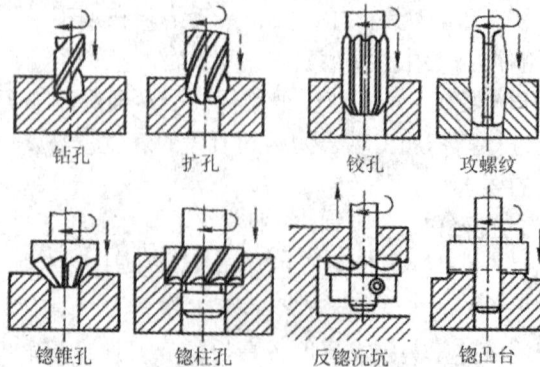

钻孔　　　扩孔　　　铰孔　　　攻螺纹

锪锥孔　　　锪柱孔　　　反锪沉坑　　　锪凸台

图 11-1　立式钻床的应用

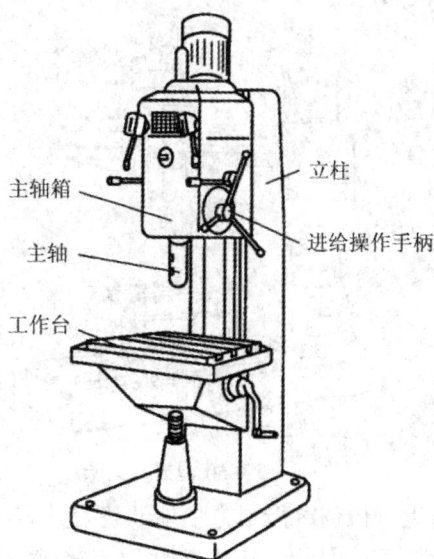

图 11-2　Z5125 型立式钻床外形图

### 2. 台式钻床

图 11-3 所示为 Z4012 型台式钻床。台式钻床钻孔直径一般在 12 mm 以下，最小可加工直径小于 1 mm 的孔。由于加工的孔径较小，台钻的主轴转速一般较高，最高转速可达 10 000 r/min。主轴的转速可通过改变 V 带在带轮上的位置来调节。

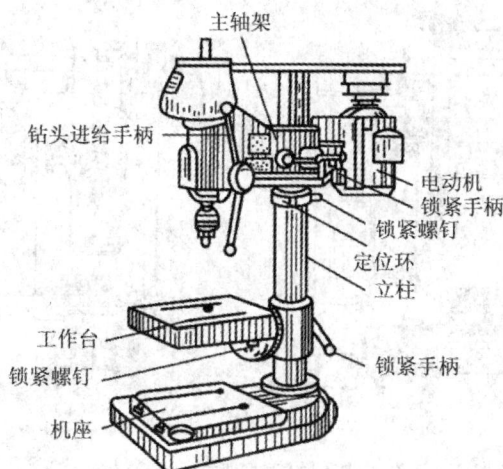

图 11-3　Z4012 型台式钻床

台式钻床主轴的进给是手动的。台式钻床小巧灵活，使用方便，主要用于加工小型零件上的各种小孔。在仪表制造、钳工和装配中使用较多。

### 3. 摇臂钻床

摇臂钻床是适用于大型工件的孔加工的钻床，其结构如图 11-4 所示。主轴箱可以在摇臂上水平移动，摇臂既可以绕立柱转动，又可以沿立柱垂直升降。加工时，工件在工作台或底座上安装固定，通过调整摇臂和主轴箱的位置来对正被加工孔的中心。

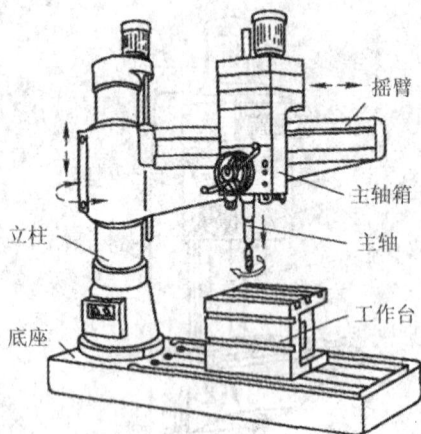

图 11-4　Z3050 型摇臂钻床

由于摇臂钻床的这些特点，操作时能很方便地调整刀具的位置，以对准被加工孔的中心，而不需移动工件来进行加工。因此，它适宜加工一些笨重的大型工件及多孔工件上的大、中、小孔，广泛应用于单件和成批生产中。

#### 4. 数控钻削中心

图 11-5 所示为带转塔式刀库的数控钻削中心的外形图。它可以在工件的一次装夹中实现孔系的加工，并可以通过自动换刀实现不同类型和大小的孔的加工，具有较高的加工精度和加工生产率。

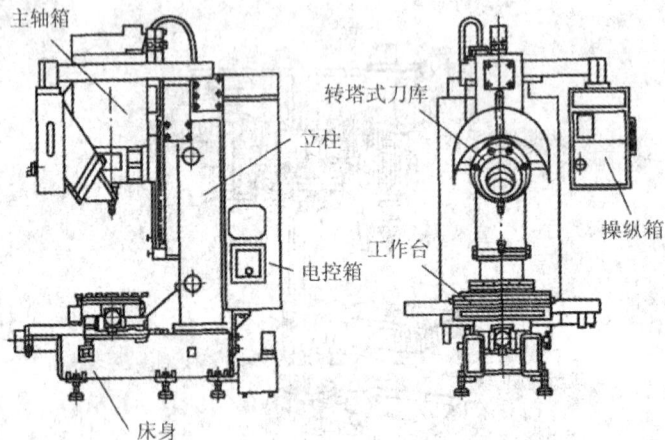

图 11-5　数控钻削中心外形图

### 11.2.2　钻孔加工

钻孔是用钻头在实体材料上加工孔的方法。钻头有麻花钻、深孔钻、扁钻、中心钻等，其中最常用的是麻花钻。

#### 1. 麻花钻

它是一种粗加工刀具，由工具厂大量生产，供应市场，备规格为$\phi0.1\sim\phi80$ mm。按柄部形状分，有直柄麻花钻和锥柄麻花钻。按制造材料分，有高速钢麻花钻和硬质合金麻花钻。硬质合金麻花钻一般制成镶片焊接式，直径在 5 mm 以下的硬质合金麻花钻常制成整体的。

如图 11-6 所示，其中图 11-6(a)所示为锥柄麻花钻结构图，图 11-6(c)所示为直柄麻花钻的结构图。锥柄麻花钻由工作部分、柄部和颈部组成。

(1) 工作部分：分为切削部分和导向部分。

如图 11-6(b)所示，切削部分担负主要的切削工作，包括以下结构要素：

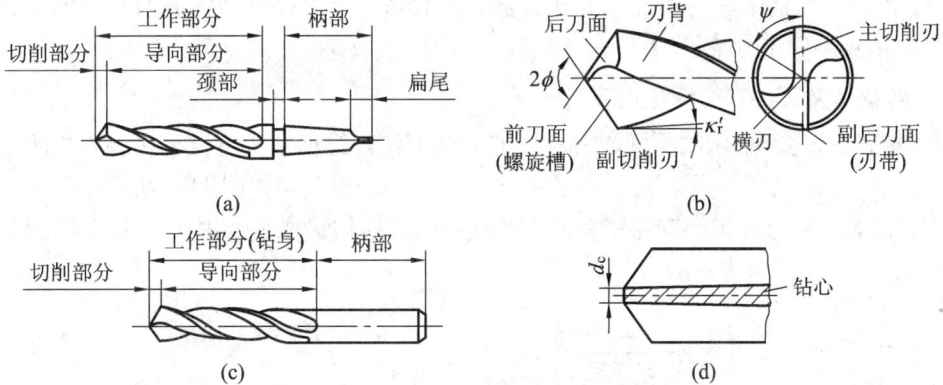

(a)　　　　　　　　　　　　　　　　(b)

(c)　　　　　　　　　　　　　　　　(d)

图 11-6　麻花钻组成与结构

| 金属切削刀具 麻花钻术语 | 麻花钻 技术条件 | 成套麻花钻 | 锥柄麻花钻 第 1 部分：莫氏锥柄麻花钻的形式和尺寸 | 硬质合金直柄麻花钻 |

① 前刀面：毗邻切削刃，是起排屑和容屑作用的螺旋槽表面。

② 后刀面：位于工作部分的前端，与工件加工表面(即孔底的锥面)相对，其形状由刃磨方法决定，在麻花钻上一般为螺旋圆锥面。

③ 主切削刃：前刀面与后刀面的交线。由于麻花钻前刀面和后刀面各有两个，主切削刃也有两条。

④ 横刃：两个后刀面相交所形成的切削刃。它位于切削部分的最前端，切削被加工孔的中心部分。

⑤ 副切削刃：麻花钻前端外圆棱边与螺旋槽的交线。显然，麻花钻上有两条副切削刃。

⑥ 刀尖：两条主切削刃与副切削刃相交的交点。

导向部分在钻削过程中起导向作用，并作为切削部分的后备部分。它包含刃沟、刃瓣和刃带。刃带是其外圆柱面上两条螺旋形的棱边，由它们控制孔的廓形和直径，保持钻头进给方向。为了减少刃带与已加工孔孔壁之间的摩擦，一般将麻花钻从钻尖向锥柄方向做成直径逐渐减小的锥度(每 100 mm 长度内直径往柄部减小 0.03～0.12 mm)，形成倒锥，相当于副切削刃的副偏角。钻头的实心部分叫钻心，用来连接两个刃瓣，钻心直径沿轴线方向从钻尖向锥柄方向逐渐增大(每 100 mm 长度内直径往柄部减小 1.4～2.0 mm)，以增强钻头强度和刚度，如图 11-6(d)所示。

(2) 柄部：用于装夹钻头和传递动力。钻头直径小于 12 mm 时，通常制成直柄(圆柱柄)，见图 11-6(c)；直径在 12 mm 以上时，做成莫式锥度的圆锥柄，见图 11-6(a)。

(3) 颈部：是柄部与工作部分的连接部分，并作为磨外径时砂轮退刀和打印标记处。小直径的钻头不做出颈部。

### 2. 麻花钻及工件在机床上的安装

麻花钻头按尾部形状的不同，有不同的安装方法。锥柄钻头可以直接装入机床主轴的锥孔内。当钻头的锥柄小于机床主轴锥孔时，需使用变锥套，如图 11-7 所示，安装时将钻头向上推压，拆卸时锤击楔铁将钻头向下抽出。而直柄钻头通常要用如图 11-8 所示的钻夹头进行安装。

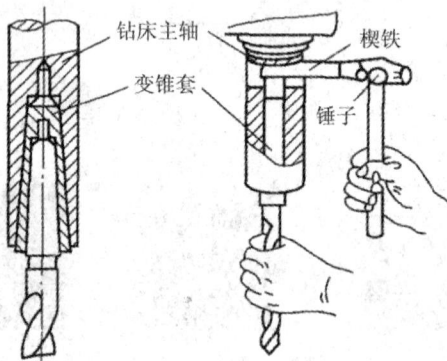

图 11-7　用变锥套安装与拆卸钻头　　　　图 11-8　钻夹头

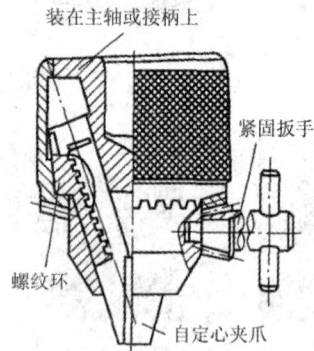

在台式钻床和立式钻床上，工件通常采用平口钳装夹[见图 11-9(a)]，有时采用压板、螺栓装夹[见图 11-9(b)]。对于圆柱形工件可采用 V 形块装夹[见图 11-9(c)]。

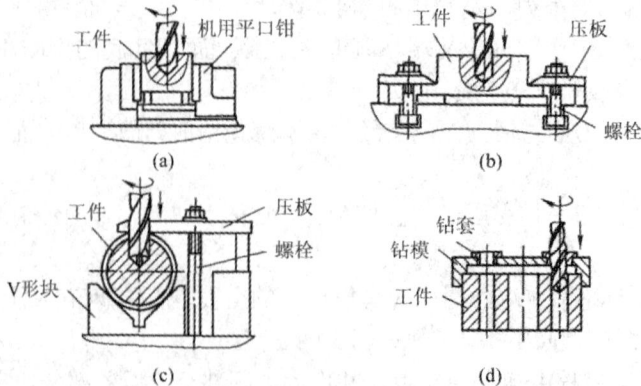

图 11-9　工件的夹持方法

在成批和大量生产中，钻孔广泛使用钻模夹具[见图 11-9(d)]将钻模装夹在工件上，钻模上装有淬硬的耐磨性很高的钻套，用以引导钻头。钻套的位置是根据要求钻孔的位置确定的，因而应用钻模钻孔时，可免去划线工作，提高生产效率和孔间距的精度，降低表面粗糙度值。

大型工件在摇臂钻床上一般不需要装夹，靠工件自重即可进行加工。

### 3. 钻孔的工艺特点及应用

钻孔与车削外圆相比，工作条件要困难得多。钻削加工属于半封闭的切削方式，钻头工作部分处在已加工表面的包围中，因而会引起一些特殊问题，如钻头的刚度和强度、容屑和排屑、导向和冷却润滑等。其特点如下：

(1) 容易产生"引偏"。引偏是指加工时因钻头弯曲而引起的孔径扩大、孔不圆或孔的轴线歪斜等缺陷，如图 11-10 所示。其主要原因如下：

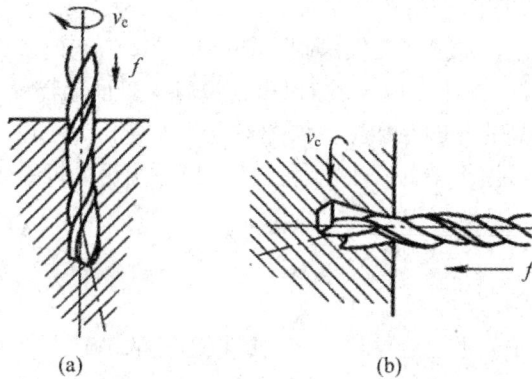

图 11-10　钻头的引偏

(a) 钻削时引偏；(b) 车削时引偏

① 麻花钻直径和长度受所加工孔的限制，一般呈细长状，刚性较差。为形成切削刃和容纳切屑，必须做出两条较深的螺旋槽，致使钻心变细，进一步削弱了钻头的刚性。

② 为减少导向部分与已加工孔壁的摩擦，钻头仅有两条很窄的棱边与孔壁接触，接触刚度和导向作用也很差。

③ 钻头横刃处的前角具有很大的负值，切削条件极差，实际上不是在切削，而是在挤刮金属，加上由钻头横刃产生的进给力很大，稍有偏斜就将产生较大的附加力矩，使钻头弯曲。

④ 钻头的两个主切削刃很难磨得完全对称，加上工件材料的不均匀性，钻孔时的背向力不可能完全抵消。

为防止或减小钻孔的引偏，对于较小的孔，先在孔的中心处打样冲孔，以利于钻头的定心；对于直径较大的孔，可用小顶角($2\phi = 90° \sim 100°$)的短而粗的麻花钻预钻一个锥形坑，然后再用所需钻头钻孔，如图 11-11 所示。大批量生产中，以钻模为钻头导向，如图 11-12 所示，这种方法对在斜面或曲面上钻孔更为必要。同对应尽量把钻头两条主切削刃磨得对称，使径向切削力互相抵消。

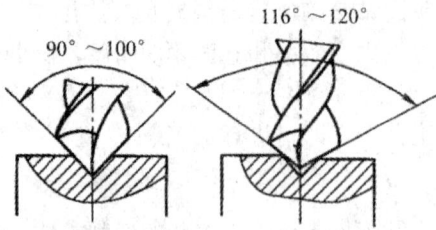

图 11-11　预钻定心坑　　　　　　　　图 11-12　以钻模为钻头导向

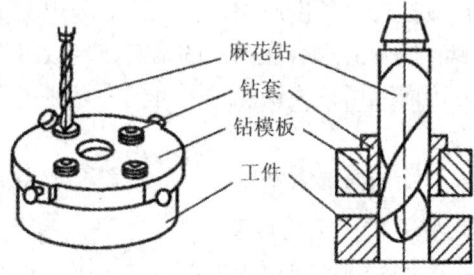

（2）排屑困难。钻孔时，由于主切削刃全部参加切削，切屑较宽，容屑槽尺寸受限制，因而切屑与孔壁发生较大摩擦和挤压，易刮伤孔壁，降低孔的表面质量。有时切屑还可能阻塞在容屑槽里，卡死钻头，甚至将钻头扭断。

（3）钻头易磨损。钻削时产生的热量很大，又不易传散，加之刀具、工件与切屑间摩擦很大，使切削温度升高，加剧了刀具磨损，切削用量和生产效率提高受到限制。钻孔是孔加工最常用的一种方法，加工精度一般为 IT13～IT11，表面粗糙度 $Ra$ 值为 50～12.5 μm，主要用于对质量要求不高的孔的粗加工，如螺柱孔、油道孔等，也可作为对质量要求较高的孔的预加工。钻孔既可用于单件、小批量生产，也适用于大批量生产。

### 11.2.3　扩孔加工

扩孔是用扩孔钻在工件上已经钻出、铸出或锻出孔的基础上所做的进一步加工。

#### 1. 扩孔钻

如图 11-13 所示，扩孔钻外形与麻花钻相似，只是加工余量小，其切削刃较短，因而容屑槽浅；刀具圆周齿数比麻花钻多（一般为 3～4 个），刀体强度高、刚性好。直径为 10～32 mm 的扩孔钻做成整体的，如图 11-13(a)所示；直径为 25～80 mm 的扩孔钻做成套装的，如图 11-13(b)所示。切削部分的材料可用高速钢制造，也可镶焊硬质合金刀片。

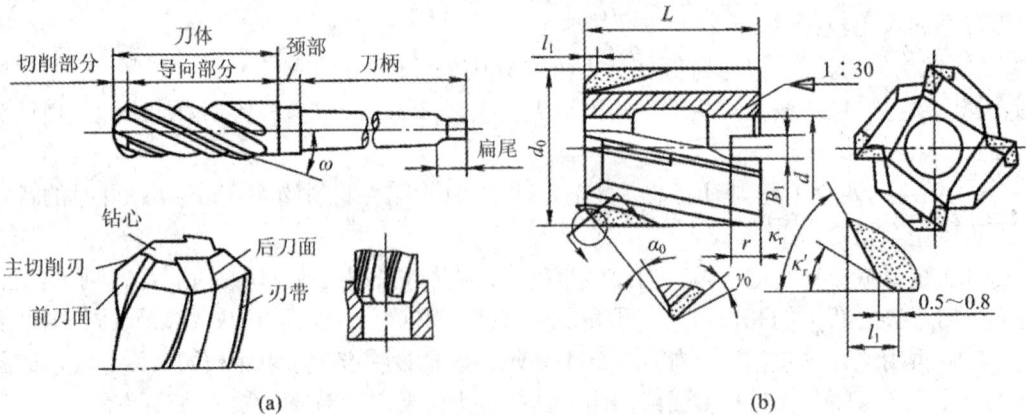

(a)　　　　　　　　　　　　　　　　　　　(b)

图 11-13　扩孔钻

扩孔钻 技术条件

孔加工工序间用的扩孔钻

加工铝合金通孔用锥
柄扩孔钻 $d=10\sim32$ mm

加工铝合金不通孔用锥
柄扩孔钻 $d=10\sim32$ mm

硬质合金机用扩孔钻技术条件

扩孔钻 产品质量分等

### 2. 扩孔的工艺特点及应用

与钻孔相比较，扩孔的工艺特点如下：

(1) 扩孔时背吃刀量小，切屑窄、易排出，不易擦伤已加工表面。此外，容屑槽可做得较小较浅，从而可加粗钻心，提高扩孔钻的刚度，有利于增大切削用量和改善加工质量。

(2) 切削刃不是从外圆延伸到中心，避免了横刃和由横刃所引起的不良影响。

(3) 因容屑槽较窄，扩孔钻上有 3～4 个刀齿，增加了扩孔时的导向作用，切削比较平稳，同时提高了生产率。由于上述原因，扩孔的加工质量比钻孔好，属于孔的一种半精加工。一般精度可达 IT10～IT9 级，表面粗糙度 $Ra$ 值为 6.3～3.2 μm。扩孔可以在一定程度上校正轴线的偏斜，常作为铰孔前的预加工，当孔的精度要求不高时，扩孔也可作为孔的终加工。在成批和大量生产时应用较广。

在钻直径较大的孔时($D\geqslant30$ mm)，常先用小钻头(直径为孔径的 0.5～0.7)预钻孔，然后再用原尺寸的扩孔钻扩孔，这样可以提高生产效率。

## 11.2.4　铰孔加工

铰孔是用铰刀从孔壁上切除微量金属，以提高孔的尺寸精度和减小表面粗糙度值的加工方法。它是孔的一种精加工方法，但正确地选择加工余量对铰孔质量影响很大。余量太大，铰孔不光，尺寸公差不易保证；余量太小，不能去掉上道工序留下的刀痕，达不到要求的表面粗糙度值。一般粗铰余量为 0.035～0.25 mm，精铰为 0.05～0.15 mm。

### 1. 铰刀

铰刀种类很多，根据使用方式不同可分为手用铰刀和机用铰刀；根据用途不同可分为圆柱孔铰刀和圆锥孔铰刀；按刀具结构进行分类，可分为整体式、套装式和镶片铰刀等。

如图 11-14 所示为铰刀的典型结构，铰刀由柄部、颈部和工作部组成。工作部包括导锥、切削部分和校准部分。切削部分担任主要的切削工作，校准部分起导向、校准和修光作用。为减小校准部分刀齿与已加工孔壁的摩擦，并防止孔径扩大，校准部分的后端为倒锥形状。

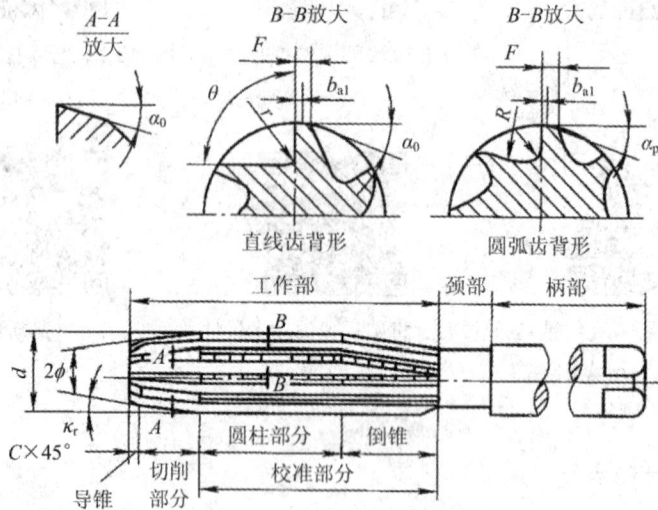

图 11-14　铰刀的结构组成

铰刀特殊公差　　硬质合金直　　硬质合金铰刀　　金属切削刀　　可调节手用铰刀
　　　　　　　　柄机用铰刀　　技术条件　　具铰刀术语

### 2. 铰刀的工艺特点及应用

铰孔的切削条件和铰刀的结构比扩孔更为优越，有如下工艺特点：

(1) 刚性和导向性好。铰刀的切削刃多(6～12 个)，排屑槽很浅，刀心截面很大，并且铰刀有导向部分，故其刚性和导向性比扩孔钻更好。

(2) 铰刀具有修光部分，其作用是校准孔径、修光孔壁，从而进一步提高了孔的加工质量。

(3) 铰孔的加工余量小，切削力较小，所产生的热较少，工件的受力变形较小；并且铰孔切削速度低，可避免积屑瘤的不利影响，因此，使得铰孔质量较高。铰孔适用于加工精度要求较高，直径不大而又未淬火的孔。机铰的加工精度一般可达 IT7～IT8 级，表面粗糙度 $Ra$ 值为 1.6～0.8 μm；手铰的加工质量更高，精度可达 IT6 级，表面粗糙度 $Ra$ 值为 0.4～0.2 μm。

对于中等尺寸以下较精密的孔，在单件、小批量乃至大批、大量生产中，钻、扩、铰是常采用的典型工艺。但钻、扩、铰只能保证孔本身的精度，而不能保证孔与孔之间的尺寸精度和位置精度，要解决这一问题，可以采用夹具(钻模)进行加工，或者采用镗削加工。

# 11.3　镗削加工设备与加工方法

镗削加工可以在镗床、车床及钻床上进行。卧式镗床用于箱体、机架类零件上的孔或孔系的加工；钻床或铣床用于单件小批生产；车床用于回转体零件上轴线与回转体轴线重合的孔的加工。下面主要叙述在镗床上用锁刀进行的孔加工。

## 11.3.1　镗床

镗床主要用于镗孔，也可以进行钻孔、铣平面和车削等加工。镗床分为卧式镗床、坐标镗床以及金刚镗床等，其中卧式镗床应用最广泛。镗床工作时，刀具旋转为主运动，进给运动则根据机床类型不同，由刀具或工件来实现。

### 1. 卧式镗床

卧式镗床的外形如图 11-15 所示。在床身右端前立柱的侧面导轨上安装着主轴箱和导轨，它们可沿立柱导轨面做上下进给运动或调整运动。主轴箱中装有进行主运动和进给运动的变速和操纵机构。镗轴前端有精密莫氏锥孔，用于安装刀具或刀杆。平旋盘上铣有径向 T 形槽，供安装刀夹或刀盘。在平旋盘端面的燕尾形导轨槽中装有一径向刀架，车刀杆座装在径向刀架上，并随刀在燕尾导轨槽中做径向进给运动。后立柱可沿床身导轨移动，装在后立柱上的支架支承悬伸较长的镗杆，以增加其刚度。工件安装在工作台上，工作台下面装有下滑座和上滑座，下滑座可在床身水平导轨上做纵向移动。另外，工作台还可以在上滑座的环形导轨上绕垂直轴转动，再利用主轴箱上、下位置的调节在工件一次安装中对工件上互相平行或成某一角度的平面或孔进行加工。

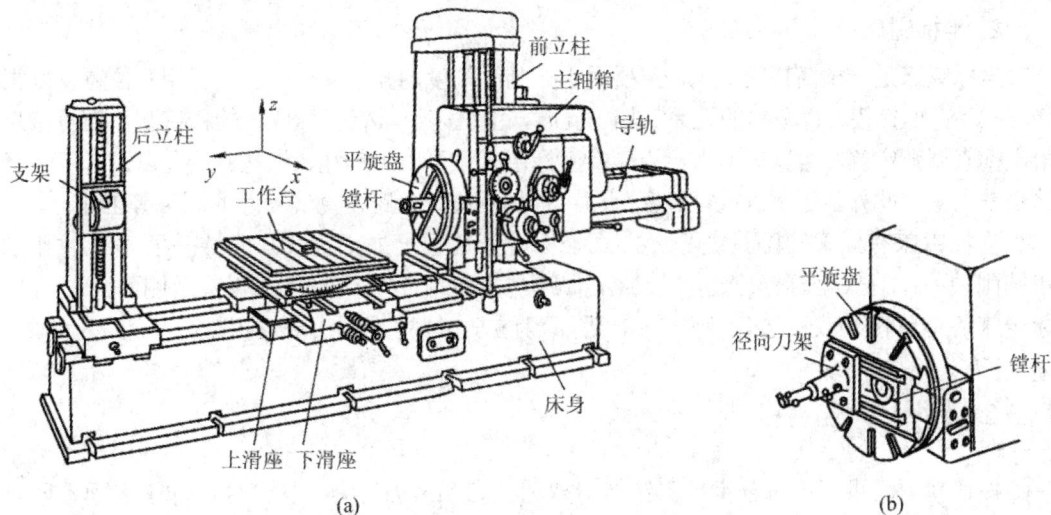

图 11-15　卧式镗床外形图

卧式镗床具有下列运动：

(1) 主运动。包括镗轴的旋转运动和平旋盘的旋转运动，而且二者是独立的，分别由不同的传动机构驱动。

(2) 进给运动。卧式镗床的进给运动包括镗轴的进给运动，主轴箱的垂直进给运动，工作台的纵、横向进给运动，平旋盘上的径向刀架的径向进给运动。

(3) 辅助运动。包括主轴、主轴箱及工作台在进给方向上的快速调位运动、后立柱的纵向调位运动、后支架的垂直调位运动、工作台的转位运动。这些辅助运动可以手动，也可以由快速电动机传动。

卧式镗床的主要加工方法如图 11-16 所示。

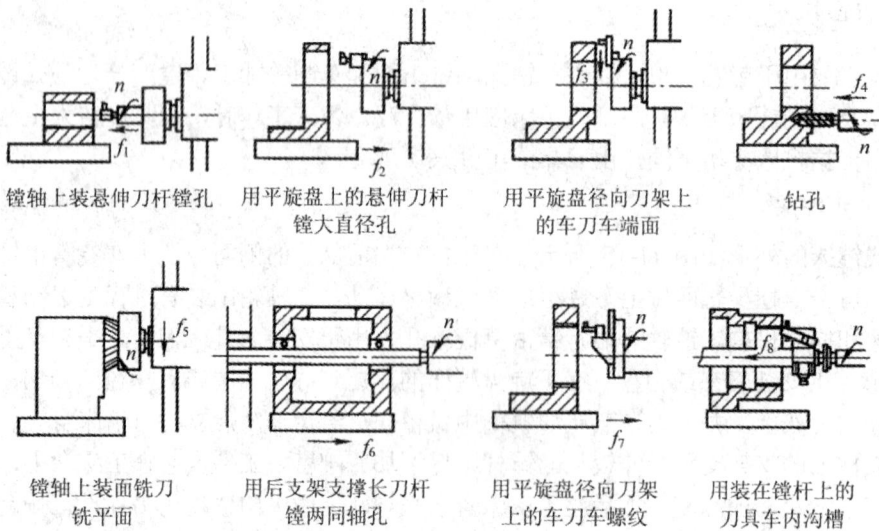

图 11-16　卧式镗床的主要加工方法

### 2. 坐标镗床

坐标镗床是一种高精密机床，主要用于镗削高精度的孔，特别适于加工相互位置精度很高的孔系，如钻模、镗模等的孔系。加工孔时，由机床上具有坐标位置的精密测量装置按直角坐标来精密定位，所以称为坐标镗床。坐标镗床还可用于钻孔、扩孔、铰孔以及进行较轻的精铣工作。此外，还可以进行精密刻度、样板划线、孔距及直线尺寸的测量等工作。

坐标镗床有立式和卧式之分。立式坐标镗床适宜于加工轴线与安装基面垂直的孔系和铣削顶面；卧式坐标镗床适宜于加工轴线与安装基面平行的孔系和铣削侧面。立式坐标镗床还有单柱、双柱之分，图 11-17 所示为立式单柱坐标镗床外形图。

## 11.3.2　镗刀

按切削刃数量不同可分为单刃镗刀、双刃镗刀和多刃镗刀；按工件的加工表面不同可分为通孔镗刀、不通孔镗刀、阶梯孔镗刀和端面镗刀；按刀具结构不同可分为整体式、装配式和可调式。

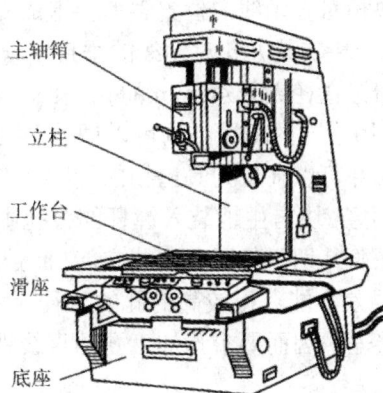

图 11-17　立式单柱坐标镗床

### 1. 单刃镗刀

普通单刃镗刀只有一条主切削刃在单方向参加切削，其结构简单、制造方便、通用性强，但刚性差，镗孔尺寸调节不方便，生产效率低，对工人操作技术要求高。图 11-18 所示为不同结构的单刃镗刀。加工小直径孔的镗刀通常做成整体式，加工大直径孔的镗刀可做成机夹式或机夹可转位式。镗杆不宜太细太长，以免切削时产生振动。为了使刀头在镗杆内有较大的安装长度，并具有足够的位置以压紧螺钉和调节螺钉，在镗不通孔或阶梯孔时，镗刀头在镗杆上的安装倾斜角 $\delta$ 一般取 $10°\sim45°$，镗通孔时取 $\delta=0°$，以便于镗杆的制造。压紧螺钉通常从镗杆端面或顶面来压紧镗刀头。新型的微调镗刀调节方便，调节精度高，适用于坐标镗床、自动线和数控机床使用。

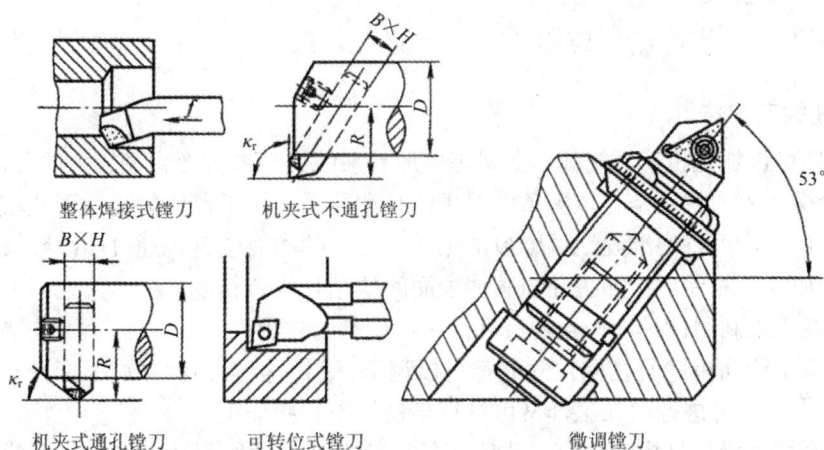

图 11-18　单刃镗刀

### 2. 双刃镗刀

双刃镗刀是定尺寸的镗孔刀具，通过改变两切削刃之间的距离实现对不同直径孔的加工。常用的双刃镗刀有固定式镗刀、可调式镗刀和浮动镗刀 3 种。

（1）固定式镗刀。如图 11-19 所示，工作时，镗刀块可以通过斜锲或者两个方面倾斜的螺钉等夹紧在镗杆上。镗刀块相对于轴线的位置误差会造成孔径的误差，所以，镗刀块与镗杆上方孔的配合要求较高，刀块安装方孔对轴线的垂直度与对称度误差不大于 0.01 mm。固定式镗刀块用于粗镗或半精镗直径大于 40 mm 的孔。

（2）可调式双刃镗刀。采用一定的机械结构可以调整两刀片之间的距离，从而可以用一把刀具加工不同直径的孔，并可以补偿刀具磨损的影响。

（3）浮动镗刀。其特点是镗刀块自由地装入镗杆的方孔中，不需夹紧，通过作用在两个切削刃上的切削力来自动平衡其切削位置，因此它能自动补偿由刀具安装引起的误差、机床主轴偏差而造成的加工误差，能获得较高的孔的直径尺寸精度(IT7～IT6)，但它无法纠正孔的直线度误差和位置误差，因而要求预加工孔的直线性好，表面粗糙度值 $Ra$ 不大于 3.2 μm。

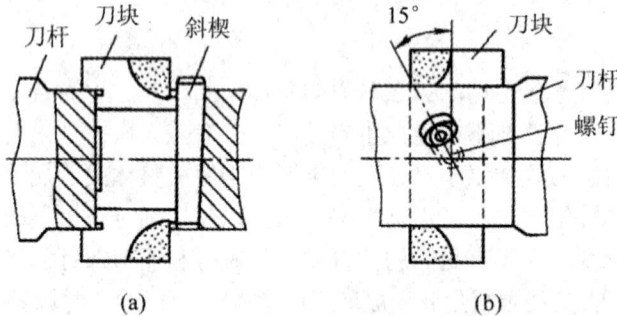

图 11-19　固定式双刃镗刀

## 11.3.3　镗孔的工艺特点及应用

### 1. 镗孔的工艺特点

（1）镗削可以加工机座、箱体、支架等外形复杂的大型零件上直径较大的孔，如通孔、不通孔、阶梯孔等，特别是有位置精度要求的孔和孔系。由于镗床的运动形式较多，工件安装在工作台上，可方便准确地调整被加工孔与刀具的相对位置，通过一次装夹就能实现多个表面的加工，能保证被加工孔与其他表面间的相互位置精度。

（2）在镗床上利用镗模能校正原有孔的轴线歪斜与位置误差。

（3）刀具结构简单，且径向尺寸大都可以调节，用一把刀具就可加工直径不同的孔；在一次安装中，既可进行粗加工，又可进行半精加工和精加工。

（4）镗削加工操作技术要求高，生产率低。要保证工件的尺寸精度和表面粗糙度，除取决于所用的设备外，更主要的是工人的技术水平，同时机床、刀具调整时间也较长。镗削加工时参加工作的切削刃少，所以一般情况下，镗削加工生产效率较低。使用镗模可提高生产率，但成本增加，一般用于大量生产。

### 2. 镗孔的应用

如上所述，镗孔适合于单件小批生产中对复杂的大型工件上的孔系进行加工。这些孔除了有较高的尺寸精度要求外，还有较高的相对位置精度要求。镗孔尺寸公差等级一般可达 IT9～IT7，表面粗糙度值 $Ra$ 可达 1.6～0.8 μm。此外，对于直径较大的孔(直径大于 80 mm)、内成形表面、孔内环槽等，镗孔是唯一适合的加工方法。

# 复习与思考题十一

11-1  简述钻、扩、铰削加工的工艺特点及应用。

11-2  简述麻花钻各部分结构要素及其作用。

11-3  麻花钻钻心的正锥和外廓直径的倒锥有何意义？

11-4  为什么用扩孔钻扩孔的质量比用钻头扩孔好？

11-5  在车床上钻孔或在钻床上钻孔，都会由于钻头弯曲产生"引偏"，它们对所加工的孔有何不同的影响？如何防止？在随后的精加工中，哪一种比较容易纠正？

11-6  简述钻床的类型及各自适应的加工场合。

11-7  简述镗削加工的工艺特点及应用。

11-8  卧式铣镗床有哪些运动？它能完成哪些加工工作？

11-9  简述坐标镗床的特点和用途。

11-10  钻床和镗床在加工工艺上有什么不同？

11-11  镗床镗孔与车床镗孔有何不同？各自适合于何种场合？

11-12  简述镗刀的种类及其应用。

# 项目 12　磨 削 加 工

　　磨削是用高硬度人造磨料与结合剂混合烧结而成的砂轮为刀具，以很高的线速度对工件进行切削加工，可获得高精度(尺寸公差等级为 IT6～IT4)和小的表面粗糙度值($Ra\,0.8\sim0.02\,\mu m$)的一种加工方法。磨削可加工一些特硬的金属材料和非金属材料，如淬火钢、高硬度合金、陶瓷材料等，这些材料用一般的金属切削刀具很难加工，甚至是无法切削的。

　　近年来，随着磨床、砂轮、冷却等制造技术的飞速发展，磨削加工正在逐步替代部分车削、铣削加工而进入高效率加工的领域。例如，由于毛坯生产日益广泛地采用精密铸造、高速高能锻造、精密冷轧等新工艺，此类毛坯仅留有较小的余量，直接经磨削或抛光就能达到它的精度要求。因此，磨削加工将成为一种代替车削、铣削粗加工，一直到超精加工等应用范围十分广泛的加工方法。

　　磨削加工应用范围很广，可磨削内、外圆柱面，圆锥面，平面，齿轮以及花键，还可磨削导轨面及复杂的成形表面。常见的磨削加工形式如图 12-1 所示。

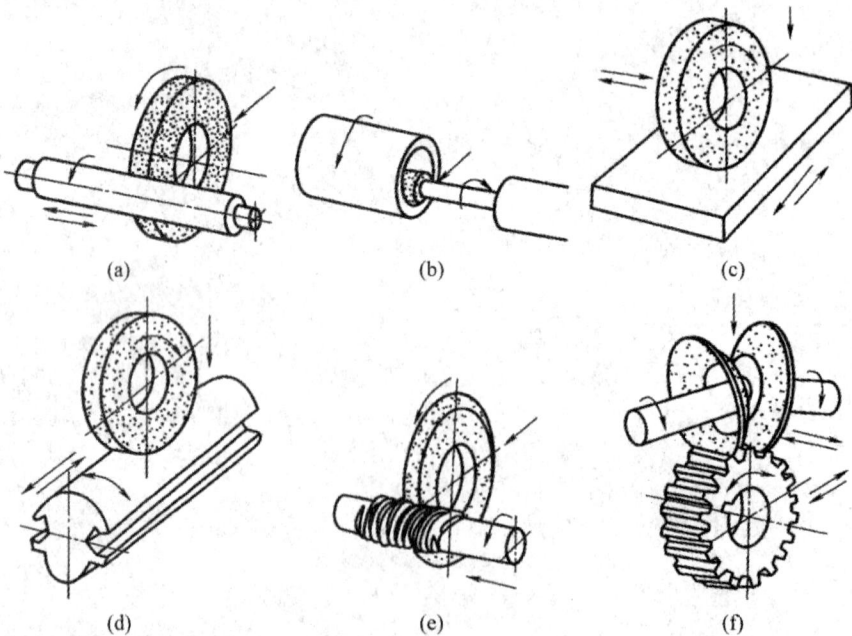

图 12-1　常见的磨削加工形式

(a) 外圆磨削；(b) 内圆磨削；(c) 平面磨削；(d) 成形磨削；(e) 螺纹磨削；(f) 齿轮磨削

# 12.1 磨 床

## 12.1.1 磨床的种类及其工作

为了适应磨削各种表面、工件形状和生产批量的要求，磨床的种类很多，最常见的有外圆磨床、内圆磨床、平面磨床。此外还有无心磨床、螺纹磨床、齿轮磨床、工具磨床、花键磨床及曲线磨床等。

### 1. 外圆磨床及其工作

在外圆磨床组中，常见的有外圆磨床和万能外圆磨床两种。外圆磨床可以磨削外圆柱面和外圆锥面，而万能外圆磨床的砂轮架、主轴箱可以在水平面内分别转动一定的角度，并带有内圆磨头等附件，所以不仅可以磨削外圆柱面和外圆锥面，还能磨削内圆柱面、内圆锥面和端平面。

图 12-2 所示为 M1432A 型万能外圆磨床的外形图，它由床身 1、主轴箱 2、工作台 3、内圆磨具 4、砂轮架 5、尾座 6 和由工作台手摇机构、横向进给机构、工作台纵向直线运动液压传动装置等组成的控制箱 7 等主要部件组成。

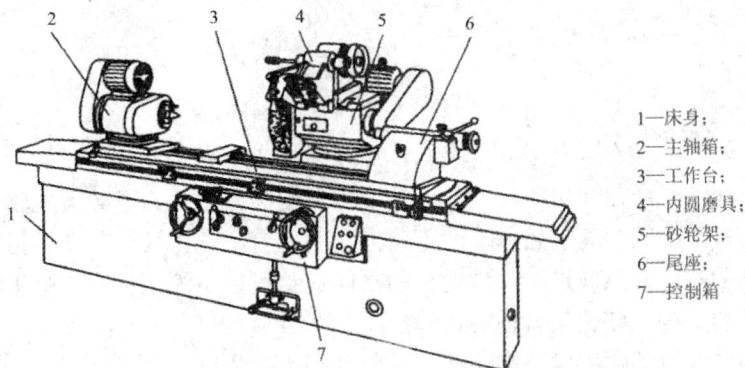

1—床身；
2—主轴箱；
3—工作台；
4—内圆磨具；
5—砂轮架；
6—尾座；
7—控制箱

图 12-2 M1432A 型万能外圆磨床的外形图

(1) 床身。床身 1 是磨床的基础件，用来安装各个部件。

(2) 主轴箱。主轴箱 2 是一个小型主轴箱，在其主轴上安装卡盘或顶尖用以夹持工件，并带动工件旋转。主轴箱上装有专用电动机，经变速机构可以使工件得到不同的转速。主轴箱可以在水平面内转动一定的角度，以适应磨削短圆锥的需要。

(3) 尾座。尾座 6 上装有顶尖，用以支承工件。尾座可以沿工作台导轨左右移动调整位置，以适应磨削不同长度工件的需要。

(4) 砂轮架。砂轮架 5 是用来装夹砂轮的，并由单独的电动机带动砂轮高速旋转。砂轮架可以沿着床身后部的横向导轨前后移动，调整砂轮相对于工件的径向位置，并完成横向进给运动。

砂轮架可以在水平面内转动一定角度，以适应磨削短圆锥的需要。砂轮架上装有内圆磨具 4，当磨削内孔时，将内圆磨具翻下用内圆砂轮进行磨削。

（5）工作台。工作台 3 由上下两部分组成，上部相对下部可在水平面内转动一定角度，以适应磨削锥度不大的长圆锥面的需要。工作台的顶面向着砂轮架方向向下倾斜 10°，使主轴箱、尾座能因自重而紧贴工作台外侧的定位基准面。另外，倾斜的顶面还便于切削液带着磨屑和磨粒流走。机床的液压传动装置分别驱动工作台和砂轮架的纵向、横向直线往返及尾座套筒的退回等运动。

这种万能外圆磨床适用于工具车间、机修车间及单件小批生产车间。

### 2. 内圆磨床及其工作

内圆磨床用于磨削圆柱孔、圆锥孔及孔的端面。

图 12-3 所示为 M2120 型内圆磨床外形，它由床身 1、主轴箱 2、砂轮架 5、工作台 6 及砂轮修整器 3 等部件组成。

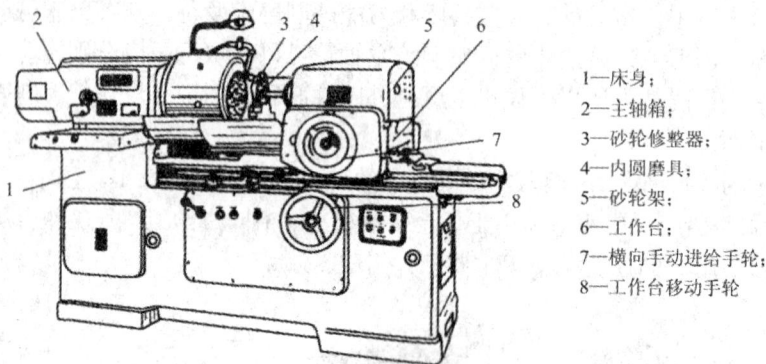

1—床身；
2—主轴箱；
3—砂轮修整器；
4—内圆磨具；
5—砂轮架
6—工作台；
7—横向手动进给手轮；
8—工作台移动手轮

图 12-3　M2120 型内圆磨床外形图

主轴箱主轴前端装有卡盘或其他夹具，用以夹持工件并带动工件旋转，完成圆周进给运动。主轴箱在水平面内还可以转动一定角度，以便磨圆锥孔。砂轮架主轴上装有磨内孔的砂轮，电动机带动其高速旋转。砂轮架装夹在工作台上，由液压传动做往复直线运动或通过手动操纵手柄完成纵向进给。砂轮架的横向进给可以是液压传动或是手动，每当工作台纵向往复运动一次，砂轮架就横向进给一次。

普通内圆磨床自动化程度不高，适用于单件和小批生产。

### 3. 平面磨床及其工作

平面磨床用于磨削各种工件的平面。根据砂轮工作面的不同，平面磨床可分为圆周磨削和端面磨削两种类型；根据工作台形状不同，平面磨床可分为矩形工作台和圆形工作台两类，如图 12-4 所示。其中卧轴矩台式和立轴圆台式平面磨床应用最广泛。

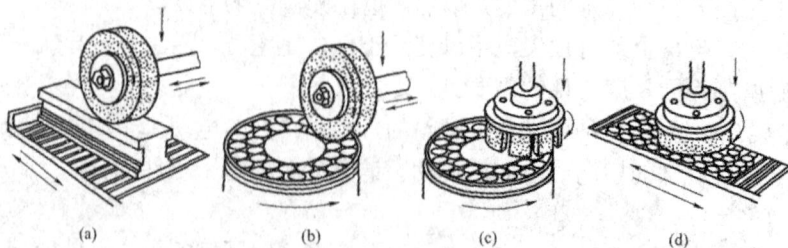

(a)　　　　　(b)　　　　　(c)　　　　　(d)

图 12-4　平面磨削形式

(a) 卧轴矩台面圆周磨削；(b) 卧轴圆台面圆周磨削；(c) 立轴圆台面端面磨削；(d) 立轴矩台面端面磨削

M7120A 型平面磨床是一种卧轴矩台平面磨床。它利用砂轮圆周面作为工作面磨削工件平面，其外形如图 12-5 所示，由床身 10、工作台 8、立柱 6、滑座 3 和砂轮架 2 等部件组成。

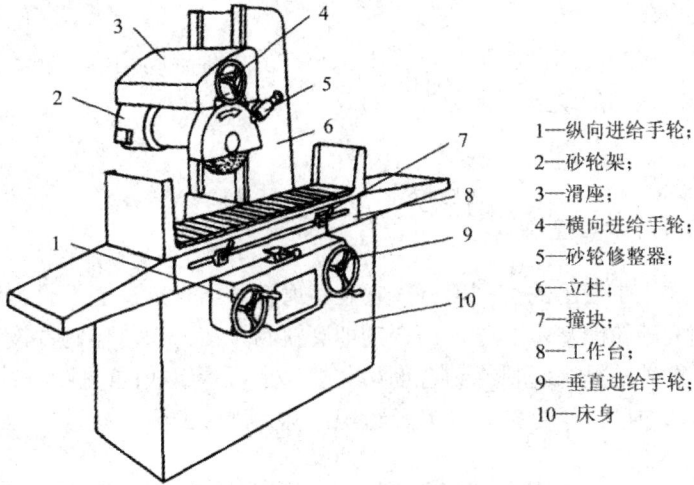

1—纵向进给手轮；
2—砂轮架；
3—滑座；
4—横向进给手轮；
5—砂轮修整器；
6—立柱；
7—撞块；
8—工作台；
9—垂直进给手轮；
10—床身

图 12-5　M7120A 型平面磨床外形图

矩形工作台装在床身的水平纵向导轨上，由液压传动做纵向直线往复运动。工作台装有电磁盘，以便装夹工件。砂轮架可沿滑座的导轨做横向进给运动，而砂轮架和滑座一起可沿立柱的垂直导轨上下移动，以调整磨头的高低位置及完成切入运动。这种平面磨床的加工精度较高，应用最广泛，但生产率不如立轴圆台式平面磨床高。

## 12.1.2　磨床的运动

### 1. 主运动

砂轮的旋转运动是磨下切屑所必需的切削运动，是磨床的主运动(单位为 r/min)。主运动通常是由电动机通过 V 带直接带动砂轮主轴旋转实现的。由于采用不同砂轮磨削不同材料的工件时，磨削速度的变化范围不大，故主运动一般不变速。但砂轮直径因修整而减小较多时，为获得所需的磨削速度，可采用更换带轮变速。近来有些外圆磨床的砂轮主轴采用直流电动机驱动，可实现无级调速，以保证砂轮直径变小时始终保持合理的磨削速度，实现所谓的恒速磨削。

### 2. 进给运动

1) 外圆磨削和内圆磨削的进给运动。

外圆磨削和内圆磨削有三个进给运动[见图 12-1(a)、(b)]：工件的旋转运动是圆周进给运动(单位为 r/min) ，其转速较低，通常是由单速或多速异步电动机经塔轮变速机构传动实现的，也有采用电气或机械无级变速装置传动实现的。工件相对于砂轮的轴向直线往复运动是纵向进给运动(单位为 mm/min)。砂轮架的周期横向直线运动是横向进给运动。它们通常采用液压传动，以保证运动的平稳性，并便于实现无级调速和往复运动循环的自动化。

2) 平面磨床的进给运动。

工作台往复运动的平面磨床也有三个进给运动[见图 12-1(c)]：工件的纵向进给运动、

砂轮架的横向进给运动和滑座带动砂轮架一起沿立柱导轨的垂直进给运动。这三个运动都是直线运动，通常采用液压传动，以确保运动平稳。

### 3. 辅助运动

辅助运动的作用是实现磨床加工过程中所必需的各种辅助动作。例如：砂轮架横向快速进退和尾座套筒缩回运动等。

## 12.2　砂　　轮

砂轮是磨削加工中使用的切削刀具。它是将磨料和结合剂适当混合，经压缩后烧结而成的。磨料是构成砂轮的基本要素，结合剂把磨料黏接在一起，但它并没有填满磨料之间的所有空隙，所以砂轮是由磨料、结合剂和空隙三个要素组成的(见图 12-6)。决定砂轮特性的参数有磨料、粒度、结合剂、硬度及组织，称为砂轮的五个参数。

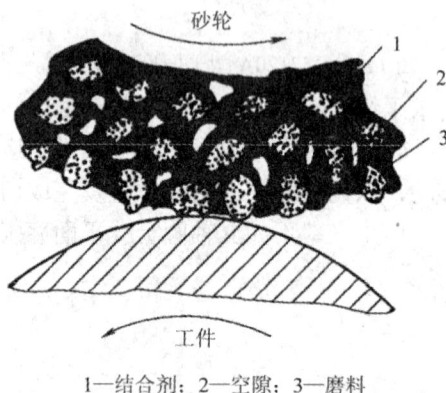

1—结合剂；2—空隙；3—磨料

图 12-6　砂轮的构造及磨削运动示意图

表 12-1 列出了上述三个要素和五个参数的内容。

表 12-1　砂轮的三个要素和五个参数

| | | 系列 | 磨料名称 | 代号 | 特　性 | 使用范围 |
|---|---|---|---|---|---|---|
| 磨料 | 种类 | 氧化物系 | 棕刚玉 | A | 棕褐色，硬度高，韧性大，价格便宜 | 磨削碳钢、合金钢、可锻铸铁、硬青铜 |
| | | | 白刚玉 | WA | 白色，硬度比 A 高，韧性比 A 差 | 磨削淬火钢，高速钢及薄壁零件 |
| | | 碳化物系 | 黑碳化硅 | C | 黑色，硬度比 WA 高，性脆而锋利，导热性较好 | 磨削铸铁、黄铜、铝、耐火材料及非金属材料 |
| | | | 绿碳化硅 | GC | 绿色，硬度及脆性比 C 高，有良好的导热性 | 磨削硬质合金、宝石、陶瓷、玻璃等 |
| | | 高硬磨料系 | 人造金刚石 | D | 无色透明或淡黄色、黄绿色、黑色、硬度高 | 磨削硬脆材料、硬质合金、宝石、光学玻璃、半导体，切割宜割石材等 |
| | | | 立方氮化硼 | CBN | 黑色或淡白色，硬度仅次于 D，耐磨性高，发热量小 | 磨削各种高温合金，高钼、高钒、高钴钢，不锈钢等 |

续表

| 磨料 | 粒度 | 粒度号 | 颗粒尺寸/μm | 使用范围 | |
|---|---|---|---|---|---|
| | | F12，F14，F16 | 2000～1000 | 粗磨、荒磨、打磨毛刺 | |
| | | F20，F24，F30，F36 | 1000～400 | 磨钢锭、打磨锻铸件毛刺、切断钢坯等 | |
| | | F46、F60 | 400～250 | 内圆、外圆、平面、无心磨、工具磨等 | |
| | | F70、F80 | 250～160 | 内圆、外圆、平面、无心磨、工具磨等，半精磨、精磨 | |
| | | F100，F120，F150，F180 | 160～50 | 半精磨、精磨、珩磨、成形磨、工具刃具磨等 | |
| | | F280，F320，F360，F400 | 50～14 | 精磨、超精磨、珩磨、螺纹磨、镜面磨等 | |
| | | F500～更细 | 14～2.5 | 精磨、超精磨、镜面磨、研磨抛光等 | |

| 结合剂 | 种类 | 名称 | 代号 | 性能 | 应用范围 |
|---|---|---|---|---|---|
| | | 陶瓷结合剂 | V | 耐热、耐水、耐油、耐酸碱、气孔率高、强度高，但韧性、弹性差 | 应用范围最广，除切断砂轮外，大多数砂轮都采用它 |
| | | 树脂结合剂 | B | 强度高、弹性好、耐冲击、有抛光作用，但耐热性差、耐腐蚀性差 | 制造高速砂轮、薄砂轮 |
| | | 橡胶结合剂 | R | 强度和弹性更好，有极好的抛光作用，但耐热性更差，不耐酸，易堵塞 | 无心磨床导轮、薄砂轮、抛光砂轮等 |
| | | 金属结合剂 | J | 强度高，成形性好，有一定韧性，但自锐性差 | 制造各种金刚石砂轮 |

| 硬度 | 名称 | 超软 | | 软1 | 软2 | 软3 | 中软1 | 中软2 | 中1 | 中2 | 中硬1 | | 中硬2 |
|---|---|---|---|---|---|---|---|---|---|---|---|---|---|
| | 代号 | DEF | | G | H | J | K | L | M | N | P | | Q |
| | 名称 | 中硬3 | | 硬1 | 硬2 | 超硬 | | | | | | | |
| | 代号 | R | | S | T | Y | | | | | | | |

| 空隙 | 组织 | 类别 | 紧密 | | | | 中等 | | | | 疏松 | | | | | | |
|---|---|---|---|---|---|---|---|---|---|---|---|---|---|---|---|---|---|
| | | 组织号 | 0 | 1 | 2 | 3 | 4 | 5 | 6 | 7 | 8 | 9 | 10 | 11 | 12 | 13 | 14 |
| | | 磨粒占砂轮的体积/% | 62 | 60 | 58 | 56 | 54 | 52 | 50 | 48 | 46 | 44 | 42 | 40 | 38 | 36 | 34 |

## 12.2.1 砂轮的特性及其选择

### 1. 磨料

磨料是砂轮的主要成分，它直接担负切削工作，因此，必须具有很高的硬度、耐磨性、耐热性以及一定的韧性，且磨粒的棱角应锋利。常用的磨料有氧化物系、碳化物系、高硬磨料系三类。氧化物系磨料的主要成分是 $Al_2O_3$，由于其纯度不同和加入化合物的不同而分成不同的品种。碳化物系磨料主要以碳化硅、碳化硼等为基体，根据材料的纯度不同而分为不同品种。高硬磨料系主要有人造金刚石和立方氮化硼。常用磨料的代号、特性及应用范围见表 12-1。

### 2. 粒度

粒度用来表示磨料颗粒的大小。粒度代号有两种表示方法：

(1) 磨粒直径大于 40 μm 者，称为砂粒，用筛选法区分，即以它所能通过的那一号筛网的网号来表示磨粒的粒度。例如，F60 是表示磨粒刚好通过每英寸(1 in = 25.4 mm)长度上为 60 个孔眼的筛网。

(2) 磨粒直径小于 40 μm 者，称为微粉，常用沉淀法来区分，并用颗粒的尺寸表示其粒度号。例如，尺寸为 28 μm 的微粉，其粒度号标为 F36。

粒度对磨削生产率及加工表面粗糙度有很大的影响。一般来说，粗磨时，切削厚度较大，可选用号数小的粗磨粒；磨削软金属及砂轮与工件接触面积较大时，为避免堵塞砂轮也应采用粗粒度；精加工及磨削脆性材料时，应采用细粒度。中等粒度(F36～F60)应用较广。

常用的砂轮粒度及其应用范围见表 12-1。

### 3. 结合剂

结合剂的作用是将磨粒黏合在一起，使砂轮具有所需要的形状、强度及其他性能(包括冲击韧度、耐腐蚀性、耐热性等)。常用结合剂的种类、性能及应用范围见表 12-1。

### 4. 砂轮的硬度

砂轮的硬度是指砂轮表面磨粒在磨削力作用下脱落的难易程度。磨粒容易脱落的砂轮，其硬度就低(或称软砂轮)；反之，磨粒难脱落的砂轮，其硬度就高(或称硬砂轮)。

砂轮的硬度主要取决于结合剂的黏接能力，并与其在砂轮中所占的比例大小有关，而与磨料本身的硬度无关，两者不能混为一谈。也就是说，同一种磨料可以做出硬度不同的砂轮。砂轮的硬度分级见表 12-1。

砂轮硬度的选择是一项很重要的工作，因砂轮的硬度对磨削生产率和加工质量都有很大影响。如果砂轮选择得过硬，磨粒磨钝后仍不脱落，就会增加摩擦力和摩擦热，不仅大大降低切削效率，也降低工件的表面质量，甚至会使工件表面产生烧伤和裂纹；反之，如果选得太软，磨粒尚未磨钝就会从砂轮上脱落，这样不但会增加砂轮的消耗，而且砂轮形状不易保持，也会降低工件精度。如果砂轮硬度选择得合适，磨钝的磨粒适时地自动脱落，使新的锋利的磨粒露出来继续担负磨削工件(称作砂轮的自锐性)，这样不但磨削效率高，而且砂轮消耗小，工件表面质量也好。

选择砂轮硬度时，应参照下列原则：

(1) 工件材料的硬度。磨削硬金属时，磨粒易被磨钝，应选择软砂轮，以便使变钝的磨粒因切削力增大而自行脱落，使具有锋利棱角的新磨粒露出表面参加磨削；磨软金属时，磨粒不易变钝，应选用硬砂轮，以避免磨粒过早脱落。

(2) 工件材料的导热性。导热性差的材料(如不锈钢、硬质合金)因不易散热，工作表面经常被烧蚀，故要选择较软的砂轮。

(3) 其他因素。

① 砂轮与工件接触面积越大，磨粒参加切削的时间越长，磨粒越易磨损，则应选择较软的砂轮。例如：内圆磨用的砂轮应比外圆磨用的砂轮软一些。

② 成形磨削时，为了能较长时间地保持磨轮的廓形，应选较硬的砂轮。

③ 清理铸件、锻件和粗磨时，为使砂轮不致消耗过快，应选较硬的砂轮。

**5. 砂轮的组织**

砂轮的组织是指磨粒和结合剂结构的疏密程度。它反映了磨粒、结合剂、空隙三者之间的比例关系。磨粒在砂轮总体积中所占的比例越大，则组织越紧密，空隙越小；反之，磨粒的比例越小，则组织越疏松，空隙越大。砂轮组织可分为紧密、中等、疏松三大类别，细分为 15 级，详见表 12-1。

组织号大，砂轮中空隙大，不易堵塞，磨削效率高，工件表面也不易烧伤；组织号小，砂轮单位面积上磨刃多，砂轮形状容易保持。因此，磨削韧性材料、软金属以及大面积磨削时，应选取组织号大、疏松的砂轮；而精磨、成形磨削时，应选取组织号小、紧密的砂轮。

## 12.2.2 砂轮的形状与尺寸

常用砂轮的形状、代号及用途见表 12-2。砂轮的各种特性以及代号标注在砂轮的端面上，其顺序是：磨料—粒度—硬度—结合剂—组织号—形状及尺寸。

**表 12-2 常用砂轮的形状、代号及用途**

| 砂轮名称 | 代号 | 断面简图 | 基本用途 |
|---|---|---|---|
| 平形砂轮 | 1 | | 根据尺寸不同，分别用于外圆磨、内圆磨、平面磨、无心磨、工具磨、螺纹磨和砂轮机上 |
| 双斜边砂轮 | 4 | | 主要用于磨齿轮齿面和单线螺纹 |
| 双面凹砂轮 | 7 | | 主要用于外圆磨削和刃磨刀具，还用作无心磨的磨轮和导轮 |
| 杯形砂轮 | 6 | | 主要用其端面刃磨刀具，也可用其圆周磨平面和内孔 |
| 碗形砂轮 | 11 | | 常用于刃磨刀具，也可用于导轨磨床上磨机床导轨 |
| 碟形砂轮 | 12b | | 适于磨铣刀、铰刀、拉刀等，大尺寸的砂轮一般用于磨齿轮的齿面 |

例如砂轮 1 – 400 × 50 × 203 – WA46KV48，其中：WA——磨料白刚玉；46——粒度为 46；K——硬度为中软 1 号；V——陶瓷结合剂；48——组织号 7，中等；1——形状为平形；400 × 50 × 203——砂轮尺寸：外径 400 mm、厚度 50 mm、孔径 203 mm。

### 12.2.3　砂轮的使用和修整

#### 1. 砂轮的安装

安装砂轮前，必须认真检查所选砂轮的性能、形状和尺寸是否符合加工要求，砂轮有无裂纹。安装砂轮时，要将其不松不紧地套在法兰盘或砂轮轴上。配合过紧会使砂轮碎裂；配合过松，则砂轮在高速旋转时会因不平衡而发生振动。紧固砂轮法兰盘时要用标准扳手，不允许用接长扳手或以敲打的方法加大拧紧力，否则砂轮可能碎裂。

#### 2. 砂轮的平衡

由于砂轮的制造误差，可能产生两端面不平行，外圆与内孔不同轴，砂轮各部分密度不均匀，砂轮装在法兰盘上存在偏心，砂轮的重心不在法兰盘中心线上等现象。工作时，会产生不平衡的离心力，使砂轮轴乃至整个磨床振动。其后果是磨削表面质量下降，砂轮轴的轴承磨损加速，甚至会造成砂轮碎裂。因此，直径 125 mm 以上的砂轮在安装到磨床上之前必须进行平衡。

所谓平衡砂轮，就是改变法兰盘环槽内若干个平衡块的位置，使砂轮的重心与其回转中心重合。

安装新砂轮时，通常要进行两次平衡。粗平衡的目的是保护磨床，减少砂轮对修整工具的撞击。粗平衡时，把它装上磨床，用金刚石笔把砂轮外圆修整圆，把两端面修整平。由于砂轮几何形状不正确以及安装偏心等原因，在砂轮各部位修去的重量是不均匀的。因此，砂轮修整后又会出现不平衡，需要从磨床上拆下来放在平衡架上再精平衡一次。这就是第二次平衡，其要求很高，必须仔细进行。

砂轮装好后应空车运转 5～15 min，检查砂轮运转的平稳性和装夹的可靠性。

#### 3. 砂轮的修整

在使用过程中，虽然砂轮表面磨钝的砂粒能自动脱落而露出新的锐利磨粒，但因磨削过程的因素复杂，变钝的磨粒往往不能均匀脱落，而且磨粒间的空隙有时也会被磨屑和脏物所堵塞，于是砂轮就会变钝和失去正确的形状。因此，砂轮在使用一定时间后，需要对其外形进行修整。

修整砂轮常用金刚石笔(见图 12-7)，它由大颗粒金刚石镶焊在笔形钢杆尖端制成。金刚石笔顶角磨成 70°～80°，修整时用专用附件将金刚石笔以一定角度(向上倾斜 5°～15°)和高度(低于砂轮中心 1～2 mm)固定在磨床工作台上(见图 12-7)，工作台往复进给，金刚石笔即可将砂轮薄薄地切去一层(约 0.05 mm)。

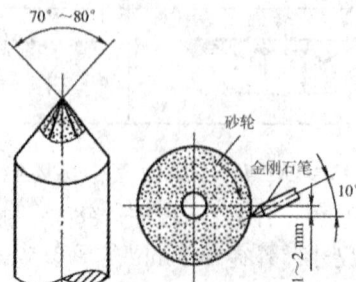

图 12-7　金刚石笔的形状及安装位置

修整后的砂轮磨削工件时，如发出清脆的"嚓、嚓"声，并伴随着均匀的火花，则说明磨粒已经锋利，砂轮已经恢复了切削能力。

### 12.2.4 金刚石砂轮

金刚石砂轮是 20 世纪 60 年代发展起来的一种新型磨具。由于金刚石具有极高的硬度、较高的强度和良好的导热性，除了用于刃磨、研磨、切割和修整工具以外，在磨床上也正在逐渐扩大其使用范围，如用于磨削硬质合金、玻璃、玛瑙、宝石、陶瓷等硬而脆的材料，不但生产率、加工质量高，而且经济效果好，但它不宜磨削一般钢材或其他软材料。

金刚石砂轮由三层构成(见图 12-8)。金刚石磨料 3 和结合剂是起磨削作用的部分，这一层厚度仅有 1.5～5 mm。基体 1 用于支承磨料层进行磨削，通常用钢、铜、铝、胶木等材料制成，而以铝最为常用。过渡层 2 也不含磨料，由黏合剂组成，其作用是使磨料层与基体牢固地结合在一起。

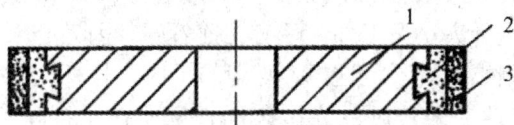

1—基体；2—过渡层；3—金刚石磨料

图 12-8 金刚石砂轮的结构

金刚石砂轮中金刚石的含量用浓度来表示。浓度的含义是：金刚石砂轮上金刚石磨料层内 1 cm$^3$ 体积中含有金刚石的重量。按规定，100%浓度就是金刚石层内 1 cm$^3$ 体积中含有 4.39 克拉(1 克拉 = 0.29 g)重的金刚石。常用的浓度有 150%、100%、75%、50%、25%五种。高浓度的金刚石砂轮能较好地保持形状，适用于小面积磨削和成形磨削；低浓度的金刚石砂轮能承受较大的压力，多用于间断性的、大面积的磨削及表面粗糙度 $Ra$ 值小的磨削。

## 12.3 磨 削 方 法

### 12.3.1 外圆磨削

工件的装夹方法有顶尖装夹、芯轴装夹、卡盘装夹、卡盘和顶尖装夹。普通外圆的磨削方式，可分为纵磨法、横磨法和综合磨法；无心外圆的磨削方式，可分贯穿法、切入法。

1) 外圆磨削工件的装夹

在磨床上工作时，要十分重视工件的装夹。工件装夹得是否正确、稳固，直接影响工件的加工精度和表面质量；工件装夹是否迅速和方便，直接影响生产率和劳动强度；在有些情况下，装夹不正确还会造成事故。常用装夹工件的方法有以下几种：

(1) 用前、后顶尖装夹。这种装夹方法如图 12-9 所示。其特点是装夹迅速方便，定位精度高，但工件两端必须有中心孔。

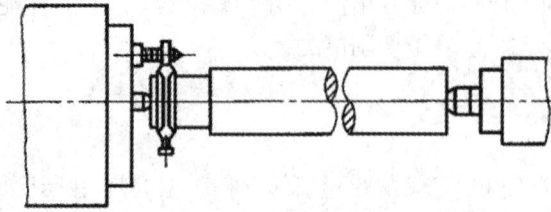

图 12-9　用前、后顶尖装夹

磨床上采用的前、后顶尖都是固定顶尖，这样就避免了因顶尖转动而带来的误差。目前最常用的固定顶尖是将 YG8 硬质合金嵌入碳素工具钢顶尖体内用铜焊而成的硬质合金顶尖。

中心孔是定位基准，它直接影响工件的加工精度，所以磨削工件前，一般要先研磨中心孔。

常用的带动工件旋转的夹头有三种(见图 12-10)。图 12-10(a)是圆环夹头，图 12-10(b)是鸡心夹头，这两种适用于夹小型工件，后者比前者好。因为磨床头架拨盘上的拨杆插入鸡心夹头的凹槽中，并用螺钉旋紧，这样，拨盘转动时，拨杆与夹头之间就没有冲击。如果夹头螺钉夹紧面是工件上未淬硬的光滑表面，则应在螺钉与工件接触处垫铜皮。图 12-10(c)是对合夹头，其夹紧力大，适用于夹大型工件。为了避免夹紧时损伤表面，可在对合夹头的 V 形面上堆焊上铜层。

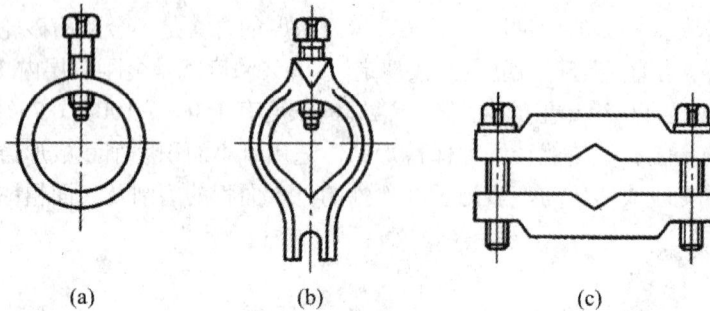

图 12-10　夹头

(a) 圆环夹头；(b) 鸡心夹头；(c) 对合夹头

用前、后顶尖装夹工件时，必须把工件的中心孔以及顶尖擦干净，在中心孔内加入润滑脂。顶尖对工件的顶紧要适当，顶得太紧，润滑油会被挤掉，中心孔容易磨损，磨削时间较长时工件将被"咬死"，细长轴还会被顶弯；顶得太松，则顶尖定位不正确，工件横断面将出现圆度误差。

(2) 用心轴装夹。磨削套类零件外圆时，常以内孔为定位基准，把零件套在心轴上，再把心轴装到磨床前、后顶尖上。常用的心轴有以下几种：

① 锥形心轴。磨床用锥形心轴的锥度一般为 1∶5000～1∶7000，如图 12-11 所示。将工件从小端套上心轴后，用铜棒轻轻敲紧，靠锥形心轴与工件内孔表面的弹性变形将工件均匀胀紧在心轴锥面上。工件孔和外圆的同轴度误差可控制在 0.005 mm 以内。但由于工件孔有公差，工件在锥形心轴上的轴向位置有变动，所以磨削时控制轴向尺寸不便。

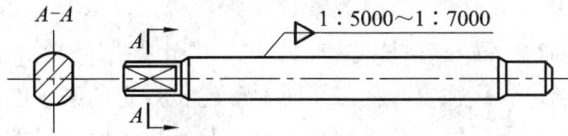

图 12-11　锥形心轴

② 带台肩的圆柱心轴。这种心轴如图 12-12 所示。工件装在这种心轴上的轴向位置一定，成批生产时便于通过挡块控制其轴向尺寸。圆柱心轴的最大直径设计成零件孔的最小极限尺寸。由于心轴与工件孔均有公差，工件套在心轴上时总有间隙存在，于是必然存在同轴度误差。因此，带台肩圆柱心轴只能用于内孔和外圆同轴度要求不太高的工件的磨削。

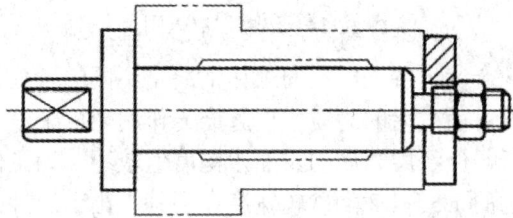

图 12-12　带台肩的圆柱心轴

③ 带台肩的可胀心轴。既要控制套类零件安装在磨床上的轴向位置，又要保证内孔与外圆精确的同轴度要求时，可采用带台肩的可胀心轴。图 12-13 所示为筒夹式可胀心轴，旋紧螺钉 5 就能把外锥体 4 压向开槽的带有弹性的内锥体内，使筒夹 2 胀开，从而把工件夹紧。

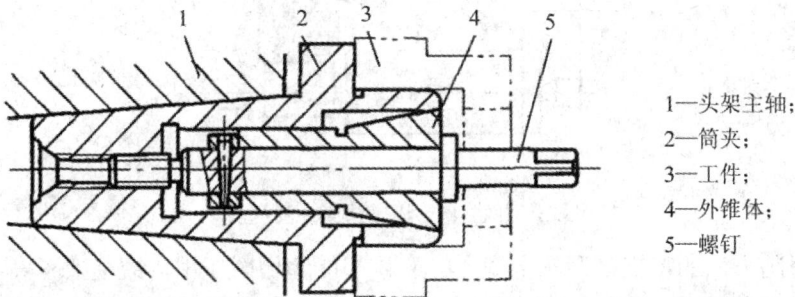

1—头架主轴；
2—筒夹；
3—工件；
4—外锥体；
5—螺钉

图 12-13　筒夹式可胀心轴

(3) 用自定心卡盘或单动卡盘装夹。磨削端面上不能钻中心孔的短工件(如套筒等)，可用自定心卡盘或单动卡盘装夹。单动卡盘特别适于夹持截面形状不规则的工件，但要用百分表找正工件的位置，因而比较费时。由于卡盘固定在头架主轴的锥孔中，主轴回转时的径向圆跳动、轴向圆跳动，主轴与卡盘的同轴度误差都将反映到被磨的工件上。因此，用卡盘(自定心卡盘)装夹工件时的磨削精度比用两顶尖装夹低。

(4) 用卡盘和顶尖装夹。当工件较长，一端能钻中心孔而另一端不能钻中心孔时，可一端用卡盘，另一端用顶尖装夹工件。装夹时，除需用百分表找正卡盘端工件的径向圆跳动外，还必须校正头架的零位，使头架主轴中心与尾座中心同轴。

2) 普通外圆的磨削方式

(1) 纵磨法。磨削时，砂轮高速旋转做主运动，工件旋转(圆周进给运动)并与工作台一起做纵向往复运动。当每一次往复行程终了时，砂轮按规定的磨削的吃刀量做一次横向进给，每次磨削深度很小，因此磨削余量要在多次往复行程中磨去，如图 12-14 所示。

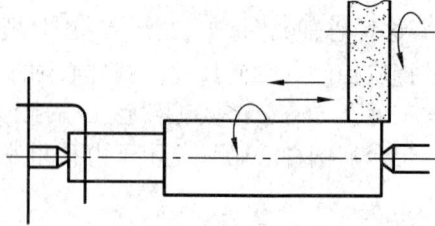

图 12-14　纵磨法磨外圆

采用纵磨法时，砂轮全宽上各处磨粒的工作情况是不同的。处于纵向进给方向一侧的磨粒担负主要的切削工作，而其后的磨粒主要起磨光作用。由于没有充分发挥全部磨粒的切削能力，磨削效率较低，但经磨光后的表面粗糙度值较小。为了保证工件两端的加工精度，砂轮应超出工件磨削面 1/3～1/2 的砂轮宽度。另外，由于这种磨削温度低，磨削的精度较高，目前在生产中应用最广，特别是单件、小批生产及精磨时常采用这种方法。

(2) 横磨法。采用横磨法(切入磨削法)时，工件无纵向进给运动。该方法采用比需要磨削的表面宽一些的砂轮，以很慢的横向进给速度磨掉全部加工余量，如图 12-15 所示。

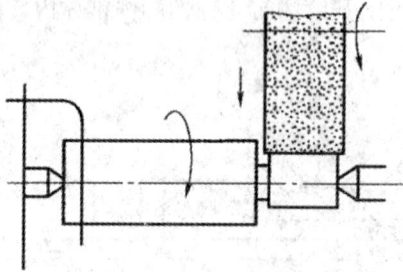

图 12-15　横磨法磨外圆

这种磨削方法的特点是砂轮全宽上的磨粒都能起切削作用，磨削效率高，但因工件相对砂轮无纵向运动，相当于成形磨削，当砂轮因修整不好而磨损不均、外形不正确时，砂轮的形状误差将直接影响工件的形状精度。另外，因砂轮与工件的接触宽度大，则磨削力大，磨削温度高。因此，工件刚性一定要好，而且要勤修砂轮和供给充分的切削液。横向磨削主要用于批量大、精度要求不太高的工件或不能用纵向进给的场合，如台阶轴颈等。

(3) 综合磨法。这种磨削法是横磨法和纵磨法的综合应用。先在工件磨削表面的全长上分成几段进行横磨，相邻两段间有 5～15 mm 重叠，如图 12-16 所示。每段都在直径上留下 0.01～0.03 mm 的精磨余量，然后再用纵磨法将它磨去。这种磨削方法既可以提高生产率，又可以提高加工精度和表面质量，适于磨削余量大(0.7～1 mm)、加工表面长度较短而刚性较大的工件。

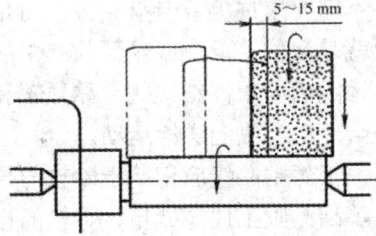

图 12-16  综合法磨削外圆

(4) 深磨法。深磨法也称阶梯磨法。磨削时，先将砂轮修打成锥形或阶梯形，最大直径的砂轮表面要修整得很精细，让它起精磨作用，而其他锥形部分修整得粗糙些，起粗磨作用，如图 12-17 所示。

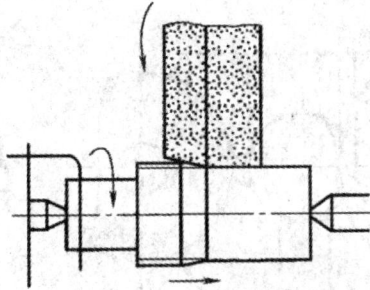

图 12-17  深磨法磨外圆

深磨法可采用较小的纵向进给量，在一次纵向行程中磨去全部余量，其磨削的吃刀量一般可达 0.3 mm 左右。这种方法是在一次纵向行程中同时完成粗磨和精磨，减少加工行程次数，提高生产率，但是磨削力较大，加工精度比纵磨法低。另外，修整砂轮比较复杂，故只适于大批、大量生产中磨削刚度较大的短轴，而且是允许砂轮超越加工面两端较大距离的工件。

3) 无心外圆的磨削

(1) 无心外圆磨床的工作原理。无心外圆磨床如图 12-18 所示，主要由砂轮架 3、导轮架 6、工件托板 4、砂轮修正器 2 和导轮修正器 5 等组成。砂轮和导轮分别由各自的电动机带动。

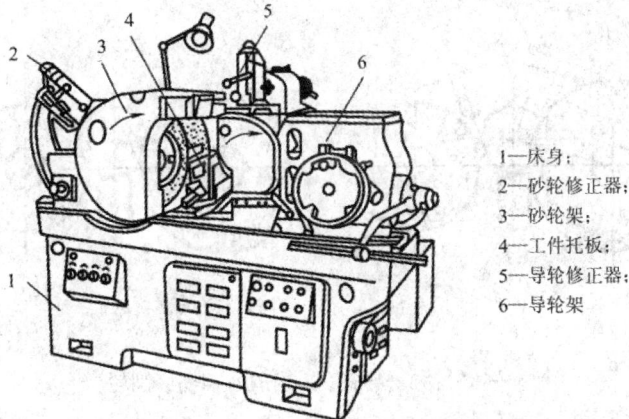

1—床身；
2—砂轮修正器；
3—砂轮架；
4—工件托板；
5—导轮修正器；
6—导轮架

图 12-18  M1080 型无心外圆磨床

在无心外圆磨床上,工件不需要用顶尖或卡盘支持,而是放在砂轮和导轮之间,由托板支持着。工件的待加工表面就是定位基准,砂轮磨削产生的磨削力将工件推向导轮。导轮是橡胶结合剂的砂轮,它的轴线略向后倾斜一些,靠导轮和工件之间的摩擦力带动工件旋转并向前推进,完成圆周进给运动和纵向进给运动。

为了避免磨削时产生棱圆,工件中心线应稍高于砂轮与导轮的中心连线 20~25 mm。如果工件与导轮、砂轮的中心等高,则工件与砂轮、导轮的接触点就在同一直径上。若工件表面上有一个微小的凸起部分与导轮接触,则工件被推向砂轮,凸起部分的对面被磨成凹坑。工件转过 1800 转后,工件凹部正好与导轮接触,所以凸起部分无法磨去,如图 12-19(a)所示。这样,工件就在砂轮和导轮间左右摆动,磨出的直径虽各处相等,但不是圆形而是等直径的三角形棱圆,如图 12-19(b)所示。

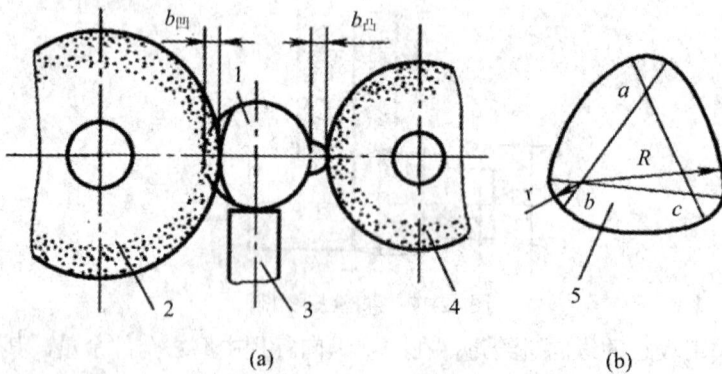

1—工件;2—磨削轮;3—托板;4—导轮;5—工件产生棱圆

图 12-19　工件中心与砂轮、导轮中心等高将产生棱圆

把托板加高,使工件中心高于砂轮和导轮中心,如图 12-20(a)所示,这样工件凸起部分与导轮接触的位置与砂轮在工件上所磨出的凹部就不在同一直径上。当工件转到凸部与砂轮接触时,工件与导轮接触处已不是原先的凹部,如图 12-20(b)所示。因此,工件的凸部将被砂轮磨去一些,使其凸出量减小。如此不断磨削的结果就是凸、凹部的高度逐渐减小,最终把工件磨成圆形。

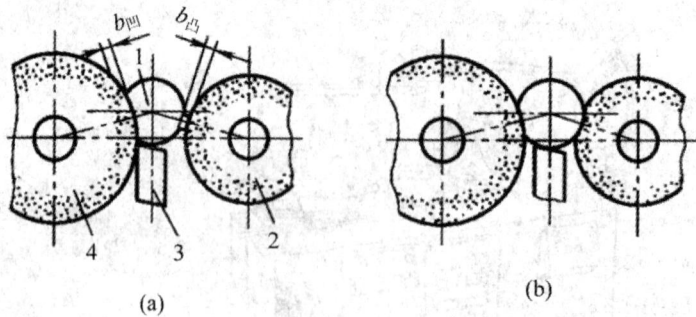

1—工件;2—导轮;3—托板;4—磨削轮

图 12-20　无心磨削时工件变圆的原理

(2) 无心外圆磨削的两种方法。

① 贯穿法。这种方法如图 12-21 所示，导轮轴在垂直面内扳转 $\theta$ 角，导轮旋转的线速度 $v_0$ 可以分解成垂直分速度 $v_1$ 和水平分速度 $v_2$。$v_1$ 带动工件旋转，做圆周进给；$v_2$ 带动工件做纵向进给。因此，操作时只需将工件放在托板上，使工件接触砂轮和导轮，工件就能一边旋转一边纵向进给穿过磨削区域。工件一次贯穿后，如直径比图样要求的大，则可使导轮做横向进给。粗磨时，每次导轮横向进给量为 0.02～0.1 mm；精磨时，横向进给量为 0.002 5～0.01 mm。

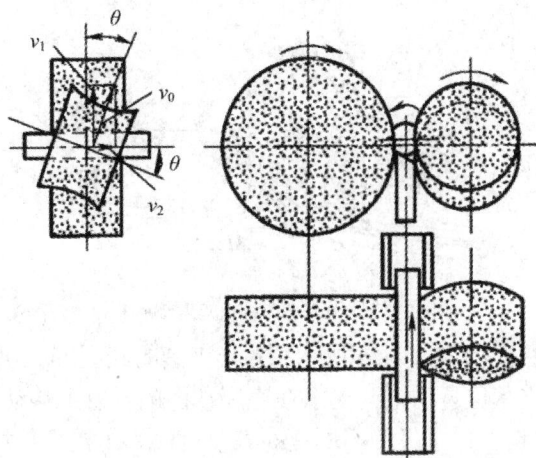

图 12-21　贯穿法无心磨

导轮轴在垂直面内倾斜 $\theta$ 角后，如导轮还是圆柱体，则导轮与工件圆柱面是点接触，导轮不能正常地带动工件旋转和前进。为了使导轮倾斜 $\theta$ 角后工件与导轮成线接触，则导轮的形状应是单叶旋转双曲面。该双曲面是靠无心磨床上导轮修整器的金刚石笔相对导轮中心倾斜一个 $\theta$ 角移动而修整成的。

② 切入法。切入法如图 12-22 所示。磨削时，工件不穿过磨削区域，而是从上面往下搁在托板上，导轮做横向进给，带动工件一边旋转一边向砂轮做连续进给，直到磨去全部加工余量为止。此时，导轮轴扳转一个很小的角度(30′左右)，使工件在磨削时受到一个微小的轴向推力，以便靠紧挡销并控制轴向尺寸。

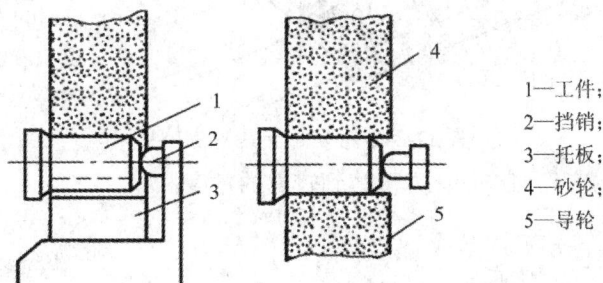

1—工件；
2—挡销；
3—托板；
4—砂轮；
5—导轮

图 12-22　切入法无心磨

切入法适宜磨削带台肩的轴类零件和外锥体等。

### 12.3.2　内孔磨削

1) 工件的装夹

短工件就用自定心卡盘或单动卡盘装夹，长工件可以在万能外圆磨床上采用以下两种装夹方法：

(1) 一端用卡盘夹紧，另一端用中心架支承，如图 12-23 所示。

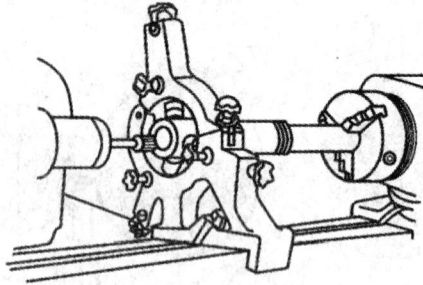

图 12-23　用卡盘和中心架装夹工件

(2) 用 V 形夹具装夹，如图 12-24 所示。V 形夹具的底座 11 与磨床工作台紧固，两个 V 形块 10 可根据工件支承位置的不同要求在底座顶面的导轨上移动，然后用螺钉固定。V 形块上有垫块 9，可根据工件直径的不同更换其厚度。为了提高垫块的耐磨性，其上还镶有硬质合金 8。压块 6 在螺钉 3 作用下轻压向工件，在压块和工件表面之间垫入油毡垫，为了防止工件被拉毛，在油毡垫上浇些全损耗系统用油。支臂 4 可以绕销轴 5 在支架 7 上转动，以便装卸工件。工件靠近磨床头架的一端装上一个传动套 2，通过万向接头 1 与头架连接带动其转动。

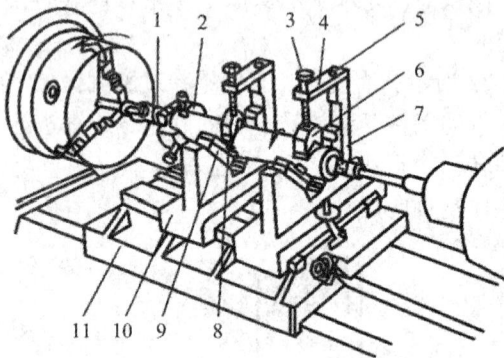

1—万向接头；
2—传动套；
3—螺钉；
4—支臂；
5—销轴；
6—压块；
7—支架；
8—硬质合金；
9—垫块；
10—V 形块；
11—底座

图 12-24　用 V 形夹具装夹工件

以上两种方法均应仔细校正，方可达到较高的精度。

2) 磨内圆的特点

内圆磨削与磨外圆相比有如下特点：

(1) 内圆磨削的砂轮直径受到工件孔径的限制，尺寸较小(一般为工件孔径的 0.5～0.9)。为了使砂轮有一定线速度，砂轮转速要比较高，则砂轮上每一磨粒在单位时间内参加切削的次数增多，所以砂轮很容易变钝。另外，由于磨屑排除比较困难，磨屑常聚积孔中，容易堵塞砂轮,所以内圆磨削砂轮需要经常修整和更换。这样,就增加了辅助时间,降低了生产率。

(2) 因为砂轮直径小,内圆磨削的线速度低,故要获得较小的表面粗糙度值比较困难。

(3) 砂轮轴比较细,而悬伸长度较长,刚性很差,容易发生弯曲变形和振动,加工精度和表面质量相对降低;同时,磨削用量不能过高,故磨削的生产率也比较低。

(4) 内圆磨削砂轮与工件接触面积大,如图 12-25 所示,磨削力和磨削热增大,而切削液又很难直接浇注到磨削区域,故磨削温度高。

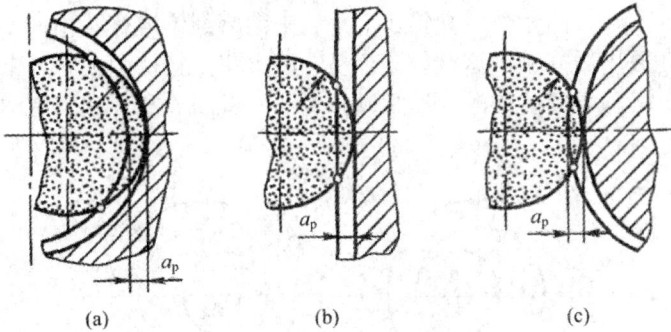

图 12-25  砂轮与工件接触面积的比较

(a) 内圆磨削;(b) 平面磨削;(c) 外圆磨削

由于内圆磨削的生产率和加工精度都比外圆磨削差,磨孔的应用远没有磨外圆那样普遍。目前,磨孔主要用于不能或不宜用镗孔、铰孔、滚压等方法加工的场合,如磨削淬硬零件上的孔,精度要求高、表面粗糙度 $Ra$ 值要求很小的孔以及断续表面的孔(如带键槽的孔)等。

### 3) 磨内圆的方法

(1) 砂轮直径的选择。砂轮的直径根据孔径确定。砂轮直径大,磨削速度高,可采用直径较大的砂轮接长轴,因而有利于提高磨削生产率和降低表面粗糙度 $Ra$ 值。但直径太大时,砂轮与工件接触面积增大,磨削热增加,冷却条件变差,砂轮容易被堵塞、变钝。合适的砂轮直径为孔径的 0.5~0.9,磨大孔时取小值,磨小孔时取大值。

(2) 纵磨法。由于砂轮轴刚性差,内圆磨削一般都采用纵磨法。砂轮接长轴应选得尽量短,如图 12-26 所示。

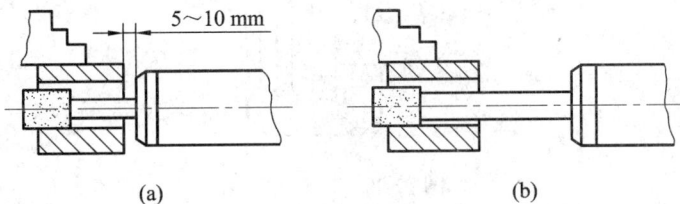

图 12-26  砂轮接长轴的选择

(a) 正确;(b) 错误

砂轮越出内孔两端的长度 $L$ 为砂轮宽度的 1/3~1/2,如图 12-27 所示。越程 $L$ 太小,内孔两端磨削时间太短,使孔径两端小,中间大;$L$ 太大,则由于砂轮接长轴弹性恢复(砂轮在孔中间时接长轴弹性退让大,在两端时弹性退让小),结果把内孔两端磨成喇叭口。

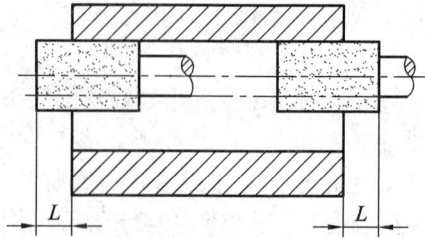

图 12-27　砂轮的越程

　　工件与砂轮的旋转方向相反。砂轮在工件孔中的磨削位置有两种，如图 12-28 所示。在内圆磨床上磨孔采用后接触，这种位置容易看清火花，且切削液和屑末向下飞溅，不影响操作者视线；另一种采用前接触，这时操作者不易看清火花，切削液和屑末容易飞溅到操作者身上。

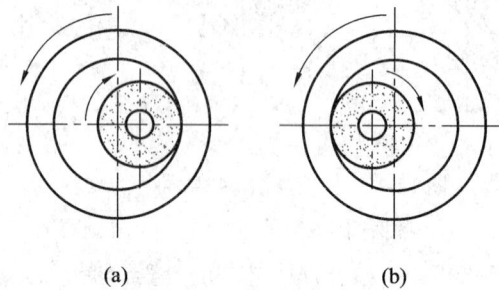

(a)　　　　　　　　　　　　(b)

图 12-28　砂轮在工件孔内的位置

(a) 后接触；(b) 前接触

　　(3) 切入磨法。只有孔径较大，磨削长度较短的特殊情况下，内圆磨削才采用切入磨法，如图 12-29 所示。图中表示磨削滚柱轴承外环内滚道面的情况，砂轮不做纵向往复运动，只有横向进给运动，这种方法生产率高。由于这种方法是连续磨削，砂轮容易磨损和堵塞，所以要及时修整砂轮。

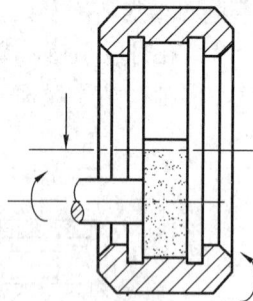

图 12-29　切入磨法

### 12.3.3　平面磨削

#### 1) 工件的装夹

　　对钢、铸铁等磁性材料磨平面时，工件一般都用电磁吸盘(又称电磁工作台)装夹。电磁吸盘是利用直流电产生的磁力把工件吸牢的，其工作原理如图 12-30 所示。1 为钢制吸盘体，在它中部凸起的心体 $A$ 周围绕有线圈 5；钢制盖板 4 被绝磁层 3(浇入的铅层、铜层或巴氏合金层)隔成一条条或一块块。线圈 5 中通过直流电时，心体 $A$ 被磁化。磁力线(图中虚线所示)由心体经过盖板—工件—盖板—吸盘体—心体而闭合，把工件吸住。如没有绝磁层，绝大部分磁力线就会通过盖板直接回去(磁力线短路)而不通过工件，这样吸力将大大减弱而吸不住工件。

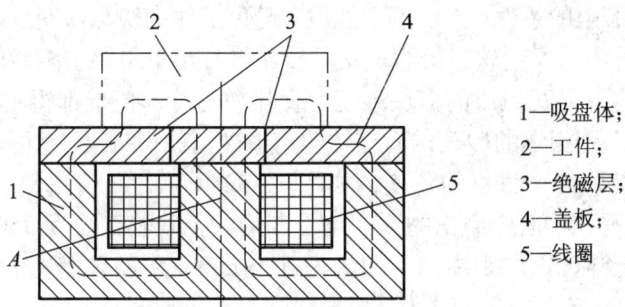

1—吸盘体；

2—工件；

3—绝磁层；

4—盖板；

5—线圈

图 12-30 电磁吸盘的工作原理

使用电磁吸盘时应注意以下问题：

(1) 当磨削小尺寸工件或壁厚薄、高度较大的环形工件(如薄套等)时，因工件与电磁吸盘的接触面积小、吸力弱，磨削过程中工件容易被砂轮弹出去，甚至使砂轮碎裂，因此，装夹这类工件时，一方面要使工件跨在电磁吸盘的绝磁层上，另一方面必须在工件周围或前后两端用吸附面积较大的铁条围住工件(如图 12-31 所示)，以防工件"走动"。

图 12-31 磨削小面积工件时用铁条围住

(2) 关掉电磁吸盘的电源后，工件和电磁吸盘上仍将保留一部分磁性(称为剩磁)，因此工件不易取下。这时要将开关转到退磁位置，改变线圈中电流的方向将剩磁退去，这样工件就容易取下了。

(3) 工作结束后，应将电磁吸盘擦干净，避免切削液经过盖板上细微的缝隙渗入吸盘体内部，从而使线圈受潮损坏。

(4) 电磁吸盘的工作表面要平整、光洁。如表面被拉毛，可用磨石或细砂布修光，再用金相砂轮抛光。如果吸盘使用时间很长，中间部分有磨损，或表面刻纹、麻点较多，则应对电磁吸盘工作面进行修磨。修磨时，电磁吸盘应接通电源，处于工作状态。修磨量应尽量小，只要表面磨光就可以了。

电磁吸盘装卸工件迅速、方便、牢固，可同时装夹许多工件，辅助时间少，生产率高，容易保证平行平面的平行度，但必须是导磁材料。对非导磁材料，可将零件装夹在精密平口虎钳上，再将平口虎钳吸在电磁吸盘上进行磨削。

2) 圆周磨削、端面磨削分析

端面磨削时，磨床主轴受压力，磨床刚性好，可以采用较大的磨削用量；另外，砂轮与工件接触面积大，同时参加磨削的磨粒多，所以端面磨削生产率很高。但由于磨削热大，冷却条件差(切削液不易直接浇注到磨削区域)，排除磨屑与脱落磨粒比较困难，砂轮端面不同直径处各点的线速度不等，磨粒磨损不均匀，因此磨削质量较低，适合于粗磨。

为了改善端面磨削的条件，降低磨削温度，避免工件烧伤与热变形，常采用下列措施：

(1) 选用粒度号小、硬度软、组织疏松的砂轮，甚至采用大空隙砂轮。

(2) 采用多块扇形砂瓦组成的镶块砂轮，使排屑与冷却情况都得到改善，而且价格便宜，也可以只更换个别损坏的砂瓦，而整体的筒形砂轮就得报废。

(3) 将砂轮轴偏斜一个很小的角度，如图 12-32 所示，一般偏斜 0.5°～1°，以减少砂轮与工件的接触面积，这样磨出的平面略呈凹形。若砂轮直径为 350 mm，工件宽度为 150 mm，砂轮轴倾斜 0.5°，则中间下凹量为 0.15 mm，所以只能用于粗磨。

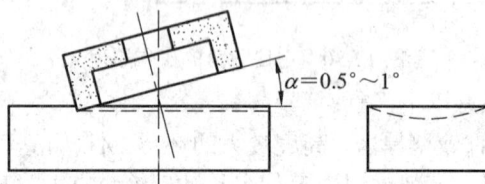

图 12-32　砂轮轴偏斜以减少接触面积

圆周磨削时，砂轮与工件的接触面积要比端磨小得多，而且磨削区域的冷却、排屑条件也比端面磨削好，因此，圆周磨削的工件变形小，磨屑、磨粒不易嵌入砂轮与工件之间，磨削质量高，适合于精磨。但圆周磨削时不宜切得太深，纵、横向进给也不宜太快，因为磨削力将使砂轮主轴受弯变形，磨床的刚性不够好；同时参加磨削的磨粒少，所以圆周磨削生产率较低。

# 12.4　先进磨削技术简介

随着人们对产品要求的提高和科技发展，磨削加工技术正朝着使用超硬磨料磨具，开发精密及超精密高速、高效磨削工艺，以及研制高精度、高刚度的自动化磨床方向发展。

## 12.4.1　精密及超精密磨削

精密磨削是指加工精度为 1～0.1 μm、表面粗糙度 $Ra$ 达到 0.2～0.01 μm 的磨削方法，而强调表面粗糙度值 $Ra$ 在 0.01 μm 以下，表面光泽如镜的磨削方法，称为镜面磨削。

精密磨削主要靠砂轮的精细修整，使磨粒在微刃状态下进行加工，从而得到小的表面粗糙度值。微刃的数量很多且具有很好的等高性，因此能在被加工表面留下大量极微细的磨削痕迹，残留高度极小，加上无火花磨削的阶段，在微切削、滑挤、抛光、摩擦等作用下使表面获得高精度。磨粒上的大量等高微刃要通过金刚石修整工具以极低的进给(10～15 mm/min)精细修整而得到。因此，在实际工作中，应选用具有高几何精度、高横向进给精度、低速稳定性好的精密磨床，用粗粒度砂轮(46 号～80 号)，经过精细修整，无火花磨削 5～6 次单行程，再用细粒度砂轮(240 号～W7)无火花磨削 5～15 次，以充分发挥磨粒微刃的微切削作用和抛光作用。

超精密磨削是指加工精度达到 0.1 μm 级，而表面粗糙度值 $Ra$ 在 0.01 μm 以下的磨削方法。加工精度为 $10^{-3}$～$10^{-2}$ μm 时为纳米工艺。超精密加工的关键是最后一道工序要从工件表面上除去一层小于或等于工件最后公差等级的表面层。因此，要实现超精密加工，首先要减少磨粒单刃切除量，而使用微细或超微细磨粒是减少单刃切除量的最有效途径。实现超精密磨削是一项系统工程，包括研制高速高精度的磨床主轴、导轨与微进给机构、精密的磨具及其平衡与修整技术，以及磨削环境的净化与冷却方式等。超精密磨削多使用金刚石或 CBN(立方氮化硼)微粉磨具。早期超精密镜面磨削多使用树脂结合剂磨具，借助其弹性使磨削过程稳定。近年来，随着铸铁结合剂金刚石砂轮和电解在线修整技术的开发，超精镜面磨削日臻成熟。

精密量块、半导体硅片等零件的最后一道工序常采用超精密研磨，而软粒子研磨和抛光是属于超精密的光整工艺，通常包括弹性发射加工和机械化学研磨或抛光两种加工方法。弹性发射加工的最小去除量可达原子级，即小于 10A(0.001 μm)，直至切去一层原子，而且能使被加工表面的晶格小变形，保证得到极小的表面粗糙度值和材质极纯的表面。机械化学研磨或抛光加工是借助研磨抛光液中的添加剂对被加工表面产生的化学作用，使工件表面产生一薄层易于被磨料或研具擦去的材料，实现精密加工。

### 12.4.2 高效磨削

#### 1. 高速磨削

高速磨削是通过提高砂轮线速度来达到提高磨削去除率和磨削质量的工艺方法。一般砂轮线速度高于 45 m/s 就属于高速磨削。过去由于受砂轮回转破裂速度的限制，以及磨削温度高和工件表面烧伤的制约，高速磨削长期停滞在 80 m/s 左右。随着 CBN 磨料的广泛应用和高速磨削机理研究的深入，现在工业上实用磨削速度已达到 150～200 m/s，实验室中达到 400 m/s，并得到了令人惊喜的效果。

高速磨削的优点是在一定的单位时间磨除量下，当砂轮线速度提高时，磨粒的切削厚度变薄，使得单个磨粒的负荷减轻，砂轮耐用度提高；磨削表面粗糙度值减小；法向磨削力减小，工件精度提高。如果砂轮磨粒切削厚度保持一定，则在砂轮线速度提高时，单位时间磨除量可以增加，生产率得以提高。

#### 2. 缓进给大切深磨削

缓进给大切深磨削又称深槽磨削或蠕动磨削。它是以较大的磨削深度(可达 30 mm)和很低的工作台进给(3～300 m/min)进行磨削。经一次或数次磨削即可达到所需的尺寸精度，适于磨削高强度、高韧性材料，如耐热合金、不锈钢等工件的型面、沟槽等。目前国外还出现了一种称为 HEDG(High Efficiency Deep Grinding)的超高速深磨技术，磨削工艺参数集超高速(达 150～250 m/s)、大切深(0.1～30 mm)、快进给(0.5～10 m/min)于一体，采用立方氮化硼砂轮和计算机数字控制，其功效已远高于普通的车削或铣削。

### 3. 砂带磨削

用高速运动的砂带作为磨削工具磨削各种表面的方法称为砂带磨削。砂带的结构由基体、结合剂和磨粒组成，每颗磨粒在高压静电场的作用下直立在基体上，均匀间隔排列。砂带磨削的优点是：

(1) 生产率高。砂带上的磨粒颗颗锋利，切削量大；砂带宽，磨削面积大，生产率比用砂轮磨削高 5～20 倍。

(2) 磨削能耗低。由于砂带重量轻，接触轮与张紧轮尺寸小，高速转动惯量小，功率损失很小。

(3) 加工质量好。它能保证恒速工作，不需修整，磨粒锋利，发热少，砂带散热条件好，能保证高精度和小的表面粗糙度值。

(4) 砂带柔软，能贴住成形表面进行磨削，因此适于磨削各种复杂的型面。

(5) 砂带磨床结构简单，操作安全。其缺点是砂带消耗较快，砂带磨削不能加工小直径孔、不通孔，也不能加工阶梯外圆和齿轮。

## 12.4.3 磨削自动化

### 1. 数控磨床

数控磨床在我国正逐渐应用和普及。利用磨削加工中心(GC)具有的数控功能，进行三轴同时控制，可磨削加工三维复杂表面，实现磨削加工的复合化与集约化。三维形状的 GC 磨削如图 12-33 所示。

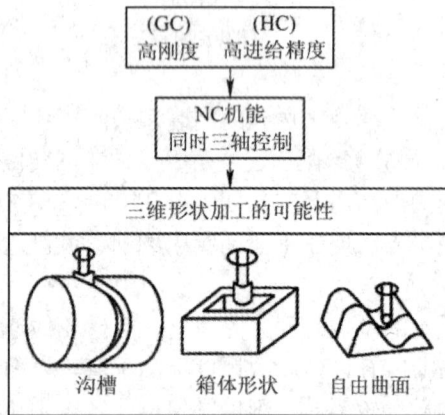

图 12-33　三维形状的 GC 磨削

数控磨床的主要技术特点如下：

(1) 控制功能。除具有其他数控设备高性能的数控系统以外，高精密伺服技术是重要环节，采用完全数字式伺服系统使机床在高速送进时达到高精度控制。

(2) 机械结构。

① 砂轮轴、主轴高速化、高刚性、高精度化。磨床主轴的高速化采用空气轴承及磁力轴承支承，特别是磁力轴承，在超高速磨削中优点突出。

② 导轨。高性能的磨床导轨主要采用油静压导轨和空气静压导轨。

(3) 热变形对策。热变形对策是进行高精度化、系统自动化磨削加工中的主要技术，一般采用减少发热、隔离、热对称结构、应用低膨胀材料、环境恒温控制、控制软件等措施。

(4) 砂轮、工件的自动交换。包括砂轮(工具)高精度自动交换,砂轮自动修整和整形技术,工具寿命判定及磨损补偿,工件高精度自动交换。

### 2. 磨削加工智能化

磨削过程是一个多变量影响过程,对其信息的智能化处理和决策是实现柔性自动化和最优化的重要基础。目前磨削中人工智能的主要应用包括磨削过程建模、砂轮及磨削参数合理选择、磨削过程监测预报和控制、自适应控制优化、智能化工艺设计和智能工艺库等方面。

近几年来,磨削过程建模、模拟和仿真技术有很大的发展,并已达到实用水平。在磨削过程智能监测方面,声发射技术应用较多,它与力、尺寸、表面完整性微观参数的测量相结合,通过"中性网络"和"模糊推理"将磨削过程已能提取全面的在线信息用于过程监测与控制。此外,神经网络系统、自适应控制、磁力轴承轴心偏移补偿、分子动力学计算机仿真等均有一定的发展。

## 复习与思考题十二

12-1 磨削与其他切削加工比较,有什么特点?

12-2 磨床有哪些类型?各有什么特点?各自的适用加工对象是什么?

12-3 外圆磨削和内圆磨削有哪些运动?它们的磨削用量如何表示?

12-4 平面磨削有哪些运动?它们的磨削用量如何表示?

12-5 砂轮的特性决定于哪些因素?如何在其代号中体现?如何选择砂轮?

12-6 砂轮硬度与磨料硬度有何不同?砂轮硬度对磨削加工有哪些影响?什么是砂轮的自锐性?

12-7 砂轮 6 - 400 × 100 × 203 WA80LB36 代表什么意思?

12-8 砂轮如何安装?安装砂轮要注意些什么问题?

12-9 为什么砂轮需要平衡?为什么要修整砂轮?修整砂轮要注意些什么问题?

12-10 中心外圆磨削主要有哪几种方法?各有什么特点?

12-11 中心外圆磨削中,工件的装夹有哪几种方法?

12-12 为什么磨床上多用固定顶尖?工件的中心孔为什么需要修磨?

12-13 在无心外圆磨削时,导轮起什么作用?

12-14 内圆磨削有哪些特点?主要应用在什么场合?

12-15 平面磨削中,工件的装夹方法有什么特点?

12-16 周磨法和端磨法磨削平面的优、缺点及适用范围如何?

12-17 磨削过程分哪三个阶段?如何按此规律来提高磨削生产率和减小表面粗糙度值?

12-18 何谓表面烧伤?如何避免?

12-19 人造金刚石砂轮和立方氮化硼砂轮各有何特性?分别适用于磨削哪些材料?

12-20　磨削 45 钢、灰铸铁等一般材料时，如何调整磨削用量，才能使工件表面粗糙度值较小？

12-21　万能外圆磨床上磨削圆锥面有哪几种方法？各适于何种情况？机床如何调整？

12-22　试分析磨削内孔的特点。

12-23　简述无心外圆磨床的磨削特点。

12-24　简述磨削外圆、平面时，工件和砂轮需要做哪些运动。

# 项目 13 齿 轮 加 工

齿轮是机械传动中的重要零件，主要由轮体和齿圈两部分组成。齿轮轮体形状有内外圆柱、圆锥等类型。齿圈部分的齿形又有渐开线齿形、圆弧齿形、摆线齿形等。轮体部分加工方法与同形状工件一致。下面以应用最为广泛的渐开线圆柱齿轮为主介绍齿形的加工。

## 13.1 齿轮材料及加工方法

### 13.1.1 齿轮常用材料及其力学性能

齿轮的轮齿在传动过程中要传递力矩且承受弯曲、冲击等载荷。经过一段时间的使用，轮齿还会发生齿面磨损、齿面点蚀、表面咬合和齿面塑性变形等情况而造成精度丧失，产生振动和噪声等。齿轮的工作条件不同，轮齿的破坏形式也不同。选取齿轮材料时，除考虑齿轮工作条件外，还应考虑齿轮的结构形状、生产数量、制造成本和材料货源等因素，一般应满足下列几个基本要求：

(1) 轮齿表面层要有足够的硬度和耐磨性。

(2) 对于承受交变载荷和冲击载荷的齿轮，基体要有足够的抗弯强度与韧性。

(3) 要有良好的工艺性，即要易于切削加工，热处理性能好。

齿轮的常用材料及其力学性能见表 13-1。

**表 13-1 齿轮的常用材料及其力学性能**

| 材料 | 牌号 | 热处理 | 力学性能 | | | | |
|---|---|---|---|---|---|---|---|
| | | | 硬度 | 强度极限 $\sigma_b$/MPa | 屈服极限 $\sigma_s$/MPa | 疲劳极限 $\sigma_{-1}$/MPa | 极限循环次数 $N_0$ |
| 优质碳素钢 | 35 | 正火 调质 | 150～180HBW 190～230HBW | 500 650 | 320 350 | 240 270 | 10 |
| | 45 | 正火 调质 | 170～200HBW 220～250HBW | 610～700 750～900 | 360 450 | 260～300 320～360 | |
| | | 整体淬火 | 40～45HRC | 1000 | 750 | 430～450 | $(3～4) \times 10^7$ |
| | | 表面淬火 | 45～50HRC | 750 | 450 | 320～360 | $(6～8) \times 10^7$ |
| | 35SiMn | 调质 | 200～260HBW | 750 | 500 | 380 | $10^7$ |

续表

| 材料 | 牌号 | 热处理 | 力学性能 | | | | |
|---|---|---|---|---|---|---|---|
| | | | 硬度 | 强度极限 $\sigma_b$/MPa | 屈服极限 $\sigma_s$/MPa | 疲劳极限 $\sigma^{-1}$/MPa | 极限循环次数 $N_0$ |
| 合金钢 | 40Cr 42SiMn 40MnB | 调质 | 250～280HBW | 900～1000 | 800 | 450～500 | $10^7$ |
| | | 整体淬火 | 45～50HRC | 1400～1600 | 1000～1100 | 550～650 | $(4～6) \times 10^7$ |
| | | 表面淬火 | 50～55HRC | 1000 | 850 | 500 | $(6～8) \times 10^7$ |
| | 20Cr 20SiMn 20MnB | 渗碳淬火 | 56～62HRC | 800 | 650 | 420 | $(9～15) \times 10^7$ |
| | 18CrMnTi 20MnVB | 渗碳淬火 | 56～62HRC | 1150 | 950 | 550 | $(9～15) \times 10^7$ |
| | 12NiCr | 渗碳淬火 | 56～62HRC | 950 | | 500～550 | |
| 铸钢 | ZG 270～300 ZG 310～570 ZG 340～640 | 正火 | 140～176HBW 160～210HBW 180～210HBW | 500 550 600 | 300 320 350 | 230 240 260 | $10^7$ |
| 铸铁 | HT200 HT300 | | 170～230HBW 190～250HBW | 200 300 | | 100～120 130～150 | |
| | QT400 QT600 | 正火 | 156～200HBW 200～270HBW | 400 600 | 300 420 | 200～220 240～260 | |
| 塑料 | Me 尼龙 | | 20HBW | 90 | 60 | | |
| | 夹布胶木 | | 30～40HRC | 85～100 | | | |

## 13.1.2　齿形获得方法

齿形的获得方法按是否去除材料可以分为无屑加工和切削加工两类。

### 1. 无屑加工

齿形的无屑加工有铸造、粉末冶金、精密锻造、热轧、冷挤、注塑等。无屑加工获得齿形的方法具有生产率高、材料消耗少和成本低等优点。其中铸造齿轮的精度较低，常用于农机和矿山机械。近年来，随着铸造技术的发展，铸造精度提高很多，某些铸造齿轮已经可以直接用于具有一定传动精度要求的机械中。冷挤法只适用于小模数齿轮的加工，但精度较高。近十年来，齿轮精密锻造技术有了较快的发展。对于工程塑料可满足性能的齿轮，注塑加工是成形的较好方法。齿形的无屑加工是齿面加工的重要发展方向。

### 2. 切削加工

对于传动精度要求较高的齿轮，目前主要是采用去除材料的方法。齿轮精度要求较高时，通常要经过切削和磨削加工来获得。根据所用的加工装备和原理不同，齿轮的切削加工有铣齿、滚齿、插齿、刨齿、磨齿、剃齿、珩齿等多种方法。

### 13.1.3   齿形加工原理

按齿轮齿廓的成形原理不同，切削加工方法可分为成形法和展成法两种，其加工精度及适用范围见表 13-2。

表 13-2   齿形加工方法、加工精度及适用范围

| 加工方法 | | 刀具 | 机床 | 加工精度及适用范围 |
|---|---|---|---|---|
| 成形法 | 成形铣 | 盘形铣刀 | 铣床 | 加工精度和生产率都较低 |
| | | 指形铣刀 | 滚齿机或铣床 | 同上，是大型无槽人字齿轮的主要加工方法 |
| | 拉齿 | 齿轮拉刀 | 拉床 | 加工精度和生产率较高，拉刀专用，适用于大批生产，尤其是内齿轮加工更是适宜 |
| 展成法 | 滚齿 | 齿轮滚刀 | 滚齿机 | 加工精度为 IT6～IT10，表面粗糙度值 $Ra$ 为 6.3～3.2 μm，常用于加工直齿轮、斜齿轮及蜗轮 |
| | 插齿和刨齿 | 插齿刀刨齿刀 | 插齿机刨齿机 | 加工精度为 IT7～IT9，表面粗糙度值 $Ra$ 为 6.3～3.2 μm，适用于加工内外啮合的圆柱齿轮、双联齿轮、三联齿轮，齿条和锥齿轮等 |
| | 剃齿 | 剃齿刀 | 剃齿机 | 加工精度为 IT6～IT7。常用于滚齿、插齿后，淬火前的精加工 |
| | 珩齿 | 珩磨轮 | 珩齿机 | 加工精度为 IT6～IT7。常用于剃齿后或高频淬后的齿形精加工 |
| | | | 剃齿机 | |
| | 磨齿 | 砂轮 | 磨齿机 | 加工精度为 IT3～IT6，表面粗糙度值 $Ra$ 为 1.6～0.8 μm，常用于齿轮淬火后的精加工 |

#### 1. 成形法

(1) 加工原理。成形法是利用与被加工齿轮齿槽法面截形相一致的刀具在齿坯上加工出齿形。用成形法加工齿轮的方法有铣削、拉削、插削及磨削等，其中最常用的方法是在普通铣床上用成形铣刀铣削齿形。如图 13-1 所示，铣削时工件安装在分度头上，铣刀对工件进行切削加工，工作台带动工件做直线进给运动，加工完一个齿槽后将工件分度转过一个齿，再加工另一个齿槽，依次加工出所有齿形。铣削斜齿圆柱齿轮在万能铣床上进行，铣削时工作台偏转一个齿轮的螺旋角 $\beta$，工件在随工作台进给的同时，由分度头带动做附加转动，形成螺旋线运动。

成形法铣齿的优点是可以在普通铣床上加工，但由于刀具存在近似误差和机床在分齿过程中的转角误差影响，加工精度一般较低，为 IT9～IT12，表面粗糙度值 $Ra$ 为 6.3～3.2 μm，生产效率不高，一般用于单件小批量生产加工直齿、斜齿和人字齿圆柱齿轮，或用于重型机器制造业加工大型齿轮。

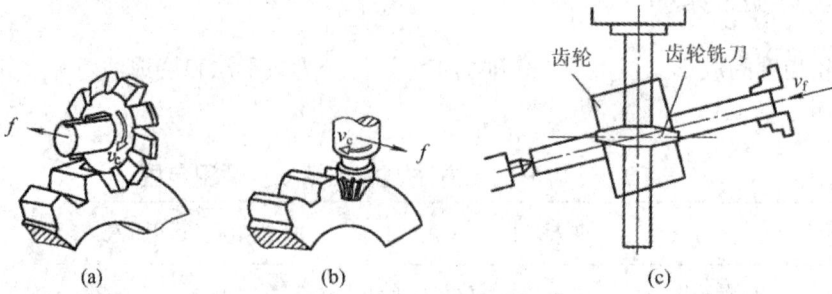

图 13-1　圆柱齿轮的成形铣削

(a) 盘形齿轮铣刀铣削；(b) 指形齿轮铣刀铣削；(c) 斜齿圆柱齿轮铣削

(2) 齿轮铣刀。成形法铣削齿轮所用的刀具有盘形齿轮铣刀和指形铣刀，前者适于加工小模数($m < 8$ mm)的直齿、斜齿圆柱齿轮，后者适于加工大模数($m = 8 \sim 40$ mm)的直齿、斜齿齿轮，特别是人字齿轮。采用成形法加工齿轮时，齿轮的齿廓形状精度由齿轮铣刀切削刃的形状来保证，因而刀具的刃形必须符合齿轮的齿形。标准渐开线齿轮的齿廓形状是由该齿轮的模数和齿数决定的，要加工出准确的齿形，就要求同一模数的每一种齿数都有一把相应齿形的刀具，这将导致刀具数量非常庞大。为减少刀具的数量，同一模数的齿轮铣刀按其所加工的齿数通常分为 8 组(精确的是 15 组)，只要模数相同，同一组内不同齿数的齿轮都用同一铣刀加工，盘形铣刀刀号见表 8-5。例如被加工的齿轮模数是 3，齿数是 45，则应选用 $m = 3$ 系列中的 6 号铣刀。

每种刀号齿轮铣刀的刀齿形状均按加工齿数范围中最少齿数的齿形设计。所以，在加工该范围内其他齿数的齿轮时，会产生一定的齿形误差。

当加工斜齿圆柱齿轮且精度要求不高时，可以借用加工直齿圆柱齿轮的铣刀，但此时铣刀的号数应按照法向截面内的当量齿数 $z_d$ 来选择。斜齿圆柱齿轮的当量齿数 $z_d$ 可按下式求出：

$$z_d = \frac{z}{\cos^3 \beta}$$

式中：$z$——斜齿圆柱齿轮的齿数；$\beta$——斜齿圆柱齿轮的螺旋角。

### 2. 展成法

展成法是利用一对齿轮啮合的原理进行加工的。刀具相当于一把与被加工齿轮具有相同模数的特殊齿形的齿轮。加工时刀具与工件按照一对齿轮(或齿轮与齿条)的啮合传动关系(展成运动)做相对运动。在运动过程中，刀具齿形的运动轨迹逐步包络出工件的齿形，如图 13-2(b)所示。同一模数的铣刀可以在不同的展成运动关系下加工出不同的工件齿形，所以用一把刀具就可以切出同一模数而齿数不同的各种齿轮。刀具的齿形可以和工件齿形不同，所以可以使用直线齿廓的齿条式工具来制造渐开线齿轮刀具，例如用修整得非常精确的直线齿廓的砂轮来刃磨渐开线齿廓的插齿刀。这为提高齿轮刀具的制造精度和高精度齿轮的加工提供了有利条件。展成法加工时能连续分度，具有较高的加工精度和生产率，是目前齿轮加工的主要方法，滚齿、插齿、剃齿、磨齿等都属于展成法加工。

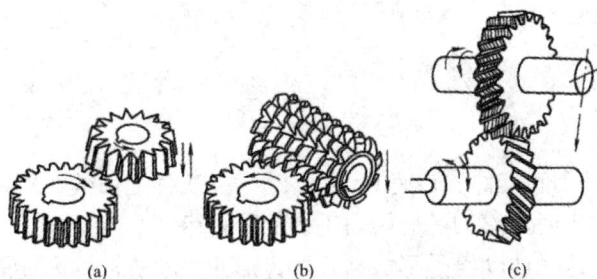

图 13-2 展成法加工原理

(a) 插齿加工；(b) 滚齿加工；(c) 剃齿加工

# 13.2 滚齿加工

## 13.2.1 滚齿加工原理

滚齿加工过程实质上是一对交错轴螺旋齿轮的啮合传动过程。如图 13-3 所示，其中一个斜齿圆柱齿轮直径较小，齿数较少(通常只有一个)，螺旋角很大(近似 90°)，牙齿很长，因而变成一个蜗杆(称为滚刀的基本蜗杆)状齿轮。该齿轮经过开容屑槽、磨前后刀面做出切削刃，就形成了滚齿用的刀具，称为齿轮滚刀。用该刀具与被加工齿轮按啮合传动关系做相对运动，就实现了齿轮滚齿加工。

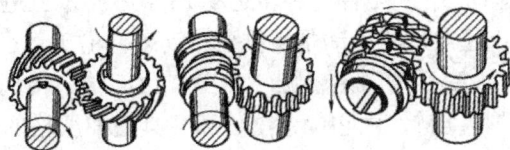

图 13-3 滚齿加工原理

滚齿加工过程如图 13-4 所示。当滚刀旋转时，在其螺旋线的法向剖面内的刀齿相当于一个齿条做连续运动。

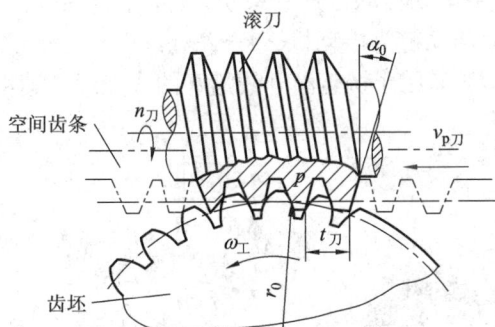

图 13-4 滚齿加工过程

根据啮合原理，其移动速度与被切齿轮在啮合点的线速度相等，即被切齿轮的分度圆与该齿条的节线相对纯滚动。由此可知，滚齿时，滚刀的转速与齿坯的转速必须严格符合如下关系：

$$\frac{n_刀}{n_工} = \frac{z_工}{K}$$

式中：$n_刀$、$n_工$——滚刀和工件的转速(r/min)；$z_工$——工件的齿数；$K$——滚刀的头数。

　　显然，在滚齿加工时，滚刀的旋转与工件的旋转运动之间是一个具有严格传动关系要求的内联系传动链。这一传动链是形成渐开线齿形的传动链，称为展成运动传动链。其中滚刀的旋转运动是滚齿加工的主运动，工件的旋转运动是圆周进给运动。除此之外，还有切出全齿高所需的径向进给运动和切出全齿长所需的垂直进给运动。

　　滚齿加工采用展成原理，适应性好，解决了成形法铣齿时齿轮铣刀数量多的问题，并解决了由于刀号分组而产生的加工齿形误差和间断分度造成的齿距误差，精度比铣齿加工高。滚齿加工是连续分度，连续切削，无空行程损失，加工生产率高。但由于滚刀结构的限制，容屑槽数量有限，滚刀每转切削的刀齿数有限，加工齿面的表面粗糙度大于插齿加工，主要用于直齿、斜齿圆柱齿轮以及蜗轮的加工，不能加工内齿轮和多联齿轮。

### 13.2.2　滚齿加工

　　1) 直齿圆柱齿轮加工

　　由滚齿原理可知，滚切直齿圆柱齿轮时所需的加工运动包括形成渐开线的复合展成运动、形成全齿长所需的垂直进给运动和切出全齿高所需的径向进给运动。如图 13-5 所示，展成运动由滚刀的旋转运动 $B_{11}$ 和工件的旋转运动 $B_{12}$ 组成；垂直进给运动是由机床带动滚刀沿工件轴向的运动 $A_2$；径向进给运动是工作台带动工件沿工件径向的运动 $C_3$。

　　(1) 展成运动传动链。联系滚刀主轴旋转和工作台旋转的传动链(刀具→4→5→$u_x$→6→7→工作台)为展成运动传动链，由它保证工件和刀具之间严格的运动关系，其中换置机构 $u_x$ 用来适应工件齿数和滚刀线数的变化。这是一条内联系传动链，不但要求传动比准确，而且要求滚刀和工件二者的旋转方向必须符合一对交错轴螺旋齿轮啮合时的相对运动方向。当滚刀旋转方向一定时，工件的旋转方向由滚刀的螺旋方向确定。

　　(2) 主运动传动链。主运动传动链是联系动力源和滚刀主轴的传动链，是外联系传动链。在图 13-5 中，主运动传动链为电动机→1→2→$u_v$→3→4→滚刀。这条传动链产生切削运动，其传动链中换置机构 $u_v$ 用于调整渐开线齿廓的成形运动速度，应当根据工艺条件确定滚刀转速来调整其传动比。

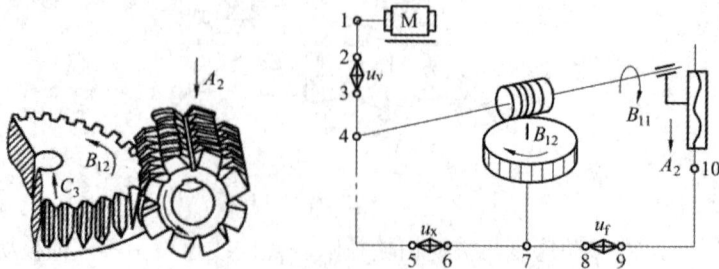

图 13-5　滚切直齿圆柱齿轮的传动原理图

(3) 垂直进给运动传动链。为了使刀架得到该运动,用垂直进给传动链(7→8→$u_f$→9→10)将工作台和刀架联系起来。传动链中的换置机构 $u_f$ 用于调整垂直进给量的大小和进给方向,以适应不同加工表面粗糙度的要求。由于刀架的垂直进给运动是简单运动,则这条传动链是外联系传动链,通常以工作台(工件)每转一转刀架的位移量来表示垂直进给量的大小。

2) 斜齿圆柱齿轮加工

滚切斜齿圆柱齿轮需要两个成形运动,即形成渐开线齿廓的展成运动和形成齿长螺旋线的运动。除形成渐开线需要复合展成运动外,螺旋线的实现也需要一个复合运动,因此,滚刀沿工件轴线的移动(垂直进给)与工作台的旋转运动之间也必须建立一条内联系传动链,要求工件在展成运动 $B_{12}$ 的基础上再产生一个附加运动 $B_{22}$,以形成螺旋齿形线。

图 13-6(b)所示为滚切斜齿圆柱齿轮的传动原理图,其中展成运动传动链、垂直进给运动传动链、主运动传动链与直齿圆柱齿轮的传动原理相同,只是在刀架与工件之间增加了一条附加运动传动链(刀架→12→13→$u_y$→14→15→合成机构→6→7→$u_x$→8→9→工作台),以保证形成螺旋齿形线,其中换置机构 $u_y$ 用于适应工件螺旋线导程 $P$ 和螺旋方向的变化。

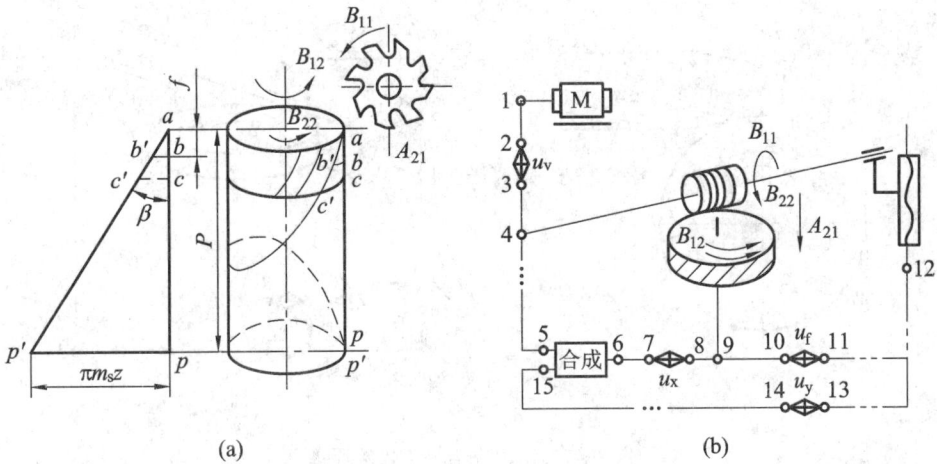

图 13-6　滚切斜齿圆柱齿轮的传动原理

图 13-6(a)形象地说明了这个问题。设工件的螺旋线为右旋,当滚刀沿工件轴向由 $a$ 点进给到 $b$ 点时,这时工件除了做展成运动 $B_{12}$ 以外,还要再附加转动 $b'b$ 才能形成螺旋齿形线。同理,当滚刀移动至 $c$ 点时,工件应附加转动 $c'c$。依次类推,当滚刀移动至 $p$ 点(经过了一个工件螺旋线导程 $P$)时,工件附加转动为 $p'p$,正好转一转。

附加运动 $B_{22}$ 的旋转方向与工件展成运动 $B_{12}$ 旋转方向是否相同取决于工件的螺旋方向及滚刀的进给方向。如果 $B_{12}$ 和 $B_{22}$ 同向,计算时附加运动取+1 转,反之取−1 转。

在滚切斜齿圆柱齿轮时,要保证$B_{12}$和$B_{22}$这两个旋转运动同时传给工件又不发生干涉,需要在传动系统中配置运动合成机构,将这两个运动合成之后,再传给工件。工件的实际旋转运动是由展成运动 $B_{12}$ 和形成螺旋线的附加运动 $B_{22}$ 合成的。

　　3) 蜗轮加工

　　用蜗轮滚刀加工蜗轮的原理是模拟蜗杆与蜗轮的啮合传动过程。加工蜗轮所用的滚刀与该蜗轮实际工作时的蜗杆完全相同，只是在上面做出了切削刃，这些切削刃位于原蜗杆的齿廓螺旋线上。加工时，蜗轮滚刀与被加工蜗轮的相对位置、传动比也与原蜗杆与蜗轮的啮合位置和传动比相同。所以，蜗轮滚刀是一种专用刀具，每加工一种蜗轮就要设计一种专用滚刀。

　　加工蜗轮时，展成运动和主运动与加工直齿圆柱齿轮时相同。因此在蜗轮的轴平面内蜗轮齿底部是圆弧形，滚刀轴线就在圆弧中心，所以不需要垂直进给运动。为切出全齿深，滚刀相对于蜗轮的切入运动可以有两种方式，一种是径向进给，另一种是切向进给。径向进给方式与加工直齿圆柱齿轮相同，不再赘述。这里只介绍切向进给的传动原理。

　　切向进给方式如图 13-7 所示。这时，为保证滚刀与蜗轮的啮合传动关系不变，必须在滚刀切向进给的同时，给蜗轮附加一个转动，保证在蜗轮的中间平面内蜗轮与蜗杆保持纯滚动的关系。因此，滚刀的轴向进给 $A_{21}$ 与工作台的附加圆周进给 $B_{22}$ 之间就构成了一条内联系传动链，即滚刀在切向刀架的带动下沿滚刀轴线做切向进给，这一运动通过换置机构 $u_t$ 使工件产生一个附加转动。展成运动的圆周进给 $B_{12}$ 与附加圆周进给 $B_{22}$ 通过合成机构合成后驱动工作台旋转。

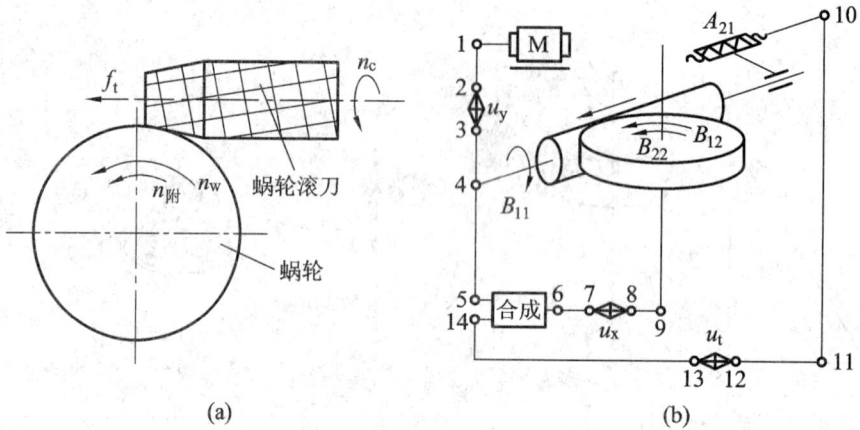

图 13-7　切向进给加工蜗轮原理

　　采用切向进给时，蜗轮齿面有更多的包络切线，加工表面的表面粗糙度值小。对大螺纹升角的蜗轮，应尽可能采用切向进给，但切向进给时，需要机床有切向进给刀架。

　　4) 滚刀的安装

　　在滚切直齿和斜齿圆柱齿轮时，为保证加工出的齿形的正确性，滚刀与工件的相对位置关系应符合相应的螺旋齿轮啮合的相互位置关系，即滚刀的齿形螺旋线的方向应与被加工齿轮的齿向相同。为实现这一要求，在滚刀安装时，应根据滚刀的螺旋角和工件的螺旋角使滚刀相对于工件转动一定的角度。滚刀轴线相对于工件端面转过的角度称为滚刀的安装角。

　　如图 13-8 所示为加工直齿圆柱齿轮时滚刀安装角的调整示意图。这时安装角等于滚刀的螺纹升角。滚刀的旋向不同，转角的方向也不同。

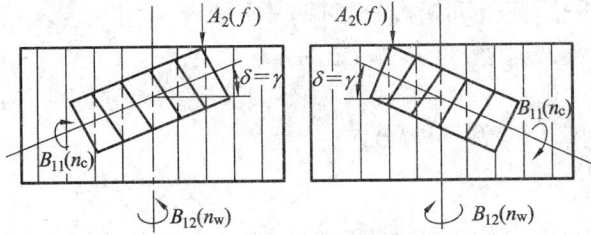

图 13-8 加工直齿圆柱齿轮时滚刀安装角的调整示意图

如图 13-9 所示为加工斜齿圆柱齿轮时滚刀安装角的调整示意图。这时安装角由滚刀螺纹升角和工件螺旋角决定。当二者旋向相同时，安装角等于工件螺旋角与滚刀螺纹升角之差；反之为二者之和。

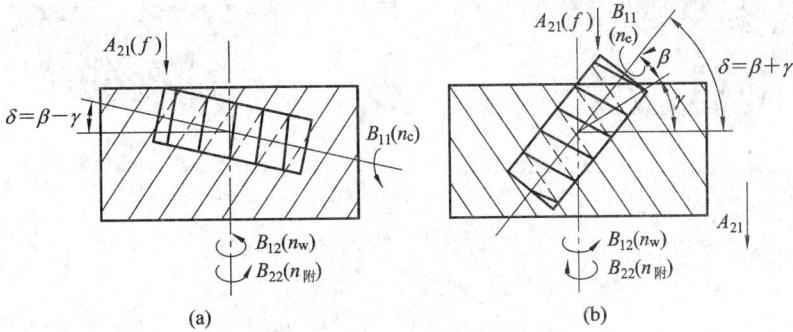

图 13-9 加工斜齿圆柱齿轮时滚刀安装角的调整示意图

## 13.2.3 齿轮滚刀

### 1. 滚刀基本蜗杆

齿轮滚刀是加工滚齿的刀具，相当于一个螺旋角很大的斜齿圆柱齿轮。由于它的轮齿很长，可以绕轴几圈，因而成为蜗杆形状，如图 13-10 所示。为了使这个"蜗杆"能起到切削作用，需在这个蜗杆长度方向开出若干个容屑槽，以形成切削刃和前、后刀面。蜗杆的轮齿被分成了许多较短的刀齿，并产生了前刀面 2 和切削刃 5，每个刀齿有一个顶刃和两个侧刃。为了使切削刃有后角，还要用铲齿的方法铲出顶刃后刀面 3 和侧刃后刀面 4。但是滚刀的切削刃仍需位于这个相当于斜齿圆柱齿轮的蜗杆螺旋面 1 上，这个蜗杆就称为齿轮滚刀的基本蜗杆。根据基本蜗杆螺旋面的旋向不同，有右旋滚刀和左旋滚刀。

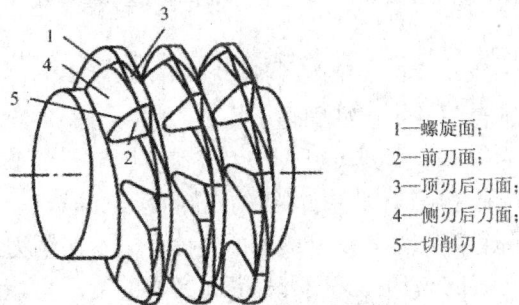

1—螺旋面；
2—前刀面；
3—顶刃后刀面；
4—侧刃后刀面；
5—切削刃

图 13-10 滚刀基本蜗杆

基本蜗杆有渐开线蜗杆和阿基米德蜗杆两种。螺旋面是渐开线螺旋面的蜗杆称为渐开线蜗杆。渐开线蜗杆滚刀理论上可以加工出完全正确的渐开线齿轮，但其制造困难，在生产中很少使用。阿基米德蜗杆与渐开线蜗杆非常近似，只是它的轴向截面是直线，这种蜗杆滚刀便于制造、刃磨、测量，已得到广泛的应用。

**2. 滚刀基本结构**

滚刀结构分为整体式、镶齿式等类型，如图 13-11 所示。

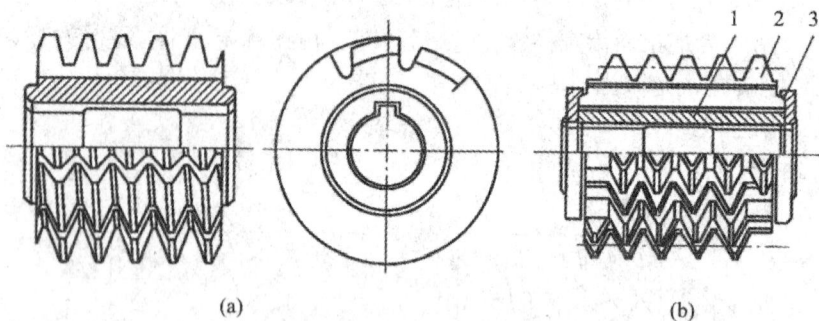

1—刀体；2—刀片；3—端盖
图 13-11　滚刀结构
(a) 整体式滚刀结构；(b) 镶齿式滚刀结构

渐开线花键滚刀　　矩形花键滚刀　　带轮和带模滚　　刀具产品检测方法
基本形式和尺寸　　　　　　　　　刀 技术条件　　第 5 部分：齿轮滚刀

目前中小模数滚刀都做成整体结构。大模数滚刀为了节省材料和便于热处理，一般做成镶齿式结构。

切削齿轮时，滚刀装在滚齿机的心轴上，以内孔定位，并以螺母压紧滚刀的两端面。在制造滚刀时，应保证滚刀的两端面与滚刀轴线相垂直。滚刀孔径有平行于轴线的键槽，工作时用键传递力矩。

滚刀在滚齿机心轴上的安装是否正确，是用滚刀两端轴台的径向圆跳动来检验的，所以滚刀制造时应保证两轴台与基本蜗杆同轴。

滚刀的切削部分由为数不多的刀齿组成，用以切除齿坯上多余的材料，从而得到要求的齿形。刀齿两侧的后刀面是用铲齿加工得到的螺旋面，它的导程不等于基本蜗杆的导程，这使得两个侧刃后刀面都包容在基本蜗杆的表面之内，只有切削刃正好在基本蜗杆的表面上，才能既使刀齿具有正确的刃形，又使刀齿获得必需的侧后角。同样，滚刀刀齿的顶刃后刀面也要经过铲背加工，以得到顶刃后角。

滚刀沿轴向开有容屑槽，槽的一个侧面就是滚刀的前刀面，此面在滚刀端剖面中的截线是直线。如果此直线通过滚刀轴线，那么刀齿的顶刃前角为 0°，这种滚刀称为零前角滚刀；当顶刃前角大于 0°时，称为正前角滚刀。

### 3. 滚刀的几何参数

(1) 齿轮滚刀的外径与孔径。滚刀外径是一个很重要的结构尺寸，直接影响其他结构参数(孔径、圆周齿数等)的合理性、切削过程的平稳性、滚刀精度和寿命、滚刀的制造工艺性和加工齿轮的表面质量。滚刀的孔径要根据外径和使用情况而定。

我国制定的刀具基本尺寸标准将滚刀分为两大系列，即大外径系列(Ⅰ型)和小外径系列(Ⅱ型)。前者用于高精度滚刀，后者用于普通精度滚刀。增大滚刀外径可以增加圆周齿数，减小齿面包络误差，降低刀齿负荷，提高加工精度。但增大外径会降低加工生产率，增加刀具材料的浪费。

(2) 齿轮滚刀的长度。齿轮滚刀的最小长度应满足两个要求：

① 能完整地包络出齿轮的齿廓；

② 滚刀两端边缘的刀齿不应负荷过重。

由以上两个要求条件可以定出滚刀的最小长度，同时还应考虑下列因素对长度值进行修正：① 由于滚刀的刀齿是按螺旋线分布的，在滚刀两端靠近边缘的几个刀齿是不完整的刀齿，为了使它们不参加切削，应加长滚刀；② 为使滚刀磨损均匀，会在使用中进行轴向窜刀，应考虑轴向窜刀所必须的长度增加量；③ 轴台的长度是检验滚刀安装是否正确的基准，通常不小于 4~5 mm。

(3) 齿轮滚刀的头数。滚刀的头数对滚齿生产率和加工精度都有重要影响。采用多头滚刀时，由于参与切削的齿数增加，其生产效率比单头滚刀高。但由于多头滚刀螺纹升角大，设计制造误差增加，铲磨时很难保证精度，加之多头滚刀各螺纹之间存在分度误差，所以多头滚刀的加工精度较低，一般适用于粗加工。近年来，刀具制造精度的提高及滚齿机刚度的提高为多头滚刀的使用创造了良好的条件，使一些多头滚刀不仅可以用于粗加工，也广泛应用于半精加工。

(4) 齿轮滚刀的圆周齿数。齿轮滚刀的圆周齿数影响切削过程的平稳性、加工表面的质量和滚刀的使用寿命。圆周齿数增加时，可使每一个刀齿的负荷减少，使切削过程平稳，有利于提高滚刀的寿命，参加包络齿轮齿廓的切削刃数也增多，被切齿面的加工质量高。但随着圆周齿数的增多，将使齿背的宽度减少，减少了滚刀的可刃磨次数，使滚刀的寿命缩短。通常，对于大直径(Ⅰ型)滚刀，其圆周齿数取 12~16 个；对于小直径(Ⅱ型)滚刀，其圆周齿数取 9~12 个。

### 4. 滚刀的精度

滚刀按精密程度分为 AAA 级、AA 级、A 级、B 级、C 级。表 13-3 列出了滚刀公差等级与被加工齿轮公差等级的关系。

表 13-3　滚刀公差等级与被加工齿轮公差等级的关系

| 滚刀公差等级 | AAA 级 | AA 级 | A 级 | B 级 | C 级 |
|---|---|---|---|---|---|
| 被加工齿轮公差等级 | 6 | 7~8 | 8~9 | 9 | 10 |

## 13.2.4　Y3150E 型滚齿机

### 1. 机床组成

Y3150E 型滚齿机是一种中型通用滚齿机，主要用于加工直齿和斜齿圆柱齿轮，也可以采用径向切入法加工蜗轮，可以加工的工件最大直径为 500 mm，最大模数为 8 mm。图 13-12 所示为该机床的外形图。立柱 2 固定在床身 1 上，刀架溜板 3 可沿立柱导轨上下移动。刀架体 5 安装在刀架溜板 3 上，可绕自己的水平轴线转位。滚刀安装在刀杆 4 上，做旋转运动。工件安装在工作台 9 的心轴 7 上，随同工作台一起转动。后立柱 8 和工作台 9 一起装在床鞍 10 上，可沿机床水平导轨移动，用于调整工件的径向位移或径向进给运动。

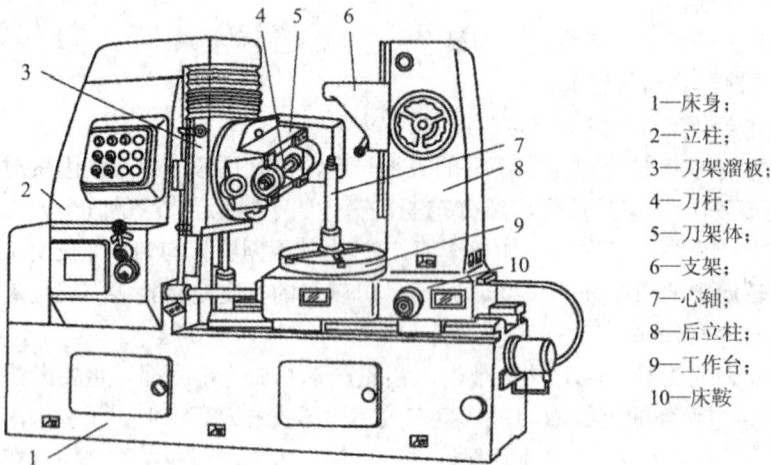

1—床身；
2—立柱；
3—刀架溜板；
4—刀杆；
5—刀架体；
6—支架；
7—心轴；
8—后立柱；
9—工作台；
10—床鞍

图 13-12　Y3150E 型滚齿机

### 2. 传动系统分析

从前面的分析可知，滚齿机的主要运动由主运动传动链、展成运动传动链、重直进给运动传动链和附加运动传动链组成。此外，还有用于快速调整机床的空行程快速传动链。图 13-13 所示为 Y3150E 型滚齿机的传动系统图。

(1) 主运动传动链。主运动传动链的两端件是电动机—滚刀主轴Ⅷ。其传动路线表达式为

$$\left(\begin{matrix} n=1430\ \text{r/min} \\ P=4\ \text{kW} \end{matrix}\right) - \frac{\phi}{\phi} - \text{I} - \frac{21}{42} - \text{II} - \begin{bmatrix} 31/39 \\ 35/35 \\ 27/43 \end{bmatrix} - \text{III} - \frac{A}{B} - \text{IV} - \frac{28}{28} - \text{V} - \frac{28}{28} - \text{VI} - \frac{28}{28} - \text{VII} - \frac{20}{80} - 滚刀主轴Ⅷ$$

上式中 $A/B$ 和三联滑移齿轮变速组就是主运动换置机构 $u_v$。由上式可得置换公式为

$$u_v = u_{\text{II-III}} \frac{A}{B} = \frac{n_刀}{124.583}$$

式中：$u_v$——轴 Ⅱ-Ⅲ 之间的可变传动比；$A/B$——主运动变速挂轮齿数比，共三种，分别为 22/44、33/33、44/22。

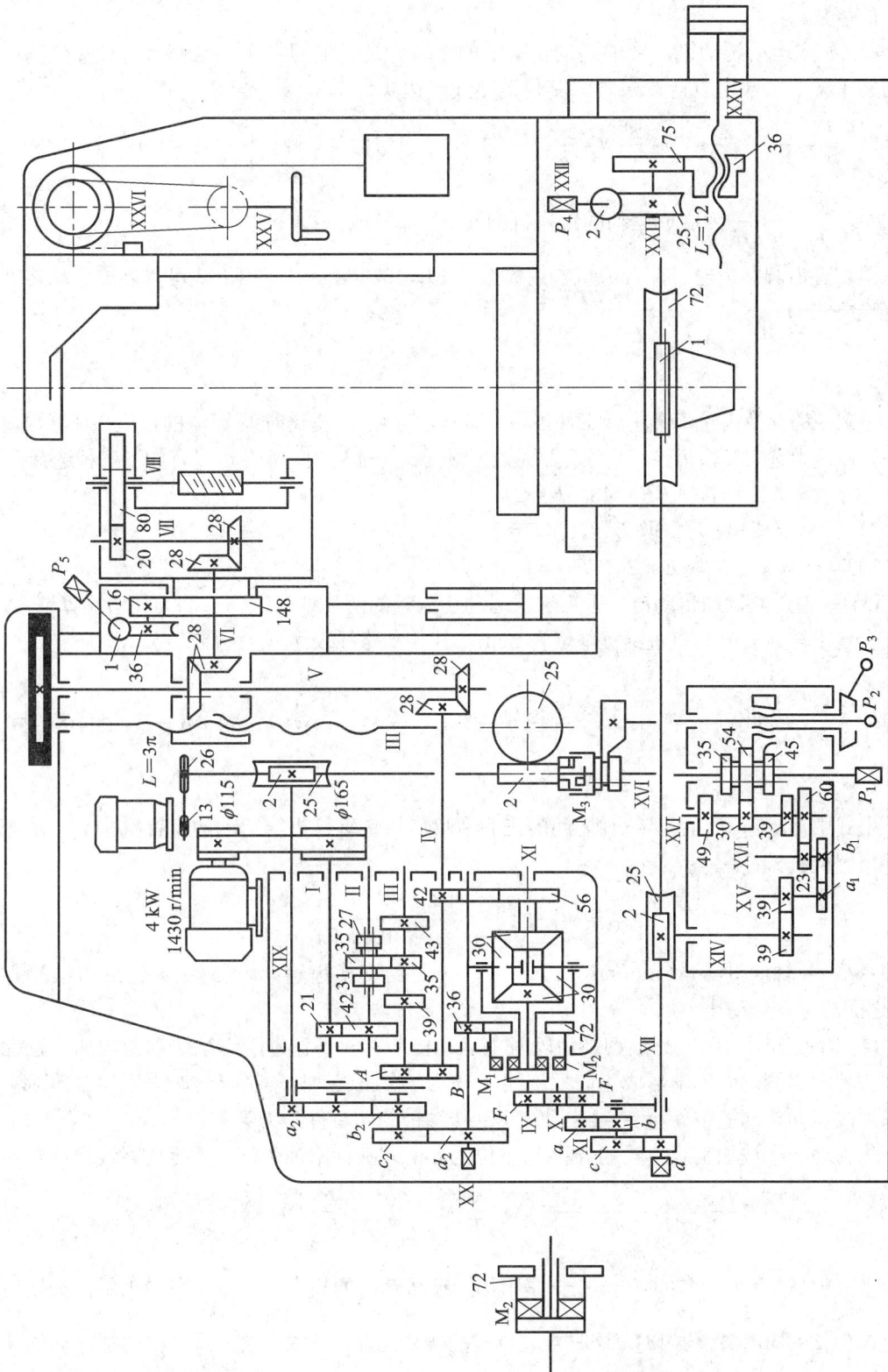

图13-13　Y3150E型滚齿机的传动系统

　　滚刀的转速确定后，就可算出 $u_v$ 的数值，并由此决定变速箱中滑移齿轮的啮合和交换齿轮的齿数。

　　(2) 展成运动传动链。展成运动传动链的两端件是：滚刀主轴—工作台。计算位移：滚刀转 1 转，工件相应转 $k/z_{\text{工}}$ 转。其传动路线表达式为

$$\text{滚刀主轴} - \frac{80}{20} - \text{Ⅶ} - \frac{28}{28} - \text{Ⅵ} - \frac{28}{28} - \text{Ⅴ} - \frac{28}{28} - \text{Ⅳ} - \frac{42}{56} - \text{Ⅺ} - \underset{\text{机构}}{\text{合成}} - \text{Ⅸ} - \frac{E}{F} - \text{Ⅻ} - \frac{a}{b} \times \frac{c}{d} - \text{ⅩⅢ} - \frac{1}{72} - \text{工作台}$$

上式中，$\dfrac{E}{F} \times \dfrac{a}{b} \times \dfrac{c}{d}$ 为展成运动的置换机构 $u_x$。

　　滚切直齿圆柱齿轮时，合成机构用离合器 $M_1$，故 $u_{\text{合成}} = 1$。由上式可得展成运动传动链置换公式为

$$u_x = \frac{E}{F} \times \frac{a}{b} \times \frac{c}{d} = 24k / z_{\text{工}}$$

　　上式中的交换齿轮 $E/F$ 用于工件齿数 $z_{\text{工}}$ 在较大范围内变化时调节 $u_x$ 的数值，使其数值适中，以便于选取交换齿轮；$k$ 为滚刀头数。根据 $z_{\text{工}} / k$ 的值，$E/F$ 可以有如下三种选择：

　　$5 \leqslant z_{\text{工}} / k \leqslant 20$ 时，取 $E = 48$，$F = 24$；

　　$21 \leqslant z_{\text{工}} / k \leqslant 142$ 时，取 $E = 36$，$F = 36$；

　　$143 < z_{\text{工}} / k$ 时，取 $E = 24$，$F = 48$。

　　(3) 垂直进给运动传动链。垂直进给运动传动链的两端件是工作台和刀架。计算位移：工作台转 1 转，刀架垂直进给 $f$(单位为 mm)。其传动路线表达式为

$$\text{工作台} - \frac{72}{1} - \text{ⅩⅢ} - \frac{2}{25} - \text{ⅩⅣ} - \underset{\text{换向}}{\left[\begin{array}{c}\frac{39}{39} - \text{Ⅹ Ⅴ} - \\ - \ - \ - \end{array}\right]} - \frac{\alpha_1}{b_1} - \text{ⅩⅥ} - \frac{23}{69} - \text{ⅩⅦ} - \left[\begin{array}{c}39/45 \\ 30/54 \\ 49/35 \end{array}\right] - \text{ⅩⅧ} - M_3 - \frac{2}{25} - \text{丝杠} \ (P = 3\pi)$$

　　上式中，$a_1/b_1$ 和轴 ⅩⅦ-ⅩⅧ 之间的三联滑移齿轮是垂直进给运动的换置机构 $u_f$。由上式得出置换公式：

$$u_f = \frac{a_1}{b_1} \times u_{\text{ⅩⅦ-ⅩⅧ}} = \frac{f}{0.4608\pi}$$

式中：$f$——轴向进给量( mm/r)；$a_1/b_1$——轴向进给交换齿轮；$u_{\text{ⅩⅦ-ⅩⅧ}}$——进给箱轴 ⅩⅦ-ⅩⅧ 之间的可变传动比。

　　(4) 附加运动传动链。滚切斜齿轮时主运动传动链和垂直进给运动传动链与加工直齿圆柱齿轮时相同。而为了形成齿向螺旋线，需要有附加运动传动链，这时采用离合器 $M_2$，所以展成运动传动链中 $u_{\text{合成}} = -1$。附加运动传动链的两端件是刀架和工作台。计算位移：刀架每移动一个被加工斜齿轮的导程 $P$(单位为 mm)，工件附加 1 转。其传动路线表达式为

$$\text{刀架} \ \frac{P}{3\pi} - \frac{25}{2} - \text{ⅩⅧ} - \frac{2}{25} - \text{ⅩⅨ} - \frac{a_2}{b_2} \times \frac{c_2}{d_2} - \text{ⅩⅩ} - \frac{36}{72} - M_2 - \underset{\text{机构}}{\text{合成}} - \frac{E}{F} - \text{Ⅻ} - \frac{a}{b} \times \frac{c}{d} - \text{Ⅷ} - \frac{1}{72} - \text{工作台}$$

　　上式中，$P = \pi m_{\text{端}} / \tan\beta$。$\dfrac{a_2}{b_2} \times \dfrac{c_2}{d_2}$ 是附加运动传动链的换置机构 $u_y$。在加工斜齿圆柱齿轮时，合成机构用离合器 $M_2$。这时合成机构的传动比 $u_{\text{合成}}$ 为 2。由上式可得附加运动的换

置公式为

$$u_y = \frac{a_2}{b_2} \times \frac{c_2}{d_2} = \pm 9 \times \frac{\sin \beta}{m_{法} k}$$

### 3. 运动合成机构

在加工斜齿圆柱齿轮时，展成运动和附加运动传动链要通过合成机构合成后传递给工作台。在 Y3150E 上采用了行星轮机构的速度合成机构。该机构由 4 个 $z=30$ 的锥齿轮组成，结构原理如图 13-14 所示。

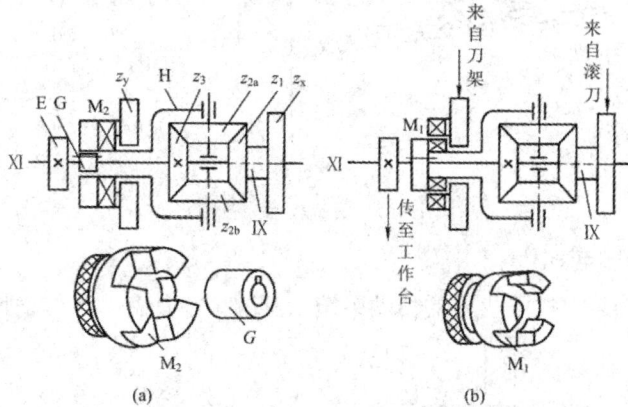

图 13-14　速度合成机构原理

加工直齿圆柱齿轮时，不需要附加运动，不使用附加传动链，合成机构不必起运动合成作用。这时，离合器 $M_1$ 结合，行星轮 $z_{2a}$、$z_{2b}$ 和太阳轮 $z_1$、$z_3$ 之间无相对运动，转臂 H 与轴 IX、XI 形成一个整体，展成运动经齿轮 $z_x$ 直接传至齿轮 E，所以，$u_{合成} = 1$。

加工斜齿圆柱齿轮时，展成运动和附加运动需要通过合成机构叠加后传给工作台。这时，离合器 $M_2$ 空套在轴 XI 上，把空套齿轮 $z_y$ 与转臂 H 连接在一起，附加运动经过齿轮孔传给转臂 H。因而，展成运动传来的运动 $n_{IX}$ 和附加运动传来的运动 $n_H$ 在合成机构中叠加，输出轴的运动为 $n_{XI}$。三者之间的运动关系为

$$n_{XI} = 2n_H - n_{IX}$$

## 13.2.5　数控滚齿机

由以上对普通滚齿机的分析可知，普通滚齿机传动系统非常复杂，传动链多且传动精度要求高，这给普通滚齿机的设计、计算、调整带来了很大困难。随着数控技术的不断发展，数控滚齿机克服了普通滚齿机传动系统复杂的缺点，实现了高度自动化和柔性化控制，极大简化了滚齿机的机械传动系统。

### 1. 机床的组成

图 13-15 所示为一台立式数控滚齿机外形图。径向滑座(又称立柱)可沿 $v_r$ 方向径向移动；垂直滑座可沿 $v_v$ 方向垂直移动；滚刀架可按 $Q$ 方向转动；切向滑座可沿 $v_t$ 方向切向移动；工作台可沿 $n_w$ 方向转动；外支架可沿 $v_{v'}$ 方向垂直升降；$n_c$ 为滚刀回转方向。这种数控滚齿机的冷却系统、液压系统及自动排屑机构完全设置在机外，工作区域全封闭，并设

有油雾自动排除装置，保持洁净的加工环境。控制系统设有空调，以保证其性能的稳定。

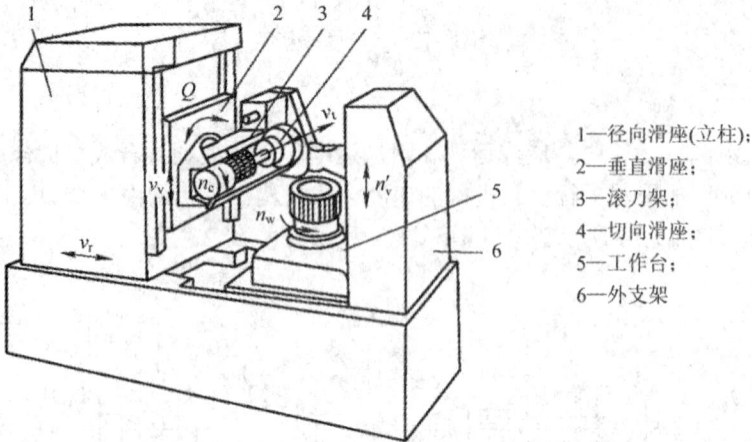

1—径向滑座(立柱)；
2—垂直滑座；
3—滚刀架；
4—切向滑座；
5—工作台；
6—外支架

图 13-15　立式数控滚齿机

### 2. 机床的传动特点

图 13-16 所示为某数控滚齿机的传动系统示意图。它具有以下传动特点：

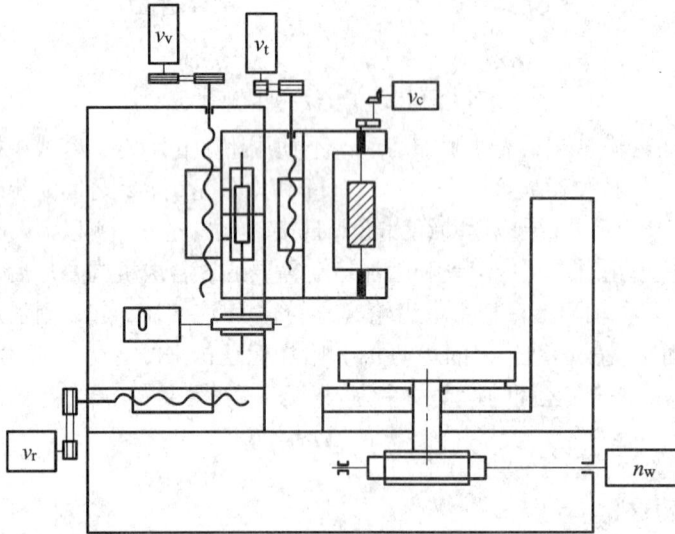

图 13-16　数控滚齿机的传动原理

(1) 传动系统的各个运动部分均由各自的伺服电动机独立驱动。每一运动的传动链都实现了最短的传动路线，为提高传动精度提供了有利条件。数控滚齿机的加工精度可达 4～6 级。此外，可设置传感器监测，自动监测中心距和刀具直径的变化，保持了加工尺寸精度的稳定性。

(2) 数控滚齿机的各个传动环节相互独立，完全摆脱了传动齿轮和行程挡块调整方式，加工时通过人机对话的方式用键盘输入编程(或调用存储程序)，只要把所要求的加工方式、工件和刀具参数、切削用量等输入即可，而且编程时不需停机，工作程序可以储存，供再次加工时调用，储存容量可达 100 种之多。其调整时间仅为普通滚齿机的 10%～30%。

(3) 数控滚齿机的所有内联系传动都由数控系统完成，代替了普通滚齿机的机械传动，通过优化滚齿切入时的切削速度和进给量,加大了回程速度,减少了滚齿时的基本时间(亦称机动时间)。数控滚齿机加工基本时间比普通滚齿机减少 30%。

### 3. 数控滚齿机的结构特点

(1) 主电动机装在垂直滑座上,尽量简化主传动链的传动。

(2) 主轴上可安装多把滚刀,实现一次安装加工不同参数的齿轮,所以切向滑座及其行程较长。

(3) 滚刀可快速装卸、自动夹紧。

(4) 所有内联系传动都采用电传动,简化了机床结构。

(5) 大立柱、床身等可以设计成双重壁加强肋的封闭式框架结构,增强了机床刚性,有利于采用大切削用量滚齿,加工时无振动。

### 4. 数控滚齿机的控制特点

(1) 高度自动化和柔性化。通过编程几乎可以完成任意加工循环方式,快速换刀、自动夹紧,自动调整各传动链、优选切削用量。

(2) 完善的操作程序和提示功能。保证机床的宜人性,操作简单可靠,且便于多机床管理。

(3) 数控滚齿机的控制系统多采用模块式多微机控制,硬件和软件结构已标准化,与市场产品兼容,便于维修和扩展功能。

## 13.3 插齿加工

### 13.3.1 插齿加工原理与特点

#### 1. 插齿加工原理

插齿加工的原理相当于一对圆柱齿轮的啮合传动过程,其中一个是工件,而另一个是端面磨有前角,齿顶及齿侧均磨有后角的插齿刀,如图 13-17 所示。插齿时,插齿刀沿工件轴向做直线往复运动以完成切削主运动,在刀具与齿坯做无间隙啮合运动的过程中,在齿坯上渐渐切出齿廓。在加工的过程中,刀具每往复一次,切出工件齿槽的一小部分,齿廓曲线是在插齿刀切削刃的多次相继切削中,由切削刃各瞬时位置的包络线形成的。

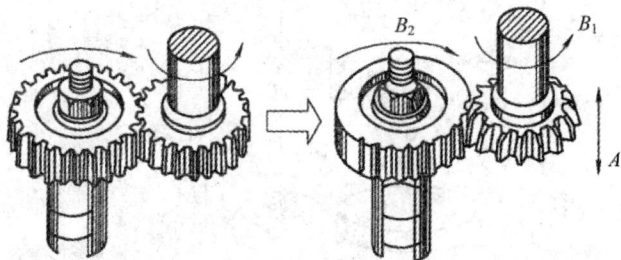

图 13-17 插齿加工原理及其成形运动

#### 2. 插齿加工的特点

(1) 由于插齿刀在设计时没有滚刀的近似齿形误差,在制造时可通过高精度磨齿机获得精确的渐开线齿形，所以插齿加工的齿形精度比滚齿高。

(2) 齿面的表面粗糙度值小。插齿过程中参与包络的切削刃数远比滚齿时多。

(3) 运动精度低于滚齿。由于插齿时插齿刀上各个刀齿顺次切削工件的各个齿槽，刀具制造时产生的齿距累积误差将直接传递给被加工齿轮，从而影响被切齿轮的运动精度。

(4) 齿向偏差比滚齿大。插齿的齿向偏差取决于插齿机主轴回转轴线与工作台回转轴线的平行度误差。由于插齿刀往复运动频繁，主轴与套筒容易磨损，所以齿向偏差常比滚齿加工时要大。

(5) 插齿的生产率比滚齿低。由于插齿刀的切削速度受往复运动惯性限制难以提高，目前插齿刀每分钟往复行程次数一般只有几百次。此外，插齿有空行程损失。

(6) 插齿可以加工内齿轮、双联或多联齿轮、齿条、扇形齿轮等滚齿无法完成的加工。

### 13.3.2 插齿加工的应用

#### 1. 直齿圆柱齿轮加工

由插齿的加工原理可知，插齿的展成运动是插齿刀与被加工齿轮之间的啮合传动。这是一条内联系传动链，二者的转速比应严格符合下列关系：

$$n_工 = n_刀 \frac{z_刀}{z_工}$$

式中：$z_刀$、$z_工$——插齿刀和被加工齿轮的齿数；$n_刀$、$n_工$——插齿刀和被加工齿轮的转速。

在插齿加工中，主运动是插齿刀的轴向往复行程，因而，齿轮的齿长是由主运动的轨迹形成的。显然，通过调整插齿刀的轴向往复行程就可以加工不同齿长的齿轮。为切出全齿高，还有一个径向进给运动。

#### 2. 斜齿圆柱齿轮加工

加工斜齿圆柱齿轮时的展成运动和主运动与直齿圆柱齿轮加工时相同，其特殊之处在于必须使插齿刀附加一个转动，以形成斜齿轮的齿向螺旋线。这一附加转动与插齿刀的轴向运动之间也必须保持严格的相对运动关系，以得到齿向螺旋角。所以，这也是一条内联系传动链。

插刀加工的传动原理如图 13-18 所示。

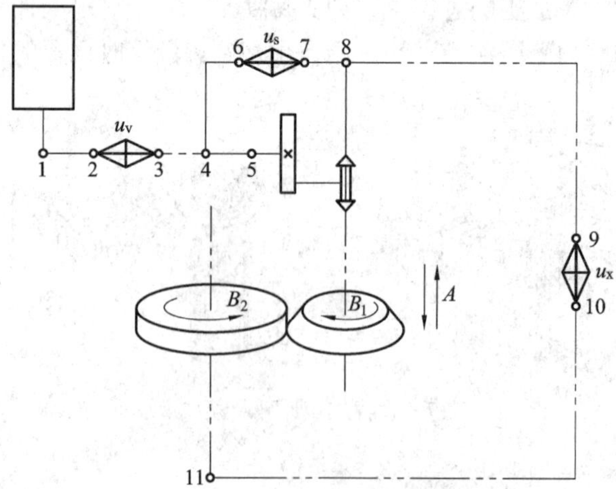

图 13-18 插刀加工的传动原理

### 13.3.3 插齿刀

#### 1. 插齿刀的类型

插齿刀是插齿加工的刀具。插齿刀的形状很像齿轮，其模数和名义压力角就等于被加工齿轮的模数和压力角，只是插齿刀有切削刃、前角和后角。加工直齿齿轮使用直齿插齿刀；加工斜齿轮和人字齿轮要使用斜齿插齿刀。常用的插齿刀的结构类型有三种：

(1) Ⅰ型——盘状直齿插齿刀[见图 13-19(a)]。这是最常用的一种形式，用于加工直齿外齿轮和大直径内齿轮。插齿刀的内孔直径由国家标准规定，因此不同的插齿机应选用不同的插齿刀。

(2) Ⅱ型——碗形直齿插齿刀[见图 13-19(b)]。它和Ⅰ型插齿刀的区别在于其刀体凹孔较深，以便容纳紧固螺母，避免在加工双联齿轮时，螺母碰到工件。

(3) Ⅲ型——锥柄直齿插齿刀[见图 13-19(c)]。这种插齿刀的直径较小，只能做成整体式，主要用于加工较小的内齿轮。

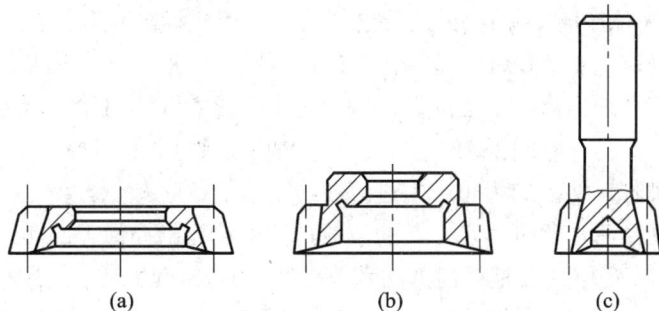

图 13-19 常见插齿刀的三种形式

(a) 盘状直齿插齿刀；(b) 碗形直齿插齿刀；(c) 锥柄直齿插齿刀

渐开线内花键插齿刀

基本形式和尺寸

刀具产品检测方法

第 6 部分：插齿刀

除此之外，还可以根据实际生产的需要设计专用的插齿刀。例如：为了提高生产效率所采用的复合插齿刀，即在一把插齿刀上做有粗切齿及精切齿，这两种刀齿的齿数都等于被切齿轮的齿数，插齿刀转一转，就可以完成齿形的粗加工和精加工。

#### 2. 插齿刀几何结构参数分析

插齿刀的几何结构参数对插齿刀的生产率、使用寿命及加工质量影响很大，其中主要有分度圆直径、齿数、变位系数和齿顶高系数，如图 13-20 所示。

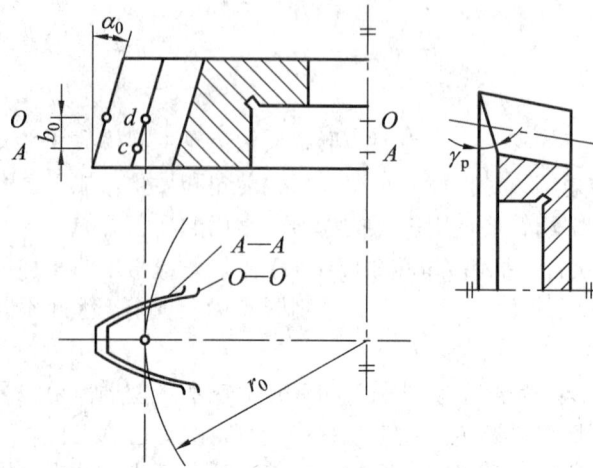

图 13-20　插齿刀几何结构参数分析

(1) 分度圆直径和齿数。插齿刀的分度圆直径已形成标准系列，在设计插齿刀时应首先选用。这样可以避免重新设计制造磨齿机的渐开线凸轮板。通常只要插齿机和磨齿机允许，应选用较大直径的插齿刀。这样做一方面是由于切入区和齿轮的接触长度增加，有利于提高刀具的寿命；另一方面是由于刀具的齿数增多，每刃磨一次可加工更多的齿轮。此外刀具的直径增大时，切出的齿轮产生过渡曲线干涉的危险减少。

确定分度圆直径后，即可确定刀具的齿数，并可计算出插齿刀的实际分度圆直径。

(2) 变位系数。变位系数是插齿刀的重要参数，对加工质量、刀具寿命及顶刃强度都有较大影响。为保证插齿刀具有一定的重磨次数和寿命，在设计和制造插齿刀时，要让新刀的端面齿形大于理论正确齿形，即插齿刀的端面齿形为正变位齿形。由于前角和侧刃、顶刃后角的影响，插齿刀重磨后齿形变小，逐步变为正确齿形(零变位)，再继续使用时，齿形变成负变位，最后达到使用寿命。从使用角度考虑，希望最小变位系数越小越好，以使插齿刀的重磨次数多些。但最小变位系数太小会出现根切现象(当被加工齿轮齿数较少时)和顶切现象(当被加工齿轮齿数较多时)。从加工质量考虑，插齿刀的最大变位系数越大，则插齿刀侧刃的工作部分距基圆越远，其曲率半径也越大，因而在相同圆周进给量的情况下，可得到较高的表面加工质量。但随着变位系数的增大，插齿刀顶刃宽度减小，使刀具寿命和刀齿强度降低，同时有可能发生过渡曲线干涉。

(3) 齿顶高系数。插齿刀的齿顶高系数不能单纯根据齿轮的参数确定，一般齿轮的顶隙稍有改变并不影响其工作效果，因此插齿刀的齿顶高系数可以由插齿刀的最大变位系数确定。通常，当 $m < 4$ mm 时，取 $h_a = 1.25$；当 $m > 4$ mm 时，取 $h_a = 1.3$。

## 13.3.4　插齿机

图 13-21 所示为 Y5132 型插齿机的外形图。插齿刀装在刀架上，随主轴做上下往复运动并旋转；工件装在工作台上做旋转运动，并随工作台一起做径向直线运动。该机床能加

工外齿轮的最大直径为 320 mm，最大宽度为 80 mm；加工内齿轮的最大直径为 500 mm，最大宽度为 50 mm。

如图 13-18 所示，插齿机需要两个成形运动，即形成渐开线齿面的展成运动和形成齿长的轴向切削运动；有三条运动传动链，即主运动传动链、展成运动传动链和圆周进给运动传动链。"电动机→1→2→$u_v$→3→4→5→曲柄偏心盘→插齿刀"为主运动传动链，在电动机的驱动下插齿刀做往复切削运动。改变换置机构的传动比 $u_v$，就可以改变插齿刀的切削速度。

"曲柄偏心盘→5→4→6→$u_s$→7→8→插齿刀主轴"为圆周进给运动传动链，改变换置机构的传动比 $u_s$，就可以改变插齿刀的旋转速度。插齿刀转速较低时，被加工齿轮的齿面包络线多，加工齿面质量高。

"插齿刀轴→8→9→$u_x$→10→11→工件工作台"为展成运动传动链。展成运动传动链是插齿机的主要传动链，传动链中的换置机构传动比 $u_x$ 要根据被加工齿轮的齿数和插齿刀的齿数来调整。

除上述成形运动外，该插齿机还有让刀运动、径向切入运动。加工时可选择一次、两次和三次进给自动循环。机床设有换向机构，可以改变插齿刀和工件的旋转方向，使插齿刀的两个切削刃能被充分利用。

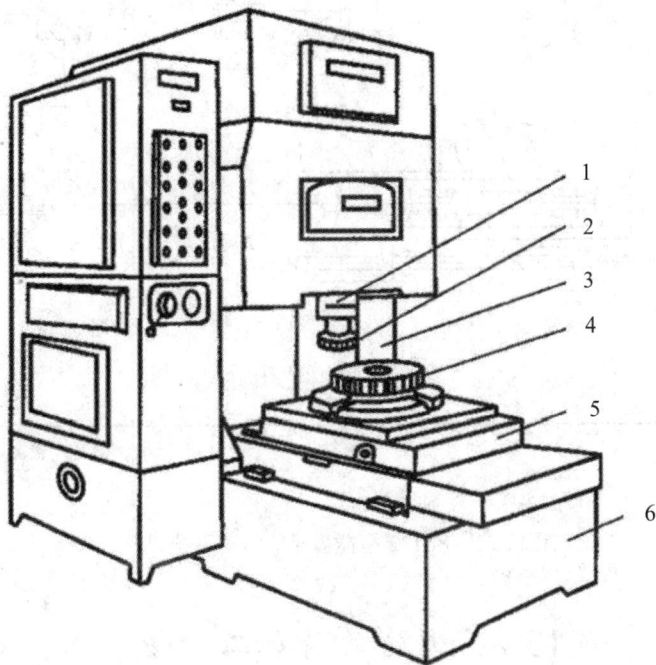

1—主轴；2—插齿刀；3—立柱；4—工件；5—工作台；6—床身

图 13-21　Y5132 型插齿机的外形图

图 13-22 所示为 Y5132 型插齿机的传动系统图。

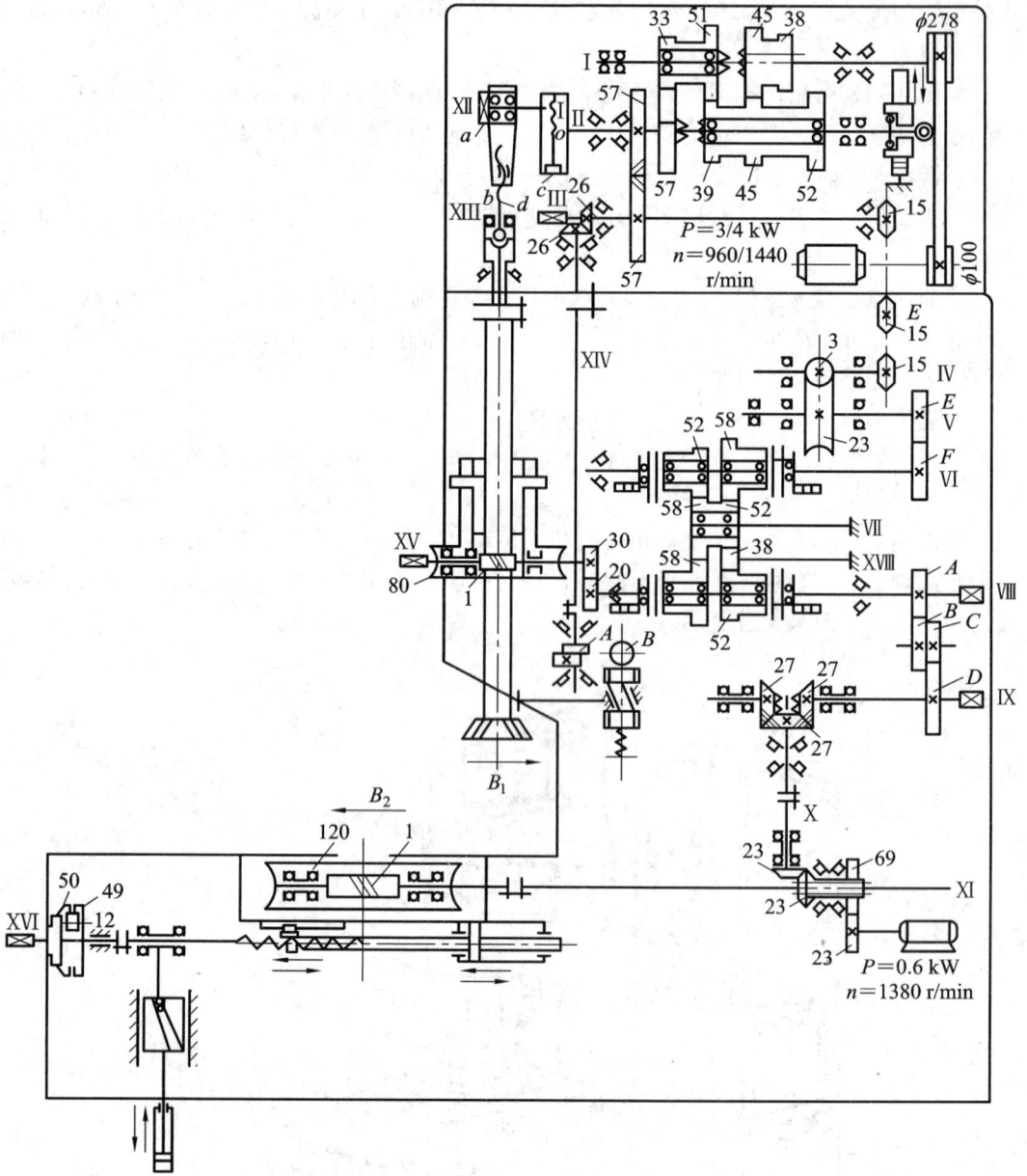

图 13-22　Y5132 型插齿机的传动系统图

# 13.4　齿轮的精加工方法

## 13.4.1　剃齿

剃齿是齿轮精加工方法之一，剃齿生产率高，广泛用于大批量生产精度较高的未淬火齿轮。

### 1. 剃齿原理

剃齿加工过程相当于一对螺旋齿轮做双面无侧隙啮合的过程。如图 13-23 所示，其中一个是剃齿刀，它是一个沿齿面齿高方向开有很多容屑槽形成切削刃的斜齿圆柱齿轮，另一个是被加工齿轮。剃齿时，经过预加工的工件装在心轴上，顶在机床工作台上的两顶尖之间，可以自由转动；剃齿刀装在机床的主轴上，在机床的带动下与工件做无侧隙的螺旋齿轮啮合传动，带动工件旋转。根据啮合原理，二者在齿长法向的速度分量相等。在齿长方向上，剃齿刀的速度分量是 $v_{1t}$，被加工齿轮的速度分量是 $v_{2t}$，二者的速度差为 $\Delta v_t$。这一速度差使剃齿刀与被加工齿轮沿齿长方向产生相对滑动。在背向力的作用下，依靠刀齿和工件齿面之间的相对滑动，从工件齿面上切出极薄的切屑(厚度可小至 0.005～0.01 mm)。进行剃齿切削的必要条件是剃齿刀与齿轮的齿面之间有相对滑移，相对滑移的速度就是剃齿的切削速度。

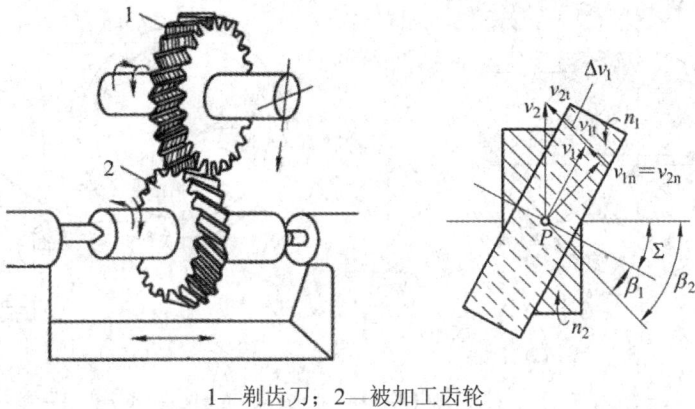

1—剃齿刀；2—被加工齿轮

图 13-23　剃齿刀及剃齿加工原理

### 2. 剃齿的工艺特点及应用

(1) 剃齿加工效率高，一般只要 2～4 min 便可完成一个齿轮的加工。剃齿加工的成本也很低，平均要比磨齿低 90%，剃齿刀一次刃磨可以加工 1500 多个齿轮，一把剃齿刀约可加工 10 000 个齿轮。

(2) 剃齿加工对齿轮的切向误差的修正能力差。因此，在工序安排上应采用滚齿作为剃齿的前道工序，因为滚齿运动精度比插齿好，滚齿后的齿形误差虽然比插齿大，但这在剃齿工序中不难纠正。

(3) 剃齿加工对齿轮的齿形误差和基节误差有较强的修正能力，因而有利于提高齿轮的齿形精度。剃齿加工精度主要取决于刀具，只要剃齿刀本身精度高，刃磨质量好，就能够剃出表面粗糙度值 $Ra$ 为 0.32～1.25 μm、精度为 IT6～IT7 级的齿轮。

(4) 剃齿刀通常用高速钢制造，可剃制齿面硬度低于 35HRC 的齿轮。剃齿加工在汽车、拖拉机及金属切削机床等行业中应用广泛。

## 13.4.2　磨齿

磨齿是现有齿轮加工中精度最高的一种加工方法，适用于淬硬齿轮的精加工，其加工精度可达到 IT4～IT6 级，表面粗糙度值 $Ra$ 为 0.2～0.8 μm。但磨齿加工的效率较低，机床结构复杂，调整困难，加工成本高。磨齿加工常用的方法是展成法。常见的磨齿机有大平面砂轮磨齿机、碟形砂轮磨齿机、锥面砂轮磨齿机和蜗杆砂轮磨齿机。其中，大平面砂轮磨齿机加工精度最高，但效率较低；蜗杆砂轮磨齿机效率较高，精度可达 6 级。

图 13-24 所示为大平面砂轮磨齿原理。齿轮的齿面渐开线由靠模来保证。图 13-24(a)中，靠模绕轴线转动，在挡块的作用下，轴线沿导轨移动，因而相当于靠模的基圆在 $CPC$ 线上滚动。齿坯与靠模轴线同轴安装即可磨出渐开线齿形。图 13-24(b)中通过转动一定角度可以用同一个靠模磨削不同基圆直径的齿轮。大平面砂轮磨齿精度较高，一般用于刀具或标准齿轮的磨削。

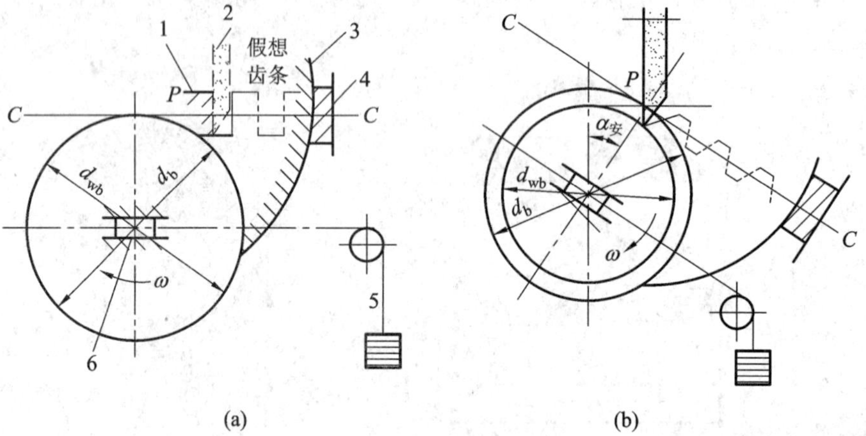

1—工件；2—砂轮；3—渐开线靠模；4—挡块；5—配重；6—头架导轨

图 13-24　大平面砂轮磨齿原理

图 13-25 所示为碟形砂轮磨齿机的工作原理。两个碟形砂轮分别模拟与被加工齿轮相啮合的齿条的两个齿面。砂轮只做高速旋转运动，被加工齿轮的往复移动和转动实现渐开线展成运动。

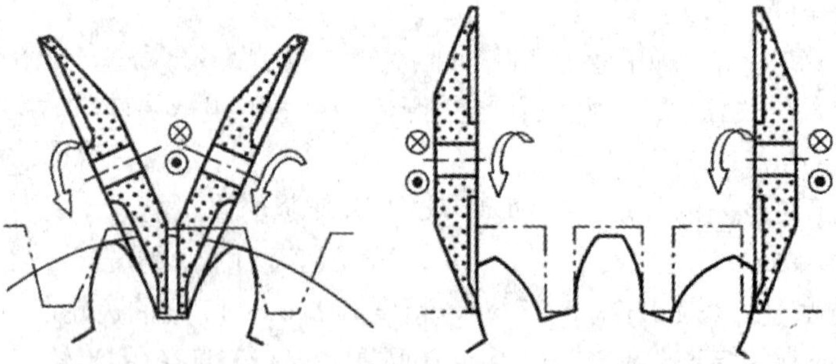

图 13-25　碟形砂轮磨齿机的工作原理

图 13-26 所示为蜗杆砂轮磨齿机的工作原理。与滚齿加工相似，它是利用一对螺旋齿轮的啮合原理进行加工。把砂轮做成蜗杆形状，二者按严格的啮合传动关系运动，实现渐开线齿轮的加工。

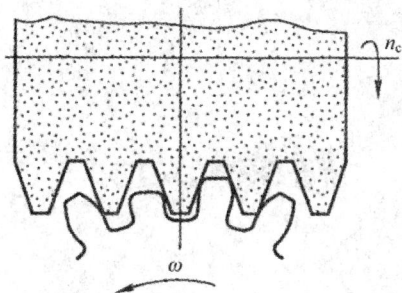

图 13-26　蜗杆砂轮磨齿机的工作原理

# 复习与思考题十三

13-1　简述齿形加工的原理与方法。

13-2　加工模数 $m = 3$ mm 的直齿圆柱齿轮，齿数 $z_1 = 26$，$z_2 = 34$，试选择盘形齿轮铣刀的刀号。在相同的切削条件下，哪个齿轮的加工精度高？为什么？

13-3　齿轮刀具如何获得齿轮啮合时的齿顶间隙？

13-4　何谓齿轮滚刀的基本蜗杆？齿轮滚刀与基本蜗杆有何相同与不同之处？

13-5　齿轮滚刀的前角和后角是怎样形成的？

13-6　为何说插齿刀相当于一个变位齿轮？

13-7　插齿刀的前角对切齿过程有什么影响？

13-8　为何剃齿的加工精度高于滚齿和插齿？

13-9　为何剃齿时不必像滚齿和插齿那样对刀具与工件间的传动比有严格要求？

13-10　滚齿、插齿和剃齿加工各有何特点？

13-11　插齿刀有哪几种结构形式？

13-12　齿轮滚刀的容屑槽形式、直径和螺纹升角、头数等结构参数的变化对滚齿加工和滚齿精度有何影响？

13-13　Y3150E 型滚齿机有哪些运动传动链？各有什么作用？

13-14　数控滚齿机有何特点？

13-15　磨齿加工有几种方法？各自的原理和特点是什么？

# 项目 14　精密加工和特种加工

相比较而言，精密加工、超精密加工与普通精度加工是相对的，但往往加工精度指标提高了一个数量级后，加工方法原理和加工对象材料等就有了质的不同。特种加工是利用电能等多种能量或其组合切除材料的加工方法。精密加工和特种加工为解决高精度加工或难加工材料的问题，提供了新的加工工艺途径。

## 14.1　精密加工和超精密加工

### 14.1.1　一般加工、精密加工和超精密加工的划分

机械加工按精度可以分为一般加工、精密加工与超精密加工。精密加工和超精密加工代表了加工精度发展的不同阶段。科学技术在发展进步，划分界限也将随历史进程而逐渐向前推移，过去的精密加工对今天来说已是一般加工。就当前世界工业发达国家制造水平而言，基本达到稳定掌握 3 μm(我国为 5 μm)制造公差的加工技术。如果以此为标准来区分，制造公差大于此值的可称为普通精度加工，小于此值的可称为高精度加工。但就目前大多数国家而言，一般加工、精密加工和超精密加工的范畴按如下划分：

(1) 一般加工。指精度在 10 μm 左右，相当于 IT5～IT7 级精度，表面粗糙度 $Ra$ 值为 0.2～0.8 μm 的加工方法，如车、铣、刨、键、磨等。适用于汽车制造、拖拉机制造、模具制造和机床制造等。

(2) 精密加工。指加工精度为 0.1～1 μm，表面粗糙度 $Ra$ 值为 0.1～0.01 μm 的加工技术，如金刚车、高精密磨削、研磨、琦磨、冷压加工、电火花加工、超声波加工、激光加工等。适用于精密机床、精密测量仪器等关键零件的加工，如精密丝杠、精密齿轮、精密蜗轮、精密导轨、微型精密轴承、宝石等。

(3) 超精密加工。指加工精度小于 0.1 μm，表面粗糙度 $Ra$ 值小于 0.025 μm 的加工技术。如金刚石精密切削、超精密磨料加工、电子束加工、离子束加工等。目前，超精密加工的水平已达到纳米级，并向更高水平发展。超精密加工多用来制造精密元件、计量标准元件、集成电路、高密度磁盘等，是国家制造工业水平的重要标志之一。

### 14.1.2　精密加工与超精密加工的特点

#### 1. 加工对象

精密加工和超精密加工都是以精密元件为加工对象，与精密元件密切结合而发展起来的。精密加工的方法、设备和对象有时是结合在一起的，例如金刚石刀具切削机床多用来加工天文仪器、激光仪器中的一些零件等，这是由精密加工技术本身的复杂性决定的。

#### 2. 加工环境

精密加工和超精密加工必须具有超稳定的加工环境，因为加工环境的极微小变化都可能影响加工精度。超稳定加工环境主要包括恒温、防振、超净三个方面的要求。

(1) 恒温。温度每增加 1℃，100 mm 长的钢件就会产生 1 μm 的伸长。精密加工和超精密加工的加工精度一般都在微米级、亚微米级或更高的精度，因此，加工区必须保证高度的恒温稳定性。

超精密加工必须在严密的多层恒温条件下进行，不仅放置机床的房间应保持恒温，还要对机床采取特殊的恒温措施。例如美国 LLL 实验室的一台双轴超精密车床安装在恒温车间内，机床外部罩有透明塑料罩，罩内设有油管，对整个机床喷射恒温油，加工区温度可以保持在$(20 \pm 0.06)$℃。

(2) 防振。机床振动对精密加工和超精密加工有很大的危害，为了提高加工系统的动态稳定性，除了在机床设计和制造上采取各种措施外，还必须用隔振系统来保证机床不受或少受外界振动的影响。例如，某精密刻线机安装在工字钢和混凝土防振床上，再利用四个气垫支撑约 7.5 t 的机床和防振床，气垫由气泵供给压力恒定的氮气。这种隔振方法能有效地隔离频率为 6~9 Hz、振幅为 0.1~0.2 μm 的外来振动。

(3) 超净。在未经净化的一般环境下，尘埃数量极大。绝大部分尘埃的直径小于 1 μm，但也有不少直径在 1 μm 以上甚至超过 10 μm 的尘埃。这些尘埃如果落在加工表面上，就可能将表面拉伤；如果落在量具测量表面上，就会造成检测的错误判断。因此，精密加工和超精密加工必须有与加工相对应的超净工作环境。

#### 3. 切削性能

精密加工和超精密加工必须能均匀地去除不大于工件加工精度要求的极薄金属层，这是精密加工和超精密加工的重要特点之一。

当精密切削(或磨削)的背吃刀量 $a_p$ 在 1 μm 以下时，这时背吃刀量可能小于工件材料晶粒的尺寸，切削就在晶粒内进行，这样切削动力一定要超过晶粒内部非常大的原子结合力才能切除切屑，刀具上承受的剪切应力就变得非常大，刀具的切削刃必须能够承受这个巨大的剪切应力和由此而产生的很大的热量，这对于一般的刀具或磨粒材料是无法承受的。因为普通材料的刀具其切削刃的刃口不可能刃磨得非常锋利，平刃性也不可能足够好，在高应力高温下会快速磨损和软化。而且一般磨粒在经受高应力高温作用时，也会快速磨损，切削刃可能被剪切，平刃性被破坏，产生随机分布的峰谷，不能得到真正的镜面切除表面。因此需要认真研究精密切削刀具的微切削性能，找到满足加工精度要求的刀具材料、结构，并研究与之相适应的新型切削技术。

### 4. 加工设备

精密加工和超精密加工的实施必须依靠高精密加工设备。高精密加工机床应具备的条件如下：

(1) 机床主轴应具有极高的回转精度及很高的刚性和热稳定性。现在，许多国家的超精密机床的主轴系主要有两种类型，即空气静压轴承支承的主轴和液体静压轴承支承的主轴。静压轴承具有回转精度高、刚性好的优点，而且由于是流体摩擦，阻尼大，抗震性也很好。一般认为，在转速高、载荷小的情况下，应采用空气静压轴承，而在转速较低和承载能力要求高时，则宜选用液体静压轴承。

(2) 机床的进给系统应能提供超精确的匀速直线运动，保证在超低速条件下进给均匀，不发生爬行。目前超精密加工机床主要采用液体静压导轨和空气静压导轨两种形式的精密导轨来保证机床的运动精度。

(3) 为了在超精密加工时实现微量进给，超精密机床必须配备位移精度极高的微量进给机构。微量进给机构目前主要有以下几种类型：

① 利用力学原理的微量进给机构，例如斜面微动机构、差动丝杠副微动机构、弹性变形微动机构等；

② 利用热胀冷缩的热力学原理的精密微动机构；

③ 利用磁致伸缩原理和电致伸缩原理的精密微位移机构；

④ 利用机电耦合效应的精密微位移机构。

(4) 超精密加工机床广泛采用了微机控制系统、自适应控制系统，避免了手工操作引起的随机误差。

图 14-1 所示为日本研制的一台盒式超精密立式车床，其特点是：采用盒式结构，加工区域形成封闭空间，不受外界影响；采用热对称结构、低热变形复合材料，从结构上抑制了热变形；采用冷却淋浴、恒温油循环、热源隔离等措施，保证整机处于恒温状态；采用有效隔振措施。

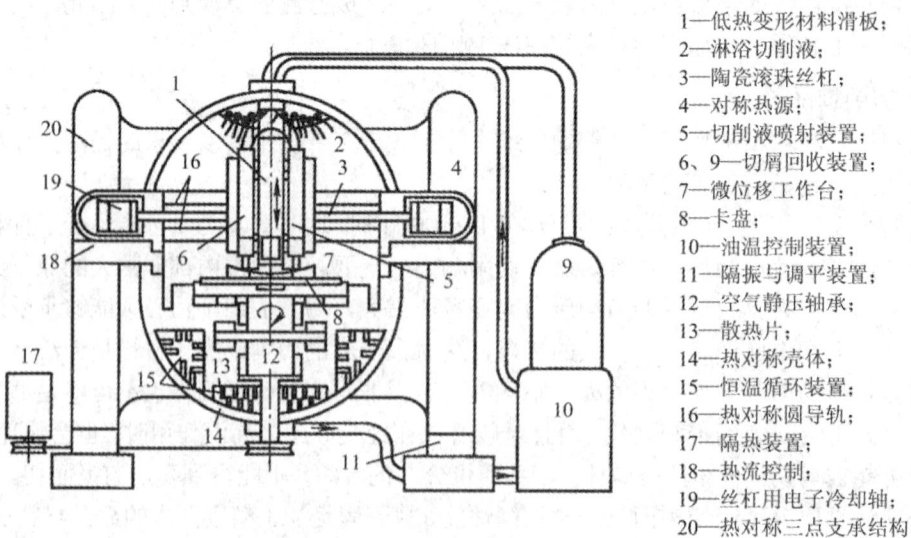

1—低热变形材料滑板；
2—淋浴切削液；
3—陶瓷滚珠丝杠；
4—对称热源；
5—切削液喷射装置；
6、9—切屑回收装置；
7—微位移工作台；
8—卡盘；
10—油温控制装置；
11—隔振与调平装置；
12—空气静压轴承；
13—散热片；
14—热对称壳体；
15—恒温循环装置；
16—热对称圆导轨；
17—隔热装置；
18—热流控制；
19—丝杠用电子冷却轴；
20—热对称三点支承结构

图 14-1　盒式超精密立式车床

### 5. 工件材料

精密加工和超精密加工对工件的材质提出了很高的要求。材料的选择不仅要从强度、刚度方面考虑，更要注重材料的加工工艺性。为了满足加工要求，工件材料本身必须具有均匀性和性能的一致性，不允许存在内部或外部的微观缺陷。有些零件甚至对材料组织的纤维化也有一定要求，如制造精密硬盘的铝合金盘基就不允许有组织纤维化。

### 6. 测量技术

匹配精密测量是精密加工和超精密加工的必要条件，有时要采用在线检测、在位检测以及在线补偿等技术，以保证加工精度要求。

## 14.1.3　精密加工与超精密加工方法

根据加工方法的机制和特点，精密加工和超精密加工方法可以分为刀具切削加工、磨料加工、特种加工和复合加工四类。由于精密加工和超精密加工方法很多，现选择几种主要的方法进行介绍。

### 1. 金刚石刀具精密切削

金刚石刀具精密切削是指用金刚石车刀加工工件表面，获得尺寸精度为 $0.1\ \mu m$ 数量级和表面粗糙度 $Ra$ 值为 $0.01\ \mu m$ 数量级的超精加工表面的一种精密切削方法。欲达到 $0.1\ \mu m$ 数量级的加工精度，在最后一道加工工序中，就必须能切除厚度小于 $1\ \mu m$ 的表面层。下面介绍金刚石刀具能够实现精密切削的机制和影响切削的因素。

#### 1) 金刚石刀具精密切削机制

金刚石刀具可实现精密切削，加工余量只有几微米，切屑非常薄，常在 $0.1\ \mu m$ 以下。能否切除如此微薄的金属层，主要取决于刀具的锋利程度。刀具的锋利程度一般以车刀切削刃的刃口圆角半径 $\rho$ 的大小来表示。$\rho$ 越小，切削刃越锋利，切除微小余量就越顺利。如图 14-2 所示，在背吃刀量 $a_p$ 很小的情况下，当 $\rho < a_p$ 时，切屑排出顺利，切屑变形小，厚度均匀；当 $\rho > a_p$ 时，刀具就在工件表面上产生"耕犁"，不能进行切削。因此，当背吃刀量只有几微米，甚至小于 $1\ \mu m$ 时，$\rho$ 也应精研至微米级的尺寸，并应具有足够的耐用度，以保持其锋利程度。

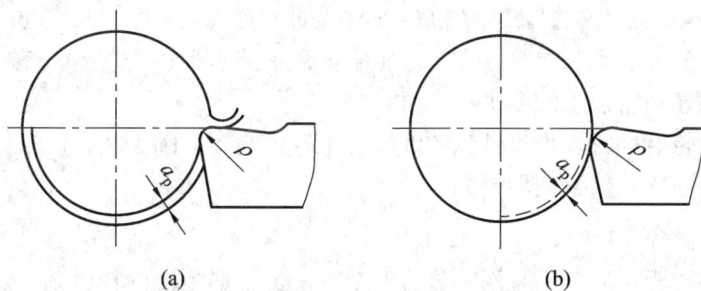

图 14-2　车刀刃口圆角半径对 $a_p$ 的影响

刀具的刃口圆角半径 $\rho = 1\ \mu m$，而单晶体金刚石车刀的刃口圆角半径可达 $0.02\ \mu m$。此外，金刚石与有色金属的亲和力极低，摩擦系数小，切削有色金属时不产生积屑瘤，因此单晶体金刚石精密切削是加工铜、铝或其他有色金属、获得超精加工表面的一种精密切削方法。例如用金刚石刀具精密切削精密硬盘的铝合金基片,表面粗糙度 $Ra$ 值可达 0.003 μm,平面度可达 0.2 μm。

2) 影响金刚石刀具精密切削的因素

(1) 金刚石刀具材料的材质、几何角度设计、晶面选择、刃磨质量及对刀。

(2) 使用金刚石刀具的精密切削机床的精度、刚度、稳定性、抗震性和数控功能。关键部件是主轴系统、导轨及进给驱动装置,机床应有性能良好的温控系统,床身结构广泛采用花岗石材料。

(3) 被加工材料的均匀性和微观缺陷。

(4) 工件的定位和夹紧。

(5) 工作环境。应有恒温、恒湿、净化和抗振条件,才能保证加工质量。

目前,金刚石刀具主要用来切削铜、铝及其合金,当切削含碳铁金属材料时,由于会产生亲和作用,产生碳化磨损(扩散磨损),不仅使刀具易于磨损,还影响加工质量,切削效果不理想。

**2. 超硬磨料砂轮精密和超精密磨削**

超硬磨料砂轮目前主要指金刚石砂轮和立方氮化硼(CBN)砂轮,主要用来加工难加工材料,如各种高硬度、高脆性材料,其中有硬质合金、陶瓷、玻璃、半导体材料及石材等。这些材料的加工要求一般较高,多属于精密加工和超精密加工范畴。

1) 超硬磨料砂轮磨削特点

(1) 可用来加工各种高硬度、高脆性金属和非金属难加工材料。对于钢铁等材料适于用立方氮化硼砂轮来磨削。

(2) 磨削能力强,耐磨性好,耐用度高,易于控制加工尺寸及实现加工自动化。

(3) 磨削力小,磨削温度低,加工表面质量好。

(4) 磨削效率高。

(5) 加工综合成本低。

现在金刚石砂轮、立方氮化硼砂轮已广泛应用于精密加工,近年来发展起来的金刚石微粉砂轮超精密磨削技术已日趋成熟,将在生产中推广应用。金刚石精密和超精密磨削已经成为陶瓷、玻璃、半导体、石材等高硬脆材料的主要加工手段。与普通磨料砂轮相比,超硬磨料砂轮的磨粒更锋利、微刃的微切削性能更好。磨削过程的滑擦、耕犁作用影响小,易于实现精密与超精密加工的要求。

超硬磨料砂轮磨削时,也有砂轮的选择、机床结构、磨削工艺、砂轮修整和平衡、磨削液等问题,其中砂轮修整问题更为重要。

2) 超硬磨料砂轮的修整

砂轮的修整过程可以分为整形和修锐两个阶段。整形是使砂轮达到一定几何形状的要求,修锐是去除磨粒间的结合剂,使磨粒比结合剂突出一定高度(一般是磨粒尺寸的 1/3 左右),形成足够的切削刃和容屑空间。超硬磨料砂轮的修整机制是除去金刚石颗粒之间的结合剂,使金刚石颗粒露出来,而不是把金刚石颗粒修锐出切削刃。根据结合剂材料的不同,超硬磨料砂轮的修整方法有以下几种：

(1) 车削法。用单点、聚晶金刚石笔修整，修整精度和效率较高，但砂轮切削能力低。

(2) 磨削法。用碳化硅砂轮修整，修整质量和效果较好，是目前最广泛采用的方法，但碳化硅砂轮磨损很快。

(3) 电加工法。有电解修锐法、电火花修整法等，只适用于金属(或导电)结合剂砂轮，修整效果较好。电解修锐法的效果比较突出，已较广泛地应用于金刚石微粉砂轮的超精密加工中，并易于实现在线修锐，其原理如图 14-3 所示。

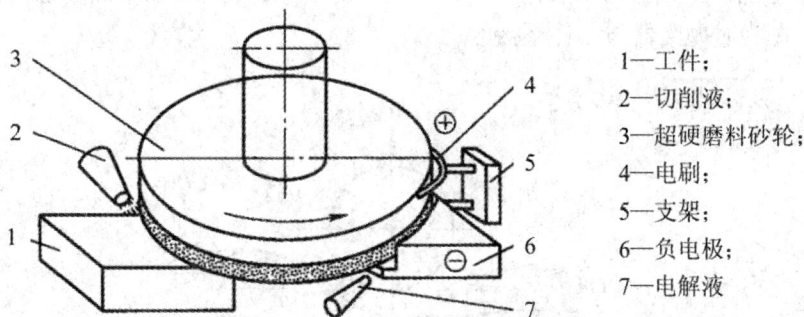

1—工件；
2—切削液；
3—超硬磨料砂轮；
4—电刷；
5—支架；
6—负电极；
7—电解液

图 14-3　电解修锐法

### 3. 新型研磨、抛光方法

近年来，在研磨和抛光方面出现了很多新方法，如油石研磨、磁性研磨、电解研磨、软质磨粒抛光(弹性发射加工等)、浮动抛光、液中抛光、磁流体抛光、挤压研抛、喷射加工、沙带抛光、超精研抛等。下面以磁性研磨和软质磨粒抛光为例进行阐述。

#### 1) 磁性研磨

工件放在两磁极之间，工件和极间放入含铁的刚玉等磁性磨料，在直流磁场的作用下，磁性磨料沿磁力线方向整齐排列，如同刷子一般对被加工表面施加压力，并保持加工间隙。研磨压力的大小随磁场中磁感应强度及磁性磨料填充量的增大而增大，因此可以调节。研磨时，工件一面旋转，一面沿轴线方向振动，使磁性磨料与被加工表面之间产生相对运动。这种方法可以研磨轴类零件内外圆表面，也可以用来去除毛刺，对钛合金的研磨效果较好。磁性研磨原理如图 14-4 所示。

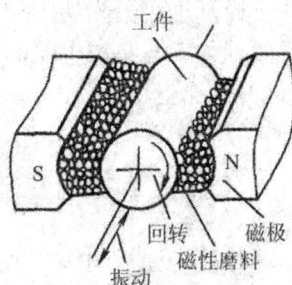

图 14-4　磁性研磨原理

2) 软质磨粒抛光

软质磨粒抛光的特点是可以用较软的磨粒,甚至用比工件材料还要软的磨粒(如 $Al_2O_3$、$ZrO_2$)来抛光。它不产生机械损伤,大大减少了一般抛光中所产生的微裂纹、磨粒嵌入、洼坑、麻点、附着物、污染等缺陷,获得极好的表面质量。

典型的软质磨粒抛光是弹性发射加工,它是一种无接触的抛光方法,是利用水流加速微小磨粒,使磨粒与工件被加工表面产生很大的相对运动,并以很大的动能撞击工件表面的原子晶格,使表层不平处的原子晶格受到很大的剪切力,致使这些原子被移去。图 14-5 所示为其原理图,抛光液的入射角(与水平面的夹角)要尽量小,以增加剪切力。抛光器为聚氨酯球,抛光时抛光器与工件不接触。

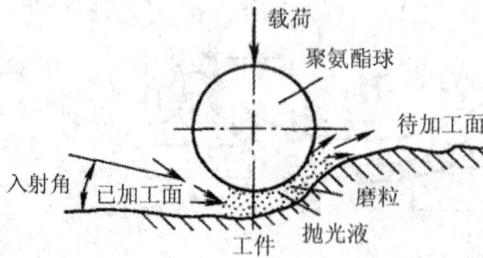

图 14-5　弹性发射加工原理

### 4. 微细加工技术

1) 微细加工的概念及特点

微细加工技术是指制造微小尺寸零件的生产加工技术。从广义的角度来说,微细加工包括了各种传统的精密加工方法(如切削加工、磨料加工等)及特种加工方法(如外延生长、光刻加工、电铸、激光束加工、电子束加工、离子束加工等),属于精密加工和超精密加工范畴。从狭义的角度来说,微细加工主要指半导体集成电路制造技术,因为微细加工技术的出现和发展与大规模集成电路有密切关系,其主要技术有外延生长、氧化、光刻、选择扩散和真空镀膜等。目前,微小机械发展十分迅速,它是用各种微细加工方法在集成电路基片上制造出各种微型运动的机械。

2) 微细加工方法

微细加工方法与精密加工方法一样,也可分为切削加工、磨料加工、特种加工和复合加工,大多数方法是相同的。由于微细加工与集成电路的制造关系密切,从机制上来分,通常包括分离(去除)加工、附着(如镀膜)加工、注入(如渗碳)加工、接合(如焊接)加工、变形加工(如压力加工)等。

在微细加工中,光刻加工是主要方法之一,主要是制作由高精度微细线条所构成的高密度微细复杂图形。

光刻加工可分为两个阶段,第一阶段为原板制作,生成工作原板或工作掩膜,是光刻时的模板,第二阶段为光刻。

光刻加工过程见表 14-1，包括预处理、涂胶、曝光、显影与烘片、刻蚀、剥膜与检查等工作。

表 14-1 光刻加工过程

| 预处理<br>(脱脂)<br>(抛光)<br>(酸洗)<br>(水洗) | 氧化膜<br>基片 | 显影与烘片 | 窗口 |
|---|---|---|---|
| 涂胶<br>(甩涂)<br>(浸渍)<br>(喷涂)<br>(印刷) | 光致抗蚀剂 | 刻蚀<br>(化学)<br>(离子束)<br>(电解) | 离子束 |
| 曝光<br>(电子束)<br>(X 射线)<br>(远紫外线)<br>(离子束) | 电子束<br>掩膜 | 剥膜与检查 | |

(1) 预处理。通过抛光、酸洗等方法去除基片氧化膜表面的杂质。

(2) 涂胶。把光致抗蚀剂涂敷在已镀有氧化膜的半导体基片上。

(3) 曝光。由光源发出的光束，经掩膜在光致抗蚀剂涂层上成像，称为投影曝光；将光束聚焦形成细小束斑，通过扫描在光致抗蚀剂涂层上绘制图形，称为扫描曝光。两者统称为曝光。常用的电源有电子束、离子束等。

(4) 显影与烘片。曝光后的光致抗蚀剂在特定溶剂中把曝光图形显示出来，称为显影。而后进行 $200 \sim 250\ ℃$ 的高温处理以提高光致抗蚀剂的强度，称为烘片。

(5) 刻蚀。利用化学或物理方法，将没有光致抗蚀剂部分的氧化膜除去，称为刻蚀。刻蚀的方法有化学腐蚀、离子束刻蚀、电解刻蚀等。

(6) 剥膜与检查。用剥膜液去除光致抗蚀剂的处理方法为剥膜。剥膜后对外观、线条、断面形状、物理性能和电子特性等进行检查。

# 14.2 特种加工

## 14.2.1 特种加工的分类

特种加工与传统加工的区别在于用于切除材料的能量形式不同，特种加工主要是利用电能、光能、声能、热能和化学能来去除材料。特种加工的类别很多，根据所采用的能源，可以分为以下几类：

(1) 力学加工。应用机械能来进行加工，如超声波加工、喷射加工、水射流加工等。

(2) 电物理加工。利用电能转化为热能、机械能和光能等进行加工，如电火花成形加工、电火花线切割加工、电子束加工、离子束加工等。

(3) 电化学加工。利用电能转化为化学能进行加工，如电解加工、电镀、刷镀、镀膜和电铸加工等。

(4) 激光加工。利用激光光能转化为热能进行加工。

(5) 化学加工。利用化学能或光能转换为化学能进行加工，如化学铣削和化学刻蚀(即光刻加工)等。

(6) 复合加工。将机械加工和特种加工叠加在一起就形成复合加工，如电解磨削、超声电解磨削等。最多有四种加工方法叠加在一起的复合加工，如超声电火花电解磨削。

## 14.2.2　特种加工的特点及应用范围

(1) 特种加工时工件和工具之间无明显的切削力，只有微小的作用力，在机制上与传统加工方法有很大不同。

(2) 特种加工的内容包括去除和结合等加工。去除加工即分离加工，如电火花成形加工等是从工件上去除一部分材料。结合加工是使两个工件或两种材料结合在一起，如激光焊接、化学黏接等。结合加工还包括附着结合与注入结合。附着结合是使工件表面覆盖一层材料，如镀膜等；注入结合是将某些元素离子注入工件表层，以改变工件表层的材料结构，达到所要求的物理力学性能，如离子注入、化学镀、氧化等；因此在加工概念的范围上有很大的扩展。

(3) 特种加工中，工具的硬度和强度可以低于工件的硬度和强度，因为它主要不是靠机械力来切削，同时工具的损耗很小，甚至无损耗，如激光加工、电子束加工、离子束加工等。适于加工脆性材料、高硬材料、精密微细零件、薄壁零件、弹性零件等易变形零件。

(4) 加工中的能量易于转换与控制，工件一次装夹中可实现粗、精加工，有利于保证加工精度，提高生产率。

## 14.2.3　特种加工方法

### 1. 电火花加工

1) 加工原理

电火花加工是利用脉冲放电对导电材料的腐蚀作用去除材料，以满足一定形状和尺寸要求的一种加工方法，其原理如图 14-6 所示。

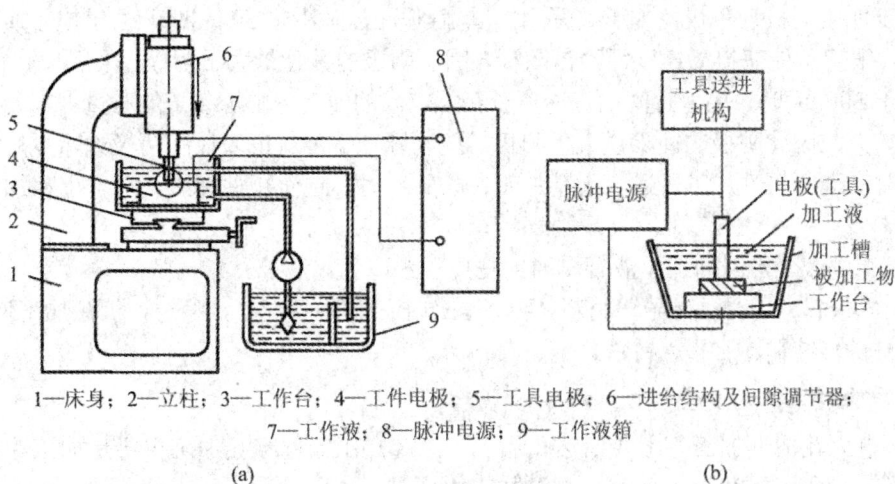

1—床身；2—立柱；3—工作台；4—工件电极；5—工具电极；6—进给结构及间隙调节器；
7—工作液；8—脉冲电源；9—工作液箱

图 14-6　电火花加工原理

在充满液体介质的工具电极和工件电极之间的很小间隙 (一般为 0.01～0.02 mm)上施加脉冲电压，于是间隙中就产生很强的脉冲电压，使两极间的液体介质按脉冲电压的频率不断被电离击穿，产生脉冲放电。由于放电时间很短(为 $10^{-8}$～$10^{-6}$ s)，且发生在放电区的局部区域上，能量高度集中，使放电区的温度高达 10 000～12 000 ℃。于是工件上的这一小部分金属材料被迅速熔化和汽化。由于熔化和汽化的速度很快，故带有爆炸性质。在爆炸力的作用下将熔化了的金属微粒迅速抛出，被液体介质冷却、凝固并从间隙中冲走。每次放电后，在工件表面上形成一个小圆坑(如图 14-7 所示)。放电过程多次重复进行，随着工具电极不断进给，材料逐渐被蚀除，工具电极的轮廓形状即可精确地复印在工件上，达到加工的目的。

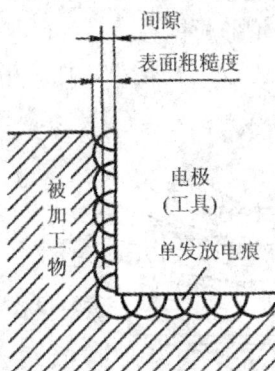

图 14-7　电火花加工时工件表面的形成过程

电火花加工必须采用脉冲电源，其作用是把普通 220 V(或 380 V)、50 Hz 的交流电流转变成频率较高的脉冲电流，提供电火花加工所需的放电能量。在每次脉冲间隔内电极冷却，工作液恢复绝缘状态，使下一次放电能在两极间另一凸点处进行。

2) 影响电火花加工的因素

(1) 极性效应。单位时间蚀除工件金属材料的体积或重量，称为蚀除量或蚀除速度。由于正负极性的接法不同而导致的蚀除量不同，称为极性效应。将工件接阳极为正极性加工，将工件接阴极为负极性加工。采用短脉宽(脉冲延时小于 50 μs)时，由于电子质量轻、惯性小，很快就能获得高速度而轰击阳极，因此阳极的蚀除量大于阴极。采用长脉宽(脉冲延时大于 300 μs)时，放电时间增加，离子获得较高的速度，由于离子的质量大，轰击阴极的动能较大，因此阴极的蚀除量大于阳极。控制脉冲宽度就可以控制两极蚀除量的大小。短脉宽时，选正极性加工，适合于精加工；长脉宽时，选负极性加工，适合于粗加工和半精加工。

(2) 工作液。常用的工作液有煤油、去离子水、乳化液等。

(3) 电极材料。必须是导电材料，要求在加工过程中损耗小，稳定，机械加工性能好。常用的材料有纯铜、石墨、铸铁、钢、黄铜等。

3) 电火花加工的类型

(1) 电火花成形加工。主要指穿孔加工、型腔加工等。穿孔加工主要是加工冲模、型孔和小孔(一般为 $\phi 0.05 \sim \phi 2$ mm)；型腔加工主要是加工型腔和型腔零件，相当于加工成形不通孔。

(2) 电火花线切割加工。用连续移动的钼线或铜丝(工具)作阴极，工件为阳极，两极通以直流高频脉冲电源，机床工作台带动工件在水平面两个坐标方向做进给运动，就可以切割出二维图形。同时丝架可绕 $y$ 轴和 $x$ 轴做小角度摆动，其中丝架绕 $x$ 轴的摆动通过丝架上、下臂在 $y$ 方向的相对移动得到，这样可以切割各种带斜面的平面、二次曲线形体。

电火花线切割机床可以分为两大类，即高速走丝线切割机床和低速走丝线切割机床。高速走丝线切割机床如图 14-8 所示。电极丝绕在卷丝筒上，并通过导丝轮形成锯弓状，电动机带动卷丝筒进行正、反转，卷丝筒装在走丝溜板上，配合其正、反转与走丝溜板一起在 $x$ 方向做往复移动，使电极丝得到周期性往复移动，走丝速度一般为 10 m/s 左右。电极丝使用一段时间后要更换新丝，以免因损耗断丝而影响工件。低速走丝线切割机床是用成卷铜丝作电极，经张紧机构和导丝轮形成锯弓状，没有卷丝筒，走丝速度为 0.01~0.1 m/s，为单方向运动，电极丝走丝平稳无振动，损耗小，加工精度高，电极丝为一次性使用。现在低速走丝线切割机床是发展方向。

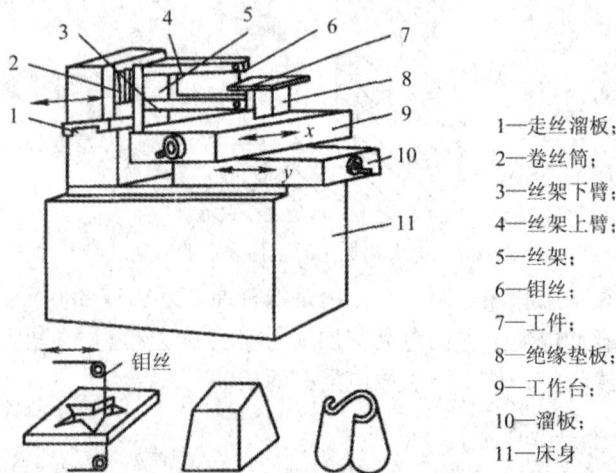

1—走丝溜板；
2—卷丝筒；
3—丝架下臂；
4—丝架上臂；
5—丝架；
6—钼丝；
7—工件；
8—绝缘垫板；
9—工作台；
10—溜板；
11—床身

图 14-8  电火花线切割机床及加工件

4) 电火花加工的特点

电火花加工可以加工任何导电材料，不论其硬度、脆性、熔点如何，在一定条件下，还可以加工半导体材料及非导电材料。适于加工精密、微细、刚性差的工件，如小孔、薄壁、窄槽、复杂型孔、型面、型腔等零件。可以在一次装夹下同时进行粗、精加工。精加工时精度为 0.005 mm，表面粗糙度 $Ra$ 值为 0.8 μm；精密、微细加工时精度可达 0.002～0.003 mm，表面粗糙度 $Ra$ 值为 0.05～0.1 μm。

5) 电火花加工的应用

(1) 穿孔加工。可加工型孔(圆孔、方孔、条边孔、异形孔)、曲线孔(弯孔、螺纹孔)、小孔、微孔等，如落料模、复合模、级进模上的孔及喷丝孔等。

(2) 型腔加工。如锻模、压铸模、挤压模、胶木模以及整体式叶轮、叶片等曲面零件的加工。

(3) 线切割。如切断、开槽、窄缝、型孔、样板、冲模等加工。

(4) 回转共轭加工。将工具电极做成齿轮状和螺纹状，利用回转共轭原理可分别加工模数相同、齿数不同的内外齿轮和螺距、齿形相同的内外螺纹。

(5) 电火花回转加工。加工时将工具电极回转，类似钻削和磨削，可提高加工精度，这时工具电极可分别做成圆柱形和圆盘形。

(6) 金属表面强化。

(7) 打印标记、仿形刻字等。

### 2. 电解加工

1) 电解加工基本原理

电解加工是利用金属在电解液中产生阳极溶解的电化学原理对工件进行成形加工的一种方法。电解加工的原理如图 14-9 所示，工件接直流电源正极，工具接负极，两极之间保持狭小间隙(0.1～0.8 mm)，具有一定压力(0.5～2.5 MPa)的电解液从两极间隙中高速流过(5～60 m/s)。当工具阴极向工件不断进给时，在相对于阴极的工件表面上，金属材料按阴极型面的形状不断溶解，电解产物被高速电解液带走，于是工具的形状就相应地"复印"在工件上，从而达到成形加工的目的。

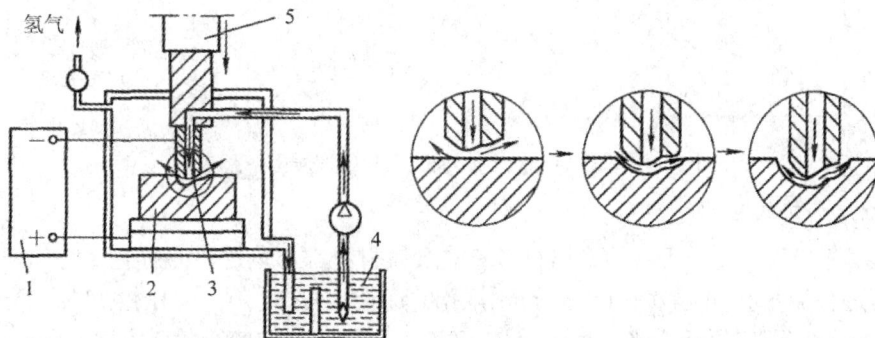

1—直流电源；2—工件；3—工具电极；4—电解液；5—进给机构

图 14-9 电解加工原理

2) 电解加工的特点和应用

电解加工采用低电压(6～24 V)、大电流(500～20 000 A)工作；能以简单的进给运动一次加工出形状复杂的型面或型腔(如锻模、叶片等)；生产效率较高，为电火花加工的5～10倍以上，在某些情况下比切削加工的生产效率还高；加工中无机械切削力或切削热；但加工精度不太高，平均精度为±0.1 mm左右；附属设备较多，造价昂贵，占地面积大；另外电解液腐蚀机床，且容易污染环境。电解加工主要用于型孔、型腔、复杂型面、深小孔、套料、膛线、去毛刺、刻印等的加工，可加工高硬度、高强度和高韧性等难切削的金属材料，如淬火钢、高温合金、钛合金等。适于易变形或薄壁零件的加工。

**3. 激光加工**

1) 加工原理

激光是一种亮度高、方向性好、单色性好的相干光。由于激光发散角小和单色性好，在理论上可聚焦到尺寸与光的波长相近的小斑点上，其焦点处的功率密度可达 $10^7$～$10^{11}$W/cm$^2$，温度可高至万度左右。在此高温下，坚硬的材料将瞬时急剧熔化和蒸发，并产生强烈的冲击波，使熔化物质爆炸式地喷射去除。激光加工就是利用这个原理工作的。

图14-10所示为固体激光器加工原理示意图。当激光工作物质受到光泵(即激励脉冲氙灯)的激发后，吸收特定波长的光，在一定条件下可形成工作物质中亚稳态粒子数大于低能级粒子数的状态，这种现象称为粒子数反转。此时一旦有少量激发粒子产生受激辐射跃迁，造成光放大，就通过谐振腔中的全反射镜和部分反射镜的反馈作用产生振荡，由谐振腔一端输出激光。通过透镜将激光束聚焦到工件的加工表面上，即可对工件进行加工，常用的固体激光工作物质有红宝石、钕玻璃和掺钕钇铝石榴石等。

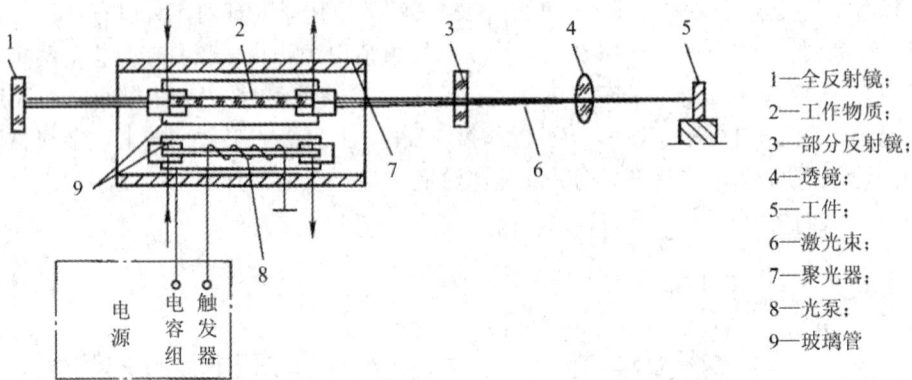

图14-10　固体激光器加工原理

1—全反射镜；
2—工作物质；
3—部分反射镜；
4—透镜；
5—工件；
6—激光束；
7—聚光器；
8—光泵；
9—玻璃管

2) 激光加工的应用

(1) 激光打孔。几乎所有的金属材料和非金属材料都可以用激光打孔，特别是对坚硬材料，可进行微小孔加工($\phi$0.01～$\phi$1 mm)，孔的深径比可达 50～100，也可加工异形孔。激光打孔已经广泛应用于金刚石拉丝模、宝石轴承、陶瓷、玻璃等非金属材料和硬质合金，以及不锈钢等金属材料的小孔加工。

(2) 激光切割。采用激光可对许多材料进行高效的切割加工，切割速度一般超过机械切割。切割厚度对金属材料可达 10 mm 以上，对非金属材料可达几十毫米。切缝宽度一般为 0.1～0.5 mm。激光切割切缝窄、速度快、热影响区小、省材料、成本低，不仅可以切割金属材料，还可以切割布匹、木材、纸张、塑料等非金属材料。

(3) 激光焊接。利用激光的能量可将工件上加工区的材料熔化使之黏合在一起。激光焊接速度快、无熔渣，可实现同种材料、不同材料甚至金属与非金属的焊接，用于集成电路、晶体管器件等的微型精密焊接。

(4) 激光热处理。通过激光束的照射，使金属表面原子迅速蒸发产生微冲击波，导致大量晶格缺陷形成，实现表面的硬化。采用激光热处理不需淬火介质，硬化均匀、变形小、速度快，硬化深度可精确控制。

### 4. 超声波加工

1) 加工原理

超声波加工是利用超声频振动(16～30 kHz)的工具冲击磨料直接对工件进行加工的一种方法，图 14-11 所示为超声波加工示意图。加工时，工具以一定的静压力 $P$ 压在工件上，加工区域送入磨粒悬浮液。超声波发生器产生超声频电振荡，通过超声换能器将其转变为超声频机械振动，借助于振幅扩大棒把振动位移振动放大，驱动工具振动。材料的碎除主要靠工具端部的振动直接锤击处在被加工表面上的磨料，通过磨料的作用把加工区域的材料粉碎成很细的微粒。由于磨料悬浮液的循环流动，磨料不断更新，并带走被粉碎下来的材料微粒，工具逐渐伸入材料中，工具形状便复现在工件上。工具材料常用不淬火的 45 钢，磨料常用碳化硼或碳化硅、氧化铝、金刚砂粉等。

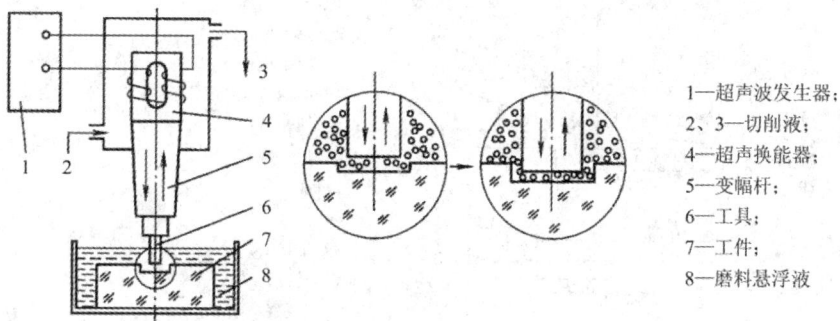

1—超声波发生器；
2、3—切削液；
4—超声换能器；
5—变幅杆；
6—工具；
7—工件；
8—磨料悬浮液

图 14-11　超声波加工示意图

2) 超声波加工的特点和应用

超声波加工适宜加工各种硬脆材料，尤其是电火花加工和电解加工无法加工的不导电材料和半导体材料，如玻璃、陶瓷、半导体、宝石、金刚石等。对于硬质的金属材料，如淬硬钢、硬质合金等，虽可进行加工，但效率低。

近十几年来，超声波加工与传统的切削加工技术相结合而形成的超声波振动切削技术得到迅速的发展，并在生产实际中得到广泛的应用。超声波车削、超声波磨削、超声波钻孔等在金属材料，特别是难加工材料的加工中取得良好的效果，加工精度、加工表面质量显著提高，尤其是在有色金属、不锈钢材料、刚性差的工件和切削速度难以提高的零件加工中，体现出独特的优越性。图 14-12 所示为超声波振动车削加工示意图。超声波加工与其他特种加工工艺相结合形成的复合特种加工技术，如超声波电解加工、超声波线切割等，可以加工各种型孔、型腔，获得较好的加工质量，一般尺寸精度可达 0.01～0.05 mm，表面粗糙度值为 0.4～0.1 μm。

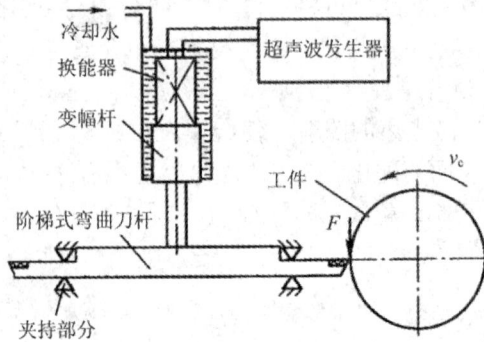

图 14-12　超声波振动车削加工示意图

### 5. 电子束加工

电子束加工原理如图 14-13 所示。电子枪射出高速运动的电子束，经电磁透镜聚焦后轰击工件表面，在轰击处形成局部高温，使材料瞬时熔化、汽化、喷射去除。电磁透镜实质上只是一个通直流电流的多匝线圈，其作用与光学玻璃透镜相似，当线圈通过电源后形成磁场，利用磁场可迫使电子束按照加工的需要做相应的偏转。

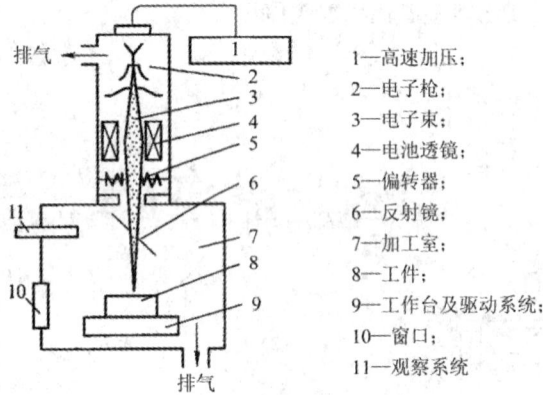

1—高速加压；
2—电子枪；
3—电子束；
4—电池透镜；
5—偏转器；
6—反射镜；
7—加工室；
8—工件；
9—工作台及驱动系统；
10—窗口；
11—观察系统

图 14-13　电子束加工原理

利用电子束可加工特硬、难熔的金属与非金属材料，穿出的孔可小于几微米。由于加工是在真空中进行，可防止被加工零件受到污染和氧化。但由于需要高真空和高电压的条件，且需要防止 X 射线逸出，设备较复杂，因此多用于微细加工和焊接等方面。

### 6. 离子束加工

离子束加工被认为是最有前途的超精密加工和微细加工方法。这种加工方法是利用氩(Ar)离子或其他带有 10 keV 数量级动能的惰性气体离子在电场中加速，以其动能轰击工件表面而进行加工。图 14-14 所示为离子束加工示意图。惰性气体由入口注入电离室，灼热的灯丝发射电子，电子在阳极的吸引和电磁线圈的偏转作用下高速向下螺旋运动。惰性气体在高速电子撞击下被电离为离子。阳极与阴极各有数百个直径为 0.3 mm 的小孔，上下位置对齐，形成数百条离子束，均匀分布在直径为 0.3 mm 的小圆直径上。调整加速电压可以得到不同速度的离子束，实施不同的加工。

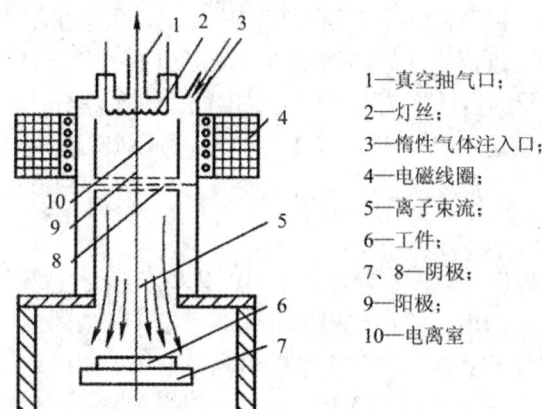

图 14-14　离子束加工示意图

1—真空抽气口；
2—灯丝；
3—惰性气体注入口；
4—电磁线圈；
5—离子束流；
6—工件；
7、8—阴极；
9—阳极；
10—电离室

根据用途不同，离子束加工可以分为离子束溅射去除加工、离子束溅射镀膜加工及离子束溅射注入加工。

离子束加工是一种很有价值的超精密加工方法，它不会像电子束加工那样产生热并引起加工表面的变形，可以达到 0.01 μm 的机械分辨率。目前，离子束加工尚处于不断发展中，在高能离子发生器，离子束的均匀性、稳定性和微细度等方面还有待进一步研究。

**7. 水射流加工**

水射流加工技术是在 20 世纪 70 年代初出现的，开始只是在大理石、玻璃等非金属材料上用作切割直缝等简单作业，经过四十多年的开发，已发展成为能够切削复杂三维形状的工艺方法。水射流加工特别适合于各种软质有机材料的去除毛刺和切割等加工，是一种"绿色"加工方法。

1) 水射流加工的基本原理与特点

(1) 水射流加工的基本原理。如图 14-15 所示，水射流加工是利用水或加入添加剂的液体，经水泵至储液蓄能器使高压液体流动平稳，再经增压器增压，使其压力达到 70～400 MPa，最后由人造蓝宝石喷嘴形成 300～900 m/s 的高速液体射流束喷射到工件表面，从而达到去除材料的目的。高速液体射流束的能量密度可达 $10^{10}$ W/ mm$^2$，流量为 7.5 L/min，这种液体的高速冲击具有固体的加工作用。

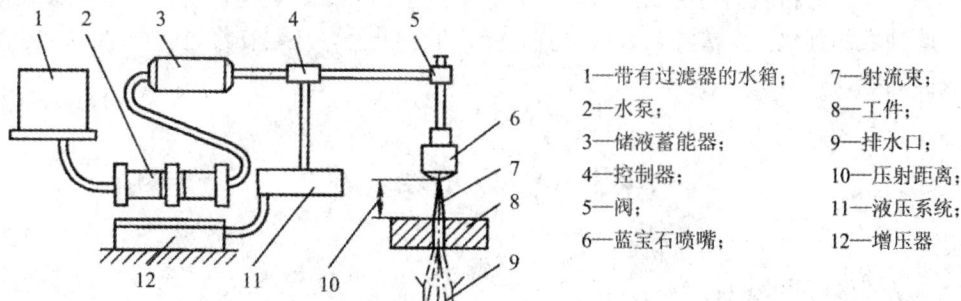

图 14-15　水射流加工的基本原理

1—带有过滤器的水箱；
2—水泵；
3—储液蓄能器；
4—控制器；
5—阀；
6—蓝宝石喷嘴；
7—射流束；
8—工件；
9—排水口；
10—压射距离；
11—液压系统；
12—增压器

(2) 水射流加工的特点。采用水射流加工时，工件材料不会受热变形，切缝很窄(0.075～

0.40 mm)，材料利用率高，加工精度一般可达 0.075～0.1 mm。

高压水束永不会变"钝"，各个方向都有切削作用，用水量不多；加工开始时不需进刀槽、孔，工件上任意一点都能开始和结束切削，可加工小半径的内圆角；与数控系统相结合，可以进行复杂形状的自动加工；加工区温度低，切削中不产生热量，无切屑、毛刺、烟尘、渣土等，加工产物混入液体排出，故无灰尘、无污染。适合于木材、纸张、皮革等易燃材料的加工。

2) 水射流加工设备

目前，国外已有系列化的数控水射流加工机。其基本组成主要有液压系统、切割系统、控制系统、过滤设备等。国内一般都是根据具体要求设计制造的。

机床结构一般为工件不动，由切削头带动喷嘴做三个方向的移动。由于喷嘴口与工作表面距离必须保持恒定才能保证加工质量，故在切削头上装一只传感器，以控制喷嘴口与工件表面之间的距离。三根轴的移动由数控系统控制，可加工出复杂的立体形状。

在加工大型工件如船体、罐体、炉体时，不能放在机床上进行，操作者可手持喷枪在工件上移动进行作业，对装有易燃物品的船舱、油罐，用高压水束切割，因无热量发生，故万无一失。手持喷枪可在陆地、岸滩、海上石油平台，甚至海底进行作业。

3) 水射流加工的应用

水射流加工的流束直径为 0.05～0.38 mm，除可以加工大理石、玻璃外，还可以加工很薄、很软的金属和非金属材料，已广泛应用于普通钢、装甲钢板、不锈钢、铝、铜、钛合金板，以至塑料、陶瓷、胶合板、石棉、石墨、混凝土、岩石、地毯、玻璃纤维板、橡胶、棉布、纸、塑料、皮革、软木、纸板、蜂巢结构、复合材料等近 80 种材料的切削。最大厚度可达 100 mm，例如，切削厚 19 mm 的吸音天花板，水压为 300 MPa，去除速度为 76 m/min；切割玻璃绝缘材料厚 125 mm，由于缝较窄，可节约材料，降低加工成本；用高压水喷射加工石块、钢、铝、不锈钢，工效明显提高。水射流加工可代替硬质合金切槽刀具，可切材料厚几毫米至几百毫米，且切边质量很好。

用水射流去除汽车空调机气缸上的毛刺，由于缸体体积小、精度高、不通孔多，用手工去毛刺需 26 人，现用四台水喷射机在两个工位上去毛刺，每个工位可同时加工两个气缸，由 25 只硬质合金喷嘴同时作业，实现了去毛刺自动化，使生产率大幅度提高。

用高压水间歇地向金属表面喷射，可使金属表面产生塑性变形，达到类似喷丸处理的效果。例如，在铝材表面喷射高压水，其表面可产生 5 μm 硬化层，材料的屈服极限得以提高。此种表面强化方法清洁、液体便宜、噪声低。此外，还可在经过化学加工的零件保护层表面划线。

# 14.3  表面处理技术

## 14.3.1  表面处理的途径

20 世纪 60 年代末形成的表面科学有力地促进了表面处理技术(简称表面技术)的发

展，现在表面技术的应用已经十分广泛。对于固体材料来说，通过表面处理可以提高材料抵御环境作用的能力，赋予材料表面某种功能特性，包括光、电、磁、热、声、吸附、分离等各种物理和化学性能；通过特定的表面加工可以制造构件、零部件和元器件等。表面技术通过以下两条途径来提高材料抵御环境作用的能力和赋予材料表面某种功能特性：

(1) 施加各种覆盖层。主要采用各种涂层技术，包括电镀、电刷镀、化学镀、涂装、黏结、堆焊、熔结、热喷涂、塑料粉末涂敷、电火花涂敷、热浸镀、搪瓷涂敷、真空蒸镀、溅射镀、化学气相沉积、分子束外延制膜、离子束合成薄膜技术等。此外，还有其他形式的覆盖层，例如：各种金属材料经氧化和磷化处理后的涂层；包箔、贴片的整体覆盖层；缓蚀剂的暂覆盖层等。

(2) 用机械、物理、化学等方法改变材料表面的形貌、化学成分、相组织、微观结构、缺陷状态或应力状态，即采用各种表面改性技术。主要有喷丸强化、表面热处理、化学热处理、等离子扩渗处理、激光表面处理、电子束表面处理、高密度太阳能表面处理、离子注入表面改性等。

## 14.3.2　表面涂层技术

### 1. 电镀

电镀主要用于提高制件的耐蚀性、耐磨性、装饰性，或者使制件具有一定的功能。它是利用电解作用，即把具有导电表面的工件与电解质溶液接触并作为阴极，通过外电流的作用，形成沉积在工件表面与基体牢固结合的镀覆层。该镀覆层主要是各种金属和合金。单金属镀层有锌、镉、铜、镍、锡、银、金、钴、铁等数十种，合金镀层有锌铜、镍铁、锌镍铁等百余种。

### 2. 堆焊

堆焊是在金属零件表面或边缘熔焊上耐磨、耐蚀或有特殊性能的金属层，修复外形不合格的金属零件及产品，提高使用寿命，降低生产成本，或者用它制造双金属零部件的工艺技术，用于工程构件、零部件、工模具表面的强化与修复。

### 3. 涂装

涂装是用一定方法将涂料涂敷于工件表面而形成涂膜的过程。将涂料涂装在各种金属、陶瓷、塑料、木材、水泥、玻璃等制品上，具有保护、装饰或特殊性能(如绝缘、防腐、标志等)，用于各种工程构件、机械建筑和日常用品等。

### 4. 热喷涂

热喷涂是将金属、合金、金属陶瓷及陶瓷材料加热到熔融或部分熔融，以高的动能使其雾化成微粒并喷至工件表面，形成牢固的镀覆层，提高耐大气腐蚀、耐高温腐蚀、耐化学腐蚀、耐磨性、密封性等性能。广泛用于工程构件、机械零部件，也用于修复及特种制造。

### 5. 电火花涂敷

这是一种直接利用电能的高密度能量对金属表面进行涂敷处理的工艺，即通过电极材料与金属零件表面的火花放电作用，把作为火花放电电极的导电材料(如 WC、TiC)熔渗于工件表层，从而形成含电极材料的合金化涂层。此工艺可提高工件表层的性能，而工件内部组织和性能不改变，适用于工模具和大型机械零件的局部处理，可提高表面耐磨性、耐蚀性、热硬性和高温抗氧化性等，也用于修复受损工件。

### 6. 陶瓷涂敷

陶瓷涂层是以氧化物、碳化物、硅化物、硼化物、氮化物、金属陶瓷和其他无机物为基体的高温涂层，用于金属表面，主要在室温和高温中起耐蚀、耐磨等作用。在金属材料等基体上主要为保护涂层，也可作为功能涂层，能用于磨损件的修复。陶瓷涂敷在许多工业部门得到广泛的应用。

### 7. 真空蒸镀

此法是将工件放入真空室，并用一定方法加热，使镀膜材料蒸发或升华，飞至工件表面凝聚成膜。工件材料可以是金属、半导体、绝缘体，乃至塑料、纸张、织物等，而镀膜材料也很广泛，包括金属、合金、化合物、半导体和一些有机聚合物等，主要有装饰和功能性应用两大类。装饰性镀层广泛应用于汽车、器械、五金制品、钟表、玩具、服装、珠宝等。功能性镀层用于光学仪器、电子电器元件、食品包装、各种材料和零件的防护等。

## 14.3.3　表面改性技术

### 1. 喷丸强化

喷丸强化又称受控喷丸，早在 20 世纪 20 年代就应用于汽车工业，以后逐步扩大到其他工业，目前已成为机械工程等工业部门的一种重要的表面技术，应用广泛。它是在受喷材料的再结晶温度下进行的一种冷加工方法，加工过程由弹丸在很高速度下撞击受喷工件表面而完成。喷丸可应用于表面清理、光整加工、喷丸成形、喷丸校形、喷丸强化等。其中喷丸强化不同于一般的喷丸工艺，它要求喷丸过程中严格控制工艺参数，使工件在受喷后具有预期的表面形貌、表层组织结构和残余应力场，从而大幅度地提高疲劳强度和抗应力腐蚀能力。

### 2. 表面热处理

表面热处理是指仅对工件表层进行热处理，以改变其组织和性能的工艺。主要方法有感应加热淬火、火焰加热表面淬火、接触电阻加热淬火、电解液淬火、激光热处理和电子束加热处理等。主要用来提高钢件的强度、硬度、耐磨性、耐腐蚀性和疲劳极限。

### 3. 化学热处理

化学热处理是将金属或合金工件置于一定温度的活性介质中保温，使一种或几种元素渗入它的表层，以改变其化学成分、组织和性能的热处理工艺。按渗入的元素不同可分为渗碳、渗氮、碳氮共渗、渗硼、渗金属等。渗入元素介质可以是固体、液体和气体，但都由介质中的化学反应、外扩散、相界面化学反应(或表面反应)和工件中的扩散四个过程进行处理，具体方法有多种。主要用途是提高钢件的硬度、耐磨性、耐腐蚀性和疲劳极限。

#### 4. 等离子扩散处理(PDT)

等离子扩散处理又称离子轰击热处理，是指在压力低于 0.1 MPa 的特定环境中利用工件(阴极)和阳极之间产生的火光放电进行热处理的工艺。常见的有离子渗氮、离子渗碳、离子碳氮共渗等，尤以离子渗氮最普通，优点是渗剂简单、无公害，渗层较深、脆性低，工件变形小，对钢铁材料适用面广，工作周期短。

#### 5. 离子注入

此工艺是将所需的气体或固体蒸气在真空泵系统中离子化，引出离子束后，用数千伏至数百伏电子加速直接注入材料，达一定深度，从而改变表面的成分和结构，达到改善性能的目的。其优点是注入元素不受材料固溶度限制，适用于各种材料，工艺和质量易控制，注入层与基体之间没有不连续界面；缺点是注入层不深，对复杂形状的工件注入有困难。它能提高金属材料的力学性能和耐腐蚀性；在微电子工程中，用于掺杂、制作绝缘隔离层，形成硅化物等；对无机非金属材料和有机高分子材料进行表面改性。

### 14.3.4　其他表面处理技术

#### 1. 钢铁的氧化、磷化处理

氧化处理是将钢铁制件放入氧化性溶液中，使钢铁表面形成以 $Fe_3O_4$ 为主的氧化物，颜色是亮蓝色到亮黑色，故又称"发蓝"或"发黑"处理。磷化处理是将钢铁制件放入含磷酸盐的氧化液中，使表面形成不溶解的磷酸盐保护膜。

#### 2. 铝和铝合金的阳极氧化或化学氧化

阳极氧化是将具有导电表面的工件放入电解质溶液中，作为阳极，在外电流作用下形成氧化膜。化学氧化是将铝制件放入铬酸盐的碱性溶液或铬酸盐、磷酸和氟化物的酸性溶液中进行化学反应，使铝或铝合金表面形成氧化物。

## 复习与思考题十四

14-1　试述精密加工和超精密加工对环境和设备的要求。

14-2　试述电火花成形与线切割加工的异同。

14-3　分析金刚石刀具精密切削的机制、条件和应用范围。

14-4　试论述特种加工的种类、特点与应用范围。

14-5　试述电解加工的机理与特点。

14-6　试比较电子束加工和离子束加工的原理与特点。

14-7　试述超声波加工的机理、设备组成、特点及应用。

14-8　试述水射流加工的基本原理与特点。

14-9　为何有些零件不使用高碳钢制造并直接淬火，而采用低碳钢渗碳再淬火？

# 项目 15　零件表面加工方案的选择

## 15.1　选择零件表面加工方案的考虑因素和原则

### 15.1.1　选择零件表面加工方案的考虑因素

组成零件的各种典型表面,如外圆面、孔、平面、成形面和齿轮齿面等,都要求达到一定的技术要求,如尺寸精度、形位精度和表面质量等。零件表面的类型和要求不同,采用的加工方案也不一样,加工时必须根据具体情况,选择最合适的加工方案,即在保证加工质量的前提下,选择生产率高且加工成本低的加工方案。

零件表面加工方案的选择除了要考虑其类型和技术要求外,还应考虑如下因素:

(1) 工件材料的性质。各种加工方案对工件材料及其热处理状态有不同的适用性,如淬硬钢的精加工一般都要用磨削;而硬度太低的材料磨削时容易堵塞砂轮,所以有色金属的精加工要采用精细车、精细镗等。

(2) 工件的结构形状与尺寸。工件的结构形状与尺寸涉及工件的装夹与切削运动方式,对加工方案的限制较多。如孔的加工方案有多种,但箱体等较大的零件不宜采用磨和拉,普通内圆磨床只能磨套类零件的孔,铰削加工适于较小且有一定深度的孔,车削加工适于回转体轴线上的孔等。

(3) 生产率和经济性要求。各种加工方案的生产率有很大差异,选择加工方案要与生产类型相适应。如非圆内表面的加工方案有拉削和插削,但小批量生产主要用插削;拉刀的制造成本高、生产率高,适于大批量生产。但也有例外,花键孔为保证其精度,小批生产时也采用拉削。

### 15.1.2　选择零件表面加工方案的原则

综上所述,选择加工方案时应遵循以下原则:

(1) 所选加工方案的经济精度及表面粗糙度值要与加工表面的要求相适应。

每一种加工方案都有一个较大的精度范围,在这个精度范围内该加工方案的加工成本是经济合理的。但要获得比一般条件下更高的精度和更小的表面粗糙度值,就需要以增大成本和降低生产率为代价,如精细操作,选择较小的进给量等。所谓经济加工精度是指在正常加工条件下(采用符合质量标准的设备、工艺装备和标准技术等级工人,不延长加工时间)，该加工方案所能保证的加工精度。

(2) 几种不同加工方案配合选用。

实际生产中，对于某一种零件的加工，往往不是在一台机床用一种加工方案完成的，而要根据零件的尺寸、形状、技术要求和生产批量，结合各种加工方案的工艺方法特点和适用范围及现有设备条件，综合考虑生产效率和经济效益，拟订合理的加工方案，将几种加工方案相配合，逐步完成零件各种表面的加工。

(3) 粗、精加工要分开。

对于要求较高的零件表面，往往需要多次加工才能逐步实现。为保证零件表面的加工质量和生产效率，加工过程需要分阶段进行，即划分加工阶段。加工阶段一般分为粗加工、半精加工和精加工三个阶段。具体原因如下：

① 粗加工的目的是在尽量短的时间内切除大部分余量，并为进一步加工提供定位基准及合适的余量；半精加工的目的是继续切除剩余的部分余量，使加工表面达到一定的精度要求，为精加工做好准备；精加工的目的是对零件的主要表面进行最终加工，使其获得符合精度和表面粗糙度要求的表面。粗加工时，由于背吃刀量和进给量较大，产生的切削力和所需夹紧力也较大，故工艺系统的受力变形较大；又因粗加工切削温度高，也将引起工艺系统较大的热变形；此外，毛坯有内应力存在，还会因切除较厚一层金属，使内应力重新分布而发生变形，这都将破坏已加工表面的精度。因此，只有粗、精加工分开，在粗加工后再进行精加工，才能保证工件表面的质量要求。

② 先安排粗加工可及时发现毛坯的缺陷(如铸铁的砂眼、气孔、裂纹、局部余量不足等)，以便及时报废或修补，避免继续加工造成浪费。

③ 可以合理地使用机床设备，有利于精密机床保持其精度。

(4) 所选加工方案要与零件材料的切削加工性及产品的生产类型相适应。

## 15.2　外圆柱面的加工方案选择

### 15.2.1　外圆柱面的技术要求

外圆柱面的技术要求有：外圆表面本身的尺寸精度；外圆表面的形状精度(圆度、圆柱度等)；外圆表面与其他表面的位置精度(与内圆表面之间的同轴度、与端面之间的垂直度等)；表面质量(如表面粗糙度、表面残余应力、表面加工硬化等)。

### 15.2.2　外圆柱表面的加工方案选择

外圆柱面的加工方案主要有：车削、磨削、精密磨削、研磨和超级光磨。外圆表面的各种加工方案所能达到的精度、表面粗糙度值见表 15-1。

表 15-1　外圆柱面的加工方案

| 序号 | 加 工 方 法 | 经济精度<br>(公差等级) | 经济表面粗糙度<br>值 $Ra/\mu m$ | 适用范围 |
|---|---|---|---|---|
| 1 | 粗车 | IT11～IT13 | 12.5～50 | 除淬硬钢以外的各种金属 |
| 2 | 粗车-半精车 | IT8～IT10 | 3.2～6.3 | |
| 3 | 粗车-半精车-精车 | IT7～IT8 | 0.8～1.6 | |
| 4 | 粗车-半精车-磨削 | IT7～IT8 | 0.4～0.8 | 不宜加工有色金属或硬度太低的金属 |
| 5 | 粗车-半精车-粗磨-精磨 | IT6～IT7 | 0.1～0.4 | |
| 6 | 粗车-半精车-粗磨-精磨-超精加工 | IT5 | 0.012～0.1 | |
| 7 | 粗车-半精车-精车-精细车 | IT6～IT7 | 0.025～0.4 | 精度和表面粗糙度要求很高的有色金属 |
| 8 | 粗车-半精车-粗磨-精磨-超精磨(或镜面磨) | IT5 以上 | 0.006～0.025 | 精度和表面粗糙度要求极高的外圆 |
| 9 | 粗车-半精车-粗磨-精磨-研磨 | IT5 以上 | 0.006～0.1 | |

# 15.3　孔的加工方案选择

## 15.3.1　孔的技术要求

孔的技术要求主要有：孔的尺寸精度；孔的形状精度(圆度、圆柱度)和位置精度(如孔与孔、孔与外圆的同轴度，孔的轴线与平面或端面之间的平行度或垂直度)；孔的表面质量(如孔的表面粗糙度、表面残余应力、表面加工硬化等)。

## 15.3.2　孔的加工方案选择

孔的主要加工方案有：钻、扩、铰、镗、拉、磨、电解加工、电火花加工、超声波加工、激光加工等。孔的各种加工方案所能达到的精度、表面粗糙度见表 15-2。

表 15-2　孔的加工方案

| 序号 | 加 工 方 法 | 经济精度<br>(公差等级) | 经济表面粗糙度值 $Ra/\mu m$ | 适用范围 |
|---|---|---|---|---|
| 1 | 钻 | IT11～IT13 | 12.5 | 除淬硬钢的实心毛坯，孔径小于15～20 mm |
| 2 | 钻-铰 | IT8～IT10 | 1.6～6.3 | |
| 3 | 钻-粗铰-精铰 | IT7～IT8 | 0.8～1.6 | |

| 序号 | 加 工 方 法 | 经济精度<br>(公差等级) | 经济表面粗糙度值 $Ra/\mu m$ | 适用范围 |
|---|---|---|---|---|
| 4 | 钻-扩 | IT10～IT11 | 6.3～12.5 | 除淬硬钢外的实心毛坯，孔径大于 15～20 mm |
| 5 | 钻-扩-铰 | IT8～IT9 | 1.6～3.2 | |
| 6 | 钻-扩-粗铰-精铰 | IT7 | 0.8～1.6 | |
| 7 | 钻-扩-机铰-手铰 | IT6～IT7 | 0.2～0.4 | |
| 8 | 钻-拉 | IT7～IT9 | 0.8～1.6 | 大批量生产 |
| 9 | 粗镗(或扩孔) | IT11～IT13 | 6.3～12.5 | 除淬硬钢外各种材料，毛坯上已有孔 |
| 10 | 粗镗(或粗扩)-半精镗(精扩) | IT9～IT10 | 1.6～3.2 | |
| 11 | 粗镗(或粗扩)-半精镗(精扩)-精镗(铰) | IT7～IT8 | 0.8～1.6 | |
| 12 | 粗镗(或粗扩)-半精镗(精扩)-精镗-浮动镗 | IT6～IT7 | 0.4～0.8 | |
| 13 | 粗镗(或粗扩)-半精镗-磨孔 | IT7～IT8 | 0.2～0.8 | 硬度很低的材料和有色金属除外 |
| 14 | 粗镗(或粗扩)-半精镗-粗磨-精磨 | IT6～IT7 | 0.1～0.2 | |
| 15 | 粗镗(或粗扩)-半精镗-精镗-精细镗 | IT6～IT7 | 0.05～0.4 | 精度和粗糙度要求很高的有色金属 |
| 16 | 钻-(扩)-粗铰-精铰-珩磨<br>钻-(扩)-拉-珩磨<br>粗镗-半精镗-精镗-珩磨 | IT6～IT7 | 0.025～0.2 | 精度和粗糙度要求很高的孔(有色金属孔) |
| 17 | 以研磨代替上格中的珩磨 | IT5～IT6 | 0.006～0.1 | |

# 15.4  平面的加工方案选择

## 15.4.1  平面的技术要求

平面的技术要求主要有：平面本身的尺寸精度；平面的形状精度(平面度)和位置精度(如平面与平面、外圆轴线、内孔轴线的平行度或垂直度)；平面的表面质量(如表面粗糙度、表面残余应力、表面加工硬化等)。

## 15.4.2  平面加工方案的选择

平面的加工方案有：铣削、刨削、磨削、车削、拉削等，其中以铣削和刨削为主。平面的各种加工方案所能达到的经济精度、表面粗糙度值见表 15-3。

表 15-3　平面的加工方案

| 序号 | 加 工 方 法 | 经济精度<br>(公差等级) | 经济表面粗糙<br>度值 $Ra/\mu m$ | 适用范围 |
|---|---|---|---|---|
| 1 | 粗车 | IT11～IT13 | 12.5～50 | 端面 |
| 2 | 粗车-半精车 | IT8～IT10 | 3.2～6.3 | |
| 3 | 粗车-半精车-精车 | IT7～IT8 | 0.8～1.6 | |
| 4 | 粗车-半精车-磨削 | IT6～IT8 | 0.2～0.8 | |
| 5 | 粗铣(刨) | IT11～IT13 | 6.3～25 | 不淬硬平面 |
| 6 | 粗铣(刨)-精铣(刨) | IT8～IT10 | 1.6～6.3 | |
| 7 | 粗铣(刨)-精铣(刨)-刮研 | IT6～IT7 | 0.1～0.8 | 精度要求较高的<br>不淬硬平面 |
| 8 | 粗铣(刨)-精铣(刨)-宽刃精刨 | IT7 | 0.2～0.8 | |
| 9 | 粗铣(刨)-精铣(刨)-磨削 | IT7 | 0.2～0.8 | 精度要求较高、硬<br>度不太低的平面 |
| 10 | 粗铣(刨)-精铣(刨)-粗磨-精磨 | IT6～IT7 | 0.025～0.4 | |
| 11 | 粗铣-拉 | IT7～IT9 | 0.4～1.6 | 大批量生产小平面 |
| 12 | 粗铣-精铣-磨削-研磨 | IT5 以上 | 0.006～.1 | 高精度平面 |

# 复习与思考题十五

15-1　选择零件表面加工方案的考虑因素有哪些？

15-2　选择零件表面加工方案应遵循的原则有哪些？

15-3　外圆柱面的加工方案主要有哪些？

15-4　孔的加工方案主要有哪些？

15-5　平面的加工方案主要有哪些？

# 参 考 文 献

[1]　京玉海. 机械制造基础[M]. 重庆：重庆大学出版社，2005.

[2]　张亮峰. 机械加工工艺基础与实习[M]. 北京：高等教育出版社，1999.

[3]　陈队志. 机械制造基础工艺实习[M]. 兰州：甘肃教育出版社，2003.

[4]　马保吉. 机械制造基础工程训练[M]. 西安：西北工业大学出版社，2009.

[5]　邓文英. 金属工艺学下册[M]. 5 版. 北京：高等教育出版社，2008.

[6]　张木清，于兆勤. 机械制造工程训练教材[M]. 广州：华南理工大学出版社，2004.

[7]　张学政，李家枢. 金属工艺学实习教材[M]. 北京：高等教育出版社，2002.

[8]　王瑞芳. 金工实习[M]. 北京：机械工业出版社，2001.

[9]　卢秉恒. 机械制造技术基础[M]. 北京：机械工业出版社，2005.

[10]　刘英，袁绩乾. 机械制造技术基础[M]. 北京：机械工业出版社，2008.

[11]　司乃钧. 机械加工工艺基础[M]. 北京：高等教育出版社，2001.

[12]　冯辛安. 机械制造装备设计[M]. 北京：机械工业出版社，1999.

[13]　谷春瑞. 机械制造工程实践[M]. 天津：天津大学出版社，2004.

[14]　胡黄卿. 金属切削原理与机床[M]. 北京：机械工业出版社，2004.

[15]　陆剑中，孙家宁. 金属切削原理与刀具[M]. 北京：机械工业出版社，2005.

[16]　王启平. 机床夹具设计[M]. 哈尔滨：哈尔滨工业大学出版社，1996.

[17]　金捷. 机械制造技术[M]. 北京：清华大学出版社，2006.

[18]　于骏一，邹青. 机械制造技术基础[M]. 北京：机械工业出版社，2006.

[19]　吉卫喜. 现代制造技术与装备[M]. 北京：机械工业出版社，2010.

[20]　李伟. 先进制造技术[M]. 北京：机械工业出版社，2005.

[21]　李斌. 数控加工技术[M]. 北京：高等教育出版社，2005.

[22]　白基成，郭永丰，刘晋春. 特种加工技术[M]. 哈尔滨：哈尔滨工业大学出版社，2006.

[23]　洪惠良. 金属切削原理与刀具[M]. 北京：中国劳动社会保障出版社，2006.

[24]　唐建生. 金属切削刀具[M]. 武汉：武汉理工大学出版社，2009.

[25]　刘党生. 金属切削原理与刀具[M]. 北京：北京理工大学出版社，2009.

[26]　王文丽，高玉霞. 金属切削原理与刀具[M]. 北京：煤炭工业出版社，2004.

[27]　蒋林敏. 数控加工设备[M]. 大连：大连理工出版社，2004.